안드로이드 기반
임베디드 시스템 개발을 위한
고급 프로그래밍 기법

박우길 · 박우진 공저

계명대학교 출판부

안드로이드 기반 임베디드 시스템 개발을 위한 고급 프로그래밍 기법

초판 1쇄 발행 2014년 2월 28일
초판 2쇄 발행 2014년 7월 10일

지 은 이 박우길, 박우진
펴 낸 이 신일희
펴 낸 곳 계명대학교출판부
출판등록 제347-1998-1호(1970. 9. 1)
주 소 대구광역시 달서구 달구벌대로 1095
대표전화 053-580-6233
팩 스 053-580-6235
홈페이지 www.kmupress.com

ISBN 978-89-7585-655-6 93000 정가 33,000원

●이 도서의 국립중앙도서관 출판시도서목록(CIP)은 서지정보유통지원시스템 홈페이지(http://seoji.nl.go.kr)와 국가자료공동목록시스템(http://www.nl.go.kr/kolisnet)에서 이용하실 수 있습니다.(CIP제어번호: CIP2014006413)

본 교재는 교육과학기술부의 재원으로 한국연구재단의 지원을 받아 수행된 산학협력 선도대학(LINC) 육성사업의 연구결과입니다.

머리말

오늘날 스마트폰이나 태블릿과 같은 모바일 기기들이 우리들의 일상생활에 알게 모르게 깊숙이 자리 잡아가고 있음을 알 수 있다. 조만간, 이 기기들이 없는 삶을 상상하기 힘든 때가 올 것이란 생각도 들게 된다.

이 모바일 기기들에서 2014년 현재, 가장 널리 사용되고 있는 운영체제는 바로 "안드로이드"이다. 안드로이드는 단순히 전자제품에서 사용되는 소프트웨어로 그치는 것이 아니라, IT 기술에 관심 없는 사람들조차 언제 어디서든 휴대한 기기들의 편의 기능들을 이용하여 삶을 윤택하게 해 주는 "IT 기술 활용의 장"이라고 볼 수 있다. 뿐만 아니라, 잘 활성화된 어플리케이션 마켓을 통한 개발자들의 새로운 "개발 기회의 장"을 열어 나가고 있을 뿐만 아니라, 오픈 소스로서 다양한 IT 기술들이 집약되어 있는, 훌륭한 "기술 탐구의 장"이 되어 주고 있다.

안드로이드 개발에 대한 관심과 욕구는 날로 증가하고 있으며, 수많은 관련 서적들이 그 기대에 부응하기 위해 출간되고 있는 상황이다.

이 책은 단순히 안드로이드의 SDK 기반의 개발 방법에 국한하지 않고, 안드로이드의 내부 구조에 대한 이해를 바탕으로 하여 효과적으로 자바 또는 자바와 네이티브 기술을 결합하는 다양한 방법을 통해 안드로이드 어플리케이션 개발 역량을 고도화하는 것을 목적으로 한다.

이러한 목적을 달성하기 위해 총 세가지 부분으로 나누어 내용을 전개하고 있다.

첫째는 안드로이드의 구조와 특성을 설명하며, 둘째는 네이티브를 활용해서 어플리케이션을 개발하는 원리를 다루고, 셋째는 이런 지식들에 기초하여 '안드로이드의 그래픽'을 대상으로 구체적으로 적용하는 방법에 초점을 맞춰서 설명하고 있다.

안드로이드는 리눅스 커널 위의 다양한 소프트웨어 계층들로 이루어져 있는데, 상위 계층인 프레임워크 뿐만 아니라 프레임워크와 상호작용하는 내부 계층들에 대한 정확한 이해는 SDK 기반 개발 방법을 뛰어 넘어 네이티브 기술들을 자유롭게 활용할 수 있는 역량을 갖추게 해 준다. 아울러 이 책에서 소개할 오픈 소스에 직접 접근 및 활용하는 방법들을 통해서 안드로이드 내에 축적된 기술들에 친근해 질 수 있게 될 것이다.

안드로이드에서 네이티브 기술을 활용한다는 것은 필요와 상황에 맞게 네이티브 개발을 자바에 접목하거나, 안드로이드 내부의 네이티브로 구현된 기능들을 직접 활용하거나, 또는 기존에 검증되어 있는 네이티브 기술들이나 라이브러리를 안드로이드에 도입하는 모든 방법들을 의미한다.

이를 통해서 SDK 기반의 자바만을 사용한 개발의 한계와 제약을 극복할 수 있으며 안드로이드 개발 방식에 대한 선택의 폭이 넓어지게 된다는 장점이 있다.

이 책을 효과적으로 활용하기 위해서는 안드로이드 SDK 프로그래밍에 대한 기본적인 이해가 선행되어야 한다. 하지만 누구나 이에 대한 기초적인 지식이 있다면 자바뿐만 아니라 C/C++의 다양한 내용들이 임베디드 환경에서 어떻게 활용되는지를 확인해 볼 수 있을 것이다. 또한 네이티브만으로 액티비티를 작성할 수도 있으며 안드로이드 쓰레드간의 메시지 전송이 자바와 네이티브에서 각각 동일한 방식으로 처리되고 있음도 알게 될 것이다.

마지막으로 안드로이드 내부 구조에 대한 이해와 네이티브 기술들의 활용에 대한 원리를 학습한 후 이를 '안드로이드 그래픽'에 직접 적용해 보고자 한다. 그래픽을 대상으로 설명하는 이유는 임베디드 특히 모바일 환경에서 가장 중요하며 활용 비중이 큰 영역이 그래픽 분야이기 때문이다. 물론 그 외의 분야에서도 이 책이 다루는 개발 접근 방법들은 그대로 사용할 수 있는 것은 당연하다.
그래픽의 기본 원리나 OpenGL 내용에 대해서는 지면 상 깊이 있게 다루고 있지는 않다. 안드로이드의 주요 그래픽 라이브러리들을 적용하기 위해 자바 또는 자바/네이티브 연동으로 나누어 설명하며, 특히 OpenGL의 고정 파이프라인과 프로그래머블 파이프라인도 모두 포함하고 있어 안드로이드 그래픽 프로그래밍의 효과적인 가이드가 되어 줄 것이다.
안드로이드의 최종 화면 출력물은 반드시 OpenGL ES를 통해야 하기 때문에 OpenGL 기술은 안드로이드 그래픽의 핵심이라고 할 수 있다. 따라서 OpenGL 학습과 병행하면 더욱 효과적일 것이다.

이제 모바일, 태블릿과 같은 임베디드 기기들은 컴퓨터에 못지않은 기능들을 갖고 있으며 이 차이는 시간이 지남에 따라 점점 더 의미가 없어질 것이다. 방대한 안드로이드 운영체제에서 가능한 개발 방법을 한 권으로 집약한다는 것도 불가능한 일이다. 또한 그래픽 기능을 구현하기 위해 쓰레드를 어떻게 구성하고, 네이티브를 어떻게 활용하는지의 단편적인 개발 기법들 자체가 중요한 것은 아닐 것이다. 가장 중요한 것은 임베디드 환경에 대응하기 위한 안드로이드만의 구조와 특성을 정확히 이해하고, 프레임워크의 SDK와 네이티브 기술들을 적재적소에 효율적으로 활용할 수 있는 역량을 갖추는 것이다.

이 책을 통해 안드로이드가 갖는 놀랍고(!) 흥미로운 요소들을 발견하고, 안드로이드 개발의 즐거움을 느낄 수 있게 되기를 바란다.

2014년 2월

저자 일동

CONTENTS

CHAPTER 1 안드로이드 소개

CHAPTER 2 안드로이드 개발 환경 구축

CHAPTER 3 안드로이드 NDK

CHAPTER 4 멀티쓰레드 기반의 안드로이드 그래픽 처리

CONTENTS

CHAPTER 5 OpenGL ES

CHAPTER 6 NDK를 활용한 OpenGL ES

CHAPTER 7 네이티브 액티비티

Chapter 1

안드로이드 소개

1. 안드로이드 역사

2. 안드로이드 특징

안드로이드 소개

이번 장에서는 안드로이드가 왜 중요하며, 안드로이드를 왜 배워야 하는지에 대해 설명하기로 한다.

안드로이드는 터치스크린 모바일 기기인 스마트폰, 태블릿 등에 최적화되어 있는 리눅스 기반 운영시스템이다. 안드로이드 시스템은 구글이 투자한 안드로이드사에 의해 초기 버전이 개발되었으며 이후 구글이 2005년에 안드로이드를 인수하였다. 안드로이드는 2007년도에 개방형 휴대폰 동맹(Open Handset Alliance)을 따라 공개되었다. 개방형 휴대폰 동맹은 하드웨어, 소프트웨어와 통신회사들의 단체로 모바일 기기에 대한 발전된 개방 표준을 위해 결성된 조직이다. 이를 토대로, 2008년 10월 첫번째 안드로이 기반 스마트폰이 성공적으로 시장에 판매된다.

안드로이드는 오픈 소스로 개발되고 있으며, 구글은 아파치 라이센스 상에서 안드로이드 소스를 공개하고 있다. 오픈 소스로 개발된 코드와 공개 라이센스로 인해서, 다양한 기기 개발사들을 포함하여 무선 통신사들 뿐만 아니라, 관심있는 개발자라면 누구라도 안드로이드를 자유롭게 변경되고 배포될 수 있다. 또한, 안드로이드는 안드로이드 상에서 실행되는 앱(응용 프로그램)을 개발하는 대규모의 개발자 커뮤니티를 가지고 있다. 안드로이드앱은 기존 자바 프로그래밍 언어를 변경한 커스텀 버전으로 개발되며 기기의 기능을 확장하는 역할을 한다. 2012년 10월, 안드로이드용 앱은 약 700,000개로 추정되고 있으며, 안드로이드의 대표적인 앱스토인 구글 플레이로부터 다운로드되어 설치된 앱의 수도 2억5천만개로 추정되고 있다. 2013년 4, 5월에 진행되었던 개발자를 대상으로한 조사에 따르면, 안드로이드가 개발자들에게 가장 널리 퍼진 플랫폼이며, 수치적으로는 전 세계적으로 약 71%의 점유율을 가지는 것으로 나타났다.

공개 라이센스와 탄탄한 개발자 커뮤니티와 같은 특성들로 인해서 안드로이드는 세계에서 가장 많이 사용되는 스마트폰 플랫폼이 되었으며 2010년 4사분기에 이미 심비안의 점유율을 넘게 되었다. 또한 저비용으로 커스터마이징이 가능하기 때문에 최첨단의 기기를 위한 가벼운 운영체제를 필요로 하는 회사들은 대부분 안드로이드를 사용하고 있다. 그 결과, 스마트폰과 태블릿용으로 개발된 안드로이드는 텔레비전과 게임 콘솔, 디지털 카메라를 비롯하여 수많은 전자제품으로 그 용용 범위를 넓히고 있다. 안드로이드의 공개 정책 덕분에 자발적인 커뮤니티에 의해 주도되는 수많은 프로젝트가 안드로이드를 기본 플랫폼으로 사용하고 있으며, 이를 통해 새로운 기능과 특징들이 다양하게 개발되고 있다. 다른 운영시스템을 탑재한 기기에도 안드로이드를 포팅하는 경우가 점차 증가하고 있다.

안드로이드는 삼성전자가 주도하고 있는 전세계 스마트폰 시장에서 2013년 3월 기준 64%의 시장 점유율을 가지고 있는 것으로 나타났다. 2013년 7월에는 안드로이드를 탑재한 11,868개의 모델들이 있었고, 총 20개에 이르는 다양한 스크린 크기와 8개의 안드로이드 버전이 동시에 사용되고 있었다. 2013년 5월, 구글 플레이스토어에서 다운로드된 앱은 4억8천만 개로 알려졌으며 2013년 9월 3일에는 천 만개의 안드로이드 기기가 사용되는 것으로 나타났다.

1. 안드로이드 역사

안드로이드사는 2003년 10월에 캘리포니아 팔로알토에서 데인저 (Danger)의 공동 창업자인 앤디 루빈과 와일드파이어 커뮤니케이션스의 공동 창업자인 리치 마이너, T-모바일의 부회장인 닉 스피어스, 그리고 WebTV의 메인 디자인과 인터페이스 개발을 담당했던 크리스 화이트에 의해 창립되었다. 사용자의 위치와 기호를 더 잘 이해하는 더 똑똑한 모바일 기기를 개발하는 것이 안드로이드사의 목표였다. 이에 따라 안드로이드사의 첫 목표는 디지털 카메라를 위한 진보한 운영시스템을 개발하는 것이었다. 하지만 개발이 완료되었을 때, 디지털 카메라 시장은 아직 규모면에서 충분히 성장하지 않았기 때문에, 스마트폰 운영체제로 목표를 수정함으로써, 기존 심비안과 윈도우즈 모바일과 경쟁을 하게 된다. 이 당시 애플의 아이폰은 아직 시장에 나오지 않은 상태였다. 초기 버전의 공개에도 불구하고 안드로이드 사는 모바일 폰을 위한 소프트웨어를 개발하고 있다는 사실만 외부에 알려져 있을 뿐, 구체적인 정보는 비공개 상태로 개발을 진행하였다.

[그림 1-1] 젤리빈을 탑재한 다양한 기기들

구글은 2005년 8월 17일 안드로이드를 자회사로 합병하였고, 루빈, 마이너, 화이트를 비롯한 안드로이드사의 핵심 멤버들은 합병 후에도 회사에 남게 되었다. 그때가지만 해도 안드로이드사에 대해서는 알려진 것이 많지 않았다. 많은 사람들이 구글이 모바일폰 시장에 진입할 계획이 있음을 짐작할 뿐이었다. 곧 구글에서는 루빈이 이끄는 팀이 리눅스 커널을 기반으로 한 모바일 기기 플랫폼을 개발하였다. 구글은 핸드셋 개발사나 통신 회사에게 유연하고 업그레이드 가능한 플랫폼을 제공하려 하였다. 따라서, 구글은 하드웨어 컴포넌트와 소프트웨어 파트너 사들을 선정하였고, 통신 사들에게는 다양한 협력 관계를 갖기 위한 기회를 제공하였다.

구글이 모바일 통신 시장에 진입하려는 노력은 2006년 12월까지 계속되어 왔다. BBC나 월스트리트 저널의 기사들을 보면 구글이 모바일 폰에서 검색 및 응용 분야에 진출하기위해 많은 노력을 기울여 왔음을 알 수 있다. 일부 사람들은 구글이 기술 명세들을 만들면서 휴대전화 생산 회사들과 네트워크 운영 회사들에게 프로토타입을 보여주고 있다고 예상하였다. 2007년 9월, 인포메이션위크는 모바일 전화 분야에 대한 몇 가지 특허를 취득 하였다고 보고하였다.

2007년 5월, 개방 형 휴대폰 동맹(HTC, 소니, 삼성과 같은 기기 개발사 및 스프린트, 넥스텔, T-모바일과 같은 무선 통신사, 그리고 퀄컴, 텍사스 인스트루먼트와 같은 칩 회사들의 컨소시엄)은 모바일 기기에 대한 개방된 표준을 개발하는 것을 목표로 만들어졌다. 그날, 드디어 안드로이드는 리눅스 커널 2.6을 기반으로 만들어진 모바일 기기 플랫폼의 첫 제품을 발표하였다. 첫 번째 안드로이드를 탑재한 상용전화는 HTC 드림으로, 2008년 10월 22일 세상에 발표되었다.

2010년에는 구글이 직접 넥서스 시리즈들을 발표하였다. 이 시리즈들은 스마트폰 뿐만 아니라 태블릿을 포함한 안드로이드 운영 시스템을 실행하는 다양한 기기로 개발 파트너 회사를 통해 만들어 졌다. HTC는 구글과의 협력을 통해 첫번째 넥서스 원으로 불리우는 넥서스 스마트폰을 개발, 상용화하였다. 이 시리즈는 넥서스 4 폰, 넥서스 10 태블릿 등 LG전자와 삼성전자에 의해 다양한 기기들이 발표되었다. 구글은 안드로이드 기기의 플래그쉽 모델로 넥서스 전화기와 태블릿을 발표하고 있다. 이를 통해 안드로이드의 최신 소프트웨어와 하드웨어의 기능들을 체험할 수 있게 하는 것이 그 목적이다.

2008년 이후로, 안드로이드는 수많은 업에이트를 통해 점진적으로 향상되었고, 새로운 기능을 더하고 많은 버그를 수정해나갔다. 각 메이저 버전은 알파벳 순서대로 디저트나 간식과 같은 이름이 지어졌다. 예를 들면 1.5버전의 경우 컵케이크이며 1.6은 도우넛이다. 최신 4.3 버전의 경우, 젤리빈이며 2013년 9월 3일에 발표된 4.4버전의 이름은 킷캣이다.

2. 안드로이드 특징

(1) 인터페이스

안드로이드의 사용자 인터페이스는 터치 스크린 상의 객체를 다루기 위해 좌우로 흔들기, 터치하기, 축소하기(두 손가락 오무리기), 확대하기(벌리기)와 같은 동작들을 사용하는 다이렉트 매니퓰레이션에 기반을 두고 있다. 사용자의 입력에 대해서 즉각적으로 반응하는 유려한 터치 인터페이스를 제공하며, 사용자의 촉각적인 피드백을 제공하기 위해서 진동과 같은 기능을 사용하기도 한다. 가속계와 자이로스코프, 적근 센서 등과 같은 내부 하드웨어 센서들을 이용하여 다양한 사용자 동작에 대해 반응하는 기능을 제공하기도 한다. 예를 들면, 화면의 가로 세로 전환을 제어하기 위해서 기기의 방향을 이용하거나, 자동차의 핸들을 표현하기 위해서 레이싱 게임에서 기기 자체를 핸들처럼 회전하는 것을 이용할 수도 있다.

안드로이드 기기는 부팅을 하면 일반 PC의 데스크톱과 같은 역할을 하는 홈스크린이 나타난다. 홈스크린은 기기의 정보나 앱 등을 실행하고 찾기 위한 시작점이라고 할 수 있다. 안드로이 홈스크린은 일반적으로 앱 아이콘들과 위젯들로 구성된다. 앱 아이콘들은 관련 앱들을 실행시키며, 위젯의 경우에는 항상 실행되며 자동으로 업데이트되는 컨텐츠를 표시하기 위해 사용된다. 예를 들어 위젯의 대표적인 것들로 일기 예보 위젯, 사용자 이메일 위젯, 뉴스 위젯등이 있다. 홈스크린은 여러 페이지로 구성이 될 수 있다. 사용자들은 각 페이지들을 밀어내는 방식으로 앞 혹은 뒤로 이동할 수 있다. 안드로이드 홈스크린 인터페이스는 매우 다양하게 커스터마이징 될 수 있고 이에 따라 사용자들은 자신의 입맛에 따라 기기의 룩앤필을 바꿀 수 있다. 구글 플레이를 비롯한 다른 앱 스토어들을 통해 설치가 가능한 써드 파티 앱들을 이용하면 홈스크린을 더욱 다양하게 변경할 수 있으며, 윈도우즈 폰과 같은 다른 운영 시스템의 모습을 흉내내는 것 조차 가능하다. 대부분의 개발사들과 무선 통신사들은 그들만의 안드로이드 룩앤필을 제공함으로써 타 사와의 차별화를 제공하고 있다.

스크린의 가장 위에 존재하는 상태 바는 기기에 대한 정보를 표시해주며, 네트워크나 다른 기기간의 연결 상태를 보여준다. 이 상태 바는 사용자의 동작으로 아래로 당겨질 수 있는데 이 경우 앱들이 중요 정보나 업데이트 여부에 대한 정보 등을 나타내 준다. 예를 들면 최근에 받은 이메일, SMS 메시지 등, 긴급하게 사용자에게 정보를 전달하거나 이를 통해 불편함을 초래할 필요가 없는 정보들이 표시된다.

초기 안드로이드 버전에서는 이런 정보를 터치할 경우 관련 앱을 열 수도 있었지만, 현재에는 좀더 발전된 기능을 제공하는 것으로 확장되었다. 예를 들어, 부재중 전화의 경우, 다이얼 앱을 열 필요없이 바로 상대방에게 전화를 걸 수도 있다.

(2) 응용프로그램, 앱

안드로이드용 써드 파티 앱들은 구글 플레이나 아마존 앱 스토어와 같은 앱마켓을 통해 설치하게 된다. 혹은 앱의 APK 파일을 인터넷 사이트를 통해 다운로드하여 설치할 수도 있다. 플레이 스토어 앱은 사용자들이 손쉽게 구글이나 써드 파티 개발사들에 만들어져 이미 기기에 설치되어 있는 앱들을 찾고 다운로드하고 업데이트를 할 수 있도록 다양한 기능을 제공한다. 이 앱은 사용자 기기에 설치 가능한 앱들의 리스트를 보여주며, 개발자들은 앱이 특정 통신사나 나라에서만 사용자가 선택할 수 있도록 설정할 수도 있다. 구매 후, 다운로드를 기준으로 15분 이내에는 환불도 가능하며, 통신사를 위해 통신사를 통한 직접 결재 기능을 제공하기도 한다. 2012년 9월, 안드로이드용 앱의 수는 675,000개를 넘어섰으며 플레이 스토어를 통해 다운로드된 앱의 수만 2억 5천만이 넘었다.

앱은 안드로이드 소프트웨어 개발 키트(SDK)를 사용하여 자바 언어를 사용하여 개발된다. SDK에는 디버가나 라이브러리, QEMU 기반의 에뮬레이터, 문서, 샘플 코드와 튜토리얼등을 포함한 수많은 개발 관련 툴들이 포함되어 있다. 현재 공식적으로 지원되는 통합 개발 환경 (IDE)는 이클립스 (Eclipse)로 안드로이드 개발 툴 플러그인을 사용하면 된다. 자바 외에도 C나 C++, 구글 앱 인벤터, 고급 프로그래머를 위한 비주얼 환경, 크로스 플랫폼용 모바일 웹 어플리케이션 프레임워크 등을 이용하여 앱을 개발하거나 기능 확장을 위한 네이티브 개발 키트(NDK)를 포함한 다른 다양한 개발 툴도 존재한다.

(3) 안드로이드 개발

안드로이드는 구글에 의해서 개발이 되며 업데이트나 패치가 필요 시, 소스 코드가 공개적으로 발표된다. 소스 코드는 넥서스 시리즈와 같은 선택된 기기 상에서 아무런 변경 없이 바로 실행 가능하게 된다. 다른 기기의 경우에는 기기 개발사만의 특정 바이너리를 가지고 있는 경우, 개발사가 해당 안드로이드 기기에 공개된 소소코드가 실행될 수 있도록 수정 작업을 할 수도 있다. 녹색의 안드로이드 로고는 이리나 블록이라는 디자이너에 의해 탄생하였다.

[그림 1-2] 안드로이드 로고

(4) 리눅스 커널

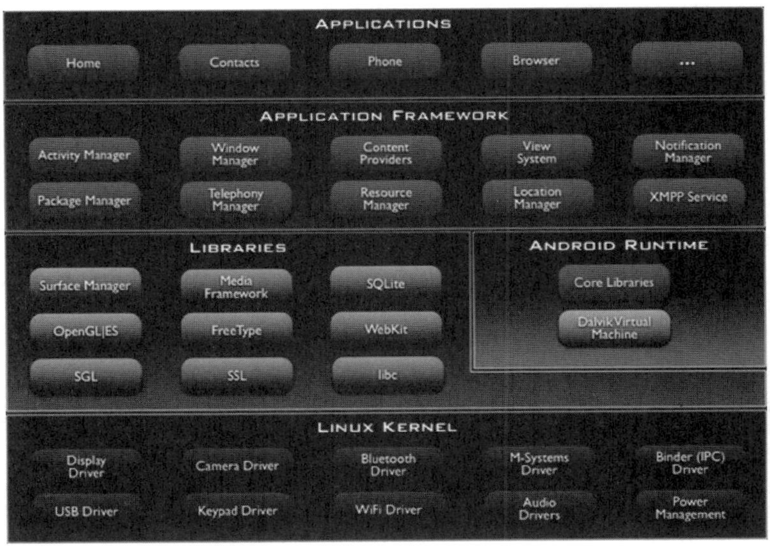

[그림 1-3]
안드로이드 플랫폼

안드로이드는 안드로이드 커널을 수정하여 내부적으로 사용하고 있다. 안드로이드는 버전 4.0 아이스크림 샌드위치까지는 리눅스 커널 2.6버전을 사용하였으며 그 이후 안드로이드에서는 리눅스 커널 3.X를 사용하고 있다. 또한 안드로이드는 C 언어로 쓰여진 미들웨어와 라이브러리, API (Application Programming Interface), 응용 소프트웨어로 구성된다.

응용 소프트웨어는 아파치 라이센스의 자바 기반 라이브러리를 포함하는 응용 프레임워크 상에서 실행 된다. 안드로이드는 기존 자바와 달리 just-in-time 컴파일 기능을 갖는 달빅(Dalvik) 가상 머신을 사용한다. 달빅 가상 머신은 달빅의 실행 코드인 덱스 코드(dex-code)를 실행한다. 덱스 코드는 일반적으로 자바 바이트 코드로부터 변환될 수 있다.

안드로이드의 주 하드웨어 플랫폼은 ARM 기반 아키텍처이다. 이 외에도 안드로이드-x86 프로젝트를 통해 인텔 x86 아키텍처를 지원하고 있으며, 구글 TV의 경우 특별한 x86 버전의 안드로이드를 사용한다. 2013년에 프리스케일사는 i.MX processor, 시리즈인 i.MX5X와 i.MX6X계열을 지원하는 안드로이드를 발표하기도 하였다. 2012년에는 인텔 프로세서들이 스마트폰을 포함한 안드로이드의 메인 플랫폼으로 소개가 되기도 하였다.

안드로이드에서 사용되는 리눅스 커널은 리눅스 커널의 전형적인 개발 사이클과 별도로 구글에 의해서 독자적으로 개발 유지되고 있다. 안드로이드의 리눅수 커널은 자체 X 윈도우 시스템을 기본으로 가지고 있지 않으며 표준 GNU 라이브러리를 모두 지원하지도 않는다. 이로 인해 기존 리눅스 응용 프로그램들과 라이브러리를 안드로이드용으로 포팅하는데 어려움이 발생하기도 한다.

이를 해결하기 위해서는 간단한 C와 심플 다이렉트 미디어 레이어(SDL) 응용 프로그램을 지원하기 위해서는 간단한 자바 심 (Shim, 작은 라이브러리로 응용 프로그램에서는 전혀 알 수 없도록 특정 API를 가로채 전달되는 파라미터를 바꾸고, 동작을 변경하거나 다른 곳으로 동작을 전달하는 식으로 지원되지 않는 API를 지원하는 방식)을 이용하거나 JNI와 같은 방법을 사용할 수 있다. 일부 기능들의 경우에는 구글이 개발한 후 리눅스 커널에 반대로 제공하기도 하였다. 대표적인 것은 웨이크락(wakelocks)라 불리우는 파워 관리 기능이다. 이 기능은 리눅스 커널 관리자에 의해 리눅스 커널 소스트리로 병합이 허락되지 않았는데, 그 이유는 구글이 이 기능에 대해 계속적으로 유지할 지에 알 수 없었기 때문이다. 이후 구글은 2010년 4월, 2명의 엔지니어를 고용하여 리눅스 커널 커뮤니티와 개발을 계속하도록 할 것이라고 발표하였다. 하지만 리눅스 커널의 안정화 버전에 대한 메인 관리자인 그렉 크로어 하트만은 2010년 12월, 구글이

더 이상 원 리눅스 커널 소스에 구글의 수정된 코드를 반영하지 않으려 한다고 말했다.

2011년 8월, 리누즈 토발즈는 "결국 안드로이드와 리눅스는 하나의 커널로 합쳐질 것이다. 하지만 이는 4~5년 안에 이루기는 힘들다."라고 말하기도 하였다. 2011년 12월, 그렉 크로어 하트만은 안드로이드 커널 소스를 메인 리눅스 커널 소스로 합치는 프로젝트의 시작을 알렸다. 이 프로젝트는 일부 안드로이드 드라이버와 패치들, 그리고 안드로이드의 새로운 기능들을 리눅스 커널 3.3부터 하나로 합치는 것이 목표였다. 리눅스는 수많은 시행착오를 통해 자동슬립기능과 웨이크락 기능을 커널 3.5에 포함하였다. 인터페이스는 동일하지만, 리눅스 상에서 두가지 다른 서스펜드 모드를 제공하게 되었다. 이를 통해 안드로이드가 이용하는 전통적인 서스펜드인 메모리에 이전 상태로 복귀하는데 필요한 정보를 저장하는 방법과 데스크톱에서 하이버네이션이라고 알려져 있는 디스크에 저장하는 방법을 모두 사용할 수 있게 되었다. 구글은 최신 리눅스 안정 버전을 기반으로 실험적인 동작과 기능을 포함하는 소스 저장소를 운영하고 있다.

안드로이드 기기에서 플래시 저장 장치는 몇 개의 파티션으로 나뉘어져 있다. 이 중 /system은 운영 시스템이 사용하는 곳이며, /data는 사용자 데이터와 앱 인스톨을 위한 곳이다. 데스크톱 리눅스 배포판과 달리, 안드로이드 기기 유저는 운영 시스템에 대한 관리자 권한을 가질 수 없으며, /system과 같은 일부 중요한 파티션은 읽기만을 허용하게 설정되어 있다. 관리자 권한은 안드로이드 상의 보안 취약점을 악용할 경우 사용 가능할 수도 있다. 이를 이용하면 오픈 소스 커뮤니티에서는 그들의 기기의 기능을 크게 향상하기도 하고 있지만, 악의적인 의도를 가진 일부 사람들에 의해 바이러스와 악성앱을 설치하는데 악용될 수도 한다.

(5) 메모리 관리

안드로이드 기기들은 일반적으로 배터리로 동작되기 때문에, 배터리 소모를 최소화하도록 메모리 관리 기능이 설계되었다. 따라서 전력선으로 전력을 공급받는 일반 데스크톱 시스템과는 반대되는 특징을 갖는다. 안드로이드가 한 동안 사용되지 않으면 시스템은 자동으로 메모리 상에서 서스펜드 모드로 동작한다. 이 때 동작 중인 앱들은 여전히 동작 중이며, 서스펜드된 앱들은 더 이상 배터리나 프로세싱 파워와 같은 리소스를 소모하지 않고 다시 요구될 때까지 백그라운드 상에 멈춰져 있게 된다. 이런 특성으로 인해 안드로이드 기기는 두 가지 장점을 갖게 되는데, 우선 앱들이 종료될 필요가 없고 매번 새로 재실행될 필요가 없기 때문에 전반적으로 응답성이 증가하게 되며, 백그라운드 상에 있는 앱들이 자원을 불필요하게 소모하지 않는다는 것이다.

안드로이드는 메모리 상에 저장된 앱들을 자동으로 관리한다. 즉 가용한 메모리가 낮을 경우, 시스템은 자동으로 오랜 시간동안 동작하지 않은 앱들을 오래된 순서대로 종료한다. 프로세스는 사용자에게 보이지 않도록 설계되어 있어 사용자들 스스로 메모리를 관리하거나 앱들을 줄일 필요가 없다. 하지만 이런 특별한 안드로이드 메모리 관리는 많은 오해를 낳았고, 이로 인해서 수많은 써드 파티에서 만들어진 태스크 킬러 앱들이 사용되었다. 하지만 이런 앱들은 시스템 상에 이득보다는 손해를 야기할 수 있다고 알려져 있다.

(6) 업데이트 스케쥴

구글은 6개월에서 9개월 단위로 메이저 업데이트를 제공함으로써, 점진적으로 안드로이드를 발전시키고 있다. 많은 안드로이드 기기들은 네트워크를 통해 업데이트를 다운로드 받아 적용할 수 있다. 현재 최근 메이저 업데이트는 안드로이드 4.4 킷캣이다.

모바일 운영 시스템에서 가장 강력한 경쟁자인 iOS와 비교하면, 안드로이드 업데이트는 실제 기기에 적용되는데 걸리는 시간이 긴 편이다. 넥서스 브랜드의 제품들을 제외하면 실제 공식적으로 새 버전이 공개된 후 타 기기에 적용되기 위해서는 최소 수개월 이상의 시간이 소요되고 있다. 이는 안드로이드가 다양한 하드웨어를 지원하여야 하기 때문이다. 각 업데이트들은 각 기기에 맞게 수정, 변경되어야 하기 때문에 적용 시간이 길어지게 된다. 구글의 공식적인 코드는 단지 구글의 플래그십인 넥서스 기기에서만 동작이 보장된다. 따라서 안드로이드를 다른 특정 하드웨어로 포팅하는 것은 개발사 입장에서는 시간 혹은 인력 면에서 매우 소모적이 된다. 따라서 특정 구 기종의 경우에는 새 업데이트를 충분히 적용할 수 있음에도 불구하고 실제로 업데이트가 잘 이루지지 않기도 한다. 이 문제는 개발사에서 안드로이드를 수정하여 자신만의 인터페이스와 전용 앱을 사용하는 경우, 더욱 심각해진다. 각 개발사의 새로 공개된 소프트웨어에 새 업데이트가 적용되어야 하기 때문이다. 이 외에도 통신사에 의해서 업데이트 적용이 지연될 수도 있다. 통신사가 자신만의 기능과 특징을 제공하는 경우 각 기기 개발사로부터 새 업데이트를 받았다 하더라도, 추가적인 수정 작업과 수많은 테스팅을 한 후에 최종적으로 사용자에게 업데이트를 제공할 수 있기 때문이다.

개발사나 통신회사들의 제품 판매 후 업데이트 지원에 대한 소극적인 태도는 사용자들의 비난을 받아 왔다. 일부 사람들은 구 기종에 대한 업데이트를 등한시 함으로써 새 제품에 대한 구매를 촉진하기 때문에 금전적으로도 이득이라는 의견을 제시하기도 한다. 가디언지는 업데이트에 대한 이처럼 복잡한 방법은 사실 상 개발사와 통신사가 그렇게 만들 수 밖에 없는 상황을 만들기 때문이라고 지적하였다. 2011년 구글은 업데이트 공개 후 18개월 안에 모든 기기에 대한 업데이트를 보장하는 안드로이드 업데이트 연합을 출범하기 위해서 수많은 산업체들과 파트너십을 만들어 왔다. 하지만 2013년에 이르러서 이 연합은 사실상 실패한 것으로 알려졌다.

결국 이런 상황을 해결하기 위해서 구글은 구글 맵이나 구글 플레이 뮤직과 같은 수많은 서비스들은 안드로이드 공식 업데이트가 아닌 구글 플레이 서비스를 통해 업데이트하기 시작했다. 구글 플레이 서비스는 구글에 의해서 앱을 자동으로 설치하거나 업데이트를 수행하도록 하며, 2.2 이후 버전의 거의 모든 기기 상에서 동작하는 시스템 레벨 상의 컴포넌트이다.

(7) 오픈소스 커뮤니티

안드로이드는 소스 코드를 사용하여 자신만의 운영시스템을 개발하고 배포하고 있는 수많은 개발자들의 커뮤니티를 가지고 있다. 이런 커뮤니티 기반으로 개발되어 배포되는 버전들은 기존 개발사나 통신사보다도 빠른 업데이트와 기능을 제공하고 있다. 다양한 테스트나 성능에 대한 보장이 이루어지지 않는다는 문제점도 존재하지만, HP 터치패드처럼 공식적으로 안드로이드를 지원하지 않는 기기에 안드로이드를 설치할 수 있게 해주거나 기기의 성능을 높이기 위해 오버클러킹을 제공하는 등 다양한 시도를 하고 있다. 사이아노젠 모드(CyanogenMod)가 가장 많이 사용되고 있는 커뮤니티 펌웨어로 수많은 사용자들과 개발자들에게 좋은 시작점으로 알려져 있다.

지금까지 기기 개발사나 통신사는 써드파티 펌웨어 개발을 공식적으로 지원하지 않았다. 오히려 개발사들은 비공식적인 소프트웨어를 자신들의 기기에서 실행함으로써 발생할 수 있는 문제와 이를 지원하기 위한 비용에 대해 문제를 제기하고 있다. 더욱이 사이아노젠 모드 와 같은 수정된 펌웨어가 제공하는 테더링과 같은 기능은 통신사가 추가 금액을 지불할 경우에만 제공하는 기능이었다. 따라서, 현재 수많은 기기에서는 수정된 펌웨어 자체를 기기에 설치할 수 없도록, 보안기능이 추가된 부트로더와 관리자 권한에 대한 엑세스를 제한하는 것이 일반적이다. 하지만, 커뮤니티를 통해 개발된 소프트웨어들이 빠르게 퍼지고 미국의 의회도서관에서 많은 기기에 대한 탈옥을 허락하면서 개발사와 통신사 역시 써드 파티의 개발에 대해 좀더 관대해지고 있다. HTC, 모토롤라, 삼성, 소니 등, 일부 업체는 써드 파티 개발에 적극 지원하고 있기도 하다. 이로 인해서, 비공식 펌웨어를 설치에 대한 하드웨어적인 제약들이 점점 사라지고 있으며 최근에는 자유롭게 펌웨어를 변경, 설치할 수 있는 기기들과 부트로더들이 증가하고 있는 추세이다. 한 예로 넥서스 시리즈의 스마트폰을 들 수 있다. 물론 이런 탈옥은 더 이상 개발사로 부터 품질 보증과 사후 관리에 대한 서비스를 보장받지 못한다는 문제가 있다. 이와는 별도로 미국내 일부 개발사와 통신사의 경우에는 여전히 비공식 펌웨어를 설치할 수 없도록 제약된 제품을 판매하고 있다. 탈옥과, 해킹가능한 스마트폰과 태블릿은 다양한 커뮤니티와 산업체간 논쟁을 낳고 있지만, 시장에서 실패하거나 지원이 더 이상 불가능한 기기들이 존재하는 한 이런 비공식적인 소프트웨어 개발에 대한 요구는 계속 증가할 것은 자명하다.

(8) 보안 및 프라이버시

안드로이드의 응용 프로그램은 샌드박스 안에서 실행된다. 샌드박스는 프로그램이 인스톨될 때 사용자에 의해 명시적으로 엑세스 권한이 허가되지 않으면 시스템 자원에 대해 엑세스할 수 없도록 시스템 상의 분리된 영역을 말한다.

프로그램을 인스톨하기 전에, 플레이스토어는 모든 필요한 권한을 보여주게 된다. 예를 들어 게임이라면 진동 기능이 필요할 수 있고 SD 카드에 데이터를 저장할 수 있을 것이다. 하지만, SMS 메시지를 읽거나 주소록을 엑세스하는 것은 불필요한 것이다. 모든 권한에 대해 살펴 본 뒤, 사용자는 허가할 지, 아니면 거부할 지를 선택하게 되며, 허가할 경우에만 프로그램이 인스톨된다. 샌드박스와 이런 권한 방식은 프로그램 상의 취약점이나 버그에 의한 문제점을 줄여주며, 프로그래머가 혼동이나 부족한 설명 등으로 인해 불필요한 권한을 남용하는 문제점을 줄여줄 수 있다.

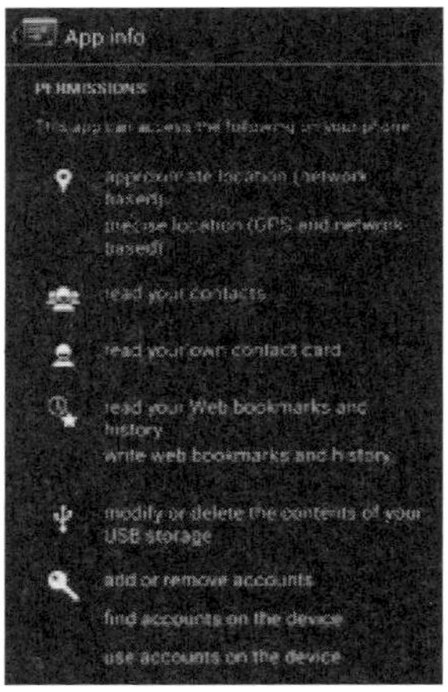

[그림 1-4] 앱 인스톨 시 사용권한

룩아웃 모바일 시큐리티(Lookout Mobile Security), AVG 테크놀러지스(AVG Technologies), 맥아피(McAfee) 와 같은 업체에서 안드로이드 단말기용 안티바이러스 프로그램을 출시하였다. 샌드박스 기법은 이런 안티바이러스 프로그램 역시 시스템에 대해 제약적인 엑세스만을 허가하기 때문에 효과가 작아지게 된다. 취약 검색을 위해 시스템을 심층적으로 검색하고 분석하는데 한계가 발생하기 때문이다.

트랜드 마이크로라는 보안 회사에서 수행한 연구에서 안드로이드 악성앱의 가장 흔한 형태로 프리미엄 서비스 남용이라고 밝히고 있다. 예를 들면 사용자의 동의 없이 감염된 전화기가 부가 비용이 청구되는 번호로 텍스트 메시지를 전송하는 경우가 포함된다.

다른 악성앱의 경우에는 원치 않는 광고를 기기에 설치하거나 화면에 보여주거나 개인 정보를 인증받지 않은 써드 파티에 전송하기도 한다. 안드로이드 상의 보안 위협은 기하 급수적으로 빠르게 증가하고 있다. 하지만, 구글 엔지니어들은 안드로이드에 대한 악성앱과 바이러스 위협이 사실상 상업적인 이유로 보안 회사들에 의해 과장되고 있다고 주장하고 있다. 또한 그런 회사들이 사용자들에게 막연한 공포를 주고 결국 바이러스 백신 프로그램을 팔기 위한 술책이라고 비난하고 있다. 구글은 위험한 악성앱은 매우 낮은 수준으로 유지되고 있으며, 에프 시큐어(F-Secure)에서 조사한 바에 따르면 구글 플레이 스토어에는 단 0.5 %의 안드로이드 악성앱이 있다.

구글은 현재 구글 플레이 스토어 앱들에 대해 감시하고 스캔할 수 있는 구글 바운서라는 악성앱 검색기를 사용하고 있다. 이 검색기는 의심스러운 앱들을 찾아 사용자들에게 다운로드 전에 해당 응용 프로그램이 갖는 잠재적인 문제점들에 대해 경고를 하기 위해 만들어졌다. 안드로이드 버전 4.2 젤리 빈은 2012년에 공개되었으며, 향상된 보안 기능을 탑재하고 있다. 예를 들어 시스템에 악성앱 검색기가 통합되어 있는데, 구글 플레이와 연동하여 동작하며, 다른 써드 파티로부터 설치된 앱들도 검사할 수 있다. 또한, 사용자에게 앱이 부가 사용료를 필요로 하는 텍스트 메시지를 전송하는 것을 알려주기 위한 경고 시스템을 포함하고 있다. 이를 통해 사용자가 명시적으로 허가하지 않는 한 메시지 전송을 막도록 되어 있다.

안드로이드는 스마트폰 사용자가 이동 중에 만나게 되는Wi-Fi 엑세스 포인트들의 위치를 알 수 있으며 수천만 엑세스 포인트들의 위치를 포함한 데이터 베이스를 만들 수 있다. 이들 데이터베이스들은 스마트폰 위치를 나타내는 전자 지도를 형성하여 사용자로 하여금 포스퀘어(Foursquare), 구글 래티튜드(Google Latitude), 페이스북 플레이스(Facebook Places)와 같은 앱들을 실행하고 위치 기반 광고들을 보여줄 수 있다.

학술 연구 목적을 위한 테인트드로이드(TaintDroid)와 같은 써드 파티 모니터링 소프트웨어의 경우, 일부 경우에 개인 정보들이 외부 서버로 앱을 통해 전송된다는 사실을 알 수 있었다. 2013년 8월에는 구글은 안드로이드 기기 매니저라는 외부에서 온라인 인터페이스를 통해 자신의 안드로이드 기기를 원격으로 추적하며, 위치를 찾고, 정보를 삭제하는 기능을 제공하였다. 안드로이드 자체에 포함되지 않고 구글 플레이 서비스로 구현됨으로써, 버전 2.2 이후 대부분의 안드로이드 기기들을 지원하고 있다.

안드로이드는 공개 소프트웨어이기 때문에 경비 업체가 기존 기기를 이용해 좀더 높은 보안 기능을 제공하는 것이 가능하다. 예를 들어 삼성은 오픈커널랩을 통해 제너럴 다이나믹스(General Dynamics)사와 함께 녹스(Knox) 프로젝트를 위해 좀더 견고한 삼성의 마이크로바이저 위에 젤리 빈을 올렸었다.

2013년 대규모 대중 감시에 대한 폭로 사건에서는 미국과 영국 정부가 NSA와 정부통신본부(Government Communications Headquarters,GCHQ)를 통해 아이폰, 블랙베리와 안드로이드 스마트폰의 사용자 데이터를 액세스하였음을 알 수 있었다. 정부는 사실상 SMS, 위치 정보, 이메일, 메모 등 거의 모든 정보를 읽을 수 있었던 것으로 나타났다.

(9) 라이센싱

안드로이드 소스 코드는 자유 및 오픈 소스 소프트웨어 라이센스로 자유롭게 엑세스할 수 있다. 구글은 네트워크, 전화 소프트웨어 스택을 포함한 거의 모든 코드를 아파치 라이센스 버전 2.0 하에 공개하고 있으며, 나머지 리눅스 커널 코드 변경 부분 등은 GNU GPL (General Public License) 버전 2로 공개되고 있다. 개방형 휴대폰 동맹(Open Handset Alliance)은 항상 공개된 소스 코드를 사용하여 리눅스 커널 수정 작업을 수행하고 있다. 안드로이드의 나머지 부분은 구글에 의해 단독으로 개발이 되고 있으며, 매 새 버전이 공개될 때마다 소스 코드 역시 공개되고 있다.

일반적으로 구글은 넥서스 시리즈로서 새 안드로이드 버전을 탑재한 플래그십 모델을 개발하기 위해 다른 하드웨어 업체와 공동 작업을 해오고 있다. 따라서 새 넥서스 기기가 공개되면 해당 소스 코드 역시 공개되고 있다.

2011년 초기에는 구글은 태블릿용 허니컴 3.0버전의 안드로이드 소스 코드의 공개를 일시적으로 늦춘 적이 있었다. 그 이유는 앤드 루빈의 공식 안드로이드 블로그의 글에 따르면 허니컴은 모토롤라의 줌 (Xoom)의 생산을 위해 개발되었는데, 다른 써드 파티가 이 운영시스템을 스마트폰에 사용함으로써 문제를 일으키는 것을 막기 위함이었다. 허니컴의 소스 코드는 2011년 11월 경, 안드로이드 4.0 코드와 함께 공개되었다.

안드로이드가 오픈 소스이지만, 기기 제조사들은 구글의 안드로이드 트레이드마크를 함부로 사용할 수는 없다. 이를 위해서는 그 기기에 대해 구글의 정의한 호환 정의 문서 (Compatibility Definition Document, CDD)에 따르는 지를 구글이 인증한 경우에만 사용할 수 있다. 각 기기는 또한 구글의 비공개 소스 응용 프로그램인 구글 플레이 라이센스를 따라야만 한다. 이에 대해 리차드 스톨만과 자유 소프트웨어 재단에서 비판을 제기하고 있으며, 그 대안으로 레플리컨트(Replicant)와 같은 완전히 공개된 운영시스템을 사용하도록 권고하고 있다. 안드로이드 기기에 정상적인 동작을 하는데 중요한 드라이버와 펌웨어들은 사실상 공개되어 있지 않으며 구글플레이 역시 유료 소프트웨어를 지원하기 때문이다.

연습문제

1 • 안드로이드의 시장 점유율은 2008년 2사분기에 전세계 스마트폰 출하량의 총 2.8%에서 2010년에는 33%로 증가했으며, 2012년 3사분기에는 전세계 75%를 차지하는 것으로 알려져 있다. 또한 매일 13,000,000 대의 새로운 기기가 개통되는 것으로 알려졌다. 2013년 5월, 구글 I/O에서 총 9억 대의 안드로이드 기기가 개통되었다고 발표되기도 하였다. 애플의 아이폰을 비롯한 iOS 기기들이 거의 모든 시장을 선점한 상태에서 어떻게 안드로이드가 시장에서 경쟁력을 가질 수 있었는지를 생각해 보자.

2 • 안드로이드 앱은 쉽게 해적판을 만들 수 있다는 우려가 있다. 2012년 5월, 유로게이머와의 인터뷰에서 풋볼 매니저 게임의 개발자들은 스마트폰 상의 사용자들의 90%가 해적판을 사용한다고 밝혔다. 이를 해결하기 위해서 2010년, 구글은 앱 내에 합법적 구매를 인증할 수 있는 툴을 발표하였다. 또한, 2012년 구글은 안드로이드 4.1에서 새로운 기능을 출시하였다. 이는 구매한 앱을 암호화함으로써 그들이 구매한 기기에서만 동작할 수 있도록 한 것이었다. 하지만 이 기능은 기술적 이슈때문에 곧 사라지고 말았다. 어떤 기술적인 문제들이 있었는지 알아보자.

3 • 2012년 7월에 와인드업 나이트 게임 개발자들은 해적판 사용자의 비율이 12%이며 대부분의 경우는 중국이었는데 그 이유는 무엇인지 생각해보자.

4 • 안드로이드는 기존 임베디드 리눅스와 전혀 다른 접근 방법을 사용하였다. 커널을 최소로 수정을 하는 대신 새로운 사용자 영역을 제공하는 방법을 사용하였는데 이를 통해 얻는 장점과 단점은 무엇인가?

Chapter 2

안드로이드 개발 환경 구축

1. 환경 구축
2. 소스코드 다운로드 받기
3. 시스템 빌딩하기
4. 안드로이드 실행하기
5. 기기를 위한 이미지 생성
6. 기본적인 안드로이드 작업흐름

안드로이드 개발 환경 구축

이번 장에서는 안드로이드를 컴파일하기 위한 환경 설정과 컴파일 과정을 설명하기로 한다. 안드로이드를 컴파일하기 위해서는 다음과 같은 요구 조건을 만족하는 시스템이 필요하다.

- 리눅스 혹은 매킨토시 컴퓨터. 윈도우의 경우 가상기계를 사용하여 컴파일 가능. 이 경우, 최소 16GB의 메모리(스왑 영역 포함) 혹은 30GB 이상의 하드디스크 공간이 필요.
- 진저브레드 (2.3.x)와 이후 최신 버전의 경우, 64비트 시스템. 이전 버전의 경우에만 32비트 시스템에서 컴파일이 가능함.
- 안드로이드 한 버전만 빌드하기 위해서 30GB의 하드디스크 공간이 필요하며, 모든 버전을 빌드하기 위해서는 100GB 이상의 공간이 필요. 소스 코드만 크기가 약 8.5 GB.
- 파이썬 2.6 혹은 2.7. python.org에서 다운로드 가능.
- GNU Make 3.81 혹은 3.82, gnu.org에서 다운로드 가능.
- 진저브레드 혹은 이후 버전을 컴파일 할 경우, JDK 6가 필요하며, 프로요 혹은 이전 버전의 경우, JDK 5가 필요. java.sun.com에서 다운로드 가능.
- 기트 1.7 혹은 이후 버전. git-scm.com에서 다운로드 가능.

1. 환경 구축

(1) 빌딩 환경 초기화

안드로이드 소스 파일을 컴파일하기 위해 필요한 환경을 어떻게 설정하는지에 대해 설명하기로 한다. 리눅스와 맥OS를 기준으로 설명하도록 한다. 주의할 점은 소스 코드가 약 8.5GB이므로 싱글 빌드에만 30GB 정도의 하드디스크 공간이 필요하며 전체 빌드에는 100GB 이상의 하드 디스크 여유 공간이 있어야 한다.

(2) 코드 브랜치 선택

어떤 소스 코드의 버전을 컴파일 할지에 따라 필요한 환경이 달라지게 된다. 다음 표는 선택할 수 있는 모든 브랜치 리스트를 나타낸 것이다. 이 외에도 마스터라고 불리는 최신 소스 코드를 다운받아 컴파일이 가능하다. 이 경우, 소스 저장고(repository) 초기화시 브랜치 이름을 생략하면 된다. 브랜치를 선택하면 다음 절차에 따라 환경을 설정한다.

[표 2-1] 안드로이드 소스 코드 브랜치 리스트

코드명	버전	API 레벨
없음	1.0	API 레벨 1
없음	1.1	API 레벨 2
Cupcake (컵케이크)	1.5	API 레벨 3, NDK 1
Donut (도넛)	1.6	API 레벨 4, NDK 2
Eclair (이클레어)	2.0	API 레벨 5
Eclair (이클레어)	2.0.1	API 레벨 6
Eclair (이클레어)	2.1	API 레벨 7, NDK 3
Froyo (프로요)	2.2.x	API 레벨 8, NDK 4
Gingerbread (진저브레드)	2.3 - 2.3.2	API 레벨 9, NDK 5
Gingerbread (진저브레드)	2.3.3 - 2.3.7	API 레벨 10
Honeycomb (허니컴)	3.0	API 레벨 11
Honeycomb (허니컴)	3.1	API 레벨 12, NDK 6
Honeycomb (허니컴)	3.2.x	API 레벨 13

코드명	버전	API 레벨
Ice Cream Sandwich (아이스크림 샌드위치)	4.0.1 - 4.0.2	API 레벨 14, NDK 7
Ice Cream Sandwich (아이스크림 샌드위치)	4.0.3 - 4.0.4	API 레벨 15, NDK 8
Jelly Bean (젤리빈)	4.1.x	API 레벨 16
Jelly Bean (젤리빈)	4.2.x	API 레벨 17
Jelly Bean (젤리빈)	4.3.x	API 레벨 18
KitKat (킷캣)	4.4	API 레벨 19

(3) 리눅스 개발 환경 설정

마스터를 포함한 모든 브랜치에 대해 동일하게 적용된다. 우분투 (Ubuntu LTS) (12.04)를 기준으로 설명하나 다른 환경에서도 설정 가능하다. 진저브레드 (2.3.x) 및 이 후 버전의 경우에는 마스터 브랜치를 포함하여 64비트 환경과 JDK6가 필요하다. 이전 버전인 경우에는 JDK5를 설치하도록 한다.

1) JDK 인스톨

썬 JDK는 더 이상 우분투의 메인 소스 저장소에서 얻을 수 없기 때문에 다음과 같이 필요한 저장소를 추가하여 인스톨하여야 한다.

- 자바 6: 진저브레드 및 이후 버전의 경우

```
$ sudo add-apt-repository "deb http://archive.canonical.com/ lucid partner"
$ sudo apt-get update
$ sudo apt-get install sun-java6-jdk
```

만일 실패하는 경우에는 다음을 시도한다.

- 자바 6: 진저브레드 및 이후 버전의 경우

```
$ sudo add-apt-repository ppa:webupd8team/java
$ sudo apt-get update
$ sudo apt-get install oracle-java6-installer
```

• 자바 5: 프로요 및 이전 버전의 경우

```
$ sudo add-apt-repository "deb http://archive.ubuntu.com/ubuntu hardy main multiverse"
$ sudo add-apt-repository "deb http://archive.ubuntu.com/ubuntu hardy-updates main multiverse"
$ sudo apt-get update
$ sudo apt-get install sun-java5-jdk
```

■ 주의: 빌드과정 중 lunch 명령어는 이전에 인스톨된 JDK가 아닌 새로 인스톨된 JDK가 사용되는 것을 보장하기 위해 사용된다.

2) 필수 패키지 설치 (우분투 12.04의 경우)

기본적으로 우분트 64비트 버전이 필요하며 12.04버전을 추천한다. 이전 버전의 우분투에서는 마스터나 최근 공개된 소스를 지원하지 않는다.

```
$ sudo apt-get install git gnupg flex bison gperf build-essential ₩
  zip curl libc6-dev libncurses5-dev:i386 x11proto-core-dev ₩
  libx11-dev:i386 libreadline6-dev:i386 libgl1-mesa-glx:i386 ₩
  libgl1-mesa-dev g++-multilib mingw32 tofrodos ₩
  python-markdown libxml2-utils xsltproc zlib1g-dev:i386
$ sudo ln -s /usr/lib/i386-linux-gnu/mesa/libGL.so.1 ₩
  /usr/lib/i386-linux-gnu/libGL.so
```

■ 주의: 만일 libgl1-mesa-glx:i386가 설치 오류가 나면, libgl1-mesa-glx-lts-raring:i386으로 설치한다.

```
$ sudo apt-get install libgl1-mesa-glx:i386
```

혹은

```
$ sudo apt-get install libgl1-mesa-glx-lts-raring:i386
```

를 수행하면 된다. 이 후 심볼릭 링크를 설정한다.

```
$ sudo ln -s /usr/lib/i386-linux-gnu/mesa/libGL.so.1 /usr/lib/i386-linux-gnu
```

3) USB 엑세스 설정

리눅스 시스템에서는 일반 사용자 계정의 자격으로는 USB 장치를 기본적으로 엑세스하는 것이 금지되어 있다. 따라서 이를 허가하기 위한 설정이 필요하다. 한 가지 방법은 관리자 자격으로 을 만들고 다음 내용을 복사하여 파일에 추가한다. 여기서 은 USB를 통해 스마트폰을 엑세스할 실제 사용자 계정 이름으로 대체되어야 한다.

```
# adb protocol on passion (Nexus One)
SUBSYSTEM==“usb”, ATTR{idVendor}==“18d1”, ATTR{idProduct}==“4e12”,
MODE=“0600”, OWNER=“〈username〉”
# fastboot protocol on passion (Nexus One)
SUBSYSTEM==“usb”, ATTR{idVendor}==“0bb4”, ATTR{idProduct}==“0fff”,
MODE=“0600”, OWNER=“〈username〉”
# adb protocol on crespo/crespo4g (Nexus S)
SUBSYSTEM==“usb”, ATTR{idVendor}==“18d1”, ATTR{idProduct}==“4e22”,
MODE=“0600”, OWNER=“〈username〉”
# fastboot protocol on crespo/crespo4g (Nexus S)
SUBSYSTEM==“usb”, ATTR{idVendor}==“18d1”, ATTR{idProduct}==“4e20”,
MODE=“0600”, OWNER=“〈username〉”
# adb protocol on stingray/wingray (Xoom)
SUBSYSTEM==“usb”, ATTR{idVendor}==“22b8”, ATTR{idProduct}==“70a9”,
MODE=“0600”, OWNER=“〈username〉”
# fastboot protocol on stingray/wingray (Xoom)
SUBSYSTEM==“usb”, ATTR{idVendor}==“18d1”, ATTR{idProduct}==“708c”,
MODE=“0600”, OWNER=“〈username〉”
# adb protocol on maguro/toro (Galaxy Nexus)
SUBSYSTEM==“usb”, ATTR{idVendor}==“04e8”, ATTR{idProduct}==“6860”,
MODE=“0600”, OWNER=“〈username〉”
```

```
# fastboot protocol on maguro/toro (Galaxy Nexus)
SUBSYSTEM=="usb", ATTR{idVendor}=="18d1", ATTR{idProduct}=="4e30",
MODE="0600", OWNER="<username>"
# adb protocol on panda (PandaBoard)
SUBSYSTEM=="usb", ATTR{idVendor}=="0451", ATTR{idProduct}=="d101",
MODE="0600", OWNER="<username>"
# adb protocol on panda (PandaBoard ES)
SUBSYSTEM=="usb", ATTR{idVendor}=="18d1", ATTR{idProduct}=="d002",
MODE="0600", OWNER="<username>"
# fastboot protocol on panda (PandaBoard)
SUBSYSTEM=="usb", ATTR{idVendor}=="0451", ATTR{idProduct}=="d022",
MODE="0600", OWNER="<username>"
# usbboot protocol on panda (PandaBoard)
SUBSYSTEM=="usb", ATTR{idVendor}=="0451", ATTR{idProduct}=="d00f",
MODE="0600", OWNER="<username>"
# usbboot protocol on panda (PandaBoard ES)
SUBSYSTEM=="usb", ATTR{idVendor}=="0451", ATTR{idProduct}=="d010",
MODE="0600", OWNER="<username>"
# adb protocol on grouper/tilapia (Nexus 7)
SUBSYSTEM=="usb", ATTR{idVendor}=="18d1", ATTR{idProduct}=="4e42",
MODE="0600", OWNER="<username>"
# fastboot protocol on grouper/tilapia (Nexus 7)
SUBSYSTEM=="usb", ATTR{idVendor}=="18d1", ATTR{idProduct}=="4e40",
MODE="0600", OWNER="<username>"
# adb protocol on manta (Nexus 10)
```

만일 위 파일의 내용 중, 현재 개발할 스마트폰이 없는 경우, 각 스마트폰에 맞게 내용을 추가하여야 한다. 위 설정은 스마트폰이 USB 포트를 통해 연결될 때 적용이 되므로 현재 스마트폰이 연결되어 있는 경우에는 해제 후 컴퓨터에 재연결을 하여야 한다. 위의 방법은 우분투 8.04.X 10.04.X에도 적용이 되며, 다른 버전의 경우에는 적용이 안 될 수 있다.

4) ccache 설정

추가적으로 ccache 컴파일 도구를 사용하여 소스코드를 빌드할 지를 설정할 수도 있다. ccache는 컴파일러 캐시처럼 동작을 하기 때문에 재빌드 시 속도 향상을 얻을 수 있다. 특히 'make clean'을 자주할 경우, 또는 여러 버전의 소스를 번갈아 가며 자주 빌드한다면 설정하는 것이 좋다. 사용자 계정에 있는 ~/.bashrc 파일에 다음 라인을 추가한다.

```
export USE_CCACHE=1
```

기본적으로 캐시는 ~/.ccache에 저장된다. 만일 사용자 계정의 홈디렉토리가 네트워크로 연결되어 있는 NFS 혹은 기타 다른 파일 시스템에 있는 경우에는 . bashrc에 다른 디렉토리를 설정할 수도 있다. 로컬 하드디스크에 위치한 디렉토리를 지정하는 것이 속도 향상에 대한 이득이 크다. 이를 위해서는 다음과 같이 설정한다.

```
export CCACHE_DIR=<path-to-your-cache-directory>
```

ccache에서 사용할 캐시 사이즈를 설정할 수 있다. 소스파일 크기에 따라 설정하여야 하므로 안드로이드 개발에서는 일반적으로 50 ~ 100GB 정도로 설정할 것을 권장한다. 이를 위해서는 소스 코드를 다운로드한 후 다음 커맨드를 실행하도록 한다.

```
prebuilts/misc/linux-x86/ccache/ccache -M 50G
```

아이스크림 샌드위치 (4.0.x) 혹은 이전 버전의 경우, ccache 디렉토리는 다음과 같이 설정하여야 한다.

```
prebuilt/linux-x86/ccache/ccache -M 50G
```

설정 후 설정 정보는 CCACHE_DIR 환경 변수에 저장이 되며, 이후 지속적으로 적용된다.

5) 안드로이드 이미지 생성을 위한 별도의 디렉토리 설정 방법

기본적으로 각 만들어진 안드로이드는 각 소스 트리의 out 디렉토리 폴더 밑에 저장이 된다. 따라서 여러 저장 장치가 있는 컴퓨터에서는 소스파일과 out디렉토리를 서로 다른 저장 장치에 위치하면 안드로이드를 매우 빠르게 컴파일할 수 있다. 또한 out디렉토리는 안정성 보다는 속도면에서 유리한 저장 장치에 두는 것이 유리하다. 항상 소스로부터 새롭게 생성 가능하기 때문이다. 폴더를 설정하기 위해서는 다음처럼 환경 변수를 이미지가 저장되는 폴더명으로 설정하면 된다.

```
export OUT_DIR_COMMON_BASE=<path-to-your-out-directory>
```

각 소스 트리의 out 디렉토리는 소스트리를 포함하는 디렉토리 이름을 따라 결정된다. 예를 들어 소스 트리를 와 가 있다고 하자. 이제 가 로 설정되어 있다고 하면 실제 저장되는 디렉토리 이람은 각각 와 가 된다.

따라서 동일 이름을 가진 디렉토리에 여러 소스 트리를 저장하지 않도록 하는 것이 중요하다. 만일 저장할 경우, out 디렉토리를 공유하게 되어 예상치 못한 결과를 가져올 수 있다. 이는 현재 젤리빈 (4.1) 혹은 그 이후 버전에 대한 것이며 마스터 브랜치 역시 적용된다.

2. 소스코드 다운로드 받기

안드로이드 소스 트리는 구글에 의해 운영되는 기트 저장소에 있다. 이제 특정 안드로이드 코드를 어떻게 다운로드받는지에 대해 설명하기로 한다.

(1) 리포(Repo) 설치하기

리포는 안드로이드 소스에서 기트를 사용하기 좀더 편리하게 만드는 툴이다. 리포에 대해서 자세히 알기 위해서는 "개발" 부분을 참고한다.

리포를 인스톨하기 위해서는 다음 절차를 따른다.

1) 홈디렉토리 안에서 bin 디렉토리를 만든다. 그리고 이 디렉토리를 경로 환경 변수에 추가한다.

```
$ mkdir ~/bin
$ PATH=~/bin:$PATH
```

2) 리포 툴을 다운로드한 후 실행 속성을 추가한다.

```
$ curl http://commondatastorage.googleapis.com/git-repo-downloads/repo >
~/bin/repo
$ chmod a+x ~/bin/repo
```

참고로,
버전 1.17의 경우 리포의 SHA-1 체크섬은 ddd79b6d5a7807e911b524cb223bc3544b661c28,
버전 1.19의 경우 리포의 SHA-1 체크섬은 92cbad8c880f697b58ed83e348d06619f8098e6c,
버전 1.20의 경우 리포의 SHA-1 체크섬은 e197cb48ff4ddda4d11f23940d316e323b29671c 이다.

(2) 리포 클라이언트 초기화하기

리포를 인스톨한 후 안드로이드 소스 저장소를 엑세스하기 위해 설정한다.

1) 작업 파일들을 저장할 빈 디렉토리를 만든다. 맥OS를 사용한다면 대소문자를 구별하는 파일 시스템에 존재하여야 한다. 폴더명은 임의로 설정할 수 있다.

```
$ mkdir WORKING_DIRECTORY
$ cd WORKING_DIRECTORY
```

2) repo init을 실행하여 버그 수정된 최신 리포 버전을 다운받는다. 다운받기 위해서는 매니페스트 파일에 대한 위치(URL)를 지정하여야 한다. 이 파일은 작업 디렉토리에 다운로드할 소스 저장소 내 안드로이드 소스 파일들을 나타낸다.

```
$ repo init -u \
  https://android.googlesource.com/platform/manifest
```

마스터 소스 트리가 아닌 브랜치를 다운로드 즉 체크아웃하기 위해서는 -b 옵션을 사용한다. 브랜치는 https://android.googlesource.com/platform/manifest/+refs 페이지에서 원하는 버전을 선택한다. 예를 들어, 젤리빈은 android-4.2.1_r1, ICS은 android-4.0.4_r1, 진저브레드는 android-2.3.5_r1이다.

```
$ repo init -u \
https://android.googlesource.com/platform/manifest -b \
android-4.0.1_r1
```

3) 일단 사용자의 실제 이름과 이메일 주소를 물으면 이를 입력하여 리포를 설정한다. 게릿 코드 리뷰 툴을 사용하기 위해서는 구글 계정으로 등록되어 있는 이메일 주소가 필요하다. 따라서 관련 이메일 답신을 받을 수 있는 주소를 사용하도록 한다. 이 과정에서 지정되는 이름이 후에 코드를 제출할 때 사용된다.

성공적으로 초기화가 완료되면 리포가 해당 디렉토리에서 초기화되었다는 메시지가 출력이 된다. 이제 작업 디렉토리내에 .repo 디렉토리가 존재하게 된다. 그리고 이 디렉토리에는 매니페스트 (manifest) 등의 파일이 저장된다.

(3) 안드로이드 소스 트리 다운로드 받기

기본 매니페스트안에서 정해진 안드로이드 소스 트리를 저장소로부터 다운로드 받기 위해서는 단순히 다음과 같이 실행한다.

```
$ repo sync
```

안드로이드 소스 파일들은 작업용 디렉토리 안에 프로젝트 이름으로 된 폴더 안에 저장되게 된다. 초기 sync 동작은 완료하기 까지 한시간까지 걸리게 된다. 더 자세한 와 다른 리포 명령어에 대해서는 "개발" 장에서 다루기로 한다.

(4) 인증 사용하기

기본적으로 안드로이드 소스 코드를 엑세스하는 데는 인증이 필요없다. 하지만 과도한 사용으로 부터 서버를 보호하기 위해서 각 IP 주소마다 일정 사용량이 할당되어 있다.

다른 사용자와 함께 IP 주소를 공유하는 경우, 즉 NAT 방화벽을 통해 소스 저장소를 엑세스하는 경우에는 일반적인 사용에도 과도한 사용으로 오인되어 처리될 수 있다. 즉 짧은 시간안에 동일 IP 주소로부터 많은 사용자들이 sync를 수행하는 경우가 발생되기 때문이다.

이 경우, 인증된 엑세스를 하는 것이 가능하다. 즉 이 경우에는 IP 주소에 상관없이 각 사용자마다 각 사용용량이 할당되게 된다. 이를 위한 첫번째 작업은 암호 발생기(passwordgenerator,https://android.googlesource.com/new-password)를 이용하여 암호를 생성하고 ~/.netrc 에 저장하는 것이다. 두번째 작업은 다음 매니페스트를 사용하여 인증된 엑세스를 강제화 하는 것이다.

```
https://android.googlesource.com/a/platform/manifest.
```

/a/ 디렉토리 접두사가 강제 인증을 수행하도록 한다. 현재 존재하는 클라이언트를 강제 인증을 하도록 다음 명령을 사용하여야 한다.

```
$ repo init -u https://android.googlesource.com/a/platform/manifest
```

• 네트워크 관련 문제에 대한 해결방법

일반적인 회사 내에서 사용자가 위치한 경우처럼 프락시를 걸쳐 소스코드를 다운로드 받아야 하는 경우, repo에 의해 사용될 프락시를 명시적으로 지정하는 것이 필요할 수 있다.

```
$ export HTTP_PROXY=http://<proxy_user_id>:<proxy_password>@<proxy_server>:<proxy_port>
$ export HTTPS_PROXY=http://<proxy_user_id>:<proxy_password>@<proxy_server>:<proxy_port>
```

드물게는 리눅스 클라이언트에서는 다운로드 중 "Receiving objects"에서 멈춰서는 접속 문제가 보고되고 있는데 TCP/IP 설정을 조정하고 병렬처리하지 않고 싱글 프로세스로 동작하게 함으로써 상황을 개선할 수 있다고 알려져 있다. 다음과 같이 TCP 설정을 조정하기 위해서는 관리자 계정이 필요하다.

```
$ sudo sysctl -w net.ipv4.tcp_window_scaling=0
$ repo sync -j1
```

(5) 로컬 미러링 서버 사용하기

동시에 여러개의 클라이언트를 사용할 경우, 서버 대역폭의 한계가 있을 경우에는 전체 서버의 컨텐츠를 저장하는 로컬 미러를 만들고 네트워크 엑세스가 필요없는 미러로부터 sync 클라이언트를 사용하는 여러모로 유리하다. 당연히 미러를 사용하는 것이 두개 이상의 클라이언트를 사용하여 다운받는 것보다 짧은 시간이 걸린다.

다음 설명에서는 미러를 /usr/local/aosp/mirror에 만드는 것을 기준으로 설명하고 있다. 가장 먼저 수행할 것은 미러 자체를 생성하고 sync를 수행하는 것이다. 거의 13GB 공간의 하드디스크 공간이 필요하다. --mirror 플래그를 사용하고 있음을 유의하여야 한다. 이를 통해 새로운 클라이언트를 생성할 때 미러임을 지정하게 된다.

```
$ mkdir -p /usr/local/aosp/mirror
$ cd /usr/local/aosp/mirror
$ repo init -u https://android.googlesource.com/mirror/manifest --mirror
$ repo sync
```

일단 미러가 생성되고 sync에 의해 원본 데이터를 모두 저장하게 되면 새로운 클라이언트가 미러링 서버로부터 생성될 수 있다. 아래 설정에서 절대 경로가 사용되고 있음을 주의한다.

```
$ mkdir -p /usr/local/aosp/master
$ cd /usr/local/aosp/master
$ repo init -u /usr/local/aosp/mirror/platform/manifest.git
$ repo sync
```

마지막으로, 서버에 대해서 클라이언트를 동기화하기 위해 미러는 서버에 대해 동기가 이루어져야 되고 이후, 클라이언트는 미러에 대해 동기가 이루어진다.

```
$ cd /usr/local/aosp/mirror
$ repo sync
$ cd /usr/local/aosp/master
$ repo sync
```

LAN 서버 상에 미러를 저장후, NFS, SSH, 기트 등을 통해 엑세스 하는 것이 가능하다. 이동식 저장장치에 저장하는 것도 가능하며 다른 계정이나 서버로 이동도 가능하다.

(6) 기트 태그 검증하기

GnuPG 키 데이터베이스로 다음 공개키를 로드한다. 이 키는 배포판을 표현하는 주석 태크를 사인하는데 사용된다.

```
$ gpg --import
```

다음 아래 키를 위 커맨드라인 뒤에 입력하거나 http://source.android.com/source/downloading.html에서 복사하여 붙여넣기로 입력한다.

```
-----BEGIN PGP PUBLIC KEY BLOCK-----
Version:GnuPGv1.4.2.2(GNU/Linux)

mQGiBEnnWD4RBACt9/h4v9xnnGDou13y3dvOx6/t43LPPIxeJ8eX9WB+8LLuROSV
lFhpHawsVAcFlmi7f7jdSRF+OvtZL9ShPKdLfwBJMNkU66/TZmPewS4m782ndtw7
8tR1cXb197Ob8kOfQB3A9yk2XZ4ei4ZC3i6wVdqHLRxABdncwu5hOF9KXwCgkxMD
u4PVgChaAJzTYJ1EG+UYBIUEAJmfearb0qRAN7dEoff0FeXsEaUA6U90sEoVks0Z
wNj96SA8BL+a1OoEUUfpMhiHyLuQSftxisJxTh+2QclzDviDyaTrkANjdYY7p2cq
/HMdOY7LJlHaqtXmZxXjjtw5Uc2QG8UY8aziU3IE9nTjSwCXeJnuyvoizl9/I1S5
jU5SA/9WwIps4SC84ielIXiGWEqq6i6/sk4I9q1YemZF2XVVKnmI1F4iCMtNKsR4
```

```
MGSa1gA8s4iQbsKNWPgp7M3a51JCVCu6l/8zTpA+uUGapw4tWCp4o0dpIvDPBEa9
b/aF/ygcR8mh5hgUfpF9IpXdknOsbKCvM9lSSfRciETykZc4wrRCVGhlIEFuZHJv
aWQgT3BlbiBTb3VyY2UgUHJvamVjdCA8aW5pdGlhbC1jb250cmlidXRpb25AYW5k
cm9pZC5jb20+iGAEExECACAFAknnWD4CGwMGCwkIBwMCBBUCCAMEFgIDAQIeAQIX
gAAKCRDorT+BmrEOeNr+AJ42Xy6tEW7r3KzrJxnRX8mij9z8tgCdFfQYiHpYngkI
2t09Ed+9Bm4gmEO5Ag0ESedYRBAIAKVW1JcMBWvV/0Bo9WiByJ9WJ5swMN36/vAl
QN4mWRhfzDOk/Rosdb0csAO/l8Kz0gKQPOfObtyYjvI8JMC3rmi+LIvSUT9806Up
hisyEmmHv6U8gUb/xHLIanXGxwhYzjgeuAXVCsv+EvoPIHbY4L/KvP5x+oCJIDbk
C2b1TvVk9PryzmE4BPIQL/NtgR1oLWm/uWR9zRUFtBnE411aMAN3qnAHBBMZzKMX
LWBGWE0znfRrnczI5p49i2YZJAjyX1P2WzmScK49CV82dzLo71MnrF6fj+Udtb5+
OgTg7Cow+8PRaTkJEW5Y2JIZpnRUq0CYxAmHYX79EMKHDSThf/8AAwUIAJPWsB/M
pK+KMs/s3r6nJrnYLTfdZhtmQXimpoDMJg1zxmL8UfNUKiQZ6esoAWtDgpqt7Y7s
KZ8laHRARonte394hidZzM5nb6hQvpPjt2OlPRsyqVxw4c/KsjADtAuKW9/d8phb
N8bTyOJo856qg4oOEzKG9eeF7oaZTYBy33BTL0408sEBxiMior6b8LrZrAhkqDjA
vUXRwm/fFKgpsOysxC6xi553CxBUCH2omNV6Ka1LNMwzSp9ILz8jEGqmUtkBszwo
G1S8fXgE0Lq3cdDM/GJ4QXP/p6LiwNF99faDMTV3+2SAOGvytOX6KjKVzKOSsfJQ
hN0DlsIw8hqJc0WISQQYEQIACQUCSedYRAIbDAAKCRDorT+BmrEOeCUOAJ9qmR0l
EXzeoxcdoafxqf6gZlJZlACgkWF7wi2YLW3Oa+jv2QSTlrx4KLM=
=Wi5D
-----ENDPGPPUBLICKEYBLOCK-----
```


일단 키를 로드한 후에는 키를 사용하여 어떤 태그도 검증할 수 있다.

```
$ git tag -v TAG_NAME
```

3. 시스템 빌딩하기

다음은 마스터를 포함한 모든 브랜치에 대해서 안드로이드 소스 코드 트리를 컴파일하여 빌딩하기 위한 방법이다.

(1) 브랜치 선택하기

각 빌딩 환경에 대해 필요한 사항들은 컴파일할 소스 코드의 버전에 따라 정해진다. 따라서 모든 선택 가능한 브랜치에 대한 전체 리스트에 대해서는 앞서 설명한 안드로이드 소스 코드 브랜치 리스트를 참고하도록 한다. 최신 소스 코드를 컴파일하기 위해서는 마스터를 선택하면 된다. 이 경우 소스 저장소를 초기화할 때 브랜치이름을 생략할 수 있다.

일단 브랜치를 선택하면, 컴파일 환경을 설정하기 위해 다음 과정을 따르도록 한다. 기본적인 빌딩 커맨드는 다음과 같다.

(2) 초기화

envsetup.sh 스크립트를 사용하여 빌딩 환경을 초기화한다. source 커맨드는 '.'으로 대신할 수 있다. 문서 상에서도 source 대신 '.'를 주로 사용하기로 한다.

```
$ source build/envsetup.sh
```

와 다음은 동일하다.

```
$ . build/envsetup.sh
```

(3) 타겟 선택

lunch를 이용하여 컴파일할 대상을 선택한다. 정확한 설정은 다음과 같이 파라미터로 주어진다. 즉,

```
$ lunch full-eng
```

위 예제는 디버깅 기능이 모두 가능한 에뮬레이터용 컴파일을 의미한다. 만일 아무런 추가 파라미터가 없다면 lunch 는 메뉴로부터 대상을 선택하도록 한다. 모든 빌딩 대상은 '빌드'-'빌드타입'의 형태를 취하게 된다. 여기서 '빌드'는 특정 기능의 조합을 나타낸다. 다음 표는 전체 리스트 중 일부를 나타낸 것이다.

[표 2-2] 빌딩 대상

빌드 명	기기 명	설명
full	emulator	모든 언어, 앱, 입력 장치 등 모든 기능을 갖도록 설정
full_maguro	maguro	갤럭시 넥서스 GSM/HSPA+ ("maguro")을 타겟 기기로 full 빌드 설정
full_panda	panda	PandaBoard ("panda")를 타겟 기기로 full 빌드 설정

그리고 '빌드타입'은 다음 중 하나로 설정된다.

[표 2-3] 빌드 타입

빌드타입	설명
user	제약있는 엑세스. 제품에 적합한 설정
userdebug	User에 관리자 엑세스 및 디버그 기능이 추가된 설정 디버깅에 적합.
eng	추가적인 디버그 툴을 포함하는 개발용 설정

더 자세한 내용은 다음 '기기에 대한 빌딩'을 참조한다.

(4) 코드 빌딩

make를 사용하여 소스 코드를 컴파일한다. GNU make는 -jN 파라미터로 병렬 컴파일링을 지원한다. 일반적으로 N의 값은 소스 컴파일에 사용될 하드웨어 프로세스의 1~2배를 사용하는 것이 일반적이다. 예를 들어 듀얼E5520 워크스테이션 (2 CPUs, 4 코어/CPU, 2 쓰레드/코어)의 경우 make -j16 혹은 make -j32를 사용할 때 가장 빠른 성능을 얻을 수 있다.

```
$ make -j4
```

우분투 12의 gcc 4.6버전을 사용하여 아이스크림샌드위치와 진저브레드를 빌딩할 경우 에러가 발생하면 4.4 버전으로 빌드하여야 한다. 따라서

```
$ make CC=gcc-4.4 CXX=g++-4.4 -j4
```

를 실행한다.

만일 빌드 중, predefs.h 관련 오류가 발생하면, 다음과 같이 패키지를 설치하도록 한다.

```
$ sudo apt-get install lib32ncurses5-dev lib32readline5-dev lib32z-dev
```

빌드가 성공적으로 완료하면 out/target/product/generic 경로에 이미지 파일들, ramdisk.img, system.img, userdata.img 이 생성된다. 빌드 타입에 따라 파일 크기는 달라지게 된다.

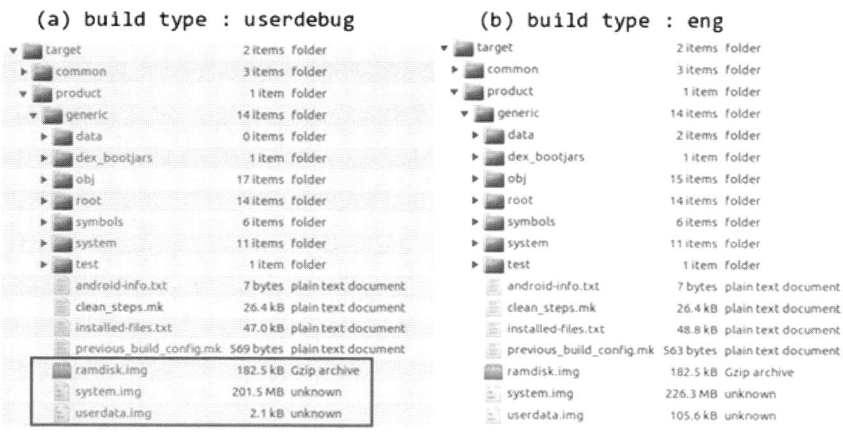

[그림 2-1] 빌드 타입에 따른 이미지

4. 안드로이드 실행하기

코드가 성공적으로 빌딩되면 이미지를 에뮬레이터 상에서 실행하거나 기기의 플래시에 저장한 후 실행할 수 있다. lunch 를 통해 선택된 기기 혹은 플랫폼에서 실행을 하게 된다.

(1) 기기의 플래시에 이미지 저장하기

fastboot를 사용하여 플래시에 저장할 수 있다. 이 툴은 성공적으로 빌딩을 완료하게 되면 실행 경로에 이미 포함되어 있게 된다. 기기를 fastboot 모드로 설정하기 위해 부팅시에 적정한 키 조합을 일정시간동안 누르거나 혹은 쉘에서 다음 명령을 실행한다.

```
$ adb reboot bootloader
```

일단 기기가 fastboot 모드로 진입하면 다음을 실행한다.

```
$ fastboot flashall -w
```

-w 옵션은 기기의 /data 파티션 내 모든 데이터를 삭제한다. 특정 기기의 플래시에 이미지 저장을 처음으로 할 때에는 이를 수행하는 것이 유리하다. 하지만 그 외의 경우에는 불필요한 작업이 될 수도 있다.

(2) 안드로이드 기기 에뮬레이트

빌드된 이미지 파일로 에뮬레이터 내 이미지 파일을 교체한 후 에뮬레이터를 새로 실행한다. 여기서 아이스크림샌드위치 이후 버전과 이전 버전의 에뮬레이터 이미지 파일 경로가 다르다.

- 아이스크림샌드위치 이전 버전
  - [sdk 디렉토리]/platforms/android-8/images
  - [sdk 디렉토리]/platforms/android-9/images
  - [sdk 디렉토리]/platforms/android-10/images

- 아이스크림샌드위치 및 이후 버전
  - [sdk 디렉토리]/system-images/android-14/
  - [sdk 디렉토리]/system-images/android-15/
  - [sdk 디렉토리]/system-images/android-17/

안드로이드 에뮬레이터는 성공적인 빌딩 후에는 자동으로 실행 경로상에 포함되어 있다. 에뮬레이터를 실행하기 위해서는 다음을 실행한다.

```
$ emulator
```

※ 참고: ccache 사용하기

ccache 는 C 혹은 C++ 소스 코드를 더욱 빠르게 컴파일할 수 있도록 도와주는 컴파일러 캐시이다. 소스 트리의 최상단 디렉토리안에서 다음을 실행한다.

```
$ export USE_CCACHE=1
$ export CCACHE_DIR=/<path_of_your_choice>/.ccache
$ prebuilts/misc/linux-x86/ccache/ccache -M 50G
```

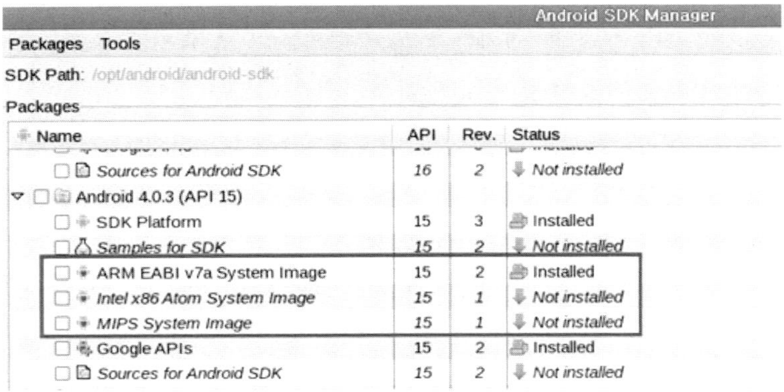

[그림 2-2]] 아이스크림샌드위치 이후에는 플랫폼별 이미지를 선택해서 다운로드 가능

적정 캐시 사이즈는 50~100GB이며, 다음 명령을 실행하여 사용하고 있는 캐시를 살펴볼 수도 있다.

```
$ watch -n1 -d prebuilts/misc/linux-x86/ccache/ccache -s
```

OSX의 경우 위 명령에서 linux-x86 를 darwin-x86로 수정하여 실행하면 된다. 아이스크림 샌드위치 (4.0.x) 혹은 그 이전 버전의 경우 prebuilts/misc 를 prebuilt로 변경하여야 한다.

※ 참고. 자주 발생하는 에러에 대한 해결책

(1) 잘못된 자바 버전 관련 에러

만일 프로요나 이전 버전을 자바 1.6 버전을 사용하여 컴파일하거나 진저브레드나 이후 버전을 자바 1.5를 이용하여 컴파일할 때 make는 다음 메시지를 출력하고 정지한다.

```
************************************************************
You are attempting to build with the incorrect version
of java.

Your version is: WRONG_VERSION.
The correct version is: RIGHT_VERSION.

Please follow the machine setup instructions at
    https://source.android.com/source/download.html
************************************************************
```

이 에러는 일반적으로 다음과 같은 이유 때문에 발생한다.

'빌딩 환경 초기화'에서 설명한 JDK 버전을 설치하지 않은 경우. 빌딩할 버전에 따라 썬JDK의 버전이 정해지기 때문에 유의하여야 한다.

이전에 인스톨한 JDK가 실행 경로상에 먼저 나타나는 경우. 이 경우에는 다음 명령을 통해 제거하도록 한다.

```
$ export PATH=$PATH/pathtojdkdir:/
```

(2) 파이썬 버전 3 관련 에러

리포는 파이썬 2.x 부터 특정 기능을 사용하여 만들어지며 이 기능은 파이썬 버전 3과 호환되지 않는다. 리포를 사용하기 위해서는 파이썬 2.x를 설치하여야 한다.

```
$ apt-get install python
```

(3) 대소문자 구별 안되는 파일시스템 관련 에러

맥 OSX 상의 HFS 파일 시스템 상에서 안드로이드를 개발할 경우, 다음과 같은 에러 메시지가 발생한다.

```
************************************************************
You are building on a case-insensitive filesystem.
Please move your source tree to a case-sensitive filesystem.
************************************************************
```

이를 해결하기 위해서는 맥 OS X에서 대소문자 구별할 수 있는 파일시스템을 디스크 이미지 형태로 생성하는 방법을 사용하여야 한다. 자세한 내용은 '빌딩 환경 초기화'를 참조한다.

(4) USB 권한 관련

대부분의 리눅스 시스템에서는 일반 사용자들은 기본적으로 USB 포트를 엑세스할 수 없다. 따라서 권한 거부 에러가 발생하면 '빌딩 환경 초기화'를 참조하여 USB 엑세스 권한 설정을 하여야 한다. 만일 adb가 이미 실행되고 있고 권한 설정을 하였음에도 불구하고 기기로 접속을 할 수 없는 경우에는 adb를 다음 명령을 통해 제거한다.

```
adb kill-server.
```

이 명령은 adb를 새 설정이 적용된 후 새로 실행하게 한다.

5. 기기를 위한 이미지 생성

특정 기기에 대한 이미지 생성 시 주의할 점에 대해 다루기로 한다. 현재 배포되는 소스코드를 사용하면 넥세스4, 넥서스7 및 갤럭시 넥서스 기반 변형 기기용 이미지를 생성할 수 있다. 각 기기가 제공하는 기능의 차이는 각 기기만이 가지고 있는 하드웨어 및 그에 특화된 실행 이미지에 따라 결정된다.

넥서스 4나 넥서스 7의 경우, 모든 설정이 사용되고 모든 하드웨어가 지원된다. 하드웨어 차이에 따라 안드로이드 4.1.2 혹은 이후 버전이 탑재된 넥서스 7의 경우에는 버전 4.1.1을 사용하면 안 된다.

넥서스 10, 만타는 모든 설정에 대해 버전 4.2.2가 적용될 수 있다. 이들 기기에 대해서 모든 그래픽, 오디오, Wi-Fi, 블루투쓰, 카메라, NFC, GPS를 비롯한 방향 센서 등이 모두 동작한다.

갤럭시 넥서스의 변형 모델들은 GSM/HSPA+ 설정인 "마구로(maguro)" (이 설정은 원래 "yakju" 혹은 "takju" 시스템과 함께 판매되었음.) 그리고VZW CDMA/LTE 설정인 "토로(toro)"이다. 이들 기기들에서는 Wi-Fi, 블루투스 그리고 해당 휴대폰 네트워크에 접속할 수 있으며 그래픽과 오디오가 동작한다.

갤럭시 넥서스의 스프린트 CDMA/LTE 설정인 "토로플러스(toroplus)"는 아직 정식으로 지원되지 않고 개발자 버전(jb-mr1-dev-plus-aosp 브랜치)으로만 지원된다. 이 설정에서는 휴대폰 네트워크 접속이 지원되지 않으나 그 외 다른 기능에는 토로와 동일하게 지원된다.

모토롤라 줌(Xoom)은 Wi-Fi 설정인 "윙그레이(wingray)"는 안드로이드 4.1.2 버전을 탑재하고 미국에서 판매가 되었다. 그래픽과 오디오, Wi-Fi와 블루투스, 방향 센서 등이 지원된다.

넥서스 S와 넥서스 S 4G의 모든 설정은 안드로이드 4.1.2에서 지원이 된다. 모든 하드웨어가 정상적으로 동작한다. 추가로 판다 보드 (PandaBoard),즉 판다는 jb-mr1-dev-plus-aosp 브랜치로 동작하지만 아직 정식 지원 상태는 아니다. 안드로이드 오픈 소스 프로젝트로 판다보드를 사용하는 방법은 소스 트리 내 device/ti/panda/README 를 참고한다.

(1) fastboot와2 adb 빌딩하기

두 툴이 없는 경우에 일반적인 개발 환경에서 fastboot와 adb를 생성할 수 있다. 자세한 설명은 '빌딩과 실행'을 참조하며, 다만 make 명령을 다음과 같이 수정하면 두 프로그램을 생성하게 된다.

```
$ make fastboot adb
```

(2) fastboot 모드로 부팅하기

콜드 부팅의 경우에는 다음 키 조합을 이용하여 fastboot 모드로 부팅할 수 있다. fastboot 모드는 부트로더가 기기의 플래시에 새 안드로이드 이미지를 로딩하기 위한 모드이다.

[표 2-4] fsatboot 모드로 부팅하기 위한 키조합

기기	키조합
플로우(flo)	소리줄이기 버튼을 누른 채, 전원 버튼을 누른다.
뎁(deb)	소리줄이기 버튼을 누른 채, 전원 버튼을 누른다.

기기	키조합
만타(manta)	소리키우기 버튼 과 소리줄이기 버튼을 누른 채 전원 버튼을 누른다.
마코(mako)	소리줄이기 버튼을 누른 채, 전원 버튼을 누른다.
그루퍼(grouper)	소리줄이기 버튼을 누른 채 전원 버튼을 누른다.
틸라피아(tilapia)	소리줄이기 버튼을 누른 채 전원 버튼을 누른다.
팬타즘(phantasm)	기기 전원을 켜고 LED가 켜지면 한 손으로 덮어 가린 후 LED가 빨간색이 될 때 까지 기다린다.
마구로(maguro)	소리키우기 버튼과 소리줄이기 버튼을 누른 채 전원 버튼을 누른다.
토로(toro)	소리키우기 버튼과 소리줄이기 버튼을 누른 채 전원 버튼을 누른다.
토로플러스(toroplus)	소리키우기 버튼과 소리줄이기 버튼을 누른 채 전원 버튼을 누른다.
판다(panda)	입력버튼(Input)을 누른 채 전원 버튼을 누른다.
윙그레이(wingray)	소리줄이기 버튼을 누른 채 전원 버튼을 누른다.
크레스포(crespo)	소리키우기 버튼과 소리줄이기 버튼을 누른 채 전원 버튼을 누른다.
크레스포4g(crespo4g)	소리키우기 버튼과 소리줄이기 버튼을 누른 채 전원 버튼을 누른다.

이 외에도 커맨드 adb reboot bootloader의 경우 키 조합 없이 안드로이드를 재부팅하여 부트로더가 동작하게 된다.

(3) 부트 로더 잠금 해제하기

부트로더가 지원할 경우에만 개발된 시스템을 플래시에 설치할 수 있다. 일반적으로 부트로더는 잠겨 있기 때문에 fastboot 모드에서 다음 명령을 통해 부트로더는 잠금 해제를 할 수 있다.

```
$ fastboot oem unlock
```

이 명령은 스크린 상에서 확인 입력을 수행하여야 실제 잠금 해제가 진행되며 보안상 개인 자료는 제거된다. 잠금 해제는 처음에 한번 실행하면 이후에는 수행할 필요가 없다.

즉 USB를 통해 엑세스 가능한 각 앱들의 데이터와 사진, 영화 등 공유 데이터 등 스마트폰 내의 모든 데이터가 사라진다. 따라서 부트로더를 잠금 해제하기 전에 이전 파일들을 백업하여야 한다.

넥서스 10에서는 부트로더를 해제한 후 내부 저장 공간이 자동으로 포맷되지 않기 때문에 다음 명령을 통해 포맷을 하여야 한다.

```
$ fastboot format cache
$ fastboot format userdata
```

다음 명령을 통해 부트로더는 잠금 상태로 돌아갈 수 있다.

```
$ fastboot oem lock
```

줌(Xoom)의 경우, 공유된 USB 데이터를 포함하여 사용자 데이터가 삭제되므로 주의하여야 한다.

(4) 비공개 소스 기반 라이브러리 구하기

안드로이드 오픈 소스 프로젝트에서 그래픽 관련 하드웨어 가속기능 등을 실행하기 위해서는 순수한 소스 코드 뿐만 아니라 특정 하드웨어에 관련된 라이브러리들이 추가로 필요하게 된다.

지원되는 기기에 대한 공식적인 라이브러리들은 Google's Nexus driver page에서 다운로드 받을 수 있다. 공개되지 않은 소스 코드로 구현된 라이브러리들을 이용하면 특정 하드웨어 기능을 활용할 수 있게 된다.

특정 기기에 대한 마스터 브랜치를 컴파일할 경우, 가장 최근에 공개된 라이브러리를 반드시 사용하여야 한다.

- 비공개 라이브러리 추출

각 라이브러리들은 실행시 압축을 자동으로 해제할 수 있는 압축 파일로 구성되어 있다. 각 압축파일이 압축 이전으로 복원되면 소스 트리의 최상위 디렉토리에서 포함된 스크립트를 실행하여 다시 압축파일들을 푼다. 이때 이미 포함되어 있던 라이센스 관련해서 동의를 하여야 한다. 이후 각 바이너리들과 매칭되는 makefile들은 vendor/ 디렉토리에 저장된다.비공개 라이브러리를 추가할 경우, 기존 컴파일된 파일들, 즉 바이너리들과 오브젝트 파일들을 제거하여야 한다.

압축을 푼 후 새로 인스톨된 라이브러리들이 제대로 적용되기 위해서는 올바른 버전임을 확인하기 위해서는 다음 명령을 통해 기존 컴파일로 생성된 파일들을 제거한다.

```
$ make clobber
```

(5) 기기에 맞는 설정 선택 및 빌딩

안드로이드 오픈 소스 프로젝트를 설정하고 컴파일하기 위한 과정은 이전 내용을 참조하도록 한다. 각 기기에 대해 적합한 설정들은 lunch 메뉴를 통해 알 수 있다. 이를 위해서는 단순히 아무런 파라미터 없이 lunch를 실행하면 된다.

[표 2-5] 기기별 빌드 설정

기기명	브랜치	빌드 설정
플로우(flo)	android-4.3_r2.3	aosp_flo-userdebug
뎁(deb)	android-4.3.1_r1	aosp_deb-userdebug
만타(manta)	android-4.2.2_r1	full_manta-userdebug
마코(mako)	android-4.3_r1.1	full_mako-userdebug
그루퍼(grouper)	android-4.3_r1.1	full_grouper-userdebug
틸라피아(tilapia)	android-4.3_r1.1	full_tilapia-userdebug
팬타즘(phantasm)	android-4.3_r1.1	full_maguro-userdebug
마구로(maguro)	android-4.3_r1 or master	aosp_toro-userdebug
토로(toro)	master	aosp_toroplus-userdebug
토로플러스 (toroplus)	master	aosp_panda-userdebug
판다(panda)	android-4.1.2_r1	full_wingray-userdebug
윙그레이(wingray)	android-4.1.2_r1	full_crespo-userdebug
크레스포(crespo)	android-4.1.2_r1	full_crespo4g-userdebug

안드로이드 4.1.2 혹은 이후 버전이 탑재된 넥서스 7의 경우에는 버전 4.1.1을 사용하면 안 된다.

(6) 기기 플래시에 시스템 이미지 설치하기

기기 플래시에 시스템 이미지를 설치하기 위해서는 우선 fastboot 모드로 기기를 부팅하여야 한다.

전체 안드로이드 시스템은 단순히 하나의 명령으로 플래시에 설치될 수 있다. 즉 부트, 복구 및 시스템 파티션들을 한번에 플래시에 생성, 설치하게 된다. 설치전에 전체 시스템이 기존 인스톨되어 있는 부트로더나 라디오와 호환이 되는지 검사하게 되는데 이때 성공을 하면 설치가 이루어지고 이후 시스템을 리부팅하게 된다. 이 과정은

fastboot oem unlock 처럼 모든 사용자 데이터를 제거하게 된다. 설치 명령은 다음과 같다.

```
$ fastboot -w flashall
```

모토롤라 줌(Xoom)의 경우, fastboot를 통해 파일 시스템이 생성되면 최적의 성능을 보이지 않는다. 따라서 다음 명령을 통해 새로 생성하는 것이 필요하다.

```
$ adb reboot recovery
```

일단 복구가 이루어지면 전원 버튼과 소리키우기 버튼을 눌러 메뉴를 열고 캐시 파티션을 삭제한 후 데이터를 삭제하면 된다.

※ 참고: 원 공장 출하 상태로 기기를 복원하기

넥서스 10, 넥서스 4, 넥서스 Q,넥서스 7, 갤럭시 넥서스 (GSM/HSPA+ "약주"와 "탁주", 그리고 CDMA/LTE "mysid"와 "mysidspr"), 그리고 넥서스 S와 넥서스 S 4G의 공장 출하시 탑재되어 있는 이미지는 구글의 팩토리 이미지 페이지 (factory image page)에서 다운로드 받을 수 있다.

(1) 커널 생성하기

해당 커널을 다운로드하고 만들기 위해서는 다음 과정을 따른다. 설명을 쉽게 하기 위해서 안드로이드 오픈 소스 프로젝트 (AOSP)의 모든 소스 코드를 다운로드 하지 않았다고 가정한다. 만일 모든 소스코드를 다운로드한 경우에는 git clone에 대한 부분을 건너뛰고 실제 커널 소스를 다운로드 받는 부분을 참고하면 된다. 또한 판다보드 커널을 사용하는 것으로 가정한다.

(2) 생성할 커널 찾기

다음 테이블은 커널 소스와 바이너리의 이름과 위치를 나타낸 것이다.

[표 2-6] 커널 소스와 바이너리명과 위치

기기명	바이너리 위치	소스 위치	빌드 설정
플로우(flo)	device/asus/flo-kernel/kernel	kernel/msm	flo_defconfig
뎁(deb)	device/asus/flo-kernel/kernel	kernel/msm	flo_defconfig
만타(manta)	device/samsung/manta/kernel	kernel/exynos	manta_defconfig
마코(mako)	device/lge/mako-kernel/kernel	kernel/msm	mako_defconfig
그루퍼(grouper)	device/asus/grouper/kernel	kernel/tegra	tegra3_android_defconfig
틸라피아(tilapia)	device/asus/grouper/kernel	kernel/tegra	tegra3_android_defconfig
팬타즘(phantasm)	device/samsung/tuna/kernel	kernel/omap	tuna_defconfig
마구로(maguro)	device/samsung/tuna/kernel	kernel/omap	tuna_defconfig
토로(toro)	device/ti/panda/kernel	kernel/omap	panda_defconfig
토로플러스(toroplus)	device/moto/wingray/kernel	kernel/tegra	stingray_defconfig
판다(panda)	device/moto/wingray/kernel	kernel/tegra	stingray_defconfig
윙그레이(wingray)	device/samsung/crespo/kernel	kernel/samsung	herring_defconfig
크레스포(crespo)	device/samsung/crespo/kernel	kernel/samsung	herring_defconfig

기기 프로젝트의 커널 바이너리에 대한 기트 로그를 살펴보기 위해서는 다음과 같이 볼 수 있다. 이때 기기 프로젝트명들은 기기/〈벤더〉/〈이름〉의 규칙을 가지고 있다.

```
$ git clone https://android.googlesource.com/device/ti/panda
$ cd panda
$ git log —max-count=1 kernel
```

커널 바이너리를 만들 때 사용된 커널 소스에 대한 기트 로그의 일부가 기트 승인 메시지(commit message)에 나타나게 된다. 이 로그의 첫 엔트리는 커널을 만들 때 사용된 소스에 대한 정보이다. 이것은 이후 과정에서 사용된다.

(3) 소스 다운로드 받기

우선 원하는 커널에 따라 적정 커널을 다운 받는다. 각 프로젝트에 대한 다운로드 위치와 설명은 다음과 같다.

```
$ git clone https://android.googlesource.com/kernel/common.git
$ git clone https://android.googlesource.com/kernel/exynos.git
$ git clone https://android.googlesource.com/kernel/goldfish.git
$ git clone https://android.googlesource.com/kernel/msm.git
$ git clone https://android.googlesource.com/kernel/omap.git
$ git clone https://android.googlesource.com/kernel/samsung.git
$ git clone https://android.googlesource.com/kernel/tegra.git
```

- 골드피시(goldfish) 프로젝트는 가상 플랫폼에 대한 커널 소스를 포함한다.
- msm 프로젝트는 ADP1, ADP2, 넥서스 원, 넥서스 4에 대한 커널 소스를 포함한다. 또한 퀄컴 MSM 칩셋 용 커널을 생성하기 위한 기본 소스 코드로써 사용될 수 있다.
- omap 프로젝트는 판다보드와 갤럭시 넥서스에 대한 커널 소스를 포함한다. 텍사스인스트루먼트사의 TI OMAP 칩셋 용 커널 소스를 개발하기 위한 기본 코드로 사용된다.
- 삼성(samsung) 프로젝트는 넥서스 S에 사용되는 커널 소스를 포함하며 삼성 허밍버드 칩셋 용 기본 커널 소스로 사용된다.
- 테그라(tegra) 프로젝트는 줌(Xoom)과 넥서스 7용 소스를 포함하며 엔비디아(NVIDIA) 테그라 칩셋 용 기본 커널 소스로 사용된다.
- 엑시노스(exynos) 프로젝트는 넥서스 10 용 커널 소스를 포함하며 삼성 엑시노스 칩셋 용 기본 커널 소스로 사용된다.

(4) gcc 다운받기

우선 이미 컴파일되어 있는 툴체인이 실행 경로에 위치하여야 한다.

```
$ export PATH=$(pwd)/prebuilts/gcc/linux-x86/arm/arm-eabi-4.6/bin:$PATH
```

맥OS X에서는 다음과 같이 설정한다.

```
$ export PATH=$(pwd)/prebuilts/gcc/darwin-x86/arm/arm-eabi-4.6/bin:$PATH
```

리눅스 호스트에서 안드로이드 소스 트리를 다운로드하지 않은 경우에는 다음 위치에서 미리 만들어진 툴체인을 다운로드 받을 수 있다.

```
$ git clone https://android.googlesource.com/platform/prebuilts/gcc/linux-x86/
arm/arm-eabi-4.6
```

(5) 커널 생성

다음 명령들을 사용하여 판다 커널을 생성할 수 있다.

```
$ export ARCH=arm
$ export SUBARCH=arm
$ export CROSS_COMPILE=arm-eabi-
$ cd omap
$ git checkout <commit_from_first_step>
$ make panda_defconfig
$ make
```

참고로 튜나(tuna) 커널을 컴파일하기 위해서는 위 명령에서 panda를 tuna로 변경하여 실행하면 된다. 컴파일이 완료되면 커널 바이너리는 'arch/arm/boot/zImage'에 위치하며 안드로이드 소스 트리로 복사되어야 한다. 복사가 완료되면 새로 생성된 커널에 맞게 부팅 이미지를 생성할 수 있다.

6 기본적인 안드로이드 작업흐름

안드로이드 코드 상에서 작업을 하기 위해서는 기본적으로 기트(Git)와 리포(Repo)가 필요하다. 대부분의 경우, 리포 대신 기트를 사용할 수 있으며 또는 리포와 기트 명령을 함께 사용하여 좀더 복잡한 명령을 만들 수도 있다. 하지만 기본적인 네트워크를 통한 소스 관리를 위해서는 리포를 이용하는 것이 좀더 간단하다.

기트는 오픈 소스 기반의 버전 컨트롤 시스템으로 다수의 소스 저장소 (repository)에 분포되어 있는 대형 프로젝트들을 관리하기 위해 사용된다. 안드로이드에서는 기트는 사용자가 자신의 소스 코드를 수정하고, 차이를 분석하기 위한 작업을 위해 주로 사용된다. 안드로이드 프로젝트를 설정할 경우 가장 큰 어려움은 다양한 커뮤니티 외부에 있는 개발자들, 즉 단순한 취미 개발자에서 대량 판매용 사용자 기기를 개발하는 대형 OEM 개발자들을 지원하는 것이다. 이를 통해 다양한 개발자들에 의해 시스템 컴포넌트들이 자유롭게 개선되고 추가될 수 있어야 한다. 따라서 이런 목적을 위해 분산 버전 컨트롤 시스템인 기트가 사용되고 있다.

리포는 기트 위에서 구글이 만든 소스 저장소 관리 툴이다. 리포는 여러 기트 소스 저장소를 통합하여 필요하면 구글의 버전 컨트롤 시스템에 코드를 올리거나 안드로이드 개발 작업의 흐름(workflow)의 일부처럼 필요한 작업들을 자동화할 수 있다. 리포는 기트의 대체가 아닌 안드로이드 상에서 기트를 좀더 편하게 다루도록 하는 툴이다. 리포 명령은 경로 설정에 포함되면 실행가능한 파이썬 스크립트이다. 안드로이드 소스 파일에서 작업을 하기 위해서는 리포를 이용하여 여러 네트워크를 동시에 엑세스하는 것이 가능하다. 예를 들면 하나의 리포 명령어로 개발자는 자신의 작업 디렉토리에 네트워크 상 여러 소스 저장소에 있는 소스 코드를 다운로드할 수 있다.

게릿(Gerrit)은 웹 기반 코드 리뷰 시스템으로 기트를 사용하는 프로젝트에서 사용한다. 게릿은 허가된 사용자들이 리뷰에서 승인된 코드들을 저장소에 적용하는 것을 허락하기 위해 기트를 분산처리가 아닌 한 기트에서 이를 처리하도록 한다. 게릿은 리뷰 작업을 매우 쉽게 만들기 위해서 브라우저 상에서 코드의 변경 사항을 쉽게 표현해 주며 각 라인별로 주석을 추가할 수도 있다.

소스 저장소를 엑세스하는 기본적인 방법은 다음과 같다.

① 새 토픽 브랜치(버그 수정 등을 위해 만든 브랜치. 토픽은 브랜치를 만든 이유를 일컫는 용어)를 시작하기 위해 repo start를 실행한다.

② 소스 파일들을 수정한다.

③ 변경된 파일들을 올리기 위해 git add를 실행한다.
④ 변경 사항을 공개하기 위해서는 git commit를 실행한다.
⑤ 리뷰 서버에 변경 사항을 올리기 위해서는 repo upload를 실행한다.

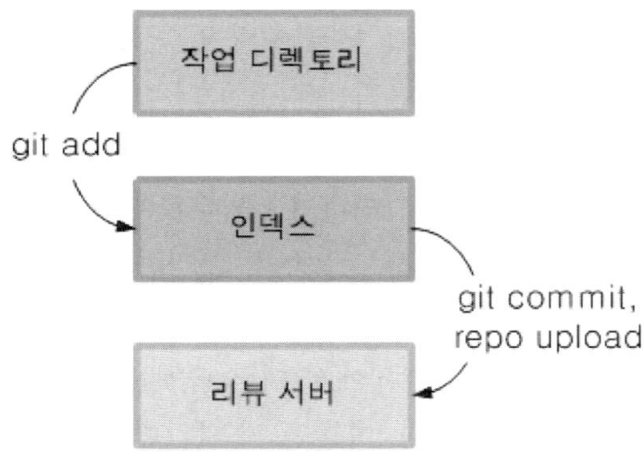

[그림 2-3] 기본 안드로이드 작업 흐름

(1) 작업 레퍼런스

다음 작업 리스트는 일반적인 리포와 기트 작업을 어떻게 하는가에 대한 설명이다. 소스코드를 다운로드하기 위해 리포를 사용하는 것에 대한 정보는 앞서 설명한 소스 코드 다운로드하기와 다음에 설명할 리포사용법을 참조한다.

(2) 클라이언트 소스코드를 동기화하기

현재 엑세스 가능한 모든 프로젝트들에 대해 소스파일들을 동기화하기 위해서는 다음을 실행한다.

```
$ repo sync
```

일부 선택한 프로젝트들에 대한 파일들만 동기하려면 다음과 같이 프로젝트명을 명시하면 된다.

```
$ repo sync PROJECT0 PROJECT1 PROJECT2 ...
```

(3) 토픽 브랜치들을 생성하기

각 개인의 작업 환경에서 소스 변경을 하려면 우선 새 토픽 브랜치를 시작하여야 한다. 예를 들면 버그를 수정하거나 새로운 기능을 추가하려 한다면 토픽 브랜치는 기존 코드들의 복사본이 아니어야 한다. 토픽 브랜치는 특정 수정 혹은 추가 기능을 저장소에 올리기 위한 소스들을 나타내게 된다. 이를 위해서는 로컬에 존재하는 브랜치들을 생성하고 각 브랜치들 사이를 가볍게 전환하며 작업을 할 수 있어야 한다. 브랜치를 사용함으로써 다른 사람들로부터 작업중인 자신의 코드들을 분리한 채로 작업할 수 있게 된다. 리포를 사용하여 한 토픽 브랜치를 시작하기 위해서는 다음 명령을 실행한다.

```
$ repo start BRANCH_NAME
```

새 브랜치가 만들어졌는지 확인하기 위해서는 다음을 실행한다.

```
$ repo status
```

(4) 토픽 브랜치를 사용하기

특정 프로젝트에 브랜치를 할당하려면 다음 명령을 실행한다.

```
$ repo start BRANCH_NAME PROJECT
```

현 브랜치에서 사용자의 로컬 작업 환경에 만들어진 다른 브랜치로 변경하기 위해서는 우선 다음을 실행하여야 한다.

```
$ git checkout BRANCH_NAME
```

이제 현재 존재하는 브랜치들의 리스트를 보기 위해서는 다음 명령을 사용한다.

```
$ git branch
```

또는 다음과 같이 리포를 사용할 수도 있다.

```
$ repo branches
```

현재 브랜치의 이름은 '*'로 앞에 표시가 되어 있다.

- 주의: 버그로 인해 repo sync 수행 시 로컬 토픽 브랜치가 사라질 수도 있다. 만일 repo sync 실행 후 git branch가 * (no branch)를 나타내면 이때는 다시 git checkout 를 실행하여야 한다.

(5) 스테이징

기본적으로 기트는 프로젝트 내에서의 변경 사항에 대해 추적하지 않는다. 기트에게 변경한 소스 코드들을 보관하기 위해서는 커밋(commit)을 수행할 때 변경 사항들이 포함되도록 표시를 하여야 한다. 이 작업을 스테이징(staging)이라고 한다. 스테이징을 하기 위해서는 다음 명령을 실행하면 된다.

```
$ git add
```

추가로 프로젝트 디렉토리에 포함되는 파일명이나 디렉토리명을 명령어의 인자로 추가할 수도 있다. 이름과 달리 git add 는 기트 저장소에 단순히 파일을 더하지는 않는다. 이 명령은 파일의 수정과 삭제를 위한 준비 단계로 사용된다.

(6) 클라이언트 상태 보기

작업 중인 파일들의 상태를 보기 위해서는 다음을 실행한다.

```
$ repo status
```

아직 적용되지 않은 수정 사항을 보기 위해서는 다음을 실행하면 된다.

```
$ repo diff
```

repo diff 명령은 지금 커밋하려 할 때 커밋되지 않을 모든 파일들에 대한 수정 내용을 보여 준다. 커밋될 파일 내용을 보기 위해서는 git diff를 실행한다. 단, 명령을 실행할 때 현재 디렉토리는 다음과 같이 프로젝트 디렉토리여야 한다.

```
$ cd ~/WORKING_DIRECTORY/PROJECT
$ git diff —cached
```

(7) 변경 사항 커밋하기

커밋은 기트에서 소스 리비전을 제어하기 위한 가장 기본적인 단위로 작업 중이던 전체 프로젝트의 디렉토리와 파일들의 이미지로 구성된다. 기트에서 커밋을 만들기 위해서는 다음 명령을 실행한다.

```
$ git commit
```

이제 커밋 메시지를 입력하게 된다. 이때 AOSP(안드로이드 오픈 소프트웨어 프로젝트)에 제출할 변경 사항에 대한 자세한 설명을 제공하여야 한다. 로그 메시지를 제공하지 않으면 커밋은 중단된다.

(8) 게릿에 변경 내용 업로드하기

업로드 하기 전에 소스를 최신 리비전으로 업데이트를 수행한다.

```
$ repo sync
```

완료하면 다음을 실행하여 업로드한다.

```
$ repo upload
```

커밋을 수행한 모든 변경 사항에 대해 목록을 보여준 후, 어떤 브랜치들을 리뷰 서버로 업로드할 지 선택하도록 메시지가 출력된다. 만일 한 브랜치만 있는 경우라면 단순히 업로드할 지(y/n)에 대해서만 물어보게 된다.

(9) 동기 충돌 사항에 대해 복구하기

repo sync 명령 수행 시 동기 시 충돌사항이 발생하면 다음과 같이 수정하도록 한다.

- 소스 트리로 합쳐지지 않은 파일(상태 코드= U)들을 살펴본다.
- 필요한 경우 충돌만 소스를 수정한다.
- 관련 프로젝트 디렉토리 상에서 문제가 발생한 파일들에 대해 git add와 git commit를 실행한다. 다음, 변경 사항에 대해 아래와 같이 rebase 명령을 실행한다.

```
$ git add .
$ git commit
$ git rebase —continue
```

- 이제 rebase 명령이 완료되면 전체 동기를 다시 시작한다.

```
$ repo sync PROJECT0 PROJECT1 ... PROJECTN
```

(10) 클라이언트 파일들을 제거하기

게릿에 변경 사항들이 적용된 후에 로컬 작업 디렉토리를 업데이트하기 위해서는 다음 명령을 실행한다.

```
$ repo sync
```

이제 불필요한 토픽 브랜치를 안전하게 제거할 수 있다. 이를 위해서는 다음 명령을 실행한다.

```
$ repo prune
```

(11) 클라이언트를 제거하기

모든 상태 정보들이 클라이언트 디렉토리 상에 저장되기 때문에 클라이언트를 제거하기 위해서는 단순히 파일 시스템 상에서 해당 디렉토리를 제거하면 된다.

```
$ rm -rf WORKING_DIRECTORY
```

클라이언트 삭제 시 리뷰를 위해 업로드 되지 않은 변경 작업들은 삭제된다.

(12) 기트와 리포 명령어 요약표

repo init	새 클라이언트를 초기화
repo sync	클라이언트를 소스 저장소와 동기
repo start	새 브랜치 시작
git add	변경 파일 적용 준비 (스테이징)
repo status	현 브랜치 상태 표시
git commit	변경 파일들 커밋
git branch	현 브랜치 정보 출력
git branch [branch]	새 토픽 브랜치 생성
git checkout [branch]	헤드를 특정 브랜치로 전환
git merge [branch]	[branch]를 현 브랜치로 통합
git diff	스테이지 안된 변경 사항 출력
git diff -cached	스테이지 된 변경 사항 출력
git log	현 브랜치에 대한 변경 이력 출력
git log m/[codeline]…	아직 업로드 안된 커밋 출력
repo upload	변경 사항을 리뷰 서버로 업로드

[그림 2-4] 주요 기트와 리포 명령어

※ 참고: 리포 명령어 레퍼런스

리포 명령은 다음과 같은 형식을 갖는다.

```
repo COMMAND OPTIONS
```

생략 가능한 옵션들은 괄호 [ ]로 표시하기로 한다. 일단 리포가 설치가 되면 명령에 대한 설명을 알고 싶으면 다음과 같이 help를 이용하면 된다.

```
repo help COMMAND
```

많은 커맨드들은 인자로 프로젝트 리스트를 필요로 한다. 프로젝트 리스트는 프로젝트명 혹은 해당 프로젝트의 로컬 소스 디렉토리 경로들로 구성된다.

```
repo sync [PROJECT0 PROJECT1 ... PROJECTN]
repo sync [/PATH/TO/PROJECT0 ... /PATH/TO/PROJECTN]
```

(1) init (초기화)

```
$ repo init -u URL [OPTIONS]
```

현재 디렉토리에서 리포를 인스톨하면.repo/ 디렉토리를 생성한다. 이 디렉토리는 기트 저장소를 포함하고 있는데 저장소에는 리포 소스 코드와 표준 안드로이드 매니페스트(manifest) 파일이 저장되어 있다..repo/ 디렉토리는 또한 manifest.xml파일을 포함하고 있는데 이 파일은 .repo/manifests/ 디렉토리안에 있는 매니페스트 파일에 대한 심볼릭 링크이다.

- 옵션:

-u: 매니페스트 저장소를 가져오기 위한 URL 주소. 일반적인 매니페스트는 https://android.googlesource.com/platform/manifest 에서 찾을 수 있다.

-m: 저장소 안에서 매니페스트 파일을 선택한다. 매니페스트 이름이 주어지지 않으면 default.xml가 기본 이름으로 설정된다.

-b: 특정 매니페스트 브랜치의 리비전을 지정한다.

■ 주의: 뒤에 설명할 모든 리포 명령들에 대해서 현재 작업 디렉토리는 .repo/의 부모디렉토리이거나 .repo/ 혹은 .repo/의 형제 디렉토리이어야 한다.

(2) sync (동기화)

```
$ repo sync [PROJECT_LIST]
```

새 변경코드들을 다운로드하고 로컬 디렉토리 상의 작업 파일들을 업데이트한다. 만일 repo sync를 인자없이 실행하면 모든 프로젝트에 대해서 파일들을 동기화한다.

repo sync를 실행하면 다음과 같이 동작한다.

- 만일 프로젝트가 동기화된적이 없다면 repo sync는 git clone과 동일하게 동작한다. 외부 저장소의 모든 브랜치들이 로컬 프로젝트 디렉토리로 복사가 된다.
- 만일 프로젝트가 일단 동기화가 되면 repo sync는 다음 동작과 동일하다.

```
$ git remote update
$ git rebase origin/BRANCH
```

여기서 BRANCH는 로컬 프로젝트 디렉토리에서 현재 체크아웃된 디렉토리이다. 만일 로컬 브랜치가 외부 저장소안에 있는 브랜치에 대해 변경 사항을 추적하고 있지 않다면, 프로젝트에 대해 동기가 이루어지지 않는다.

git rebase 동작 중에 통합 충돌(merge conflict)이 발생하면, 일반 기트 명령 (예: git rebase --continue) 을 사용하여 충돌을 해결하여야 한다.

repo sync가 성공적으로 완료되면 지정된 프로젝트들의 코드들은 외부 저장소안에 있는 최신 코드들로 업데이트된다.

- 옵션:

-d: 특정프로젝트에서 매니페스트 리비전 소스로 전환한다. 현재 프로젝트가 토픽 브랜치일 때 잠시 매니페스트 리비전을 참고할 경우에 유용하다.

-s: 현재 매니페스트에서 매니페스트 서버 항목에서 정해진 소스로 동기화한다.

-f: 한 프로젝트가 동기에 실패하더라도 다른 프로젝트에 대해서 동기를 계속 수행 한다.

(3) upload(업로드)

```
$ repo upload [PROJECT_LIST]
```

특정 프로젝트들에 대해서 리포가 로컬 브랜치와 마지막 repo sync를 수행하는 동안 업데이트된 외부 브랜치들을 비교한다. 리포는 리뷰를 위해 아직 업로드 안된 브랜치들에 대해서 업로드할 브랜치를 선택하도록 한다.

브랜치들을 선택하면, HTTPS 연결을 통해 선택된 브랜치들은 게릿으로 전송이 된다. 경우에 따라서는 업로드 인증을 위해서 HTTPS 암호를 설정할 수도 있다. 다음에 설명할 암호 생성에서 HTTPS 상에서 사용자 이름과 암호를 새로 생성하기 위한 방법을 다루기로 한다.

게릿이 서버를 통해 데이터를 받으면 받은 각각의 커밋에 대해 리뷰어들이 주석을 남길 수 있도록 변환한다. 체크포인트 커밋들을 하나의 커밋으로 합치기 위해서 repo upload를 실행하기 전에 git rebase -i를 실행하여야 한다.

만일 아무런 인자 없이 repo upload를 실행하면 모든 프로젝트에 대해서 업로드할 수정사항을 검색한다.

업로드가 된 후 변경 내용을 수정하기 위해서는 git rebase -i 또는 git commit --amend 를 수행하여 로컬 커밋을 업데이트하도록 하여야 한다. 모든 수정이 완료된 후에 다음을 주의하여야 한다.

- 업데이트된 브랜치가 현재 체크아웃된 브랜치인지를 확인한다.
- 변경 사항을 확인하기 위한 에디터를 열기 위해서는 repo upload --replace PROJECT 를 실행한다.
- 연속된 커밋들에 대해서 각 커밋을 지정하기 위해서는 괄호(bracket)안에 게릿 변경 ID 를 넣는다.

```
# Replacing from branch foo
[ 3021 ] 35f2596c Refactor part of GetUploadableBranches to lookup one specific...
[ 2829 ] ec18b4ba Update proto client to support patch set replacments
[ 3022 ] c99883fe Teach 'repo upload --replace' how to add replacement patch se...
```

```
# Insert change numbers in the brackets to add a new patch set.
# To create a new change record, leave the brackets empty
```

업로드가 완료되면 변경 사항에 대해서는 또하나의 패치 세트가 생성된다.

(4) diff(비교)

```
$ repo diff [PROJECT_LIST]
```

커밋과 작업 디렉토리내 소스와의 수정부분을 보여준다.

(5) download(다운로드)

```
$ repo download TARGET CHANGE
```

리포 시스템으로 부터 특정 수정 소스를 특정 프로젝트의 로컬 작업 디렉토리에 다운로드한다. 예를 들면 change23823 를 다운로드하기 위해서는 다음 명령을 실행하면 된다.

```
$ repo download platform/build 23823
```

repo sync는 repo download 를 통해 가져온 커밋들을 제거한다. 또는 외부 브랜치를 체크아웃하도록 git checkout m/master 명령을 실행할 수도 있다.

- 주의: 게릿 의 웹페이지 상에서 변경 사항이 보여질 때와 repo download로 모든 사용자가 변경된 소스를 가져올 때에 약간의 미러링에 의한 지연이 있다. 이는 전세계에 존재하는 모든 서버들로 데이터들이 전송되기 위한 지연이 있기 때문이다.

(6) forall (모든 프로젝트)

```
$ repo forall [PROJECT_LIST] -c COMMAND
```

주어진 쉘 명령을 모든 프로젝트 각각에 대해 실행한다. 다음의 환경 변수들은 repo forall에 의해 생성된다.

- REPO_PROJECT : 프로젝트의 유일한 이름으로 설정
- REPO_PATH : 클라이언트의 루트 디렉토리를 기준으로 한 상대 경로
- REPO_REMOTE: 매니페스트에서 지정된 외부 시스템의 이름
- REPO_LREV: 매니페스트에서의 리비전 이름으로 로컬 트래킹 브랜치로 옮겨진다. 로컬에서 실행되는 기트 명령에서 매니페크스 리비전 이름이 필요할 때 사용
- REPO_RREV: 매니페스트에서 지정된 리비전 이름과 동일하게 설정

- 옵션:

- c: 실행할 명령과 인자. 명령은 /bin/sh 에 의해 실행
- p: 특정 명령어의 결과를 출력하기 전에 프로젝트의 헤더를 보여준다.
- v: 명령이 표준에러로 출력한 메시지를 보여준다.

(7) prune (제거)

```
$ repo prune [PROJECT_LIST]
```

병합된 토픽들을 제거한다.

(8) start (시작)

```
$ repo start BRANCH_NAME [PROJECT_LIST]
```

개발 작업을 위해 매니페스트에 지정된 리비전으로 시작하는 새 브랜치를 시작한다. BRANCH_NAME는 프로젝트에서 작업할 변경 사항에 대해 짧은 설명으로 작명한다. 만일 어떤 이름을 사용할지 알 수 없다면 단순히 기본 이름을 사용한다. PROJECT_LIST로 새로 만든 토픽 브랜치에 연관된 프로젝트들의 이름들을 지정한다.

■ 주의: "." 는 현재 작업 디렉토리 내에서 프로젝트 디렉토리를 의미한다.

(9) status (상태)

```
repo status [PROJECT_LIST]
```

각 프로젝트에서 현 작업 소스트리와 스테이징, 그리고 지정된 브랜치(HEAD) 상의 최근 커밋을 비교 후, 세가지 상태 별 소스 상의 차이있는 부분에 대한 요약을 출력한다. 현재 브랜치에 대한 상태를 보기 위해서는 단순히 repo status를 실행한다. 프로젝트 별로 상태 정보가 출력된다. 프로젝트의 각 파일 별로 두 글자 코드가 사용되어 출력된다.

첫 컬럼에서 대문자는 스테이징될 소스와 마지막 커밋한 상태가 어떻게 다른지를 나타낸다.

※ 참고: 이클립스 (Eclipse) 사용하기

이 문서에서는 이클립스 통합 환경(IDE, Integrated Devleopment Enviornment)를 안드로이드 플랫폼 개발에 맞게 설정하는 것을 설명한다.

(1) 기본 설정

우선, 일반 안드로이드 개발 환경이 설정되어 있어야 한다.

```
cd /path/to/android/root
make
```

- 중요정보: 에뮬레이터나 기기상에서 실제 실행할 파일들을 만들기 위해서 계속 make을 사용할 수도 있다. 또는 이클립스를 사용하여 파일을 편집하고, 컴파일을 할 수도 있다. 하지만 우선 이클립스 상에서 변경된 파일들을 저장하여야 한다. 이 후 쉘에서 make를 실행하도록 한다. 이클립스에서 빌딩은 단순히 에러 체킹용이다.

이클립스는 자바 파일들을 검색하기 위한 디렉토리의 리스트가 있어야 한다. 이 정보는 "Java Build Path"로 존재하는데 이는 .classpath 파일에서 설정이 된다. 다음은 이를 위한 예제이다.

```
cd /path/to/android/root
cpdevelopment/ide/eclipse/.classpath.
chmodu+w.classpath
```

이제 필요하면 .classpath를 수정할 수 있다.

(2) 이클립스 메모리 설정값 증가하기

안드로이드 프로젝트는 이클립스의 자바 가성 머신이 컴파일하는 동안 가용 메모리를 대부분 사용할 만큼 크기가 매우 크다. 따라서 이 문제를 해결하기 위해서는 eclipse.ini 파일을 수정하여야 한다. 애플 OSX에서는 eclipse.ini 파일은 다음 위치에 존재한다.

/Applications/eclipse/Eclipse.app/Contents/MacOS/eclipse.ini

이클립스 3.4에서는 메모리 관련 설정값은 다음과 같다.

```
-Xms40m
-Xmx256m
-XX:MaxPermSize=256m
```

하지만 안드로이드 개발을 위해서는 추천되는 설정은 다음과 같다.

```
-Xms128m
-Xmx512m
-XX:MaxPermSize=256m
```

이는 이클립스의 최소 자바 힙 메모리 사이즈를 128MB로 설정하며 최대 사이즈는 512MB로 설정한다. 이제 이클립스를 실행한다.

```
$ eclipse
```

이제 안드로이드 개발을 위한 프로젝트를 생성할 수 있다.

- 실행 시 이클립스가 작업 디렉토리 위치를 묻는 경우, 기본 위치로 설정한다.
- "Welcome" 화면을 보는 경우 자바 모드(perspective)를 보기 위해 화면을 닫는다.
- File 〉 New 〉 Java Project
- 프로젝트명을 선택한다. "android"를 비롯하여 원하는 이름이면 뭐든지 가능하다.
- 현 소스로부터 프로젝트 생성을 선택하고, 안드로이드 루트 디렉토리를 선택한 후, "Finish"를 누른다.
- 프로젝트 설정을 완료하는 동안 대기한다. (아래 오른쪽에 진행바가 보일 것이다.)

일단 프로젝트 작업 공간(workspace)이 만들어지면, 이클립스로 안드로이드를 컴파일할 수 있다. 아무런 에러 없이 개발이 되어야 하며, 필요한 경우 자동 리빌드 옵션을 선택할 수도 있다.

■ 주의: 이클립스가 import android.R 등을 리소스 사용하는 파일 위에 자동으로 추가할 경우가 있다. 특히 이클립스를 사용하여 import를 정렬 혹은 관리하는 경우에 발생한다. 이 경우 빌드 작업을 멈추게 하므로 에러를 일으키는 import 문장들을 제거하여야 한다.

(3) 소스 동기

매번 repo sync를 수행하거나 혹은 이클립스를 사용하지 않고 .classpath를 포함하여 파일들을 수정한 경우, 다음과 같이 이클립스가 소스를 새로 로드하게 하여야 한다.

① Window 〉 Show View 〉 Navigator
② Navigator 메뉴에서 프로젝트 이름에 대해 오른쪽 클릭을 한다.
③ 컨텍스트 메뉴 상에서 Refresh를 선택한다.

(4) 빌드 패스에 앱을 추가하기

기본 .classpath은 안드로이드 코어 시스템과 샘플 앱들을 포함한다. 하지만, 특정 앱들은 제외될 수 있다. 만일 특정 앱을 추가한다면 먼저 앱의 소스 디렉토리를 추가하여야 한다. 이를 위해서는 이클립스에서 다음과 같이 수행하면 된다.

① Project 〉 Properties
② 왼쪽 메뉴에서 "Java Build Path"를 선택한다.
③ "Source" 탭을 선택한다.
④ "Add Folder..."를 클릭한다.
⑤ 원하는 앱의 src 디렉토리를 추가한다.
⑥ OK를 클릭한다.

위 작업을 완료하면 "source folder" 패스는 다음과 같이 설정된다.

```
android/packages/apps/YOURAPP/src
```

어떤 앱을 포함하는가에 따라서 android/dalvik/libcore 하의 othersrc/main/java 디렉토리를 추가로 포함하는 경우도 있다. 기본 설정에서 빌드가 실패하는 경우 위 디렉토리를 추가한다.

(5) 이클립스 포맷 (formatting)

development/ide/eclipse 하에 있는 파일들을 추가하여 이클립스가 안드로이드 스타일 규칙을 따르게 만들 수도 있다. 이를 위해서는 다음과 같이 설정하면 된다.

① Select Window 〉 Preferences 〉 Java 〉 Code Style.
② Use Formatter 〉 Import to import android-formatting.xml.
③ Organize Imports 〉 Import to import android.importorder.

(6) 이클립스로 에뮬레이터 디버깅하기

에뮬레이터를 디버그하기 위해 이클립스를 사용할 수 있다. 먼저 에뮬레이터를 다음과 같이 실행한다.

```
cd /path/to/android/root
.build/envsetup.sh
lunch1
make
emulator
```

에뮬레이터가 실행되면 전화기 모양의 화면을 보게 된다. 이제 다른 쉘에서 DDMS (Dalvik 디버그 매니저)를 실행한다.

```
cd /path/to/android/root
ddms
```

이제 디버깅 콘솔 화면을 보게 된다. 이클립스에서 다음과 같이 에뮬레이터와 디버거를 연결할 수 있다.

① Run 〉 Open Debug Dialog...
② "Remote Java Application" 오른쪽 클릭 후, "New" 선택한다.
③ "android-debug"와 같은 임의의 이름을 선택한다.
④ "Project"를 선택한 프로젝트 이름으로 설정한다.
⑤ 호스트를 기존처럼 "localhost"로 설정한다. 하지만 포트 번호는 8700로 변경한다.
⑥ "Debug" 버튼을 누르면 모든 세팅이 완료된다.

포트 8700은 DDMS 콘솔에서 선택된 프로세스로 연결된다. 따라서 디버그할 프로세스를 DDMS에서 선택이 먼저 되었는지를 확인하여야 한다.

디버그 모드 (perspective)를 선택할 수도 있다. 이를 위해서는 오른쪽 상단에 있는 "Java" 모드 옆의 작은 "Open Perspective" 아이콘을 선택하여 디버그를 선택한다. 일단 설정하면 리스트를 볼 수 있는데, 하나를 선택 후 "pause" 아이콘을 선택하여 중지한다. 스택 트레이스를 볼 수 있어야 하며 실행하는 부분을 확인할 수 있다. 브레이크 포인트를 비롯하여 모든 디버그 명령이 실행되어야 한다.

연습문제

1 ● 마스터 브랜치를 빌딩하기 위한 환경을 구축하시오. 개발 환경을 쉽게 구축하기 위해 우분투 12.04 버전을 vmware 플레이어나 virtualbox를 설치하고, 컴파일한 후, 에뮬레이터 상에서 실행되는지 실습한다.

2 ● 안드로이드 코드 개발 작업을 수행하기 위해 기트와 리포를 사용하여 작업 환경을 구축하고, 소스 코드를 동기화 후, 토픽 브랜치를 생성해 본다.

3 ● 이클립스를 이용하여 앱 개발을 하기 위한 환경 설정을 하시오. 이클립스를 설치 후, 안드로이드 SDK, ADT 플러그인을 설치 한 후, http://developer.android.com/training에서 제공하는 샘플 앱을 컴파일하고 에뮬레이터 상에서 실행한다.

4 ● 안드로이드에 포함된 리눅스 커널과 기존 리눅스 커널과의 차이점에 대해 알아보자.

Chapter 3

안드로이드 NDK

안드로이드 NDK

이번 장에서는 안드로이드에서 자바의 일부 기능을 네이티브 모듈로 개발하기 위해 JNI에 대한 개념을 이해하고, NDK(Native Devleopment Kit)를 효과적으로 다루는 방법에 대해 학습하기로 한다. 안드로이드 NDK는 네이티브 모듈을 개발하기 위한 여러 가지 편의 도구를 제공하며, 일반적으로 특정 플랫폼에 종속되더라도 최적의 프로세싱 파워나 해당 플랫폼만의 기능이 필요한 경우에 사용된다. 또한 기존 C 기반 코드로 개발되어 있던 프로젝트들을 쉽게 포팅하기 위해서도 사용된다. 하지만, 성능만을 향상하기 위한 목적으로 네이티브를 개발하는 것은 위험할 수 있다. 일반적으로 자바와 C로 구현된 코드 간에 데이터가 전송될 때에는 성능 저하가 필연적으로 발생하게 된다. 따라서 이런 성능 저하가 큰 문제가 발생하지 않는 경우에서만 NDK가 사용되어야 한다.

1. NDK란?

안드로이드 개발은 일반적으로 안드로이드 SDK(Software Development Kit)와 함께 자바 언어를 사용하여 이뤄진다. 이렇게 개발된 어플리케이션이 안드로이드 플랫폼에서 실행할 수 있도록 다양한 라이브러리를 갖추고 있는 것이 안드로이드의 "어플리케이션 프레임워크(Application Framework)"이다.

1장의 그림 1-3에서 안드로이드의 시스템 구조를 확인할 수 있었다.

안드로이드는 리눅스 커널 위에 네이티브 언어(C/C++/어셈블리 등)로 작성된 라이브러리와 런타임 계층이 존재하고, 그 위에 어플리케이션 프레임워크 계층이 있다. 프레임워크 계층은 네이티브 라이브러리의의 네이티브 레이어와 밀접하게 상호작용을 하면서 동작하는데, 주요 네이티브 시스템 서비스(서피스 플링어 서비스, 오디오 플링어 서비스, 카메라 서비스, 미디어 플레이어 서비스 등)와 센서 관련 하드웨어 서비스의 기능을 자바 어플리케이션에서 원활하게 이용할 수 있도록 하는 매개체 역할을 맡고 있다.

프레임워크는 자바 기반의 어플리케이션이 안드로이드 환경에서 효과적으로 구동되기 위한 환경을 제공하기 위하여 내부의 라이브러리와 광범위한 연동이 가능하도록, 자바와 네이티브 레이어 간의 JNI(Java Native Interface)를 통한 인터페이스를 폭넓게 활용하고 있다. 더 나아가 플랫폼 최상단의 자바 어플리케이션에서도 효율과 성능, 그리고 코드의 재사용성 등의 필요에 따라, 네이티브 연동이 활용되고 있다.

자바는 네이티브 언어들(C/C++/어셈블리)로 개발된 소스들로 만들어진 라이브러리를 자바에서 직접 활용할 수 있도록 하는 인터페이스인 JNI(Java Native Interface)가 정의되어 있다. 그리고, 이 JNI를 기반으로 하여 안드로이드 환경에서 네이티브 개발을 지원하기 위하여 제공되는 툴킷이 NDK(Native Development Kit)이다.

NDK는 크로스 플랫폼에 개발할 수 있는 툴체인과 라이브러리, 헤더 파일 및 샘플 등으로 구성되어 있다. 실제 안드로이드 상에서 자바 어플리케이션이 동적으로 로드된 네이티브 바이너리와 연동하여 동작할 수 있도록, 라이브러리 개발을 가능하게 해 주는 중요한 도구인 것이다.

안드로이드에서 네이티브 개발은 게임, 오디오, 비디오, 그래픽 등 대량의 연산이 필요하면서도 성능이 중요한 영역에서 폭 넓게 활용되고 있다.

이 교재에서는 멀티 쓰레드 환경의 안드로이드에서 제공되는 그래픽 솔루션들을 효과적으로 개발에 적용하는 다양한 방법에 대해서 깊이 있게 다루고자 한다. 여기에는 자바의 프레임워크에서 제공되는 방법 뿐만 아니라, 네이티브로 구현하는 방법까지 포함하고 있다. 이 장에서는 안드로이드에서 네이티브 모듈과 적절하게 조화를 이루며 어플리케이션을 개발할 수 있는 기본 지식을 학습할 것이다.

자바의 표준 JNI의 API 활용부터 안드로이드의 가상 머신의 특성을 고려하면서 어플리케이션을 개발하는 방법에 대해 알아보게 될 것이다.

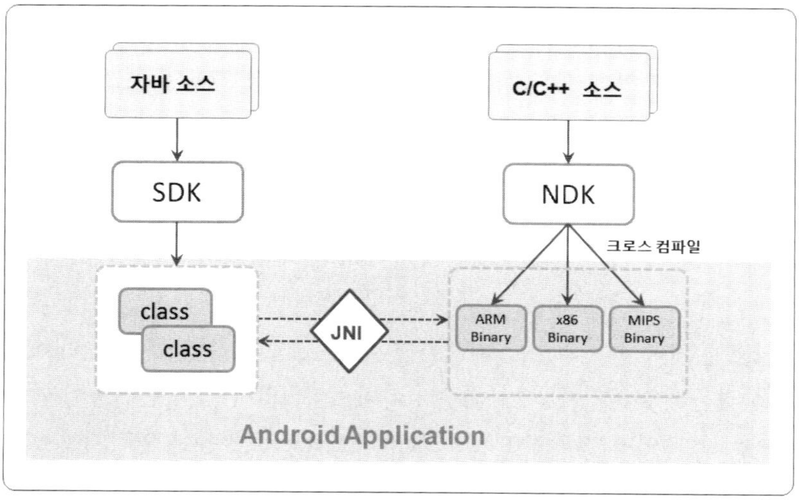

[그림 3-1] NDK와 안드로이드 어플리케이션 개발

2. JNI (Java Native Interface)

자바 어플리케이션 환경에서, 자바 언어가 지원하지 못하는 플랫폼 종속적인 기능들을 이용하거나, 기존에 네이티브 언어로 개발/검증된 바이너리를 재활용할 때, 또는 자바 언어의 갖는 한계를 극복하고 어플리케이션 처리 속도 향상을 극대화하기 위한 목적으로 네이티브 모듈을 활용하는 경우가 있다. 자바를 기반으로 하는 안드로이드에도 해당되는 개발 요구사항이라고 볼 수 있다.

이렇게 자바 어플리케이션이 일부 기능들을 네이티브로 구현하거나 이미 존재하는 네이티브 모듈과의 연동을 위해서 자바-네이티브 간 인터페이스를 정의한 것이 JNI(Java Native Interface)이다.

초기에는 Sun, Netscape, Microsoft 등 자바 VM(가상 머신, Virtual Machine) 벤더별로 네이티브 연동 솔루션들이 혼재되어 있었으나 현재는 표준화된 규약으로 정리되어 있으며, 안드로이드의 Dalvik을 포함하여 대부분 주요 VM에서 잘 지원되고 있다.

JNI 규약은 다음의 자바 사이트에서 최신 버전을 찾아 볼 수 있다.

[JNI 규약 (Java7)]

http://docs.oracle.com/javase/7/docs/technotes/guides/jni/spec/jniTOC.html

JNI는 라이브러리가 아닌 인터페이스이다. (인터페이스를 지원하기 위한 일부 라이브러리를 포함하고는 있다) JNI를 통하면 자바에서 C/C++ 함수를 호출할 수 있고, 반대로 C/C++에서 자바의 클래스와 메소드를 사용할 수도 있다.

안드로이드의 프레임워크도 자바와 네이티브 바이너리로 개발되어 있다. 따라서 내부적으로는 이 JNI를 통한 자바와 네이티브 바이너리의 상호작용으로 프레임워크에 정의된 기능들이 실행된다.

안드로이드 어플리케이션을 개발할 때에도, NDK를 이용하여 자바와 네이티브를 병행하여 개발할 수 있는데, 이 역시 JNI를 통한 네이티브 라이브러리를 연동을 하는 것이다.

네이티브 라이브러리를 개발하는 경우, 네이티브에서 JNI를 통하여 다음과 같은 작업들이 가능하다고 규약에 명시하고 있다.

① 자바의 객체(배열, 문자열 포함)를 생성, 검사하고 수정함
② 자바 메소드를 호출함
③ 자바의 예외를 감지하거나, 예외를 만들어서 자바로 던짐
④ 자바 클래스를 로드하고 클래스 정보를 얻음
⑤ 실행시간(runtime) 타입 확인을 수행함.

3. 안드로이드 네이티브 개발 방법

안드로이드에서 NDK로 네이티브 라이브러리를 연동하는 어플리케이션을 개발하는 일반적인 절차를 다음과 같이 정의할 수 있다.

각 어플리케이션의 특성과 프로젝트의 성격에 따라 다른 방법과 절차로 개발하는 경우도 있으나, 일반적으로는 여기서 제시한 절차로 진행 된다고 볼 수 있다.

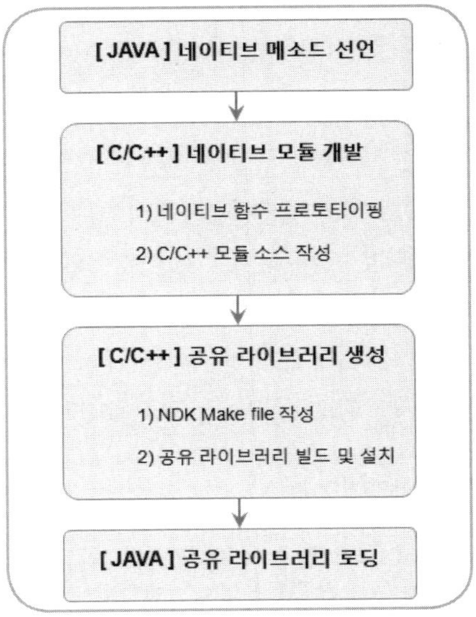

[그림 3-2] 네이티브 라이브러리 개발 순서

자바의 메소드 중 일부를 네이티브로 구현하고, 필요할 때마다 JNI API 함수등을 통해서 두 레이어 간의 인터페이스를 이용하는 방식이 주로 쓰인다.

NDK에는 핵심적인 라이브러리, 헤더 파일, 툴 체인을 포함하고 있으므로, 특수한 상황이 아니라면, SDK와 NDK를 활용하여 대부분 필요한 네이티브 모듈을 개발할 수 있다.

특수한 상황이라면, NDK에서 지원되지 않는 라이브러리를 직접 이용하거나, 디바이스 제조사에서 플랫폼 관련 수정을 위해 직접 플랫폼 상에서 네이티브 개발을 진행하는 경우 등이 있을 것이다.

외부의 네이티브 라이브러리를 이용하거나 네이티브로 개발된 게임과 같은 어플리케이션을 안드로이드로 포팅하는 작업 등에도 NDK는 필수 불가결한 도구이다.

임베디드 디바이스에서 폭넓게 활용되는 OpenGL ES는 안드로이드에서도 게임이나 그래픽 어플리케이션 개발의 가장 중요한 수단이 되었는데, 프레임워크의 자바 바인딩 클래스 뿐만 아니라 NDK에서도 OpenGL ES 개발을 위한 환경을 지원해 주고 있다.

안드로이드에서 NDK로 네이티브 라이브러리를 개발하는 방법을 학습하기 위해 먼저 자바로 작성된 어플리케이션을 네이티브로 일부 기능을 전환해 보면서 실습을 진행해 보겠다.

4. 네이티브 라이브러리 개발 실습

(1) 자바로만 개발하기

NDK 개발 실습을 진행하기 전에, 간단한 어플리케이션을 네이티브 없이 자바로만 개발해 보도록 하자. 그리고 동일한 어플리케이션을 NDK를 써서 네이티브와 혼용하여 개발하는 경우와 비교해 보도록 하겠다.

[예제 3-1] 각도 계산기 (자바로만 개발)

[MainActivity.java]

```
public class MainActivity extends Activity {
    EditText mEtInput; // 수치 입력을 위한 EditText
    TextView mTvResult; // 변환 결과를 보여주는 TextView
    Context mContext;
```

```
@Override
protected void onCreate(Bundle savedInstanceState) {
   super.onCreate(savedInstanceState);
   mContext = this;
   setContentView(R.layout.activity_main);
   mEtInput = (EditText) findViewById(R.id.et_input);
   mTvResult = (TextView) findViewById(R.id.tv_result);
}

// 변환 버튼들을 누르면 호출되는 메소드.
// layout xml 파일에 버튼의 onClick 속성 값으로 지정되어 있음.
public void clickConvert(View view) {
   String strInput = mEtInput.getText().toString();
   if (!validateInput(strInput)) {
      return;
   }
   double inputValue = Double.parseDouble(strInput);
   double resultValue;
   String fromUnit, toUnit;

   // 이 메소드를 호출한 버튼에 따라서 변환을 두 가지로 처리함.
   // 1) 라디안 -> 도
   // 2) 도 -> 라디안
   if (view.getId() == R.id.b_to_degree) {
      resultValue = Converter.convertToDegree(inputValue);
      fromUnit = "Radian";
      toUnit = "Degree";
   } else {
      resultValue = Converter.convertToRadian(inputValue);
      fromUnit = "Degree";
      toUnit = "Radian";
   }
   mTvResult.setText(inputValue + " " + fromUnit + "\n\n  == "
         + resultValue + " " + toUnit);
}

// 입력 검증을 위한 메소드.
// 입력을 하지 않고 변환 버튼을 누른 경우나,
// 유효하지 않은 숫자가 입력되었는지 검증함.
boolean validateInput(String strInput) {
   if (strInput.length() <= 0) {
      showMessage("값이 입력되지 않았습니다.");
      return false;
   }
   double inputValue;
```

```
        try {
            inputValue = Double.parseDouble(strInput);
        } catch (NumberFormatException e) {
            showMessage("유효하지 않은 숫자입니다 : " + strInput);
            return false;
        }
        return true;
    }

    // 다이얼로그 창으로 텍스트를 보여주는 메소드.
    void showMessage(String msg) {
        new AlertDialog.Builder(mContext).setTitle("입력 값")
                .setIcon(android.R.drawable.stat_notify_error)
                .setCancelable(false).setMessage(msg)
                .setPositiveButton("확인", null).show();

    }

    // 입력, 결과 값을 clear 처리함.
    public void clickClear(View view) {
        mEtInput.setText("");
        mTvResult.setText("");
    }
}
```

[Converter.java]

```
public class Converter {
    public static double convertToDegree(double radian) {
        return (radian * 180.0 / Math.PI);
    }
    public static double convertToRadian(double degree) {
        return (degree * Math.PI / 180.0);
    }
}
```

[activity_main.xml]

- 액티비티 레이아웃 파일

```
<LinearLayout xmlns:android="http://schemas.android.com/apk/res/android"
    xmlns:tools="http://schemas.android.com/tools"
    android:layout_width="match_parent"
    android:layout_height="match_parent"
    android:background="#333333"
    android:orientation="vertical"
    tools:context=".MainActivity" >
    <TextView
        android:id= "@+id/tv_instruction"
```

```
        android:layout_width="wrap_content"
        android:layout_height="wrap_content"
        android:text="Degree-Radian Converter"
        android:textColor="#FFFFFF"
        android:textSize="23sp"
        android:textStyle="bold" />
    <EditText
        android:id="@+id/et_input"
        android:layout_width="match_parent"
        android:layout_height="wrap_content"
        android:ems="10"
        android:inputType="numberDecimal"
        android:background="#FFFFFF" >
    </EditText>
    <LinearLayout
        android:layout_width="match_parent"
        android:layout_height="wrap_content" >
        <Button
            android:id="@+id/b_to_degree"
            android:layout_width="wrap_content"
            android:layout_height="wrap_content"
            android:onClick="clickConvert"
            android:text="to Degree" />
        <Button
            android:id="@+id/b_to_radian"
            android:layout_width="wrap_content"
            android:layout_height="wrap_content"
            android:layout_gravity="center"
            android:onClick="clickConvert"
            android:text="to Radian" />
        <Button
            android:id="@+id/b_clear"
            android:layout_width="wrap_content"
            android:layout_height="wrap_content"
            android:onClick="clickClear"
            android:text="Clear" />
    </LinearLayout>
    <TextView
        android:id="@+id/tv_result"
        android:layout_width="match_parent"
        android:layout_height="match_parent"
        android:layout_margin="20dp"
        android:background="#DDDDDD" />
</LinearLayout>
```

예제 3-1은 각도를 나타내는 라디안, 도의 변환을 하는 단순한 어플리케이션이다. NDK를 이용하지 않고 순수 자바만으로 작성되었다. 입력 란에 수치를 입력하고, “to Degree”버튼을 누르면 라디안으로 환산된 값이 출력되고, “to Radian”을 누르면 도로 환산된 값이 출력된다.

[그림 3-3] 예제 3-1의 실행 결과

단순한 예제이므로, 별도로 기능 설명을 하지는 않겠다. 이 예제에서 Converter 클래스의 두 메소드를 네이티브로 전환해 보면서 네이티브 개발에 대한 기초를 익혀 보자. 다음 절에서 네이티브 개발 순서대로 한 단계 씩 설명하고 있다.

(2) 네이티브 모듈 개발하기

앞의 예제의 일부를 네이티브 모듈로 개발해 보겠다. 네이티브 라이브러리 개발 순서는 그림 3-2에 나와 있다. 이 순서에 맞게 하나 씩 고쳐 나가 보자.

a. [Java] 네이티브 자바 메소드 선언

첫 번째 단계는 자바의 네이티브 메소드를 선언하는 일이다.

자바 자바에서 네이티브 모듈로 대체할 메소드들에, 단지 네이티브 키워드(“native”)를 붙여주면 된다. 다음과 같이 바꿔주면 된다.

```
public class Converter{
    public native static double convertToDegree(double radian);
    public native static double convertToRadian(double degree);
}
```

메소드의 구현 내용은 필요 없으므로, 세미콜론(;)으로 끝나는 것에 주의하자.

여기까지 하고 나면 javac로 컴파일이 가능해진다. 런타임 시점에 동적으로 네이티브 라이브러리를 로딩할 것이기 때문이다.

개발환경으로 이클립스를 사용하고 있다면, 프로젝트 폴더 아래에 bin/classes 폴더에 패키지 명에 해당하는 경로로 .class 파일이 생성된 것을 확인할 수 있다.

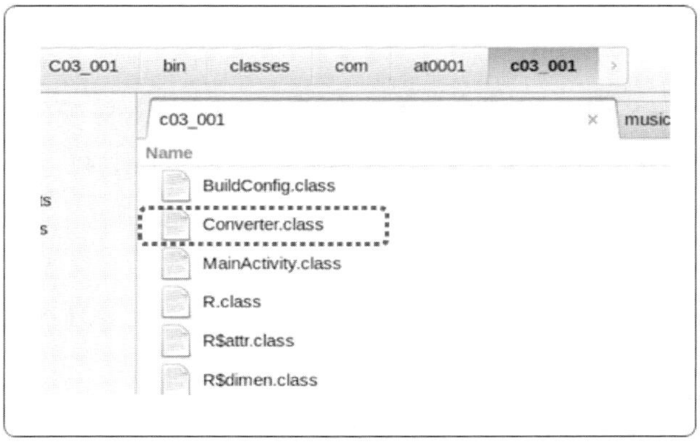

[그림 3-4] 이클립스 클래스 파일 생성 위치

만일 패키지 명이 'com.at0001.c03_001'이라면, 그림 3-4처럼 해당 경로에 파일이 생성된 것을 알 수 있다.

(참고로 이클립스에서 .class 파일이 생성되지 않았으면, Project 메뉴의 "Build Automatically"를 활성화하거나 Clean 메뉴를 실행함)

b. [C/C++] 네이티브 모듈 개발

본격적으로 네이티브 모듈을 개발해 보자.

진행에 앞서, 프로젝트 폴더 바로 아래에 'jni'라는 이름의 폴더를 생성한다. 이 폴더에 네이티브 소스들이 위치하게 된다.

① 네이티브 함수 프로토타이핑

자바의 네이티브 메소드와 1:1로 대응되는 JNI 네이티브 함수의 원형을 정의하는 단계이다.

자바에서는 "javah"라는 툴이 이 작업을 자동으로 해 주는데, 이 툴을 "헤더/스텁 파일 생성기(javah)"라고 부른다. javah는 앞 단계에서 생성된 Converter.class 파일로부터 native 키워드가 붙은 두 개의 메소드 정보를 확인하고, 이 메소드들의 연결점이 될 네이티브 함수 2개의 프로토타입이 무엇인지 알려준다.

javah의 사용법은 다음과 같다.

```
$ javah  [옵션 지정]  [패키지를 포함한 클래스명]
```

커맨드라인 창을 열어서 해당 프로젝트의 디렉토리로 이동한 후, javah를 실행해 보도록 하겠다. (패키지 명은 각자 지정한 이름에 맞게 고쳐야 한다)

반드시 아래 명령은 프로젝트 디렉토리에서 실행해야 한다.

```
$ javah -classpath bin/classes -o jni/converter.h com.at0001.c03_001.Converter
```

위 명령어의 의미는 클래스 파일(.class)을 찾는 위치는 현재 디렉토리 기준으로 bin/classes 밑에서 찾되, 'com.at0001.c03_001.Converter'라는 클래스를 찾으며, jni 디렉토리 밑에 converter.h 헤더 파일로 결과를 기록하라는 의미이다.

명령을 실행하면, jni 폴더에 "converter.h"라는 헤더 파일이 생성된다. (이클립스에서 프로젝트 폴더나 프로젝트를 Refresh하면 최신 상태로 보여줌)

생성된 헤더 파일을 열어 보자. 각자의 패키지 명에 맞게 함수의 프로토타입이 선언되어 있을 것이다.

```
/*
 * Class:     com_at0001_j0002_Converter
 * Method:    convertToDegree
 * Signature: (D)D
```

```
 */
JNIEXPORT jdouble JNICALL Java_com_at0001_j0002_Converter_convertToDegree
  (JNIEnv *, jclass, jdouble);

/*
 * Class:     com_at0001_j0002_Converter
 * Method:    convertToRadian
 * Signature: (D)D
 */
JNIEXPORT jdouble JNICALL Java_com_at0001_j0002_Converter_convertToRadian
  (JNIEnv *, jclass, jdouble);
```

함수의 이름이 긴 편인데, 자바의 패키지명과 클래스명을 포함하기 때문이다.

이렇게 javah를 사용해서 원형을 만들어내는 방법 말고도, 우리가 직접 메소드 시그니쳐를 가지고, JNI_onLoad() 함수를 사용하는 방법도 있는데, 나중에 다뤄질 것이다.

각 함수의 주석을 보면 시그니쳐(Signature) 항목을 볼 수 있다. "(D)D"로 표시된 것은 double형을 파라미터로 받아서 double형을 리턴한다는 의미인데, 시그니쳐는 JNI를 다룰 때에 중요한 의미를 지니므로, 뒤에서 자세하게 다루도록 할 것이다.

이제 이 헤더 파일을 이용해서 소스 파일을 작성하면 된다.

② C/C++ 모듈 소스 작성

jni 폴더에 converter.c라는 파일을 생성하고, 다음과 같이 작성한다.

헤더파일에 있는 함수 원형을 그대로 사용하면 된다.

```
#include "converter.h"
#include <math.h>
JNIEXPORT jdouble JNICALL Java_com_at0001_j0002_ConverterJNI_convertToDegree
  (JNIEnv *env, jclass cls, jdouble radian)
{
   return (radian * 180.0 / M_PI);
}
JNIEXPORT jdouble JNICALL Java_com_at0001_j0002_ConverterJNI_convertToRadian
  (JNIEnv *env, jclass cls, jdouble degree)
{
   return (degree * M_PI / 180.0);
}
```

함수의 구현 내용은 자바의 내용을 그대로 옮겨놓은 것에 불과하다. jdouble과 같이, 데이터 타입 명칭이 'j'로 시작되고 있는데, 세부적인 내용은 나중에 설명될 것이다.

c. [C/C++] 공유 라이브러리 생성

작성된 C/C++ 소스들을 컴파일하여 공유 라이브러리로 만들기 위해서는 안드로이드에서 제공하는 'ndk-build'라는 툴을 사용해야 한다. 이 툴의 폴더가 OS의 PATH 환경변수에 포함되어 있는 것이 좋다.

① NDK Make file 작성

ndk-build는 내부적으로 GNU Make를 실행시켜서 빌드가 이뤄지는데, "Android.mk"라는 이름의 Make 파일이 필요하다.

jni 폴더에 Android.mk 파일을 다음과 같은 내용으로 생성하자.

```
LOCAL_PATH := $(call my-dir)
include $(CLEAR_VARS)
LOCAL_MODULE := converter
LOCAL_SRC_FILES := converter.c
include $(BUILD_SHARED_LIBRARY)
```

이 내용 중, LOCAL_MODULE 항목은 생성될 라이브러리 파일 명과 관련이 있다. 위와 같이 LOCAL_MODULE을 'converter'로 지정하면, 생성되는 공유 라이브러리의 이름은 libconverter.so가 된다. (안드로이드가 리눅스 환경에서 실행되므로, UNIX의 공유라이브러리 명칭대로 생성하게 됨)

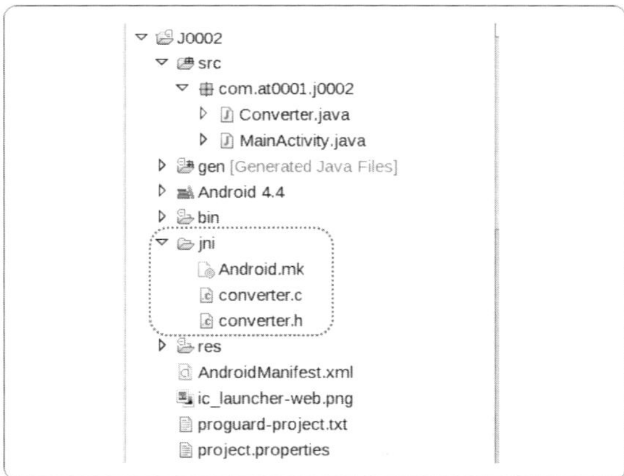

[그림 3-5] NDK 프로그램의 jni 디렉토리 파일들

그림 3-5와 같이 파일들이 준비되면 네이티브 모듈을 빌드할 준비가 된 것이다.

② 공유 라이브러리 빌드 및 설치

ndk-build 명령을 실행하자. MS 윈도 계열의 OS를 사용 중이라면, 윈도에서 제공하는 커맨드 프로그램 대신, Cygwin이나 MinGW의 커맨드 프로그램을 사용하도록 한다.

ndk-build 실행 파일 위치가 환경 변수 Path에 잡혀 있는 상태에서, 프로젝트 디렉토리 위치에서 실행하는 것을 원칙으로 한다. (jni 디렉토리에서 실행해도 가능은 하지만, 가급적이면, 이 교재의 커맨드 실행은 프로젝트 디렉토리 상에서 실행하는 것을 권장한다)

그림 3-6는 환경 변수로 ndk-build가 잡혀 있는지 확인하는 것이고, 그림 3-7은 ndk-build 실행 결과를 보여준다.

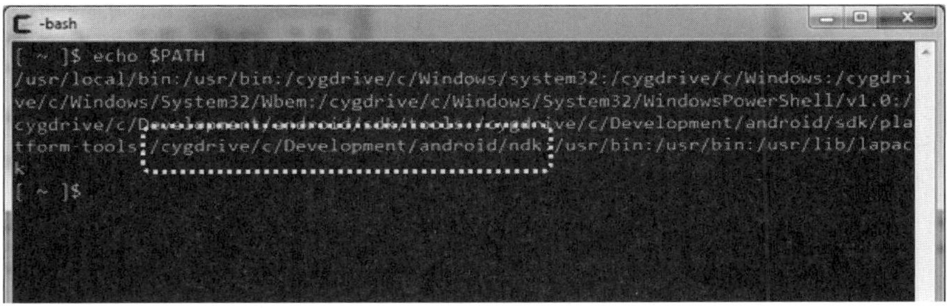

[그림 3-6] NDK-BUILD를 사용하기 위한 환경 변수

실행 결과를 보면, 라이브러리 파일이 'libs/armeabi/libconverter.so'로 생성되었다는 것을 알 수 있다.

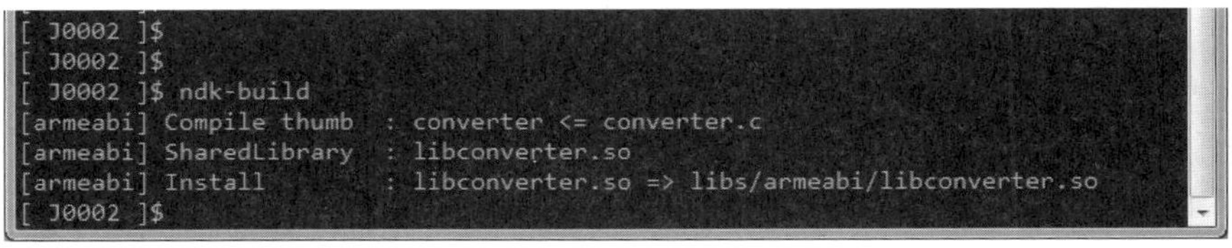

[그림 3-7] NDK-BUILD 실행

최종 로드될 라이브러리 파일을 이 프로젝트의 공유 라이브러리 폴더에 생성해 주는 것으로 설치가 완료된다.

이클립스에서 프로젝트를 Refresh하면 그림 3-8와 같이 라이브러리 파일을 확인해 볼 수 있다.

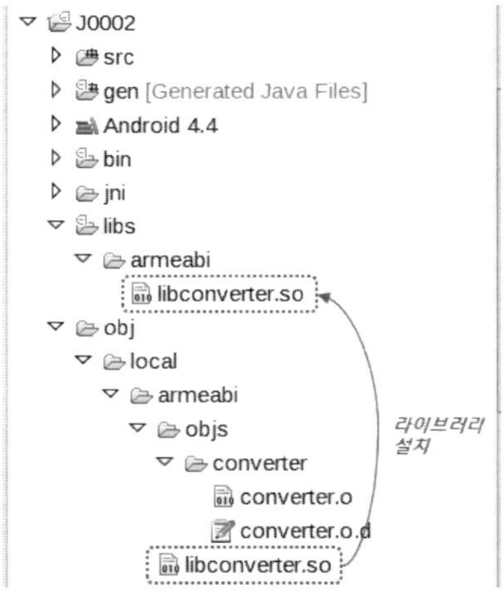

[그림 3-8] 네이티브 라이브러리 설치 위치

d. C/C++ : 공유 라이브러리 로딩

네이티브 라이브러리를 빌드/설치까지 끝냈기 때문에, 자바 클래스에서 런타임 중에 이 라이브러리를 로드할 수 있도록 조치해 주는 일만 남았다.

이 클래스의 클래스로더에 의해 실행될 수 있는 static 블록을 추가해서 그 안에 네이티브 라이브러리를 로드하는 일만 기술해 주면 된다.

```
public class Converter {
  static {
    System.loadLibrary("converter");
  }

    public native static double convertToDegree(double radian);
    public native static double convertToRadian(double degree);
}
```

위의 코드에서 System.loadLibrary()가 바로 네이티브 라이브러리를 로드하는 일을 하게 되는데, 라이브러리 이름이 정확하게 지정되었는지 확인해 보자. 라이브러리 이름은 Android.mk 파일에 LOCAL_MODULE 변수로 지정해 준 이름과 동일해야 한다.

이 예제에서는 LOCAL_MODULE 변수 값이 converter이고, 생성된 라이브러리 파일은 libconverter.so 이다.

개발이 완료되었기 때문에, 실행을 시켜 보자.

앞에서 자바만으로 개발했을 때와 동일한 결과를 확인할 수 있을 것이다. 이 예제는 단순한 계산에 대해 적용했기 때문에, 실행 결과에 대해서는 차이를 느끼기 어려울 것이다.

실제 일정 규모의 어플리케이션을 개발하는 경우, 순수 자바만으로 구현되던 기능들 중에 어떤 부분들을 네이티브로 대체할 것인지에 따라서 결과는 많이 달라질 것이다.

네이티브 라이브러리를 포함시켜 개발했던 이번 예제의 소스는 다음과 같다.

[예제 3-2] 각도 계산기 (네이티브 라이브러리 개발)

[MainActivity.java]

예제 3-1과 동일

[Converter.java]

```
public class Converter
    static
        System.loadLibrary("converter");

    public native static double convertToDegree(double radian);
    public native static double convertToRadian(double degree);
```

[Converter.c]

```
#include "converter.h"
#include <math.h>

JNIEXPORT jdouble JNICALL Java_com_at0001_j0002_ConverterJNI_convertToDegree
  (JNIEnv *env, jclass cls, jdouble radian)

    return (radian * 180.0 / M_PI);


JNIEXPORT jdouble JNICALL Java_com_at0001_j0002_ConverterJNI_convertToRadian
  (JNIEnv *env, jclass cls, jdouble degree)
```

```
    return (degree * M_PI / 180.0);
```

[Android.mk]
- NDK Make 파일

```
LOCAL_PATH := $(call my-dir)
include $(CLEAR_VARS)
LOCAL_MODULE := converter
LOCAL_SRC_FILES := converter.c
include $(BUILD_SHARED_LIBRARY)
```

[activity_main.xml]
- 액티비티 레이아웃 파일

예제 3-1과 동일

5. JNI API에 대한 이해

(1) JNI 인터페이스 함수의 JNIEnv* 파라미터

JNI에서 제공되는 API는 두 가지로 구분할 수 있는데, JNI 인터페이스 함수들과 JNI 인보케이션(invocation) 함수들로 구성된다. 전자는 JNIEnv 데이터 구조와, 후자는 JavaVM이라는 데이터 구조와 관련된다. 이 두 가지 데이터 구조는 함수 테이블 형태를 갖는데, 인터페이스와 인보케이션에 관련된 함수들의 집합체라고 생각할 수 있다.

JNIEnv는 JNI 인터페이스 함수 테이블을 가리키는 포인터, JavaVM은 JNI 인보케이션 함수 테이블을 가리키는 포인터에 해당한다고 보면 된다.

① JNIEnv (JNI 인터페이스 함수 테이블)

이 함수 테이블에는 네이티브 라이브러리 개발에 필요한 대부분의 JNI 함수들을 담고 있다. 클래스를 찾거나 클래스/객체의 정적/인스턴스 멤버에 접근하거나 메소드를 호출하는 등의 작업에 필요한 함수들이 여기에 포함된다. 뿐만 아니라, 자바와 네이티브 간 데이터의 복사나 참조, Exception 핸들링 등의 함수들도 포함하고 있다.

이 장에서 다루는 거의 대부분의 내용도 이곳 테이블에 있는 함수들의 사용법을 중심으로 기술되고 있다. 이후의 절에서부터 하나 씩 차근차근 학습해 나가도록 하겠다.

② JavaVM (JNI 인보케이션 함수 테이블)

인보케이션 함수 테이블은 JNI 환경과 관련된 저수준의 작업들과 관련이 있다. Java VM을 생성하거나 제거하는 기능, Java VM의 설정이나 JNI 환경 정보를 얻는 데 쓰이는 함수들이 포함된다.

소프트웨어 업체들이 특정 어플리케이션에 자바 VM을 임베드할 때 많이 활용되는데, 자바 VM을 소스 레벨로 작업하지 않고도도 자바를 탑재한 어플리케이션을 구성할 수 있게 해 준다. 네이티브에서 만든 쓰레드를 자바 VM에 첨부(attach)하면, 자바의 쓰레드(java.lang.Thread)가 만들어지는데, 이렇게 하면 JNIEnv에 통하여 JNI 호출도 가능해 진다.

이 책에서는 인보케이션에 대해서는 네이티브 라이브러리 로딩 시, 자바 메소드와 네이티브 함수의 매핑이 자동으로 처리되는 부분 위주로만 한정하여 다루게 된다.

JNIEnv와 JavaVM의 차이점 중 하나는 JNIEnv는 쓰레드 로컬(Thread-Local)로 정의되어 있다는 점이다. 그 의미는 JNI 인터페이스를 하기 위하여 JNIEnv 포인터를 쓰레드 간에 공유할 수가 없음을 말한다. 즉, 딴 쓰레드의 특별한 조치를 하지 않는 한, JNIEnv를 이용하는 것은 불가능하다.

만일 자바에서 여러 쓰레드를 만들어 JNI를 통하여 네이티브와 연동하면, 각각의 쓰레드의 JNIEnv는 모두 별개의 것임을 알 수 있다.

JavaVM은 쓰레드 로컬로 정의되어 있지 않다. 앞서 언급한 대로 JNIEnv를 갖고 있지 않는 쓰레드(이 쓰레드는 자바에서 만든 것이 아닌, 네이티브에서 pthread 라이브러리로 만들었음을 의미함)가 딴 쓰레드의 JNIEnv를 이용하려면, JavaVM을 통하여 JNIEnv를 얻어서 그 쓰레드에 첨부(attach)되어야만 가능하다.

JNIEnv의 구조에 대한 이해를 위해, 그림 3-9를 살펴 보자. 그림의 가운데에 함수 포인터의 테이블을 볼 수 있다. (이 테이블은 C/C++의 구조체로 정의되어 있다) 왼쪽에 사각형으로 표시되어 있는 '쓰레드에 종속된 포인터'가 바로 JNIEnv에 해당한다. 이 포인터가 함수 테이블(API 함수 포인터들로 구성된)을 가리키고 있으므로, 바꿔 말하면

JNI의 다양한 API 함수들을 호출하려면, 바로 이 JNIEnv를 이용해서 함수를 호출할 수 있다는 의미이다.

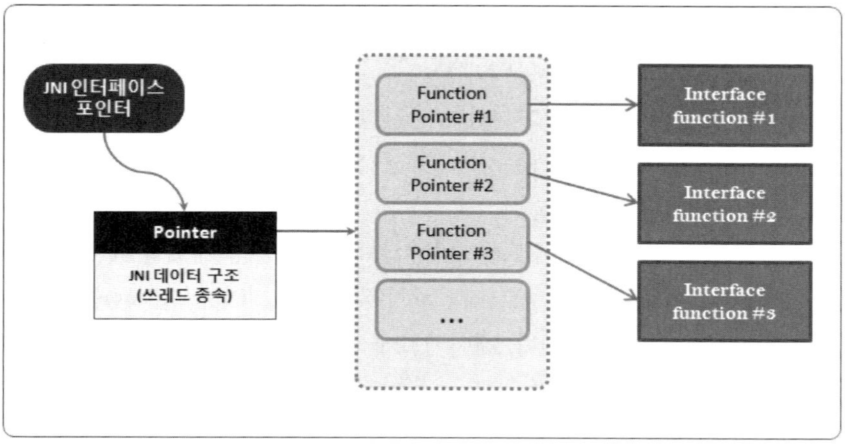

[그림 3-9] 자바 메소드 시그니쳐와 네이티브 함수의 프로토타입의 관계

앞의 예제 3-2에서 단순한 JNI 실습을 했었는데, 두 네이티브 함수의 파라미터에 이 JNIEnv가 보인다.

```
JNIEXPORT jdouble JNICALL Java_com_at0001_j0002_ConverterJNI_convertToDegree
 (JNIEnv *env, jclass cls, jdouble radian)

  return (radian * 180.0 / M_PI);
```

첫 번째 파라미터가 바로 JNIEnv를 가리키는 포인터임을 알 수 있다.

그림 3-9에서 가장 왼쪽에 있는 "JNI 인터페이스 포인터"가 바로 이 파라미터에 해당하며, 바로 이 "포인터의 포인터"를 통하여 JNI의 모든 API 함수들을 이용할 수 있는 것이다.

포인터의 포인터로 간접적으로 접근하는 것이 번거로와 보일 수 있지만, 네이티브 코드와 JNI 네임 스페이스를 완전히 분리시킬 수 있고, 만일 여러 벌의 함수 테이블을 운영하게 될 때의 유연성 등을 고려하여 설계된 것이다. (현재는 함수 테이블이 인터페이스, 인보케이션 두 벌이 있다) JavaVM도 JNIEnv와 똑같은 원리로 "포인터의 포인터"로 정의되어 있다.

C와 C++에서는 이들 JNIEnv, JavaVM을 다루는 방법에 있어 차이가 있으며(C++은 언어적으로 한번 더 래핑을 하여 간편하게 사용할 수 있음), C++로 JNI를 이용할 때에 자세하게 언급될 것이다.

(2) JNI 관련 용어 정리

JNI 관련한 용어는 Oracle Java와 안드로이드 뿐만 아니라 현업에서도 사용하는 용어가 정확하게 통일되어 있지는 않다.

대표적으로 Oracle 문서에는 C에서 호출되는 함수를 '네이티브 메소드'라는 용어로 지칭한다던지 API 함수의 명칭이 'JNI 인터페이스 함수'로 명명되어 있다.이 책에서는 JNI 규약에서 사용하는 용어를 기반으로 하며, 추가로 다음과 같은 용어를 사용하여 설명하겠다.

자바 네이티브 메소드 : 자바의 메소드 중 네이티브로 구현하기 위하여 native 키워드를 붙인 메소드를 의미한다.
네이티브 JNI 함수 : ①번의 자바 메소드를 구현한 네이티브 함수를 의미한다.
네이티브 라이브러리/네이티브 공유 라이브러리 : 자바의 메소드들을 네이티브로 구현하여 빌드된 공유 라이브러리를 말한다.
JNI 인터페이스 함수, JNI 인터페이스 API 함수 : JNI 규약의 명칭을 준수하되 혼란을 줄 수 있는 경우에는 API 함수임을 명시한다.

(3) VM 타입 시그니쳐

앞 예제에서 네이티브 모듈을 개발하기 위해 필요한 헤더파일을 javah 툴로 생성했었다. 그 헤더파일에는 네이티브 함수명이 정의되어 있는데, 주석처리 안에 시그니쳐(signature)라는 항목이 있음을 언급했었다.

```
/*
* Class:     com_at0001_j0002_Converter
* Method:    convertToDegree
* Signature: (D)D
*/
JNIEXPORT jdouble JNICALL Java_com_at0001_j0002_Converter_convertToDegree
  (JNIEnv *, jclass, jdouble);
```

이 시그니처에 대해서 자세히 살펴 보자.

시그니처는 VM에서 사용되는 자바 데이터 타입에 대한 표현방식이며, JNI 규약에 다음과 같이 정의되어 있다.

자바의 int, float 등과 같은 기본형(primitive type)은 VM의 시그니처로 각각 I, F로 표현된다.

마찬가지로, double[], short[]과 같은 배열형은 각각 [D, [S처럼 앞에 '[' 문자를 넣어주고 있다.

[표 3-1] VM의 타입 시그니처

타입 시그니처	자바 타입	
Z	boolean	
B	byte	
C	char	
S	short	
I	int	
J	long	
F	float	
D	double	
L fully-qualified-class ;	fully-qualified-class	클래스 명 (패키지 명을 포함)
[type	type[]	배열
(arg-types) ret-type	method type	메소드 타입 정의 형식 : (인수 타입)리턴 타입

View(안드로이드 프레임워크의 View 클래스)과 같은 클래스 데이터형은 조금 복잡하게 표현되는데, 'L'과 ';' 문자 사이에 패키지를 포함한 클래스 명을 기술해 주면 된다. 즉, View 클래스는 다음과 같이 표현된다.

```
Landroid.app.view.View;
```

가장 주목해야 할 내용은 표의 마지막에 있는 메소드 타입 정의이다. 메소드의 시그니처는 "(파라미터 데이터형)리턴 데이터형" 형식으로 표현된다. 1개 이상의 인수들은 각 데이터형의 시그니처를 공백없이 붙여서 나열해 주면 된다.

아래에 몇 가지 예를 보면서 이해를 높여 보자.

```
void method_a(int n, float[] m);
        —> 시그니쳐: (I[F)V
String method_b();
        —> 시그니쳐: ()Ljava/lang/String;
boolean method_c(Canvas canvas, String name);
        —> 시그니쳐: (Landroid/graphics/Canvas;Ljava/lang/String;)Z
```

리턴값이 void 인 경우에는 V로 표시되지만, 인수가 void인 경우에는 아무 표시도 하지 않음을 알 수 있다.

그럼, JNI에서 시그니쳐를 언급하는 이유는 무엇일까?

자바의 네이티브 메소드들에 1:1로 대응하는 네이티브 JNI 함수들을 정의할 때에는, "자바 메소드의 시그니쳐와 일치 하도록" 정의해야 하기 때문이다. "일치"라고 표현했지만, 완전히 동일한 것은 아니고, 시그니쳐에 정의한 파라미터 외에 형식적으로 2개의 파라미터들을 더 가지고 있어야 한다. (JNIEnv *타입과 jobject 타입). 이 두 파라미터는 다음 절에서 다시 언급하겠다.

네이티브로 구현할 메소드들을 "native" 키워드로 선언한 후 컴파일하면 class 파일이 만들어지고, VM에서 실행 중에 각 메소드들의 시그니쳐 정보를 바탕으로, 로드된 라이브러리 내에서 정확히 매칭되는 함수들이 JNI 인터페이스로 호출되는 것이다.

그림 3-10은 int, double 값을 인수로 갖고 boolean을 리턴하는 자바 메소드를 예를 들어, JNI 인터페이스를 보여 주고 있다.

앞의 예제처럼, javah 툴을 써서 헤더 파일을 만드는 경우에는 개발자가 시그니쳐 정보를 직접 입력할 일은 없다. 그것은 javah가 JNI 규칙에 맞게 자동으로 시그니쳐와 함수 이름까지 정확하게 만들어 주기 때문이다. 이렇게 만들어진 함수 이름에는 자바의 패키지, 클래스 정보가 고스란히 들어가 있어 길다는 단점이 있다.

이 방법 외에, javah를 사용하지 않고, JNI_onLoad() 함수를 써서 자바의 네이티브 메소드에 네이티브 JNI 함수를 매핑할 수도 있는데, 이런 경우에는 직접 시그니쳐를 정확하게 입력해 줘야 한다. (이 장의 후반부에 JNI_onLoad() 함수 사용법을 다룰 것이다)

따라서 JNI에서 시그니쳐가 매우 중요한 정보라는 것을 이해할 수 있을 것이다. 자바 VM에서 내부적인 표현 방법이 시그니쳐이기 때문에, JNI를 다루지 않을 때에도 자주 등장하는 개념이기도 하다.

참고로 JDK에서 제공하는 도구 중, javap를 시그니쳐 정보만 알아보기 위하여 사용할 수도 있는데 사용법은 다음과 같다. (커맨드라인 명령어이며 프로젝트 폴더에서 실행하면 된다.)

```
패키지가 com.foo.bar이고 클래스 명이 AAAA라면,
$ javap -classpath bin/classes -s -private com.foo.bar.AAAA
```

- s 옵션이 없으면 public 멤버에 대해서만 출력해 주므로, -s private 옵션을 통해서 private, package, public 멤버들을 모두 출력할 수 있다.

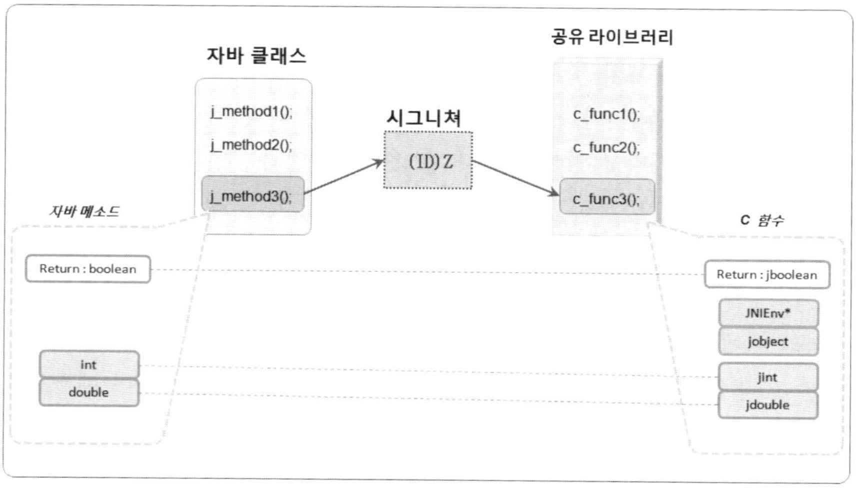

[그림 3-10] 이클립스 클래스 파일 생성 위치

(3) JNI 네이티브 데이터 형

이제, JNI의 네이티브 데이터 형에 대해서 얘기해 보자. 앞의 그림 3-10에서 네이티브 함수 인수들을 보면, 데이터 형이 jint, jdouble, jboolean과 같이 C/C++의 일반적인 네이티브의 데이터 형이 아님을 알 수 있다. JNI에서는 자바의 데이터 형을 네이티브에서 표현하기 위해 기존 데이터 형들을 바탕으로 jni 용 네이티브 데이터 형을 정의하였다.

이런 정의들은 모두 jni.h 헤더파일에서 그 의미를 알 수 있는데, 이 헤더 파일은 NDK 설치폴더 하위에 platforms 폴더 내에서 찾아 볼 수 있다. platforms 폴더는 안드로이드 버전 별, 하드웨어 별로 구성되어 있으므로, 안드로이드 4.4(KitKat) 버전의

ARM 아키텍쳐용 헤더 파일을 보려면 다음의 위치에서 찾으면 된다.

[NDK설치 폴더]/platforms/android-19/arch-arm/usr/include/jni.h

JNI의 네이티브 데이터 형에 대해서는 다음과 같은 특징이 있다.

▲ 자바의 기본형(primitive type)과 참조형(reference type) 데이터를 네이티브 C/C++ 언어에서 사용할 수 있게 정의하고 있다.

▲ 자바의 기본형은 플랫폼에 상관없이 동일한 크기를 갖는 반면, 네이티브의 기본형에 해당하는 데이터는 플랫폼에 따라 크기에 약간 차이가 존재할 수 있음을 고려하여 정의하고 있다.

▲ 자바의 참조형은 C에서는 void 형 포인터 타입으로, C++에서는 클래스 타입으로 정의하였다.

JNI 규약에는 기본형 타입에 대해서 표 3-2와 같이 정의되어 있다.

특기할 만한 내용은, 자바의 char가 2바이트이고, C/C++에서는 1바이트이기 때문에, jchar 정의는 unsigned_short(또는 uint16_t)로 정의되었음을 jni.h에서 확인할 수 있다.

문자에 대한 이런 차이는 자바의 문자열을 네이티브에서 문자 배열로 복사되거나 포인터로 접근하는 등의 프로세스에 영향을 주게 되는데, 자바와 네이티브 간의 데이터 전달 메커니즘을 다룰 때에 확인해 보자.

[표 3-2] JNI 네이티브 데이터 형 (자바 기본형)

자바 타입	JNI 네이티브 타입	설명
boolean	jboolean	unsigned 8 bits
byte	jbyte	signed 8 bits
char	jchar	unsigned 16 bits
short	jshort	signed 16 bits
int	jint	signed 32 bits
long	jlong	signed 64 bits
float	jfloat	32 bits
double	jdouble	64 bits
void	void	N/A

자바의 boolean이 실제 메모리의 몇 바이트를 사용하는지는 명시적으로 정해진 것은 없다. (네이티브 C++의 bool 타입은 8바이트) 이런 점을 고려하여 jboolean은 1바이트 크기로 정의한다. 정수형 타입 중 unsigned는 1바이트 크기의 jboolean과 2바이트의 jchar 두 가지 뿐이다. 나머지는 모두 signed로 정의된다.

다음 표 3-3에서는 자바와 네이티브의 데이터 형 크기에 대한 비교를 보여 주고 있다. 네이티브의 데이터 타입 크기는 OS 별 특성 뿐만 아니라 32비트/64비트 환경에도 영향을 받는 다는 것을 보여 준다. 특히, 자바는 항상 long이 8바이트이지만, 네이티브에서는 4 또는 8바이트를 갖게 된다. JNI의 네이티브 타입 jlong은 네이티브의 long 대신 'long long' 타입으로 정의가 되어 자바와 같은 8바이트 크기를 보장하게 된 이유이기도 하다.[1]

표 3-3은 일부 OS 환경에서 네이티브 데이터 타입의 차이를 보여주고 있다.

[표 3-3] 자바와 네이티브의 데이터 형 크기 비교

(자바)

데이터 형	JAVA 데이터 크기 (bytes)
byte	1
char	2
short	2
int	4
long	**8**
float	4
double	8
boolean	not defined

(네이티브 C/C++)

데이터 형	Android (32bit)	Linux (LP64)		Windows (x86)	
		32 bit	64 bit	32 bit	64 bit
char	1	1	1	1	1
short	2	2	2	2	2
int	4	4	4	4	4
long	**4**	**4**	**8**	**4**	**4**
long long	8	8	8	8	8
float	4	4	4	4	4
double	8	8	8	8	8
long double	8	12	16	12	12
bool	1	1	1	1	1
pointer	4	4	8	4	4

그렇다면, 자바의 참조형은 JNI의 네이티브 타입으로 어떻게 정의하고 있는 지 알아보자. 자바의 모든 클래스가 java.lang.Object에서 파생 되듯이, JNI 타입도 jobject라는 타입을 정의하여 모든 참조형의 공통된 데이터 타입처럼 다루고 있다. 표 3-4는 자바 참조형 데이터에 대한 네이티브 데이터 타입들을 보여 준다.

---

1) 64비트 OS에서 LP64의 Linux는 long형, pointer형이 64비트를 갖고, IL32P64의 MS윈도는 int/long이 32비트, pointer형이

자바와 C++은 클래스 또는 구조체 등으로 참조형 데이터를 구현하는데, C는 객체 지향 개념의 언어가 아니다. 따라서 jobject를 C와 C++에서 정의하는 방식에는 차이가 있다.

(C에서의 jobject)

```
typedef void*        jobject;
```

(C++에서의 jobject)

```
class _jobject { };
typedef _jobject*     jobject;
```

C에서는 jobject을 비롯해서 모든 참조형 타입을 void형 포인터로 정의한다.

C++에서는 빈 클래스 하나를 _jobject으로 정의한 후, 이 클래스에 대한 포인터를 jobject으로 정의한다. 나머지 타입들도 _jobject 클래스를 상속받은 포인터로 정의한다.

(3) JNI 인터페이스 함수의 JNIEnv* 파라미터

JNI API는 JNIEnv의 인터페이스 API와 JavaVM의 인보케이션 API로 크게 나뉠 수 있으며, 이 두 가지 포인터는 각 API 함수 테이블을 가리키고 있다는 것을 앞에서 언급했었다.

이 장의 대부분의 내용은 JNI 인터페이스 API 위주로 다루기 때문에, JNIEnv에 대해 좀 더 알아 보도록 하겠다.

네이티브의 JNI 함수들은 자바 네이티브 메소드의 시그니쳐를 반영한 프로토타입을 가져야 함을 이미 배웠다. 그런데, 파라미터에는 자바 메소드의 파라미터 외에도 2개의 매개변수(JNIEnv*, jclass)가 더 포함되어야 한다. 예를 들어, 네이티브 함수의 프로토타입은 다음과 같은 형태가 된다.

jdouble func1(**JNIEnv* env, jclass cls**, jdouble degree);

→시그니쳐 (D)D인 메소드에 대한 네이티브 함수

2개의 매개변수의 의미는 다음과 같다.

[표 3-4] JNI의 네이티브 데이터 형 (자바 참조형)

네이티브 타입	설명
jobject	모든 자바 객체
└ jclass	java.lang.Class 객체
└ jstring	java.lang.String 객체
└ jarray	배열
└ jobjectArray	객체 배열
└ jbooleanArray	boolean 배열
└ jbyteArray	byte 배열
└ jcharArray	char 배열
└ jshortArray	short 배열
└ jintArray	int 배열
└ jlongArray	long 배열
└ jfloatArray	float 배열
└ jdoubleArray	double 배열
└ jthrowable	java.lang.Throwable 객체

① JNIEnv* env : JNI 인터페이스 API 함수 테이블을 가리키는 JNIEnv에 대한 포인터. 앞에서 JavaVM과 함께 JNI API 함수 테이블을 가리키는 포인터로 설명했었다.

② jclass cls 또는 jobject obj : 이 함수에 대응하는 자바의 네이티브 메소드의 객체를 의미한다. 정적 메소드(static method)라면 이 매개변수는 자바의 클래스를 의미하며, 인스턴스 메소드(instance method)라면 객체를 의미한다.

JNIEnv를 표현하는 데 있어서, C와 C++이 약간 차이가 있다.

두 경우 모두 내부적으로는 동일한 데이터구조를 기반으로 하는데, jni.h에 정의되어 있는 JNINativeInterface라는 구조체가 바로 그것이다. (JavaVM은 JNIInvocationInterface 구조체임)

JNINativeInterface 구조체는 JNI 인터페이스 API 함수들의 함수 포인터들의 집합체이다. 즉, JNIEnv* 형 매개변수는 내부적으로 JNINativeInterface 구조체와 연결되어 있어서 이 매개변수를 통해, 다양한 JNI API 함수를 호출할 수 있게 되는 것이다. C++에서는 이 구조체 포인터를 갖는 또 다른 구조체로 래핑(Wrap)함으로써, 좀 더 사용 상의 편의점이 있다는 차이가 있는데, 자세한 내용은 jni.h 파일을 통해 확인해 볼 수 있다.

C/C++의 API 함수 호출 형태는 다음과 같다.

[C]

```
jfloatArray farray = (*env)->NewFloatArray(env, 5);
```

[C++]

```
jfloatArray farray = env->NewFloatArray(5);
```

JNI 인보케이션 API 함수들에 대해서도 JNIEnv 대신 JavaVM으로 표현될 뿐, 호출 형태는 동일하다. JNIEnv와 JavaVM은 모두 API 함수 테이블(구조체)로의 포인터라는 것을 기억할 것이다. 그리고 env는 JNIEnv를 가리키는 포인터의 포인터이다. (*env)는 C에서 JNIEnv 자체를 의미하기 때문에 함수 호출을 하려면 위의 형태가 된다.

C++은 함수 테이블(JNINativeInterface)을 가리키는 포인터를 멤버로 갖는 새로운 구조체를 정의하고, 함수 테이블의 함수 포인터를 모두 한번 더 래핑하여 편의성을 도모한 것 뿐이다.

지금까지, JNI의 API에서 종류부터 시그니쳐, 데이터 타입 등 기본적인 개념들을 설명하였다. JNI 규약이나 관련 문서들을 참조하면 이해에 많은 도움이 되리라 생각한다. 이제 다음 절부터는 본격적인 JNI 개발 활용을 우해 주요 API 함수들을 사용하는 방법을 설명하겠다.

6. JNI 인터페이스 API 함수 활용

JNI에서 제공되는 API는 JNI 인터페이스 API 함수들과 JNI 인보케이션 API 함수들로 구성되는데, 규약에 정의된 함수들 중, 활용 빈도가 높은 함수를 중심으로 실습을 진행해 보도록 하겠다.

단순한 자바 만으로 샘플 어플리케이션을 하나 만들고 난 후, 여기에 API 함수들을 추가로 계속 연결해 가면서 테스트하는 방식으로 진행할 것을 권장한다. 그럼 실습에 앞서, 자바에서는 UI를 구성하고, 환율 계산을 네이티브에서 대신 수행한다고 가정하고, 다음과 같이 새로운 안드로이드 프로젝트를 이클립스로 만들어보자.

[예제 3-3] 환율 계산 앱 (API 실습)

[MainActivity.java]

```
public class MainActivity extends Activity {
   TextView mTvResult;
```

```
    @Override
    protected void onCreate(Bundle savedInstanceState) {
        super.onCreate(savedInstanceState);
        setContentView(R.layout.activity_main);

        mTvResult = (TextView) findViewById(R.id.tv_result);
    }

    public void clickCalculate(View view) {
        // 기준 환율 설정 (static variable)
        ExchRateManager.setBaseRate(1033.29);
        ExchRateManager mgr = new ExchRateManager();
        // 실제 환율 설정 (instance variable)
        mgr.setRate(1026.32);

        double diffAmount = mgr.diffAmount(10000.0); // ————————— <1>
        mTvResult.setText("Diff Amount : " + diffAmount);
    }
}
```

[ExchRateManager.java]

```
public class ExchRateManager {
    static {
        System.loadLibrary("exchrate");
    }
    private static double baseRate;  // 기준 환율
    private double rate;             // 실제 환율
    private double rates[];  // 최근 환율 배열

    public static void setBaseRate(double rate) {
        baseRate = rate;
    }

    public void setRate(double rate) {
        this.rate = rate;
    }

    public void setRates(double[] rates) {
        this.rates = rates;
    }

    // 기준 환율 대비 차이 금액
    public native double diffAmount(double amount);    // ——— <2>

    // 기준 환율 대비 최근 환율에 대한 차이 금액 평균
```

```
    public native double averageDiffAmount(double amount);
}
```

[activity_main.xml]

- 액티비티 레이아웃 파일

```
<LinearLayout xmlns:android="http://schemas.android.com/apk/res/android"
    android:layout_width="match_parent"
    android:layout_height="match_parent"
    android:orientation="vertical" >
    <Button
        android:id="@+id/b_calculate"
        android:layout_width="wrap_content"
        android:layout_height="wrap_content"
        android:onClick="clickCalculate"
        android:text="Calculate" />
    <TextView
        android:id="@+id/tv_result"
        android:background="#EECCCC"
        android:layout_width="match_parent"
        android:layout_height="match_parent" />
</LinearLayout>
```

네이티브 모듈은 제외한 채 자바만으로 틀을 만들어 놓은 것이다. 이 예제에서는 환율 계산 기능과 관련된 클래스 ExchRateManager를 정의하였다.

ExchRateManager 클래스 내에는 '기준 환율'을 대한 클래스 변수(static variable)과 '실제 환율'에 대한 인스턴스 변수(member variable)가 정의되어 있다. 먼저 실습할 내용은, 네이티브에서 자바의 클래스 변수, 인스턴스 변수에 접근하여 값을 읽어낸 후, 네이티브 내에서 어떤 연산을 수행한 후, 결과 값을 자바로 리턴해 보는 것이다.

ExchRateManager의 아래 메소드가 네이티브에서 구현해야 할 메소드이다.

(ExchRateManager 〈2〉번 라인)

```
// 기준 환율 대비 차이 금액
public native double diffAmount(double amount);
```

정적 메소드가 아니라, 인스턴스 메소드임을 인지하기 바란다. 또한, double 형 파라미터 1개와 double 형 리턴 값을 가지므로, 이 메소드의 시그니처는 '(D)D'임을 알 수 있다. 이 프로젝트에 jni 폴더를 만든 후, 커맨드라인에서 다음과 같이 javah를 실행

시켜 보자. 패키지명은 각자에 맞게 입력하기 바란다.

```
$ javah -classpath bin/classes -o jni/exchrate.h com.at0001.c03_003.ExchRateManager
```

실행이 완료되면 jni 디렉토리에 exchrate.h 파일이 보일 것이다. (이클립스에서 프로젝트를 Refresh하면 보인다) 파일을 열어 보면, diffAmount에 해당하는 네이티브 함수의 파라미터에 형식적인 2개의 파라미터와 jdouble 형 파라미터가 정확하게 표현되어 있음을 알 수 있다.

[exchrate.h]

```
#include <jni.h>
/* Header for class com_at0001_c03_003_ExchRateManager */

#ifndef _Included_com_at0001_c03_003_ExchRateManager
#define _Included_com_at0001_c03_003_ExchRateManager
#ifdef __cplusplus
extern "C" {
#endif
/*
 * Class:     com_at0001_c03_003_ExchRateManager
 * Method:    diffAmount
 * Signature: (D)D
 */
JNIEXPORT jdouble JNICALL Java_com_at0001_c03_1003_ExchRateManager_diffAmount
  (JNIEnv *, jobject, jdouble);

/*
 * Class:     com_at0001_c03_003_ExchRateManager
 * Method:    averageDiffAmount
 * Signature: (D)D
 */
JNIEXPORT jdouble JNICALL Java_com_at0001_c03_1003_ExchRateManager_
averageDiffAmount
  (JNIEnv *, jobject, jdouble);
#ifdef __cplusplus
}
#endif
#endif
```

두 번째 파라미터가 jclass 타입이 아니라, jobject 타입인 이유는 무엇일까? 바로, 정적 메소드가 아니라, 인스턴스 메소드이기 때문이다. JNI로 개발하다보면, 이 두 번째 파라미터를 이용하는 경우가 많기 때문에, 이것이 클래스인지 객체인지를 정확하게 구분하고 있어야 한다.

헤더 파일을 참고하여 다음과 같이 소스 파일을 작성한다. 계산 과정은 생략하고 우선 0.0을 리턴하도록 했다.

[exchrate.c]
네이티브 모듈 소스

```
#include "exchrate.h"
#include <android/log.h>

#define  LOG_TAG    "exchrate.c"
#define  LOGI(...)  __android_log_print(ANDROID_LOG_INFO,LOG_TAG,__VA_ARGS__)
#define  LOGE(...)  __android_log_print(ANDROID_LOG_ERROR,LOG_TAG,__VA_ARGS__)

JNIEXPORT jdouble JNICALL Java_com_at0001_c03_1003_ExchRateManager_diffAmount
(JNIEnv *env, jobject obj, jdouble amount)
{
        return 0.0;
}
```

로그캣으로 로그를 볼 수 있도록 헤더 파일과 매크로 함수를 포함시켰으니, 참고하기 바란다. make 파일을 다음과 같이 작성하면 빌드 준비는 끝이 난다.

[Android.mk]
네이티브 모듈 빌드를 위한 Make 파일

```
LOCAL_PATH := $(call my-dir)
include $(CLEAR_VARS)
LOCAL_MODULE := exchrate
LOCAL_SRC_FILES := exchrate.c
LOCAL_LDLIBS := -llog
include $(BUILD_SHARED_LIBRARY)
```

생성될 네이티브 라이브러리는 libexchrate.so가 됨을 알 수 있다. 로그를 보여 주기 위해서 -llog 옵션이 추가되어 있다.

이제 프로젝트 디렉토리 상에서 다음과 같이 커맨드로 빌드를 실행해 보자.

```
$ ndk-build
[armeabi] Compile thumb  : exchrate <= exchrate.c
[armeabi] SharedLibrary  : libexchrate.so
```

```
[armeabi] Install       : libexchrate.so => libs/armeabi/libexchrate.so
```

라이브러리를 빌드를 하고 프로젝트를 Refresh하면 라이브러리가 추가된 것이 보일 것이다. 이제 이 어플리케이션을 실행하면, 다음과 같이 버튼을 누를 때 0.0이 출력될 것이다.

네이티브 코드에 필요한 계산 과정을 추가하는 일만 남은 것이다. 이런 방법으로 이 테스트 어플리케이션을 활용하면서 실습을 하면 도움이 될 것이다.

[그림 3-11] 예제 3-3 실행 결과

이제 매개변수로 전달된 객체를 통해서, 해당 객체 내에 정의되어 있는 딴 인스턴스 변수들을 읽을 수 있다. 뿐만 아니라 이 객체의 클래스 변수들도 읽을 수 있다. 가장 먼저 jobject 매개변수를 통해, 해당 인스턴스 변수와 클래스 변수를 읽는 방법을 알아보겠다.

(1) 자바 객체의 인스턴스 변수

jobject 타입의 매개변수로부터, 해당 객체의 인스턴스 변수를 읽는 방법은 다음과 같다.

```
jclass cls = (*env)->GetObjectClass(env, obj);
jfieldID fieldID = (*env)->GetFieldID(env, cls, "rate", "D");
if (fieldID == NULL) {
        LOGE("Error occurred while getting field rate");
        return 0.0;
}
jdouble rate = (*env)->GetDoubleField(env, obj, fieldID);
```

ExchRateManager 클래스에 정의되어 있는 double 형 인스턴스 변수 rate의 값을 읽고 있다. 자바의 Reflection 방식과 유사하다는 느낌이 들 것이다. 먼저 GetObjectClass() API 함수로 객체의 클래스가 무엇인지 식별한 후, GetFieldID() 함수로 원하는 변수의 필드 ID를 구한 후, GetDoubleField() 함수로 Double 형 값을 읽는 방식이다.

jclass GetObjectClass(JNIEnv *env, jobject obj);

객체의 class를 리턴한다.

env: JNI interface 포인터

obj: 자바 객체

jfieldID GetFieldID(JNIEnv *env, jclass clazz, const char *name, const char *sig);

class에서 name 이름을 갖는 인스턴스 변의 fieldID를 리턴한다.

env: JNI interface 포인터

clazz: 자바 클래스

name: 필드 명

sig: 필드 시그니쳐

NativeType Get<type>Field(JNIEnv *env, jobject obj, jfieldID fieldID);

객체의 fieldID에 해당하는 인스턴스 변수 값을 읽음.

변수의 타입 별로 함수들이 정의되어 있음

env: JNI interface 포인터

obj: 자바 객체

fieldID: 필드 ID

GetFieldID() 함수의 매개변수에는 필드 시그니쳐가 포함되어 있다. 앞에서 언급한 자바의 타입 시그니쳐를 의미한다. 위 코드에서 읽으려는 변수가 double 형의 rate이므로, 타입 시그니쳐는 "D"가 되는 것이다.

네이티브 JNI 함수의 두 번째 파라미터로 주어졌던 jobject 타입의 "객체"를 통해 인스턴스 변수에 접근하는 방법을 알아 보았다. 다음에는 정적(또는 클래스) 변수에 접근하는 방법을 알아 보자.

(2) 자바 클래스의 정적 변수(static variable)

인스턴스 변수를 읽는 방법과 유사하게 정적 변수도 읽을 수 있다.

```
jclass cls = (*env)->GetObjectClass(env, obj);
fieldID = (*env)->GetStaticFieldID(env, cls, "baseRate", "D");
if (fieldID == NULL) {
        LOGE("Error occurred while getting static field baseRate");
        return -0.0;
}
jdouble baseRate = (*env)->GetStaticDoubleField(env, cls, fieldID);
```

필드 ID를 구하기 위해 GetFieldID() 대신, GetStaticFieldID() 함수를 사용했고, 값을 읽기 위해 GetDoubleField() 대신 GetStaticDoubleField() 함수를 사용했다는 것이 차이점이다.

GetDoubleField() 함수는 객체가 매개변수인데 반해, GetStaticDoubleField() 함수는 클래스가 매개변수라는 것을 확인할 수 있다.

이제 앞서 읽은 rate 값(실제 환율)과 여기에서 읽은 baseRate 값(기준 환율), 그리고 이 함수의 매개변수로 직접 받은 amount(외화 금액) 값으로 필요한 계산을 하면 되겠다. "환율 차이 * 외화 금액"을 리턴하는 것으로 이 함수의 구현은 모두 완료된다.

네이티브 소스 코드는 다음과 같다.

[exchrate.c]
네이티브 모듈 소스

```
#include "exchrate.h"
#include <android/log.h>
#include <stdio.h>
#include <math.h>

#define  LOG_TAG    "exchrate.c"
```

```
#define  LOGI(...)  __android_log_print(ANDROID_LOG_INFO,LOG_TAG,__VA_ARGS__)
#define  LOGE(...)  __android_log_print(ANDROID_LOG_ERROR,LOG_TAG,__VA_ARGS__)

JNIEXPORT jdouble JNICALL Java_com_at0001_j0012_ExchRateManager_diffAmount(
   JNIEnv *env, jobject obj, jdouble amount) {

   // instance 변수 읽기 : rate
   jclass cls = (*env)->GetObjectClass(env, obj);
   jfieldID fieldID = (*env)->GetFieldID(env, cls, "rate", "D");
   if (fieldID == NULL) {
      LOGE("Error occurred while getting field rate");
      return 0.0;
   }

   jdouble rate = (*env)->GetDoubleField(env, obj, fieldID);

   // static 변수 읽기 : baseRate
   fieldID = (*env)->GetStaticFieldID(env, cls, "baseRate", "D");
   if (fieldID == NULL) {
      LOGE("Error occurred while getting static field baseRate");
      return 0.0;
   }

   jdouble baseRate = (*env)->GetStaticDoubleField(env, cls, fieldID);

   // return 값 계산
   jdouble diffAmount = (rate - baseRate) * amount;
   diffAmount = round(diffAmount * 1000) / 1000;

   return (diffAmount);
}
```

(3) 자바 문자열 읽기

자바의 String은 유니코드를 기반으로 한다. C/C++에서 String 객체의 문자 값을 조작하기 위해서는 UTF-8, UTF-16의 두 가지 인코딩으로 JNI API 함수들도 구분되어 있다. (참고로, 여기서 UTF-8은 정확하게는 표준 UTF-8에 대해 Modified UTF-8을 의미한다. 인코딩에 대해서는 본 교재에서 별도로 다루지는 않는다.) 먼저, 자바 객체의 인스턴스 변수 중 String 타입의 변수 값을 UTF-8 인코딩으로 읽는 방법은 다음과 같다.

```
// instance 변수(문자열) 읽기 : currency
```

```
jclass cls = (*env)->GetObjectClass(env, obj);
jfieldID fieldID = (*env)->GetFieldID(env, cls, "currency",
        "Ljava/lang/String;");
if (fieldID == NULL) {
    LOGE("Error occurred while getting field currency");
    return 0.0;
}

jstring currency = (jstring)(*env)->GetObjectField(env, obj, fieldID);

const char* currency_native = (*env)->GetStringUTFChars(env, currency,
        NULL);

if (strcmp(currency_native, "USD") == 0) {
    // ...
}

(*env)->ReleaseStringUTFChars(env, currency, currency_native);
```

GetObjectField() 함수로 jstring 값을 읽는 것은 일반 인스턴스 변수를 읽을 때와 유사하다. 그 후에 GetStringUTFChars() 함수로 C에서 접근할 수 있는 문자 배열을 만들고(힙 메모리에 동적 할당), 사용이 끝난 이 문자 배열의 메모리를 ReleaseStringUTFChars() 함수로 해제(힙 메모리에서 제거)하는 처리를 하고 있다.

UTF-8, UTF-16 별로 문자열 API 함수는 다음과 같다.

[표 3-5] 문자열 API 함수

문자열 함수	UTF-8	UTF-16
문자 배열 포인터 리턴	GetStringUTFChars()	GetStringChars()
문자 배열 포인터 해제	ReleaseStringUTFChars()	ReleaseStringChars()
문자 수	GetStringUTFLength()	GetStringLength()
자바 문자열 생성	NewStringUTF()	NewString()

메모리를 다시 할당하고 해제하는 작업을 왜 하는지 알아보자.

a. 네이티브 문자 배열 생성

C/C++에서는 문자열은 "char 타입의 배열"과 같다. 마지막 문자 다음에는 NULL 문자가 하나 추가되어 있어 문자열의 끝을 의미한다. 반면에 자바의 문자열에 해당하는 String은 "클래스"이며, 이로부터 인스턴스화된 객체는 자바의 힙 메모리 상에 동적 할당되어 있다.

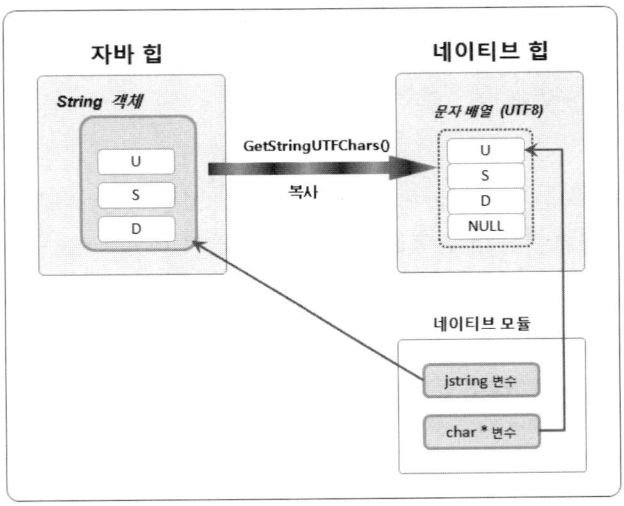

[그림 3-12] 자바 String으로부터 네이티브 문자 배열 생성. GetStringUTFChars() 함수

실제 이 객체 내부에 어떤 방식으로 문자들이 위치되어 있는지는 네이티브 모듈에서 알 수 있는 방법은 없다.

C/C++에서 배열 형태의 문자열을 다루기 위해서는 그 배열의 첫 번째 요소를 가리키는 포인터만 있으면 충분하다. 자바의 String 클래스의 문자열을 C/C++에서 다루기 위해서는 이런 배열 형태의 데이터를 만들 필요가 있다는 의미이다. GetStringUTFChars() 함수가 바로 이런 작업을 하고 새로이 생성된 배열의 포인터를 리턴해 주는 역할을 한다.

새로 만들어진 배열은 자바의 힙 메모리가 아닌 네이티브 힙 메모리에 생성되며, 내부적으로 데이터의 복사가 이루어진다. (그림 3-12 참고)

const char * GetStringUTFChars(JNIEnv *env, jstring string, jboolean *isCopy);
UTF-8 문자 배열 포인터 리턴.

const jchar * GetStringChars(JNIEnv *env, jstring string, jboolean *isCopy);
UTF-16 문자 배열 포인터 리턴.

env: JNI interface 포인터
string: 자바 문자열
isCopy: 자바 배열의 복사 여부

isCopy 플래그는 안드로이드는 자동으로 지정되기 때문에 NULL을 사용하면 된다. 위의 두 함수의 리턴 데이터 유형을 다시 한번 확인해 보자.

[표 3-6] 자바 문자열을 읽기 위한 API 함수 비교

함수명	인코딩	리턴 타입	배열 요소 데이터 크기	
GetStringUTFChars()	UTF-8	const char형 포인터	1바이트	signed 8 bit
GetStringChars()	UTF-16	const jchar형 포인터	2바이트	unsigned 16 bit

자바는 char 형의 데이터 크기가 2바이트이고, C/C++에서는 1바이트라는 차이가 있음을 언급했었다. jchar 형은 그런 차이를 보완하기 위해 정의되었다. (jchar는 jboolean을 제외하고는, 유일하게 unsigned로 정의된 네이티브 타입임) char와 jchar 타입이 이름이 비슷해서 혼동하기 쉬우므로 주의가 필요하다.

리턴 타입에 const가 붙어 있다는 것은 이 포인터로 배열의 내용을 수정할 수가 없다는 것이다. GetStringUTFLength(), GetStringLength() 함수들로 리턴되는 값은 순수한 문자의 개수이다. 실제 네이티브 배열이 만들어질 때에는 마지막 문자 다음에는 NULL 문자에 해당하는 값이 들어간다.

UTF-8 인코딩의 1바이트 char 값은 '\0'이며, UTF-16 인코딩의 2바이트 jchar 값은 0과 같다.

b. 네이티브 문자 배열 해제

자바 힙의 자바 객체들은 더 이상 필요가 없어지면, 자바의 Garbage Collection으로 자동 해제되지만, 네이티브 힙은 직접 메모리를 해제해 줘야 한다. 그렇게 하지 않고 계속 실행하다보면 메모리 부족이 발생할 수 있다.

다음의 함수들이 메모리를 해제하는 역할을 한다.

void ReleaseStringUTFChars(JNIEnv *env, jstring string, const char *utf);

GetStringUTFChars()로 할당된 배열의 메모리 해제

env: JNI interface 포인터

string: 자바 문자열

utf: 네이티브 UTF-8 문자 배열

void ReleaseStringChars(JNIEnv *env, jstring string, const jchar *chars);

GetStringChars()로 할당된 배열의 메모리 해제

env: JNI interface 포인터

string: 자바 문자열

chars: 네이티브 유니코드 문자 배열

이 함수의 매개변수 중, mode는 자바 배열을 네이티브 배열 형태로 복사했을 때에만 의미를 갖는다. 따라서 안드로이드에서는 해당사항이 없으므로 0으로 지정한다.

c. 네이티브 문자 배열 복사

자바의 문자열을 네이티브에서 다루기 위해, GetStringUTFChars() 함수로 네이티브 힙에 메모리를 할당하고 문자열을 복사하여 C/C++의 포인터로 사용할 수 있음을 알아 보았다.

그리고, 사용이 다 끝난 경우에는 ReleaseStringUTFChars() 함수로 힙 메모리에서 배열을 제거하는 것도 알 수 있었다.

아울러, 문자열도 UTF-16 인코딩의 2바이트 값의 배열로 다룰 때에는 GetStringChars(), ReleaseStringChars() 함수를 사용해야 한다. 자바의 JNI 규약 상에 정의된 이런 메커니즘은 문자열이 아닌 일반 기본형 배열에서도 유사하게 정의되어 있다.

다음 절에서 기본형 배열에 대해 다룰 것이다. 과연 그럼 실제로 이렇게 메모리 복사가 매번 발생하는 것인가 하는 의문이 들 수 있다. 데이터 양에 따라서, 번거로운 작업이 될 수 있고 성능 상에도 단점이 될 수 있기 때문이다.

자바의 가상머신의 종류에 따라서 이런 방식에는 차이가 있다. 안드로이드의 가상머신인 Dalvik에서는 UTF-8 인코딩의 문자 배열을 다룰 때에는 무조건 복사를 하게 되어 있다. 반면에, UTF-16 인코딩의 문자 배열이나, 그 외의 기본형 배열에 대해서는 실제로 복사를 하지 않는다. 복사를 하는 대신 자바의 메모리 상에 고정시켜 놓은 데이터를 직접 참조하게 되어 있다.

모바일 환경의 제약을 고려한 가상머신의 구현을 위해서 그렇게 되어 있으리라 예상할 수 있다. 실제 개발에서는 크게 염두에 둘 필요는 없다. 내부적으로 메모리 상의 복사가 이루어지는 여부에 상관없이, JNI 규약대로 포인터를 취하는 함수와 해제하는 함수를 반드시 호출한다는 것만 기억하면 될 것이다.

(4) 자바 배열 읽고 수정하기

앞에서 만든 자바 클래스 ExchRate의 배열 인스턴스 변수인 rates의 요소 값을 읽는 방법은 아래와 같다.

```
// instance 변수 읽기 : rate
jclass cls = (*env)->GetObjectClass(env, obj);
```

```
jfieldID fieldID = (*env)->GetFieldID(env, cls, "rates", "[D");
if (fieldID == NULL) {
   LOGE("Error occurred while getting field rates");
   return 0.0;
}

jdoubleArray rates = (*env)->GetObjectField(env, obj, fieldID);
int rateLength = (*env)->GetArrayLength(env, rates);
jdouble* rates_native = (*env)->GetDoubleArrayElements(env, rates, NULL);
jdouble sum = 0.0;

int i;
for (i=0; i<rateLength; ++i) {
   sum += rates_native[i];
}

(*env)->ReleaseDoubleArrayElements(env, rates, rates_native, 0);
```

일반 인스턴스 변수를 읽는 것과 유사한데, GetDoubleArrayElements() 함수로 jdouble형 포인터를 가져오는 것이 가장 큰 차이라고 할 수 있다. GetObjectField() 함수로 얻게된 jdoubleArray 타입의 변수도 포인터이다.

하지만, 이것은 자바 객체에 해당하는 포인터이지, 각 배열 요소를 접근할 수 있는 네이티브타입의 포인터는 아니다. 네이티브 타입의 포인터를 리턴해주는 함수가 바로 GetDoubleArrayElements() 함수이다.

a. 배열에 대한 네이티브 포인터 생성

NativeType *Get<PrimitiveType>ArrayElements (JNIEnv *env, ArrayType array, jboolean *isCopy);

자바의 기본형(primitive type) 배열 요소를 가리키는 네이티브 포인터 리턴.

자바 배열 요소를 복사하는 경우와 자바 배열 요소를 직접 가리키는 경우가 있음.

env: JNI interface 포인터
array: 자바 배열
name: 필드 명
isCopy: 자바 배열의 복사 여부

이 함수 매개변수에는 isCopy가 있다. JNI 설계 상에는 원래 이 함수가 원 자바 배열 객체로부터 메모리 복사로 네이티브 배열을 만들어낼 수 있도록 jboolean 형 포인터로 제어할 수 있도록 되어 있다.

하지만, 안드로이드 VM(Dalvik)에서는 내부적으로 항상 복사를 하지 않도록 되어 있기 때문에 NULL 값으로 지정하면 된다.

b. 배열요소 읽기 및 수정

네이티브 포인터를 얻었으므로, 배열 요소에 대한 접근은 [] 연산자를 사용하면 된다.

p[0], p[1], ..., p[n-1]

예제 코드에서 볼 수 있듯이, GetArrayLength()라는 함수로 배열 요소의 수를 알 수도 있다. 읽기 뿐만 아니라, 배열 요소 값의 수정도 가능하며 이렇게 수정한 내용은 원 자바 배열에 직접 반영이 된다. JNI 규약 상에는 배열의 메모리 복사 여부에 따라서, 원 배열의 반영이 약간 차이가 있는데, 안드로이드에서는 해당 사항이 없으므로 신경쓰지 않아도 된다.

c. 배열에 대한 네이티브 포인터 해제

이 포인터를 다 사용한 경우에는 ReleaseDoubleArrayElements() 함수를 호출하여 네이티브의 포인터 참조를 해제한다.

void Release<PrimitiveType>ArrayElements (JNIEnv *env, ArrayType array, NativeType *elems, jint mode);

자바의 기본형(primitive type) 배열 요소를 가리키는 네이티브 포인터의 해제

env: JNI interface 포인터
array: 자바 배열
elems: 배열 요소에 대한 네이티브 포인터
mode: 복사된 자바 배열에 대한 릴리즈 모드

이 함수의 매개변수 중, mode는 자바 배열을 네이티브 배열 형태로 복사했을 때에만 의미를 갖는다. 따라서 안드로이드에서는 해당사항이 없으므로 0으로 지정한다.

(5) 네이티브에서 자바 배열 생성하기

자바 객체의 인스턴스 변수나 클래스 변수들을 참조하는 방법을 알아 보았다. 그 데이터 타입이 문자열이나 배열인 경우에도 원칙은 동일하다. 다만, C/C++의 데이터 구조와 차이점으로 인해 메모리 상에 어떤 식으로 적용되는지에 대해서도 확인해 보았다.

이번엔 반대로 네이티브에서 배열이나 문자열을 자바 타입에 맞게 생성하고 자바에 넘겨주는 방법을 알아보겠다. 다음은 단순하게 double 형 배열을 네이티브에서 만들어 자바에 리턴하는 함수를 보여주고 있다. malloc(), free() 함수를 사용할 수 있게 〈stdlib.h〉 헤더 파일이 포함되도록 한다.

```
jdoubleArray resultArray = (*env)->NewDoubleArray(env, arrayLength);
if (resultArray == NULL) {
   LOGE("Failed to create DoubleArray");
   return NULL;
}
jdouble* resultArray_native = (jdouble *)malloc(arrayLength * sizeof(jdouble));

int i;
for (i = 0; i < arrayLength; ++i) {
   // ...
}
 (*env)->SetDoubleArrayRegion(env, resultArray, 0, arrayLength, resultArray_
native);
free(resultArray_native);
```

위 코드를 테스트하기 위해서, 자바에서 다음과 같은 형식으로 Native 메소드를 정의하면 된다.

```
public native double[] getRecentExchRates();
```

NewDoubleArray() 함수는 자바의 double 배열(자바의 double[] 타입)을 하나 생성하는 것과 같다. C/C++의 double 배열이 아니라 자바의 배열이라는 것을 잊어서는 안 된다. 아직 이 배열은 참조 변수만 선언하고 객체를 하지 않은 상태와 같다. 배열 변수를 객체화하는 일을 하는 것이 다음의 SetDoubleArrayRegion() 함수이다.

void Set<PrimitiveType>ArrayRegion(JNIEnv *env, ArrayType array, jsize start, jsize len, NativeType *buf);

자바의 기본형(primitive type) 배열 요소를 가리키는 네이티브 포인터의 해제

env: JNI interface 포인터
array: 자바 배열
start: 시작 인덱스(0부터 시작)
len: 시작 인덱스로부터 복사될 배열 요소의 수
buf: 소스 데이터를 갖고 있는 메모리 상의 버퍼

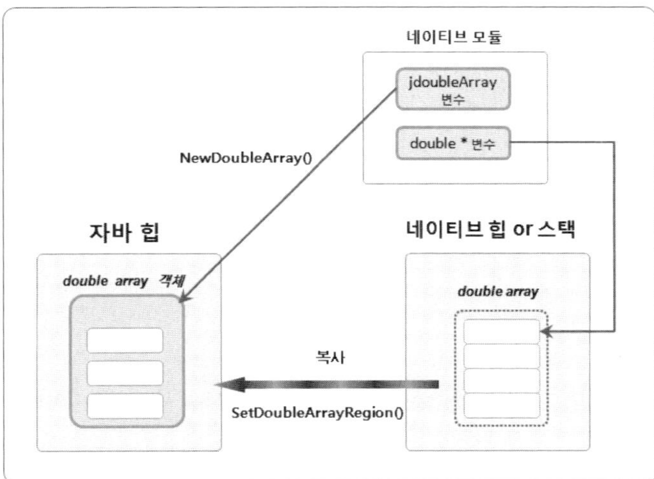

[그림 3-13] 네이티브에서 자바 배열 생성 후 데이터 복사

buf라는 매개변수는 C/C++ 상의 메모리 덩어리로, 데이터를 가지고 있으면 된다. 위의 코드에서는 네이티브 힙 메모리 상에 동적 할당(malloc)된 배열을 사용했지만, 스택의 메모리에 정적으로 생성된 배열을 사용해도 무방하다.

다만, 동적 할당된 배열은 반드시 메모리 해제(free)를 해 주는 것을 잊지 말아야 한다. SetDoubleArrayRegion() 함수는 이렇게 새로운 자바 객체를 만들어서 리턴할 때도 쓰이지만, 기존의 자바 배열 객체의 값을 바꿀 때도 쓸 수 있다. 사용법은 동일하니, 각자 해 보기 바란다.

Set이 있으면 Get이 있기 마련이다. GetDoubleArrayRegion() 함수가 바로 그것인데, C/C++에서 버퍼 메모리만 준비되면 값을 읽을 수 있다.

(7) 네이티브에서 자바 메소드 호출하기

자바에서 native 키워드로 선언된 메소드를 호출하면 그에 해당하는 네이티브 함수가 호출이 되는 것을 알 수 있었다. 이와 반대로, 네이티브에서 자바의 메소드를 호출해서 리턴 값을 받거나 작업을 처리할 수가 있다. 인스턴스 메소드와 클래스 메소드 모두 동일하다. 표 3-7는 리턴 타입 별 자바 메소드의 호출 함수 API 함수들이다. 인스턴스 메소드와 클래스 메소드가 각각 다른 함수들로 구성되어 있다.

인스턴스 메소드를 호출하는 함수는 인자로 jobject 형의 객체를, 클래스 메소드는 jclass 형의 클래스를 받는 것 외에는 사용 방법이 같다.

인스턴스 메소드 호출하기

[Java]

```
private double getAmount(double amount) {
    return (rate * amount);
}
```

[네이티브]

```
jclass cls = (*env)->GetObjectClass(env, obj);
jmethodID methodID = (*env)->GetMethodID(env, cls, "getAmount", "(D)D");

if (methodID == NULL) {
    LOGE("Error occurred while getting method getAmount()");
```

```
    return;
}
jdouble amount = (*env)->CallDoubleMethod(env, obj, methodID, 400.55);
```

위의 샘플 코드에서 보듯이 double형의 매개변수를 받아 double형을 리턴하는 자바 메소드를 찾기 위해 시그니처 "(D)D"가 쓰였다. GetMethodID() 함수가 이 시그니처에 해당하는 자바의 인스턴스 메소드를 찾아서 그 식별 값을 리턴해 준다. 이 식별 값은 이 메소드를 호출할 때 사용된다.

[표 3-7] 타입 별 자바 메소드 호출 함수

인스턴스 메소드 호출	클래스 메소드 호출	함수 리턴 타입 (네이티브)
CallVoidMethod()	CallStaticVoidMethod()	void
CallObjectMethod()	CallStaticObjectMethod()	jobject
CallBooleanMethod()	CallStaticBooleanMethod()	jboolean
CallByteMethod()	CallStaticByteMethod()	jbyte
CallCharMethod()	CallStaticCharMethod()	jchar
CallShortMethod()	CallStaticShortMethod()	jshort
CallIntMethod()	CallStaticIntMethod()	jint
CallLongMethod()	CallStaticLongMethod()	jlong
CallFloatMethod()	CallStaticFloatMethod()	jfloat
CallDoubleMethod()	CallStaticDoubleMethod()	jdouble

참고로, private 메소드를 호출할 수 있는 이유는 무엇일까? 네이티브 모듈이라 하더라도 이에 대응하는 자바 메소드의 접근 범위를 그대로 적용시키면 된다. 즉, 위의 메소드는 이 함수에 대응하는 메소드와 같은 클래스 내에 존재하므로 private을 호출할 수 있는 것이다.

클래스 메소드 호출하기

[Java]

```
private static void addBaseRate(double rateToAdd) {
    baseRate += rateToAdd;
}
```

[네이티브]

```
cls = (*env)->GetObjectClass(env, obj);
```

```
methodID = (*env)->GetStaticMethodID(env, cls, "addBaseRate", "(D)V");
if (methodID == NULL) {
   LOGE("Error occurred while getting method addBaseRate()");
   return;
}
CallStaticVoidMethod(env, obj, methodID, 120.44);
```

자바의 static 메소드가 double 형 매개변수와 void 형 리턴 값을 가지므로, 시그니처는 "(D)V"가 됨을 알 수 있다. 그리고, 이 시그니쳐에 해당하는 클래스 메소드를 찾기 위한 함수는 GetStaticMethodID() 이다.

7. JNI 인터페이스 API 함수의 고급 기능

(1) 네이티브에서 자바 객체 생성하기

네이티브 모듈에서 자바의 String, 자바의 배열을 생성해 보았었다. String이나 배열 모두 자바에서는 객체에 해당한다. 그렇다면 일반적인 클래스의 객체도 네이티브 모듈에서 생성할 수 있을까? 답은 가능하다는 것이다.

다음의 NewObject() 함수를 통해 생성된 jobject 객체를 리턴받는다. 리플렉션 기법으로 method를 찾아서 호출하면서 객체를 만들기 때문에, 자바로 만들때와 완전히 동일한 방법으로 만들어진다.

jobject NewObject(JNIEnv *env, jclass clazz, jmethodID methodID, ...);

자바 객체 생성

env: JNI interface 포인터

class: 자바 클래스

methodID: 클래스 생성자에 대한 method ID

...: 생성자 메소드의 파라미터

이 함수의 3번째 매개변수가 methodID인데, 클래스의 생성자 메소드를 의미한다. 이 methodID를 구하는 방법은 앞에서 했던 인스턴스 메소드 방법과 같은데, 이름만

"<init>"로 지정해 준다는 점만 다르다. 디폴트 생성자의 경우, 다음과 같이 methodID를 구한다.

```
jmethodID constructor = (*env)->GetMethodID(env, cls, "<init>", "()V");
```

생성자는 리턴값이 없으므로 디폴트 생성자가 아닌, 딴 생성자들은 매개변수를 갖게 된다. NewObject() 함수를 호출할 때에는 생성자 methodID 다음에 이들 매개변수를 넣어주면 된다. (가변인자임) double형과 String 객체를 매개변수로 하는 생성자를 호출하는 예제는 다음과 같다.

객체 생성하기

[Java]

```
public class ExchRateManager {

    // ...
    public ExchRateManager(double rate, String currency) {
        this.rate = rate;
        this.currency = currency;
    }
}
```

[네이티브]

```
jmethodID constructor = (*env)->GetMethodID(env, cls, "<init>", "(DLjava/lang/String;)V");
// currency
char *currency_native = "USD";
jstring newCurrency = (*env)->NewStringUTF(env, currency_native);
// rate
jdouble newRate = 1025.55;
jobject exchRateManager = (*env)->NewObject(env, cls, constructor, newRate, newCurrency);
```

(2) 자바 메소드 호출 방식

네이티브 모듈에서 자바의 인스턴스 메소드는 Call<type>Method() 함수로 호출하고, 정적 메소드는 CallStatic<type>Method() 함수로 호출하였다. 그리고, 자바 객체를 생성하기 위해서는 NewObject() 함수를 호출하였다. 이들 메소드는 매개변수를 다양한 방식으로 가질 수 있다. JNI는 이들 메소드 매개변수를 처리하기 위해 3가지 형태의 함수들을 가지고 있는데, 표 3-8과 같이 요약할 수 있다.

[표 3-8] 자바 메소드 호출 방식

메소드 구분	가변 인자 파라미터	배열 파라미터	va_list 파라미터
인스턴스 메소드	Call<type>Method()	Call<type>MethodA()	Call<type>MethodV()
정적 메소드	CallStatic<type>Method()	CallStatic<type>MethodA()	CallStatic<type>MethodV()
생성자 메소드	NewObject()	NewObjectA()	NewObjectV()

va_list가 가변인자와 관련있는데, 위와 같이 분류해 놓으니 혼동스러울 수도 있겠다. 가변인자 파라미터는 함수의 괄호안에 매개변수를 죽 나열하면 된다. 데이터 타입에도 상관없이 그냥 나열하면 된다. 실제 가변인자인 셈이다. va_list 파라미터라고 표현한 것은, va_list형 포인터를 파라미터로 넣는다는 것을 의미한다.

배열 파라미터는 배열, va_list 파라미터는 va_list 변수 하나를 매개변수로 전달하는 방식이다. 하나의 자바 메소드를 호출하는 방식이 위의 3가지가 다 해당될 수도 있다. 즉, 편의 상 선택적으로 사용할 수 있는 방법이니 샘플 코드를 통해서 사용 방법만 익히면 된다.

a. 배열 파라미터

배열 파라미터를 사용하기 위해서는 jvalue라는 공용체(union)을 사용해야 하는데, jni.h에 다음과 같이 정의되어 있다.

```
typedef union jvalue {
    jboolean    z;
    jbyte       b;
    jchar       c;
    jshort      s;
    jint        i;
    jlong       j;
    jfloat      f;
    jdouble     d;
    jobject     l;
} jvalue;
```

기본형 데이터 뿐만 아니라, 객체형인 jobject 변수도 있기 때문에, 배열이나 문자열, 그리고 자바 객체에 해당하는 값을 네이티브에서 생성한 후, 이 공용체 변수에 넣어주면 된다. 파라미터로 사용할 jvalue 타입의 배열을 하나 만든 후, 각 배열 요소에 해당하는 공용체에 파라미터 값을 넣어주고 함수 호출을 하게 된다.

다음 샘플 코드는 배열 파라미터를 사용해서 자바의 정적 메소드를 호출하는 예를 보여준다.

배열 파라미터로 정적 메소드 호출

[Java]

```
public class MainActivity extends Activity {
    // ...
    public void clickCalculate(View view) {
        doTest();
    }
    private void doTest() {
        MyData.doJniTest();
        StringBuilder builder = new StringBuilder();
        builder.append(" iVal   : " + MyData.iVal + "\n");
        builder.append(" cVal   : " + MyData.cVal + "\n");
        builder.append(" fVal   : " + MyData.fVal + "\n");
        builder.append(" strVal : " + MyData.strVal + "\n");
        mTvResult.setText(builder.toString());
    }
}

public class MyData {
    public static int iVal;
    public static char cVal;
    public static float fVal;
    public static String strVal;
    private static void resetValues(int i_val, char c_val, float f_val, String str_val) {
        iVal = i_val;
        cVal = c_val;
        fVal = f_val;
        strVal = str_val;
    }
    public static native void doJniTest();
}
```

[네이티브]

```
// 클래스 메소드 읽기 : resetValues()
  jmethodID methodID = (*env)->GetStaticMethodID(env, cls, "resetValues", "(ICFLjava/
lang/String;)V");
  if (methodID == NULL) {
    LOGE("Error occurred while getting method resetValues()");
    return;
  }

  // 문자열 자바 객체 생성
  const char* strVal_native = "Good";
  jstring strVal = (*env)->NewStringUTF(env, strVal_native);

  jvalue args[4] = {0};
  args[0].i = 10;
  args[1].c = (jchar)'Z';
  args[2].f = 33.33f;
  args[3].l = (jobject)strVal;
  (*env)->CallStaticVoidMethodA(env, cls, methodID, args);
```

자바의 문자열도 객체에 해당하므로, 네이티브에서 먼저 자바 객체(jstring)을 먼저 생성한 후 공용체 배열에 넣었다. 이 호출은 다음과 같이 가변인자 파라미터로 호출하는 것과 완전히 동일하다.

```
(*env)->CallStaticVoidMethod(env, cls, methodID, 10, (jchar)'Z', 33.33f, (jobject)
strVal);
```

b. va_list 파라미터

C/C++은 가변인자 파라미터를 사용하면, va_list 형 포인터로 각 가변인자들을 참조할 수 있게 된다. 여기서는 C/C++의 가변인자에 대해서 별도로 다루지 않으므로, 관련 자료를 참고하기 바란다. va_list 형 포인터를 사용하려면, stdarg.h 헤더파일이 필요한데 jni.h 헤더에서 이미 포함을 하고 있으므로, 별도로 포함할 필요는 없다.

다음 샘플 코드는 객체 생성을 할 때 va_list 포인터를 사용하는 방법을 보여준다.

배열 파라미터로 정적 메소드 호출

[Java]

```
public class MainActivity extends Activity {
```

```
    // ...
    public void clickCalculate(View view) {
        doTest();
    }

    private void doTest() {
        MyData data = MyData.createData();
        StringBuilder builder = new StringBuilder();
        builder.append(" left   : " + data.left + "\n");
        builder.append(" toip   : " + data.top + "\n");
        builder.append(" width  : " + data.width + "\n");
        builder.append(" height : " + data.height + "\n");
        mTvResult.setText(builder.toString());
    }
}

public class MyData {
    public float left;
    public float top;
    public float width;
    public float height;
    public MyData(float left, float top, float width, float height) {
        this.left = left;
        this.top = top;
        this.width = width;
        this.height = height;
    }

    public static native MyData createData();
}
```

[네이티브]

```
jobject createJavaObject(JNIEnv *env, jclass cls, jint argLength, ...)
{
    jmethodID constructor = (*env)->GetMethodID(env, cls, "<init>", "(FFFF)V");
    if (constructor == NULL) {
        LOGE("Error occurred while getting constructor of signature '(FFFF)V'");
        return NULL;
    }
    va_list ap;
    va_start(ap, argLength);

    jobject myData = (*env)->NewObjectV(env, cls, constructor, ap);

    if (myData == NULL) {
        LOGE("Error occurred while constructing object");
```

```
        return NULL;
    }
    return myData;
}

JNIEXPORT jobject JNICALL Java_com_at0001_j0024_MyData_createData
(JNIEnv *env, jclass cls)
{
    jobject myData = createJavaObject(env, cls, 4, 10.0f, 10.0f, 300.0f, 220.0f);
    return myData;
}
```

여기에서 argLength를 사용한 것은 매크로함수 va_start()가 매개변수 시작 위치를 인식하도록 고정된 주소의 매개변수 역할을 하기 위함이다.

위 샘플 코드에서 va_list를 사용한 호출은 다음과 같이 가변인자 파라미터로 호출하는 것과 완전히 동일하다.

```
jobject myData = (*env)->NewObject(env, cls, constructor, 10.0f, 10.0f, 300.0f,
220.0f);
```

(3) 네이티브에서 자바 객체 접근

네이티브 모듈에서 자바의 String, 배열 그리고 일반 객체를 생성할 수 있었다. String과 배열은 네이티브에서 배열과 연관되는 데이터 구조이기 때문에, 관련 API 함수도 일반 객체와는 조금 다르다는 것을 알 수 있다.

자바와 네이티브 메모리는 분리되어 있는데, 배열과 연관된 데이터를 네이티브에서 다루기 위해 매번 메모리 상 복사를 하는 것은 비효율적일 것이다. 안드로이드의 Dalvik VM에서는 불필요한 복사를 일부러 막고 직접 자바의 메모리를 포인터 참조하는 방법으로 강제하는 경우가 있다. 앞서 보았듯이, 비슷한 일을 수행하는 문자열 함수인 GetStringUTFChars() 함수는 복사를 수행하고, GetStringChars()는 복사를 수행하지 않는다. 자바의 메모리를 복사하는 대신, 자바 쪽으로 데이터를 고정시키는 것을 "Pin(고정시킴)"이라고 부르기도 한다. (이 두 함수가 다른 처리를 하는 것은 안드로이드에 국한된 사항이다)

마찬가지로, 기본형 배열을 가져오는 Get〈Primitve〉ArrayElements() 함수도 Copy가 Pin 방식으로 데이터를 참조한다는 것을 언급했었다.

JNI 규약은 범용적으로 설계되어 이들 배열과 연관된 데이터를 접근하는데, 추가적인 몇 가지 다른 방법을 제시하고 있다. 상황에 따라서 Copy로 데이터를 복사해서 쓰게 하는 함수들이 있고, 무조건 Pin 방식으로 참조하게 하는 함수들도 있다. 기본형 배열 요소에 접근하는 다양한 방법을 차례대로 살펴 보기로 한다.

a. Get<Primitive>ArrayElements() 함수

이 함수는 이미 다뤄본 함수이다. 안드로이드에서는 Pin 방식으로 자바 메모리에 고정시킨 후, 참조하는 방식이다. 따라서, 네이티브 포인터로 배열 요소 값을 변경하면 자바 쪽에도 반영이 된다. (Dalivik이 아닌 VM에서는 Copy 방식으로 처리하기도 한다)

사용 후에는 Release<Primitive>ArrayElements() 함수를 호출한다. 아래 샘플 코드는 자바의 배열 요소 1개를 네이티브에서 변경하는 예를 보여준다.

Get<Primitive>ArrayElements()를 이용한 자바 배열 요소 변경

[Java]

```
public class MainActivity extends Activity {
   // ...
   public void clickCalculate(View view) {
      modifyData();
   }

   private void modifyData() {
      MyData myData = new MyData();
      myData.modifyData();

      double[] darr = myData.darr;
      StringBuilder builder = new StringBuilder();

      for (int i = 0; i < darr.length; ++i) {
         builder.append(" darr[" + i + "] : " + darr[i] + "\n");
      }
      mTvResult.setText(builder.toString());
   }
}

public class MyData {
   // test objects
   public double[] darr;

   public MyData() {
```

```
        darr = new double[] {110.11, 110.11, 110.11 };
    }
    public native void modifyData();
}
```

[네이티브]

```
// instance 변수 읽기 : darr
jclass cls = (*env)->GetObjectClass(env, obj);
jfieldID fieldID = (*env)->GetFieldID(env, cls, "darr", "[D");
if (fieldID == NULL) {
    LOGE("Error occurred while getting field darr");
    return;
}

jdoubleArray darr = (*env)->GetObjectField(env, obj, fieldID);
int arrLength = (*env)->GetArrayLength(env, darr);
jdouble* darr_native = (*env)->GetDoubleArrayElements(env, darr, NULL);

darr_native[0] += 0.1; // 배열 요소 1개를 수정함.
(*env)->ReleaseDoubleArrayElements(env, darr, darr_native, 0);
```

b. Get<Primitive>ArrayRegion(), Set<Primitive>ArrayRegion() 함수

Get<Primitive>ArrayRegion() 함수는 자바 배열을 네이티브 메모리(버퍼)로 복사하여 가져온다. (Copy 방식. Dalvik에서도 동일) Set<Primitive>ArrayRegion() 함수는 반대로 네이티브 메모리의 배열을 자바 힙 메모리로 복사한다. 자바 배열을 복사해 오기 위해서는 단순히 네이티브 포인터가 아닌, 실제 할당된 메모리가 필요하다. 이 메모리는 스택이든, 힙이든 상관없다.

그리고, Set<Primitive>ArrayRegion() 함수는 자바 배열을 수정하는 역할을 하는 셈이다. Get<Primitive>ArrayRegion() 함수와는 상관없이, 네이티브에서 생성한 배열 데이터를 임의의 자바 배열에 덮어쓸 수도 있다.

다음 샘플코드는 네이티브에서 힙에 버퍼를 만들어 놓고, 자바 배열을 복사해 놓은 후, 요소 1개를 수정한 후 다시 자바 메모리로 복사하는 예를 보여준다.

Set<Primitive>ArrayRegion()를 이용한 자바 배열 요소 변경

[Java]

2.1과 동일

[네이티브]

```
// instance 변수 읽기 : darr
jclass cls = (*env)->GetObjectClass(env, obj);
jfieldID fieldID = (*env)->GetFieldID(env, cls, "darr", "[D");
if (fieldID == NULL) {
   LOGE("Error occurred while getting field darr");
   return;
}

jdoubleArray darr = (*env)->GetObjectField(env, obj, fieldID);
int arrLength = (*env)->GetArrayLength(env, darr);
jdouble* darr_rg = (jdouble*)malloc(sizeof(jdouble) * arrLength);
(*env)->GetDoubleArrayRegion(env, darr, 0, arrLength, darr_rg);

darr_rg[1] += 0.1; // 배열 요소 1개를 수정함.
(*env)->SetDoubleArrayRegion(env, darr, 0, arrLength, darr_rg);
free(darr_rg);
```

c. GetPrimitiveArrayCritical() 함수

GetPrimitiveArrayCritical() 함수는 JNI 규약의 정의는 "가급적이면 복사 대신, 자바 배열에 대한 포인터를 리턴"하는 것으로 되어 있다. 안드로이드 Dalvik은 포인터를 리턴하는 PIN 방식으로 구현되어 있다.

GetPrimitiveArrayCritical()와 ReleasePrimitiveArrayCritical() 호출 사이를 Critical 영역이라고 간주한다는 개념이며, 이 사이에서는 어떠한 JNI 호출이 허용되지 않고, 최대한 빨리 처리되는 작업만 실행해야 한다. 대신, 자바쪽에서는 이 포인터로 참조되는 자바 객체에 대한 가비지 콜렉션이 일어나지 않도록 보장해준다.

다음 샘플코드는 네이티브에서 임의의 배열을 하나 만들어서, 자바 배열을 덮어쓰는 예를 보여준다.

GetPrimitiveArrayCritical()를 이용한 자바 배열 요소 변경

[Java]

2.1과 동일

[네이티브]

```
// instance 변수 읽기 : darr
jclass cls = (*env)->GetObjectClass(env, obj);
```

```
jfieldID fieldID = (*env)->GetFieldID(env, cls, "darr", "[D");
if (fieldID == NULL) {
    LOGE("Error occurred while getting field darr");
    return;
}

jdoubleArray darr = (*env)->GetObjectField(env, obj, fieldID);
int arrLength = (*env)->GetArrayLength(env, darr);
jdouble* darr_cr = (jdouble*)(*env)->GetPrimitiveArrayCritical(env, darr, 0);

jdouble ref[3] = {800.0, 800.1, 800.2};
memcpy(darr_cr, ref, arrLength * sizeof(jdouble));   // 임의의 네이티브 배열을 자바 배열에 덮어씀

(*env)->ReleasePrimitiveArrayCritical(env, darr, darr_cr, 0);
```

문자열에 대해서도 Copy 방식의 Region 함수와 Pin 방식의 Critical 함수가 존재한다. 이렇게 자바의 배열 관련 데이터를 접근하는 함수들을 안드로이드 기준으로 요약하면 표 3-9와 같다.

[표 3-9] 네이티브 배열 관련 데이터의 API 함수

구분	JNI API	Copy or Pin (안드로이드)	포인터 타입	자바 값 변경
StringUTF	GetStringUTFChars() ReleaseStringUTFChars()	Copy	const char*	No
	GetStringUTFRegion()	Copy	char*	No
String	GetStringChars() ReleaseStringChars()	Pin	const jchar*	
	GetStringRegion	Copy	jchar*	No
	GetStringCritical() ReleaseStringCritical()	Pin	const jchar*	
<Primitive>Array	Get<Primitive>ArrayElements() Release<Primitive>ArrayElements()	Pin	NativeType*	Yes
	Get<Primitive>ArrayRegion()	Copy	NativeType*	Set<Primitive>ArrayRegion()를 사용해서 변경
	GetPrimitiveArrayCritical() ReleasePrimitiveArrayCritical()	Pin	void*	Yes

자바의 문자열도 네이티브에서 배열 요소로 변경시킬 수 있을까? String은 네이티브에서 변경을 하지 않는 것이 원칙이다. 비록 안드로이드에서 Pin 방식으로 동작하는 GetStringChars(), GetStringCritical() 함수들이라 할지라도, 포인터 타입이 const jchar*

로 정의되어 있음을 보면 알 수 있다. (이들을 강제로 jchar* 타입으로 캐스팅해서 변경하면, 자바에도 반영이 되기는 한다. 그러나 일반적으로는 이와 같은 문자열 변경은 피하는 것이 좋다.)

(4) 자바 예외(Exception) 처리

자바의 객체를 생성하고 멤버 변수를 변경하고, 메소드를 호출하는 등의 작업을 네이티브에서 네이티브 모듈에서 JNI 인터페이스를 통하여 할 수 있음을 살펴 보았다. 그렇다면, 이런 처리 과정 중에 자바의 예외(Exception)이 발생할 수도 있다는 것을 알 수 있다. JNI에는 이런 자바의 예외를 네이티브에서도 감지하고 그에 따라 적절한 작업을 할 수 있도록 하였다. 뿐만 아니라, 네이티브 프로세스 중 발생한 비정상적인 상황에 대하여 자바의 예외를 직접 발생 시킬 수도 있다.

C++에도 예외 처리 기능이 따로 있지만, 여기서 언급하는 것은 자바의 예외를 말한다. C++의 예외에 관해서는 다음 절에서 별도로 언급할 것이다. 경우에 따라서는, 두 가지를 적절하게 연동하여 사용하기도 한다. 자바의 기본 예외나 안드로이드 프레임워크에서 정의된 예외 뿐만 아니라, 사용자가 정의한 예외도 모두 동일한 방법으로 처리한다.

네이티브에서 자바의 예외를 감지하여 처리하는 방법과 네이티브에서 자바의 예외를 발생시키는 방법을 차례로 알아보겠다.

a. 네이티브에서 자바의 예외를 감지하는 방법

자바에서는 발생한 예외에 대해서 catch 후 처리를 해 주지 않으면 계속 펜딩 상태로 남게 된다. 자바의 예외를 정리할 수 있는 것은 자바에서만 가능한 것이 아니라 네이티브에서도 가능하다.

네이티브에서 자바의 예외를 감지하고 정리하는 절차는 3단계로 이뤄진다.

펜딩된 예외가 있는지 확인하고, 예외 객체를 받고, 펜딩된 예외를 소멸시킨다(clear).

이에 해당하는 JNI 함수는 각각 ExceptionCheck(), ExceptionOccurred(), ExceptionClear() 이다.

다음 샘플 코드는, 정적 메소드를 호출할 때에 잘못된 시그니쳐를 사용했을 때 발생하는 예외를 감지하는 코드이다. 부정확한 시그니쳐는 JNI를 사용할 때 흔히 범하는 실수이기도 하다.

자바의 예외를 네이티브에서 감지

[자바]

```
public class MyData {
    public static int iVal = 0;
    public static char cVal = 0;
    public static float fVal = 0.0f;
    public static String strVal;

    private static void resetValues(int i_val, char c_val, float f_val, String str_val) {
        iVal = i_val;
        cVal = c_val;
        fVal = f_val;
        strVal = str_val;
    }
    public static native boolean doExceptionTest();
}
```

[네이티브]

```
jboolean doExceptTest(JNIEnv *env, jclass cls) {
    jclass jNoSuchMethodError = (*env)->FindClass(env,
        "java/lang/NoSuchMethodError");

    // resetValues
    jmethodID methodID = (*env)->GetStaticMethodID(env, cls, "resetValues",
                            "(CFLjava/lang/String;)V");
    // 펜딩 예외 여부 확인
    if ((*env)->ExceptionCheck(env)) {
        LOGI(">> Exception Occurred");

        // 펜딩 예외 객체 참조
        jthrowable excpt = (*env)->ExceptionOccurred(env);

        // 펜딩 예외 clear
        (*env)->ExceptionClear(env);

        if (excpt != NULL) {
            // 발생 예외의 객체 식별
            if ((*env)->IsInstanceOf(env, excpt, jNoSuchMethodError)) {
```

```
            LOGI("> Exception : NoSuchMethodError");
        }
    }
    return JNI_FALSE;
  }
  return JNI_TRUE;
}
```

위 자바 클래스 정적 메소드 resetValues()의 시그니처는 "(ICFLjava/lang/String;)V" 이어야 하는데 "(CFLjava/lang/String;)V"로 잘못 호출하고 있다. GetStaticMethodID() 함수를 실행하면, 자바에서는 해당 시그니쳐나 메소드 명이 틀릴 경우 NoSuchMethodError라는 표준 예외를 발생시킨다. (JNI 규약에 메소드 별로 발생할 수 있는 예외를 명시하고 있음)

ExceptionCheck() 함수로 펜딩된 예외가 있는지 확인한 후, 발생한 예외를 jthrowable 타입의 변수로 참조하고 있다.

ExceptionClear() 함수는 펜딩된 예외를 청소하는 작업을 한다. 이렇게 청소하지 않으면 예외는 계속 남아 있어, 이후의 JNI API를 호출할 때부터 문제가 발생하게 된다.

마지막으로 발생한 예외가 어떤 객체인지 IsInstanceOf() 함수로 식별을 할 수 있다. 사용자가 정의한 예외도 동일한 방법으로 식별할 수 있다.

b. 네이티브에서 자바의 예외를 발생시키는 방법

이번에는 반대로 네이티브에서 자바의 예외를 발생시키고, 자바에서 발생한 예외에 대해 처리하는 방법을 알아보자. 감지할 때와는 달리, 발생시키는 것은 매우 단순하다. 네이티브에서 ThrowNew() 함수를 호출하는 것 뿐이다. 다음 샘플 코드는 클래스의 정적 변수 값이 어느 한도 보다 작으면 사용자 정의 예외를 발생시키는 코드이다.

네이티브 메소드의 선언에 throws를 포함시켰음을 주의할 필요가 있다.

자바의 예외를 네이티브에서 감지

[자바]

```
public class MyData {
    public static int iVal = 0;
    public static char cVal = 0;
    public static float fVal = 0.0f;
```

```
    public static String strVal;

    // native 선언 메소드에 throws 포함
    public static native boolean doExceptionTest2() throws TwoLowValueException;
}

// 사용자 정의 예외 클래스
class TwoLowValueException extends Exception {
    public TwoLowValueException(String detailMessage) {
        super(detailMessage);
    }
}

public class MainActivity extends Activity {
    // ...
    public void clickCalculate(View view) {
        doTest2();
    }

    private void doTest2() {
        // 네이티브 메소드를 호출하고 던져진 예외를 처리함
        try {
            MyData.doExceptionTest2();
        } catch (TwoLowValueException e) {
            e.printStackTrace();
            mTvResult.setText(e.getClass().toString() + " : " + e.getMessage());
        }
    }
}
```

[네이티브]

```
jboolean doExceptTest2(JNIEnv *env, jclass cls) {
    jclass jTwoLowValueException = (*env)->FindClass(env,
          "com/at0001/j0028/TwoLowValueException");

    // static variable iVal
    jfieldID fieldID = (*env)->GetStaticFieldID(env, cls, "iVal", "I");

    if (fieldID == NULL) {
        LOGE("Error occurred while getting field iVal");
        return JNI_FALSE;
    }

    jint iVal = (*env)->GetStaticIntField(env, cls, fieldID);

    if (iVal < 10) {
```

```
        // 자바 예외 발생시킴
        (*env)->ThrowNew(env, jTwoLowValueException, "Two low value for iVal");
        return JNI_FALSE;
    }
    return JNI_TRUE;
}
```

네이티브 모듈에서는, 발생할 예외에 대비하여 jclass 타입으로 해당 클래스들을 초기에 FindClass() 함수로 정의한 후, 필요한 곳에서 ThrowNew() 함수에 사용하면 된다. ThrowNew() 함수의 마지막 파라미터는 예외에 대한 메시지이므로, 자바 영역에서 Exception.getMessage() 또는 Exception.getLocalizedMessage() 등의 메소드로 읽어낼 수 있다.

8. C++로 네이티브 모듈 개발

(1) C++로 네이티브 모듈 개발

C++은 C의 기능을 포함하면서, 객체 지향 프로그래밍 기법을 적용한 프로그램 개발이 가능하며, STL과 같은 기능을 이용할 수도 있다. NDK 개발 시, C 대신 C++을 개발하는 것도 가능하며, 고려해야 할 사항은 다음의 3가지가 있다.

a. JNI API 함수 호출 방식

앞에서도 언급했었는데, JNIEnv라는 타입이 C에서는 JNINativeInterface 구조체 형 포인터이고, C++에서는 JNINativeInterface 구조체 형 포인터를 멤버로 갖는 또 다른 구조체의 포인터라는 것이다. 그래서 C와 C++의 API 호출 문법이 차이가 생긴다. 아래의 예를 보면, C++을 사용하는 방식이 더 간편하다는 것을 알 수 있다.

```
[ C ]
  jfloatArray farray = (*env)->NewFloatArray(env, 5);
[ C++ ]
  jfloatArray farray = env->NewFloatArray(5);
```

b. C Linkage

NDK는 네이티브 언어로 개발된 공유 라이브러리를 자바에서 JNI로 사용하는 방식이다. C++로 개발된 공유 라이브러리라 하더라도, 최초의 인터페이스 함수들(자바 메소드에 1:1 대응하는 함수들)은 C Linkage로 선언이 되어야 한다.

(C++은 함수 오버로딩, 메소드 오버로딩을 지원한다. 따라서 함수나 메소드들의 컴파일러 내부적인 네이밍은 파라미터들이 결합된 mangled 네이밍을 사용하고 있다. 그러면 외부의 C++이 아닌 어플리케이션들은 이 규칙을 이해할 수가 없어서 해당 함수들을 찾지 못하게 된다. JNI 에서도 마찬가지로 C++의 mangled 네이밍을 사용하지 않도록 해야 한다. 그러기 위해서는 인터페이스 함수들은 C++ Linkage가 아닌 C Linkage로 만들어져야 한다.)

C Linkage를 적용하는 방법은 해당 함수의 선언에 다음과 같이 선언하는 것이다.

```
extern "C" {
    jdouble diffAmount(JNIEnv *, jobject, jdouble);
}
```

함수의 선언과 정의를 분리하지 않은 경우에는 정의 전체를 extern "C"로 감싸도 된다. javah 툴을 써서 헤더 파일을 만든 경우에는, 다음과 같이 이미 적용되어 있어 신경쓰지 않아도 된다.

```
#ifdef __cplusplus
extern "C" {
#endif
    JNIEXPORT jdouble JNICALL Java_com_at0001_j0013_ExchRateManager_
diffAmount
    (JNIEnv *, jobject, jdouble);

#ifdef __cplusplus
}
#endif
```

이렇게 전처리기 지시자(#ifdef, #endif 등)와 매크로명(__cplusplus)를 이용하여 함수 선언을 헤더 파일에 작성하면 C와 C++에 모두 이용할 수 있으니 편리한 방법이다.

만일 javah를 사용하지 않거나 onLoad() 함수를 사용하는 경우에는 개발자가 직접 함수 이름을 매핑해줘야 하는데, C Linkage로 컴파일될 수 있도록 주의해야 한다.

c. C++ Library

NDK의 C++ 사용을 위해서, 최소 기능의 C++ 런타임 라이브러리가 기본적으로 제공된다.

(디폴트 라이브러리이며 "System"이란 이름으로 쓰인다) 이 라이브러리만으로도 C++로 객체지향 프로그래밍을 적용하여 NDK 모듈을 개발할 수 있다. 하지만, 이 라이브러리는 C++ 표준 라이브러리를 지원하지 않으며, STL, RTTI, Exception 기능을 활용할 수가 없다.

NDK에는 이 라이브러리 외에도 GAbi++, STLport, GNU STL의 3가지 런타임 라이브러리를 제공하고 있으므로, 기본 라이브러리를 대신하여 사용할 수 있다. GAbi++는 C++ 표준 라이브러리는 포함하지 않으나, RTTI와 Exception 기능을 지원하는 소형 라이브러리이며 실험적 단계에 있다. royalty-free라이센스의 STLport와 GPL3를 따르는 GNU STL 라이브러리(GNU의 libstdc++-v3)는 위의 기능들을 모두 포함하고 있다. 라이브러리는 정적 라이브러리나 동적(공유) 라이브러리 형태로 링크할 수 있다.

[표 3-10] C++ 라이브러리 별 지원 기능

라이브러리	라이브러리 파일	C++ Standard Library		STL	Exception		RTTI	
		C-inherited Header	C++ Standard Header		예외 처리 구문 (throw, try, catch)	Exception Class	dynamic_cast<>	typeid
none		X	X	X	X	X	X	X
system	libstdc++.a	O	X	X	O	X	O	X
gabi++_static	libgabi++_static.a	O	X	X	O	Δ	O	O
gabi++_shared	libgabi++_shared.so	O	X	X	O	Δ	O	O
stlport_static	libstlport_static.a	O	O	O	O	O	O	O
stlport_shared	libstlport_static.so	O	O	O	O	O	O	O
gnustl_static	libgnustl_static.a	O	O	O	O	O	O	O
gnustl_shared	libgnustl_shared.so	O	O	O	O	O	O	O

본 교재에서는 기본 라이브러리를 사용할 것이기 때문에, 특별히 이와 관련해서 조치해야할 사항은 없다. 하지만, C++의 다양한 기능들을 활용하기 위해서 이들 라이브러리를 적용하는 방법에 대하여 간략하게 설명하겠다.

① 라이브러리 지정 방법

라이브러리 지정 방법은 jni 폴더에 Application.mk 파일을 작성하여 다음과 같이 지정해 주면 된다.

```
# GNU STL 공유 라이브러리 사용
APP_STL := gnustl_shared
```

라이브러리 명칭은 표 3-10의 라이브러리 명과 같다. 'system'은 디폴트 값이기 때문에 APP_STL := system 이라고 지정해 주지 않아도 된다.

② 헤더 파일

라이브러리를 none으로 지정하면 기본 라이브러리도 사용하지 않으나, C++의 객체지향 프로그래밍은 가능하다. 이 때에는 C 표준 헤더 파일만 가능하다. (stdio.h, stdlib.h 등)

system이나 GAbi++인 경우에는 C 기반의 C++ 헤더 파일을 사용할 수 있다. (cstdio, cstdlib 등) 이 파일들은 C 표준 헤더에 std 네임스페이스를 적용시킨 것이다. STLport나 GNU STL 라이브러리인 경우에는 C++ 표준 헤더 파일도 사용할 수 있다. (iostream, string 등)

③ 공유 라이브러리 사용

GAbi++, STLport, GNU STL의 3가지 런타임 라이브러리는 정적 또는 공유 라이브러리 형태로 사용이 가능하다. (라이브러리 명에 _static으로 되어 있으면 정적, _shared이면 공유)

공유 라이브러리로 사용하게 되면, JNI 모듈의 공유 라이브러리보다 반드시 먼저 로드해야 한다.

```
static {
    System.loadLibrary("gnustl_shared"); // C++ 런타임 : libgnustl_shared.so
    System.loadLibrary("converter");     // JNI 모듈 : libconverter.so
}
```

정적 라이브러리를 사용할 경우에는 해당 사항이 없다.

④ 예외(Exception) 기능 지원

이 절에서 언급하는 예외(Exception)은 자바의 Exception이 아닌, C++의 Exception을 말한다. 즉, C++ 라이브러리에서 Exception을 지원하지 않는다고 하더라도, 자바의 Exception 기능을 NDK에서 활용하는 것은 아무 문제가 없다. Exception을 지원하는 라이브러리를 쓸 때에 Exception 기능을 C++ 코드 내에 사용할 경우에는 Application.mk나 Android.mk에 명시를 해 줘야 한다.

```
(Application.mk에 기술할 경우)
  APP_CPPFLAGS += -fexceptions
(Android.mk에 기술할 경우)
  LOCAL_CPPFLAGS += -fexceptions
```

예외 관련 헤더 파일은 〈exceptions〉, 〈stdexcept〉이다. 참고로, 기본 라이브러리(system)을 사용할 경우에도, C++에서 throw, try, catch의 구문을 사용할 수는 있다. exception 관련 클래스들(bad_alloc, runtime_error 등)이 지원되지 않을 뿐, 위의 구문으로 기본형이나 포인터 형 변수를 활용하여 throw 구문을 활용하는 것은 가능하다. (단, 이 경우에는 Android.mk 파일에 exception 옵션을 기술해야 에러가 나지 않음) GAbi++은 기본 exception 클래스는 정의되어 있으나, 〈stdexcept〉 헤더 파일이 없어서 관련 클래스들은 이용할 수가 없다.

⑤ RTTI 기능 지원

C++ 클래스 상속에서 virtual 메소드를 활용하여 다형성(polymorphism)을 구현할 수 있다. 이 경우 RTTI 기능을 적용하면, 런타임 중에 해당 포인터 변수나 레퍼런스 변수가 가리키는 메모리의 실제 데이터 타입을 확인할 수 있다. RTTI 기능을 C++ 코드 내에 사용할 경우에는 Application.mk나 Android.mk에 명시를 해 줘야 한다.

(Application.mk에 기술할 경우)

```
APP_CPPFLAGS += -frtti
```

(Android.mk에 기술할 경우)

```
LOCAL_CPPFLAGS += -frtti
```

GAbi++이나 STLport나 기본으로 활성화되어 있어서 위와 같이 해 주지 않아도 된다. 참고로, 기본 라이브러리(system)을 사용할 경우에도, C++에서 dynamic_cast<> 연산자를 사용할 수는 있다.

이제, 예제 3-3을 C++로 전환해 보자. 헤더 파일을 생성하는 것은 C 파일과 동일하다. C 파일 대신 C++ 소스 파일을 준비하고, Make 파일에 파일명 적용 후, 소스에서 API 함수 호출 방식만 바꿔주면 된다.

[예제 3-4] NDK를 사용한 환율 계산 앱(C++)

[ExchRateManager.java]
환율 관리 클래스

예제 3-3과 동일.

[MainActivity.java]
메인 화면

예제 3-3과 동일.

[main_activity.xml]
MainActivity의 레이아웃 파일. res/layout 폴더에 위치함.

예제 3-3과 동일.

[exch_rate.cpp]
네이티브 모듈 소스

```
#include "exchrate.h"
#include <android/log.h>
#include <cstdio>
#include <cmath>
#define LOG_TAG    "exchrate.cpp"
#define LOGI(...) __android_log_print(ANDROID_LOG_INFO,LOG_TAG,__VA_ARGS__)
#define LOGE(...) __android_log_print(ANDROID_LOG_ERROR,LOG_TAG,__VA_ARGS__)

JNIEXPORT jdouble JNICALL Java_com_at0001_j0031_ExchRateManager_diffAmount(
        JNIEnv *env, jobject obj, jdouble amount) {
        // instance 변수 읽기 : rate
        jclass cls = env->GetObjectClass(obj);
        jfieldID fieldID = env->GetFieldID(cls, "rate", "D");
        if (fieldID == NULL) {
            LOGE("Error occurred while getting field rate");
            return 0.0;
        }

        jdouble rate = env->GetDoubleField(obj, fieldID);
            // static 변수 읽기 : baseRate
            fieldID = env->GetStaticFieldID(cls, "baseRate", "D");
            if (fieldID == NULL) {
                LOGE("Error occurred while getting static field baseRate");
                return 0.0;
        }

        jdouble baseRate = env->GetStaticDoubleField(cls, fieldID);
        // return 값 계산
        jdouble diffAmount = (rate - baseRate) * amount;
        diffAmount = round(diffAmount * 1000) / 1000;
        LOGI("diffAmount : %f", diffAmount);
        return (diffAmount);
}
```

[Android.mk]
네이티브 모듈 소스

```
LOCAL_PATH := $(call my-dir)
include $(CLEAR_VARS)
LOCAL_MODULE := exchrate
LOCAL_SRC_FILES := exchrate.cpp
LOCAL_LDLIBS := -llog
```

```
include $(BUILD_SHARED_LIBRARY)
```

위의 예제에서 보듯이, C에서 C++로 어렵지 않게 변경할 수 있다.

C++의 객체지향 프로그래밍과 라이브러리에서 제공하는 다양한 기능들을 활용하고 싶다면, 네이티브 모듈을 C++로 작성하는 것도 좋은 방법이다.

9. JNI_OnLoad() 함수 사용하기

네이티브 함수로 만들어진 공유 라이브러리가 VM에 의해 로드되면, 자바의 네이티브로 선언된 메소드들이 호출될 때에 그에 대응하는 네이티브의 함수들이 호출되는 것을 알고 있다.

이렇게 자동으로 네이티브 함수들이 호출되기 위해서는 네이티브 함수들의 이름이 VM에 의해 식별되도록 특별한 형식을 가져야만 함을 알 수 있다.

함수의 이름은 "Java_"로 시작하여야 하고 '_' 문자로 구분된 패키지 명과 클래스 명을 포함해야 한다.

```
(네이티브 함수명의 예)
  JNIEXPORT jdouble JNICALL Java_com_at0001_j0012_ExchRateManager_
diffAmount(
      JNIEnv *, jobject, jdouble);
```

javah라는 툴이 이것을 자동으로 만들어 주기 때문에 문제없이 사용할 수 있었다. JNI에서는 이렇게 함수 이름을 동적으로 링크해서 사용하는 방법 외에, 라이브러리 로드 시 미리 정적으로 함수명을 매핑해서 사용하는 방법이 있다.

VM이 라이브러리를 로드할 때에 라이브러리 내에 JNI_OnLoad() 함수가 심볼에 포함되어 있는지 확인을 한다. 그러면 그 함수를 실행하게 되는데, 이 함수 내에 바로 그 매핑 작업을 넣어두는 것이다.

(1) JNI_OnLoad() 함수

JNI 규약에 따르면, JNI_OnLoad() 함수는 VM이 네이티브 라이브러리가 필요로 하는 JNI 버전을 리턴하는 역할을 한다. 만일 라이브러리가 JNI 1.x 버전을 필요로 한다면 이 함수 내에서 VM이 1.4버전을 지원하는지 확인해 본 후, 해당 버전을 리턴하도록 구성한다는 의미이다.

안드로이드 프레임워크에서 사용되는 많은 네이티브 모듈들도 JNI_OnLoad()로 등록하는 방식을 취하고 있으며, NDK 개발 가이드에도 이 방식을 권장하고 있다.

http://developer.android.com/training/articles/perf-jni.html

다음 예제를 보면서, 사용법을 익혀보도록 하자.

[예제 3-5] NDK를 사용한 환율 계산 앱 -- JNI_OnLoad() 함수

[ExchRateManager.java]
환율 관리 클래스

```
public class ExchRateManager {
    static {
        System.loadLibrary("exchrate");
    }

    private static double baseRate;  // 기준 환율
    private double rate;         // 실제 환율
    private double[] rates;  // 최근 환율 배열

    public static void setBaseRate(double rate) {
        baseRate = rate;
    }
    public void setRate(double rate) {
        this.rate = rate;
    }
    public void setRates(double[] rates) {
        this.rates = rates;
    }

    // 기준 환율 대비 차이 금액
    public native double diffAmount(double amount);
    // 가중 평균 환율
    public native double weightedAvgRate(double[] exchRates, String currency);
}
```

[exchrate.c]
네이티브 모듈

```
#include <jni.h>
#include <android/log.h>
#include <stdio.h>
#include <math.h>
#define  LOG_TAG    "exchrate.c"
#define  LOGI(...)  __android_log_print(ANDROID_LOG_INFO,LOG_TAG,__VA_ARGS__)
#define  LOGE(...)  __android_log_print(ANDROID_LOG_ERROR,LOG_TAG,__VA_ARGS__)
static jdouble calcDiffAmount(JNIEnv *, jobject, jdouble);
static jdouble calcWeightedAvgRate(JNIEnv *, jobject, jdoubleArray, jstring);

// JNI 환경 정보를 위한 공용체
typedef union {
    JNIEnv *env;
    void *venv;
} UnionJNIEnvToVoid;
// 패키지, 클래스명
static const char *classPathName = "com/at0001/j0035/ExchRateManager";
// 자바 메소드와 C 함수 포인터 매핑 정보
static JNINativeMethod methods[]
        = {{ "diffAmount",      "(D)D",
                            (void *) calcDiffAmount },
          { "weightedAvgRate", "([DLjava/lang/String;)D",
                            (void *) calcWeightedAvgRate },};

static int registerNativeMethods(JNIEnv *env, const char *className,
        JNINativeMethod *methods, int numMethods) {
    jclass clazz;
    clazz = (*env)->FindClass(env, className);
    if (clazz == NULL) {
        LOGE("Native registration unable to find class '%s'", className);
        return JNI_FALSE;
    }
    // 자바 메소드-네이티브 함수 포인터 매핑 정보 등록
    jint retValue = (*env)->RegisterNatives(env, clazz, methods, numMethods);
    if (retValue < 0) {
        LOGE("RegisterNatives failed for '%s' result:%d, numMethods:%d",
                className, retValue, numMethods);
        return JNI_FALSE;
    }
    return JNI_TRUE;
}
```

```
// 모든 클래스에 대한 네이티브 메소드에 대한 함수 포인터 등록
static int registerNatives(JNIEnv *env) {
    if (!registerNativeMethods(env, classPathName, methods,
            sizeof(methods) / sizeof(methods[0]))) {
        return JNI_FALSE;
    }
    return JNI_TRUE;
}

// 공유 라이브러리 로딩 시, JNI에 의해 실행 됨
jint JNI_OnLoad(JavaVM *vm, void *reserved) {
    UnionJNIEnvToVoid uenv;
    uenv.venv = NULL;
    jint result = -1;
    JNIEnv *env = NULL;
    // VM의 JNI 1.6 지원 여부 확인
    if ((*vm)->GetEnv(vm, &uenv.venv, JNI_VERSION_1_6) != JNI_OK) {
        LOGE("Error : GetEnv Failed");
        goto bail;
    }
    env = uenv.env;
    if (registerNatives(env) != JNI_TRUE) {
        LOGE("Error : registerNatives Failed");
        goto bail;
    }
    result = JNI_VERSION_1_6;
    bail: return result;
}

static jdouble calcDiffAmount(JNIEnv *env, jobject obj, jdouble amount) {
    // instance 변수 읽기 : rate
    jclass cls = (*env)->GetObjectClass(env, obj);
    jfieldID fieldID = (*env)->GetFieldID(env, cls, "rate", "D");
    if (fieldID == NULL) {
        LOGE("Error occurred while getting field rate");
        return 0.0;
    }
    jdouble rate = (*env)->GetDoubleField(env, obj, fieldID);

    // static 변수 읽기 : baseRate
    fieldID = (*env)->GetStaticFieldID(env, cls, "baseRate", "D");
    if (fieldID == NULL) {
        LOGE("Error occurred while getting static field baseRate");
        return 0.0;
    }
    jdouble baseRate = (*env)->GetStaticDoubleField(env, cls, fieldID);
```

```
    // return 값 계산
    jdouble diffAmount = (rate - baseRate) * amount;
    diffAmount = round(diffAmount * 1000) / 1000;

    LOGI("diffAmount : %f", diffAmount);

    return (diffAmount);
}

// 구현 내용 생략
static jdouble calcWeightedAvgRate(JNIEnv *env, jobject obj, jdoubleArray rates,
        jstring currency) {
    return 0.0;
}
```

자바 클래스의 diffAmount(), weightedAvgRate() 두 메소드를 네이티브로의 함수 포인터와의 연결을 위해 JNINativeMethod라는 구조체 배열이 필요하다.

```
static JNINativeMethod methods[]
        = {{ "diffAmount",      "(D)D",
                                (void *) calcDiffAmount },
           { "weightedAvgRate", "([DLjava/lang/String;)D",
                                    (void *) calcWeightedAvgRate },};
```

이 구조체 역시 jni.h 파일에 정의되어 있으며, 자바 메소드 명, 자바 메소드 시그니처, 그리고 함수 포인터의 3가지 값으로 구성되어 있다. 가장 먼저, 공유 라이브러리가 로드될 때에, 라이브러리 내에 JNI_OnLoad() 함수가 포함되어 있는지 확인되면, 이 함수가 호출이 된다. 이 함수 내에서 가장 먼저 하는 일은 필요한 JNI 버전이 VM에 의해 지원되는지 확인하는 것이다.

```
if ((*vm)->GetEnv(vm, &uenv.venv, JNI_VERSION_1_6) != JNI_OK)
    LOGE("Error : GetEnv Failed");
    goto bail;
```

그리고, 앞서 구성한 JNINativeMethod 구조체 배열을 인자로 하여 RegisterNatives() 함수를 호출함으로써 네이티브 메소드에 대한 등록 작업을 완료한다.

```
jint retValue = (*env)->RegisterNatives(env, clazz, methods, numMethods);
```

이렇게 JNI_OnLoad() 함수를 사용하면, 긴 이름 대신 개발자가 직접 정의한 함수명을 사용할 수 있다.

(2) C++에서 JNI_OnLoad() 함수 사용

C++로 개발되는 네이티브 모듈에서 JNI_OnLoad() 함수를 사용하는 것은 큰 차이가 없다.

다만, JNIEnv 포인터의 JNI API 함수 호출 방법이 달랐던 것처럼 JavaVM 포인터의 API 함수인 GetEnv()에 대해서도 호출 방법이 달라져야 한다.

[C]

```
(*vm)->GetEnv(vm, &uenv.venv, JNI_VERSION_1_6);
```

[C++]

```
vm->GetEnv(&uenv.venv, JNI_VERSION_1_6);
```

여기서 한 가지 의문점이 들 수 있다. JNI_OnLoad() 함수를 사용하지 않는 경우, C++에서는 네이티브 함수에 C Linkage로 링크할 것을 선언했었는데, 사용할 경우에는 어떠할까?

이와 관련해서 별도로 적용할 사항은 없다. JNI_OnLoad() 함수가 이미 다음과 같이 C Linkage로 선언되어 있기 때문이다.

```
#ifdef __cplusplus
extern "C" {
#endif
JNIEXPORT jint JNI_OnLoad(JavaVM* vm, void* reserved);
JNIEXPORT void JNI_OnUnload(JavaVM* vm, void* reserved);
#ifdef __cplusplus
}
#endif
```

다음 예제는 예제 3-5를 C++로 작성한 예제이다.

[예제 3-6] NDK를 사용한 환율 계산 앱 -- C++에서 JNI_OnLoad() 함수 사용

[ExchRateManager.java]
환율 관리 클래스

예제 3-5와 동일

[exchrate.c]
네이티브 모듈

```
#include <jni.h>
#include <android/log.h>
#include <cstdio>
#include <cmath>
#define  LOG_TAG    "exchrate.cpp"
#define  LOGI(...)  __android_log_print(ANDROID_LOG_INFO,LOG_TAG,__VA_ARGS__)
#define  LOGE(...)  __android_log_print(ANDROID_LOG_ERROR,LOG_TAG,__VA_ARGS__)
jdouble calcDiffAmount(JNIEnv *, jobject, jdouble);
jdouble calcWeightedAvgRate(JNIEnv *, jobject, jdoubleArray, jstring);

// JNI 환경 정보를 위한 공용체
typedef union {
   JNIEnv *env;
   void *venv;
} UnionJNIEnvToVoid;

// 패키지, 클래스명
static const char *classPathName = "com/at0001/j0036/ExchRateManager";
// 자바 메소드와 C 함수 포인터 매핑 정보
static JNINativeMethod methods[]
      = {{ "diffAmount",      "(D)D",
                         (void *) calcDiffAmount },
         { "weightedAvgRate", "([DLjava/lang/String;)D",
                         (void *) calcWeightedAvgRate },};
static int registerNativeMethods(JNIEnv *env, const char *className,
      JNINativeMethod *methods, int numMethods) {
   jclass clazz;
   clazz = env->FindClass(className);
   if (clazz == NULL) {
      LOGE("Native registration unable to find class '%s'", className);
      return JNI_FALSE;
   }
   // 자바 메소드-네이티브 함수 포인터 매핑 정보 등록
   jint retValue = env->RegisterNatives(clazz, methods, numMethods);
   if (retValue < 0) {
      LOGE("RegisterNatives failed for '%s'  result:%d, numMethods:%d",
```

```
            className, retValue, numMethods);
        return JNI_FALSE;
    }
    return JNI_TRUE;
}

// 모든 클래스에 대한 네이티브 메소드에 대한 함수 포인터 등록
static int registerNatives(JNIEnv *env) {
    if (!registerNativeMethods(env, classPathName, methods,
            sizeof(methods) / sizeof(methods[0]))) {
        return JNI_FALSE;
    }
    return JNI_TRUE;
}

// 공유 라이브러리 로딩 시, JNI에 의해 실행 됨
jint JNI_OnLoad(JavaVM *vm, void *reserved) {
    UnionJNIEnvToVoid uenv;
    uenv.venv = NULL;
    jint result = -1;
    JNIEnv *env = NULL;
    if (vm->GetEnv(&uenv.venv, JNI_VERSION_1_6) != JNI_OK) {
        LOGE("Error : GetEnv Failed");
        goto bail;
    }
    env = uenv.env;
    if (registerNatives(env) != JNI_TRUE) {
        LOGE("Error : registerNatives Failed");
        goto bail;
    }
    result = JNI_VERSION_1_6;

    bail: return result;
}

jdouble calcDiffAmount(JNIEnv *env, jobject obj, jdouble amount) {
    // instance 변수 읽기 : rate
    jclass cls = env->GetObjectClass(obj);
    jfieldID fieldID = env->GetFieldID(cls, "rate", "D");
    if (fieldID == NULL) {
        LOGE("Error occurred while getting field rate");
        return 0.0;
    }
    jdouble rate = env->GetDoubleField(obj, fieldID);
    // static 변수 읽기 : baseRate
    fieldID = env->GetStaticFieldID(cls, "baseRate", "D");
```

```
    if (fieldID == NULL) {
        LOGE("Error occurred while getting static field baseRate");
        return 0.0;
    }
    jdouble baseRate = env->GetStaticDoubleField(cls, fieldID);

    // return 값 계산
    jdouble diffAmount = (rate - baseRate) * amount;
    diffAmount = round(diffAmount * 1000) / 1000;
    LOGI("diffAmount : %f", diffAmount);
    return (diffAmount);
}

// 구현 내용 생략
jdouble calcWeightedAvgRate(JNIEnv *env, jobject obj, jdoubleArray rates,
        jstring currency) {
    return 0.0;
}
```

마무리 하며

*
*
*

안드로이드의 두드러진 특징 중 하나인 자바와 네이티브의 유기적인 연결을 가능하게 해 주는 JNI를 깊이 있게 다뤄 보았다. 이것은 비단, 시스템 구조적인 내용에 한정되지 않고 어플리케이션 개발에서도 중요성을 갖는데, 네이티브 모듈을 안정적으로 프로그램 개발에 활용할 수 있는 방법에 대해서 학습하는 기회가 되었을 것이다.

안드로이드에서는 NDK 개발 툴킷을 제공하여 개발의 여러 분야에 네이티브를 활용할 수 있도록 지원하고 있다. 하지만, 네이티브를 병행하기 위해서는 그만큼 고려해야 할 내용도 많아진다는 것을 의미한다.

자바의 JNI에서 제공되는 API는 JNI 인터페이스 함수와 JNI 인보케이션 함수의 두 가지 부류로 나뉘는데, 여기에서는 주로 전자를 중심으로 설명을 하고 있다. 4장부터 다루게 될 안드로이드 그래픽에 직접적인 관계를 갖는 건 JNI 인터페이스 API이기 때문이다.

연습문제

1. JNI와 NDK가 무엇인지 설명하시오.

2. 안드로이드에서 순수하게 자바로만 SDK로 개발하는 경우와 비교하여, NDK를 병행하여 개발할 때의 장점과 단점은 무엇이 있는지 설명하시오. 자바는 하드웨어 플랫폼에 독립되지 않지만, C/C++은 플랫폼에 독립된 바이너리를 만들어내면 어떤 단점이 생기는 지를 고려하시오.

3. 다음은 일반적인 네이티브 함수의 프로토타입이다.
이 함수의 파라미터 중, 1번째와 2번째 파라미터는 네이티브로 선언된 자바 메소드에는 정의되어 있지 않는 파라미터이다. 각각 어떤 의미의 파라미터인지 기술하시오.

```
JNIEXPORT jdouble JNICALL Java_com_aaa_bbb_MainActivity_doSomething
        (        ,        , jdoubleArray, jint, jfloat, jstring );
```

4. 안드로이드 NDK 개발 시, C 대신 C++로 네이티브 모듈을 개발하려고 한다. 고려해야 할 사항들은 어떤 것들이 있는지 생각해보시오.

5. 안드로이드 어플리케이션 개발 중, 다음과 같은 클래스의 updateFactor() 메소드를 네이티브 라이브러리로 구현하고자 한다고 가정할 때, updateFactor()메소드를 네이티브로 구현하기 위한 절차를 기술하시오.

```
public class MyData {
        float factor;

        public MyData(float factor) {
                this.factor = factor;
        }
```

```
        protected void updateFactor() {
                // ...
        }
    }
```

6● 안드로이드의 JNI 활용에 대한 다음 설명 중 틀린 것을 고르시오.

① 네이티브에서 자바의 객체를 통해서, 자바 클래스의 인스턴스 메소드 뿐만 아니라, 정적 메소드도 호출할 수 있다.

② 자바에서 네이티브를 연동할 때에는 동적 라이브러리 뿐만 아니라, 정적 라이브러리도 인터페이스가 가능하다.

③ 네이티브 함수가 자바로부터 액티비티 객체를 매개변수로 받아서, 액티비티의 public 멤버인 setTitle() 메소드를 호출하여 액티비티의 타이틀을 직접 바꿀 수 있다.

④ 네이티브에서 FindClass() API로 찾을 수 있는 클래스는 사용자가 정의한 클래스 뿐만 아니라, 안드로이드의 프레임워크 클래스도 포함된다.

7● NDK에 포함된 헤더파일인 jni.h를 보면, jlong 타입이 다음과 같이 정의되어 있다.

C99 지원되는 경우 :

```
typedef int64_t       jlong;
```

C99 지원되지 않는 경우 :

```
typedef long long     jlong;
```

모두 부호있는(signed) 64비트 정수를 사용한다는 것이다. 왜 C/C++의 long 타입 정수를 놔두고 jlong을 long long 타입으로 정의하고 있을까 설명하시오. (힌트 : 자바의 long 타입의 데이터 크기와 C/C++의 크기를 비교해 보고, C/C++의 long 타입이 플랫폼 별로 크기가 동일한 크기인지 생각할 것)

8● 네이티브에서 리플렉션으로 클래스의 멤버에 접근하거나, 라이브러리가 로딩될 때 실행되는 JNI_OnLoad() 함수를 사용하려면, VM에서 사용하는 메소드 시그니쳐에 대해서 잘 알아야 한다. 다음 중, 자바 메소드의 시그니쳐가 잘못된 것을 고르시오. 참고로 MyData는 com.aaa.bbb 패키지에 정의한 사용자 클래스이고, Canvas는 android.graphics에 정의된 안드로이드 프레임워크의 클래스이다.

① native double[] method1();
→ ()[D

② native MyData method2(float f1, float f2, float f3);
→ (FFF)Lcom/aaa/bbb/MyData;

③ native int method3(Canvas c1);
→ (Landroid/graphics/Canvas;)I

④ native void method4(char[] s1, int n1);
→ ([CI)V

9● 다음과 같은 클래스가 있다고 가정할 때. initFactors() 메소드를 네이티브로 직접 구현하여 mydata라는 라이브러리를 만들어 보시오.

```
public class MyData {
        static {
                System.loadLibrary("mydata");
        }
        float[] factors;

        public MyData() {
```

```
        }
        public native float[] initFactors();
    }
```

참고로 네이티브에서 수행되어야 하는 일은 다음과 같다.

▶ jfloat 5개를 담는 배열을 자바로 리턴해야 한다.

▶ 리턴하기 전, 배열의 5개 요소들은 임의의 수(가급적이면, 난수 이용)를 갖게 하여야 한다.

[생각해 봅시다] 본 교재에서, JNI를 활용하여 자바 클래스의 다양한 타입의 멤버 변수들을 네이티브에서 접근하는 방법을 살펴 보았습니다. 특히, 기본형(primitive) 타입, 기본형의 배열 타입, 문자열, 객체 타입을 알아 봤습니다.
그렇다면 객체의 배열이 빠진 것 같네요.

객체의 배열은 어떻게 다뤄야 할까요?

(객체의 배열도 객체입니다. 그런데, 그 배열 요소도 객체입니다.
JNI API 중, GetObjectArrayElement(), SetObjectArrayElement() 함수만 이용하면 쉽게 다룰 수 있습니다.
간단한 네이티브에서 자바의 객체 배열을 접근하는 간단한 어플리케이션을 각자 작성해 보시기 바랍니다.)

Chapter 4

멀티쓰레드 기반의 안드로이드 그래픽 처리

1. 안드로이드의 쓰레드
2. 안드로이드의 그래픽
3. 서피스 뷰를 이용한 백그라운드 쓰레드의 그리기
4. 캔버스 그래픽 관련 기타 사항

멀티쓰레드 기반의 안드로이드 그래픽 처리

이번 장에서는 멀티쓰레드 기반으로 안드로이드 상에서 어떻게 그래픽을 처리함으로써, 그래픽을 쉽고 효율적으로 구현할 수 있는지에 대해 다루기로 한다. 안드로이드는 기본적으로 쓰레드를 지원하지만, 최근에는 듀얼 코어를 비롯하여 옥타 코어를 탑재한 프로세서들이 일반화 되면서 더욱 멀티쓰레드로 그래픽을 처리하는 것이 성능과 효율면에서 더욱 중요해지고 있다. 따라서 이번 장에서 다루는 다양한 프로그래밍 개념과 기법을 통해 기존 그래픽 처리 방식의 한계를 넘을 수 있다.

1. 안드로이드의 쓰레드

(1) 멀티 쓰레드 환경의 안드로이드

안드로이드는 자바와 같이 멀티 쓰레드를 지원한다. 액티비티는 UI 쓰레드가 메인 쓰레드로 구성된다. UI 쓰레드는 화면 상의 위젯의 동작을 관리하며, 사용자의 입력에 응답하는 역할을 한다.

복잡한 앱을 개발할 때에, 별도의 작업 쓰레드들을 만들어서 UI 쓰레드와 비동기적으로 작업을 수행하게 하면, UI 쓰레드에서 처리해야 하는 부하가 덜 수 있기 때문에, UI 쓰레드의 과도한 대기 시간으로 인한 무응답(ANR) 현상을 방지할 수 있을 뿐만 아니라, 사용자에게 좀더 쾌적한 사용 환경을 제공하게 된다.

멀티 쓰레드로 동작되는 경우에는 쓰레드 간 데이터 전달이나 동기화 등에 세심한 주의가 필요하게 된다. 개발자가 별도의 작업 쓰레드를 만들지 않더라도, 안드로이드의 일부 프로세스들은 멀티 쓰레드로 동작하는 경우가 있으므로 멀티 쓰레드에 대한 개념을 확실히 해두는 것이 좋다.

안드로이드에서 꼭 기억해야 할 사항은 '화면에 직접적인 변경'은 액티비티의 '메인 쓰레드'만이 할 수 있다는 것이다. 별도로 만든 작업 쓰레드들에서 화면 상의 변경에 관여하고 싶다면, 쓰레드 간 정보 전달 방법을 통해서 메인 쓰레드로 정보를 전달하고 메인 쓰레드의 핸들러가 변경하게 해야 한다.

즉, 액티비티의 메인 쓰레드에 대해서 다음의 2가지 원칙을 꼭 준수해야 한다.

1. 액티비티의 메인 쓰레드에서 오래 걸리는 작업을 수행해서는 안 된다.
   (블로킹이 일어나지 않아야 한다)
2. 화면 상의 변경 작업은 메인 쓰레드에서만 처리할 수 있다.

3장에서 네이티브 모듈을 C나 C++ 언어로 작성하는 다양한 방법들을 살펴 보았었다. 네이티브에서도 pthread 라이브러리를 이용하여 자바와 같이 쓰레드를 구성할 수 있다. 알고 보면, 자바의 쓰레드 실체 역시 네이티브 쓰레드와 동일한 방식으로 만들어진다. 따라서, 동기화나 효율적인 쓰레드 구성에 따른 방법들을 강구할 때에 자바나 네이티브 쓰레드 모두에 동일한 원칙을 적용하는 것이 중요하다.

이 책에서는 네이티브로 쓰레드를 구현하는 것은 지면 관계 상 생략되었다. 하지만 7장에서 네이티브 액티비티를 다룰 때, 기존에 구현되어 있는 네이티브 쓰레드의 실체를 관찰할 수 있는 기회가 있을 것이다. 그리고, 이 책에서는 독자가 자바의 멀티쓰레드 프로그래밍 기법에 대해서는 어느 정도 이해하고 있다고 가정하고, 안드로이드 기반의 멀티쓰레드 구현에 대한 내용을 전개하고자 한다. 기본적인 멀티쓰레딩 기법에 대해서는 관련 서적을 참고하기를 바란다.

안드로이드의 멀티 쓰레드에 대한 내용을 살펴보기 위해 먼저 안드로이드 쓰레드에서 정보 전달이 이루어지는 방법에 대해 알아 보기로 한다. 편의 상, 이 책에서는 액티비티의 메인쓰레드 이외에 개발자가 정의한 쓰레드들을 "작업 쓰레드"라는 용어로 통일하겠다.

(2) 안드로이드의 쓰레드 루퍼와 메시지를 통한 정보 전달

안드로이드는 자바 API 이외에도 프레임워크로 멀티 쓰레드를 위한 도구들을 잘 지원해 주고 있다. 정보 전달을 위해서 메시지 큐, 핸들러, 루퍼 등에 익숙해 질 필요가 있다.

하나씩 살펴 보도록 하자.

① 루퍼 (Looper)

안드로이드에서 쓰레드 간 정보 전달의 핵심은 바로 이 루퍼라고 할 수 있다.

안드로이드의 자바로 쓰레드 프로그래밍을 할 때에는 이 루퍼를 직접 조작하는 일은 드물기 때문에 낯선 개념일 수도 있다. (심지어 루퍼를 전혀 다루지 않고도 쓰레드 프로그램을 개발하는데 문제가 없다) 하지만, 안드로이드 내부 구현을 살펴 보면 쓰레드 간 정보 전달의 중심에 이 루퍼가 존재하고, 특히 네이티브로 개발을 하거나 안드로이드 내부 구조 관련 작업을 하게 되면 루퍼는 매우 중요한 존재로 인식하게 될 것이다.

7장에서는 네이티브 액티비티를 다루면서, 이 루퍼에 대한 더 세부적인 내용을 언급하고 있다. 이 장에서는 안드로이드 자바 레벨에서의 기능이나 특성에 대해서만 얘기하도록 하겠다. 안드로이드의 루퍼 클래스는 다음과 같다.

클래스 명 : android.os.Looper

즉, 자바의 표준 클래스가 아니라 안드로이드의 클래스이며, 안드로이드의 멀티 쓰레딩 구현에서 가장 중요한 위치를 차지한다. 쓰레드는 1개의 루퍼를 가질 수 있다. 그 이상은 가질 수 없고, 루퍼를 갖지 않을 수도 있다. 특별히 루퍼를 정의하지 않으면 그 쓰레드는 외부 쓰레드로부터 직접 메시지를 전달 받을 수 없다.

쓰레드에 루퍼가 정의되면, 메시지 루프(Message Loop)가 동작할 수 있게 되고 이 루프는 쓰레드가 중단되기 전까지 무한히 대기하면서 메시지 큐에 메시지가 들어오는지 모니터링을 하게 된다.

그림 4-1은 쓰레드의 메시지 전달 구조를 나타낸 것인데, 루퍼가 메시지 큐로부터 메시지가 있는지 모니터링을 하여 메시지가 있으면 그에 맞는 콜백이 실행될 수 있도록 전달해 주는 메시지 루프 역할을 수행하는 모습을 보여준다. 메시지 큐를 모니터링 하다가 메시지 발생 시 처리하는 것을 “폴링(Polling)”이라고 한다.

액티비티의 메인 쓰레드는 루퍼를 이미 가지고 있다. 이 메인 쓰레드 외에 추가로 작업 쓰레드를 생성할 경우에는 이 쓰레드가 외부로부터 메시지를 받을 필요가 있다면 루퍼를 생성하면 된다.

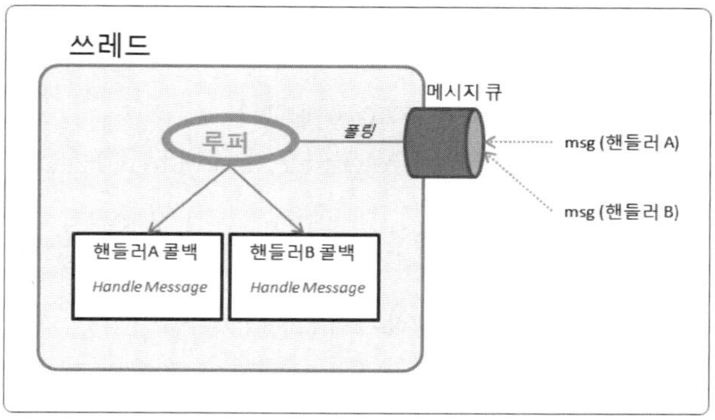

[그림 4-1] 쓰레드의 메시지 전달 구조

② 메시지 큐 (Message Queue)

쓰레드는 선택 사항으로 1개의 루퍼를 가질 수 있다고 하였다. 루퍼를 만들면 자동으로 메시지 큐가 해당 루퍼에 생성된다. 외부 쓰레드로부터 메시지를 받으면 이 큐에 쌓이게 된다. 자신의 쓰레드에서도 메시지를 쌓을 수 있다.

큐이기 때문에 메시지들은 기본적으로 선입선출로 읽혀지면서 처리되는데, 메시지에 따라서 우선 순위를 조정하거나 지연 시간을 가질 수 있기 때문에 루퍼가 메시지 처리에 대한 스케줄링을 담당한다. 안드로이드의 메시지 큐 클래스는 다음과 같다.

클래스 : android.os.MessageQueue

이 클래스의 객체를 직접 다루는 일은 그리 많지 않다.

③ 핸들러 (Handler)

안드로이드의 자바로 쓰레드 간 정보 전달에 있어서 주로 활용되는 클래스가 바로 이 핸들러, 정확하게는 메시지 핸들러이다. 따라서 이 클래스의 내용에 대해서는 정확한 이해가 매우 중요하다.

쓰레드와 결부지어 핸들러를 사용하다 보면, 각 쓰레드들과 사용 중인 핸들러의 관계에 대해서 혼동을 가져올 수도 있기 때문이다. 핸들러와 관련하여 안드로이드 API에는 다음과 같이 기술되어 있다.

> "Each Handler instance is associated with a single thread and that thread's message queue. When you create a new Handler, it is bound to the thread / message queue of the thread that is creating it"
>
> (http://developer.android.com/reference/android/os/Handler.html)

핸들러를 만들면, 그 핸들러는 쓰레드-메시지 큐에 귀속된다는 의미이다. 안드로이드의 자바 클래스 설계 상, 이렇게 디자인되어 있다는 의미이지만, 사실 안드로이드 프레임워크의 내부 구현을 살펴 보면, 핸들러는 쓰레드의 루퍼에 귀속된다고 보는 것이 더 정확하다.

'안드로이드의 자바'라는 표현을 사용하는 것은, 내부적으로 안드로이드 프레임워크가 네이티브 레벨에서 구현되어 있는 구조를 그대로 반영하기 보다는, 개발 편의성에 맞게 재구성된 자바 클래스 API를 제공하므로 개념을 이해할 때 혼동을 피하기 위해서이다. 이 책에서는 안드로이드 내에서 다양한 방식으로 그래픽을 구현하는 방법을 다루므로, 자바 API 중심의 제한적인 시각이 아닌 좀 더 구현 실체에 맞는 용어를 사용하여 설명할 예정이다. 특히, 쓰레드 간 정보 전달을 설명할 때에는 루퍼를 중심으로 설명하는 것을 원칙으로 하겠다.

안드로이드 자바의 메시지 핸들러 클래스의 역할은 다음의 두 가지이다.

1) 메시지 큐에 딴 쓰레드로부터의 메시지를 쌓는다.
핸들러 클래스의 sendMessage() 류의 메소드를 호출하는 방법으로 큐에 쌓게 되는데, 이 메소드를 호출하는 것은 외부의 쓰레드에서도 가능하다.
2) 스케줄링에 따라 '적절한 시간'이 되면, 메시지 큐의 메시지들이 이 핸들러에 의해 처리(handling)된다.

④ 메시지

쓰레드 간에 정보를 주고 받는 정보 양식이다. 안드로이드의 자바에서는 핸들러 객체가 이런 메시지를 쓰레드 간에 주고 받을 수 있는 창구 역할을 하고 있다.

메시지 클래스(android.os.Message)는 작업 지시나 정보 전달의 용도에 맞게 멤버 변수들을 가지고 있는데, 어떤 유형의 메시지인지를 가리키는 식별자(정수형)와 메시지 내용으로 구성되어 있다. 정보 내용은 정수 2개(arg1, arg2)나 임의의 오브젝트가 될 수 있다.

또는 내용이 없는 빈 메시지도 가능하다.

클래스 : android.os.Message
필드 : int what – 메시지 유형 식별자
int arg1 – 정보 내용. 정수 값 1
int arg2 – 정보 내용. 정수 값 2
Object obj – 정보 내용. 객체

참고로, 이외에도 replyTo라는 Messenger 타입의 멤버도 있는데, 프로세스 간 통신에 대한 내용이므로, 여기에서 다루지는 않는다.

메시지를 생성하는 방법은 안드로이드 내부에서 관리하는 메시지 풀로부터 획득하는 방식으로 생성하는 것이 좋다. 사용이 끝난 메시지는 재활용되기 위해 메시지 풀로 들어가게 된다.

메시지를 보내기 위해서 아무 핸들러나 사용해서는 안 된다. 이 메시지가 전달되어져야 하는 쓰레드의 "루퍼에 소속된" 핸들러를 사용해야만, 그 쓰레드의 메시지 큐에 쌓일 수 있다. 이렇게 메시지 큐에 쌓인 메시지는 스케줄링에 의해 처리될 시간이 되면, 자기를 보냈던 핸들러에 의해 실행된다.

'핸들러에 의한 실행'이라는 개념도 단순히 한 가지는 아니지만, 전체 흐름을 이렇게 이해하면 혼동을 피하는데 도움이 된다.

이상 쓰레드 간 메시지 전송에 필요한 중요한 개념들을 살펴봤다. 앞에서 언급했듯이, 액티비티의 메인 쓰레드(UI 쓰레드)는 이미 루퍼와 메시지 큐를 가지고 있음을 기억하기 바란다. 이것은, 메인 쓰레드에서 처리되기를 원하는 작업들이 있다면, 메시지를 핸들링할 핸들러를 만든 후, 메시지 큐에 메시지만 넣어주면 된다는 것을 의미한다.

이제 핸들러를 만드는 방법부터 메시지를 전송하고 처리하는 방법을 하나씩 짚어나가 보자.

(3) 핸들러 생성

핸들러 클래스(android.os.Handler)에는 다음과 같이 4가지의 생성자가 갖춰져 있다.

```
Handler()
Handler(Handler.Callback callback)
Handler(Looper looper)
Handler(Looper looper, Handler.Callback callback)
```

쓰레드에서 핸들러를 만들 때에는, 반드시 갖춰야 할 것이 있었다. 그렇다. 루퍼이다. 루퍼 없이는 핸들러를 만들 수 없다. 바꿔 말하면, 핸들러는 루퍼에 소속되는 것과 같다.

그래서, 위의 3, 4번째 생성자와 같이 핸들러를 생성할 때에 루퍼를 지정해 줘야만 하는 것이다.

그럼 1, 2번째 생성자에는 왜 루퍼가 빠져 있을까? 그것은 핸들러를 new 연산자로 생성하는 그 문장이 "실행되고 있는 쓰레드"의 루퍼가 자동으로 지정되기 때문이다. 이 말이 금방 이해되지 않는 독자들은 예제를 통해서 쉽게 이해할 수 있을 것이다.

생성자의 파라미터에는 콜백이라는 것이 있는데, 메시지를 처리하는 "처리 코드"를 담고 있는 객체를 의미한다. Handler.Callback 인터페이스를 구현하고 있는 객체이면 어떤 객체여도 상관없다.

이 콜백 객체없이 만들어진 핸들러는 자기 자신의 멤버 메소드 handleMessage() 안의 처리 코드로 메시지를 처리하게 된다. (5)절에서 메시지가 어떻게 처리(handling)되는지를 다루므로, 자세한 것은 그 때 확인해 보자.

(4) 메시지 전송

메시지를 전송할 때에는 일반적으로 핸들러의 메소드를 이용한다. 메시지가 처리되어야 하는 쓰레드의 "루퍼에 소속된 핸들러" 중 하나이어야 함은 앞 절에서 설명했다. 핸들러 클래스(android.os.Handler)에 정의된 메시지 전송 메소드들은 다음과 같다.

```
boolean       sendMessageAtTime(Message msg, long uptimeMillis)
```

```
final boolean  sendMessage(Message msg)
final boolean  sendMessageAtFrontOfQueue(Message msg)
final boolean  sendMessageDelayed(Message msg, long delayMillis)
final boolean  sendEmptyMessage(int what)
final boolean  sendEmptyMessageAtTime(int what, long uptimeMillis)
final boolean  sendEmptyMessageDelayed(int what, long delayMillis)
```

sendEmptyMessage() 메소드들은 Message 객체를 파라미터로 하지 않고, 메시지 식별자로만 구분하여 메시지 내용이 중요하지 않을 때 사용하면 된다. delayMillis(밀리초 단위) 는 처리 시간을 지연시킬 때 사용되고, uptimeMillis는 특정 시간에 처리하기 위해 사용된다. sendMessageAtFrontOfQueue() 메소드는 그리 많이 사용되지 않는데, 이 메시지를 메시지 큐의 앞에 삽입하여 먼저 실행되도록 하기 위한 메소드이다.

파라미터만 조금씩 다를 뿐 실제 동작하는 방식은 거의 동일하다. sendMessage AtTime()를 제외하면 모두 final 메소드로 선언되어 있는데, 이들 메소드 모두 내부적으로 sendMessageAtTime() 메소드를 호출하고 있다. 메시지 전송에는 Message 객체 대신 Runnable을 파라미터로 하는 다음과 같은 메소드들도 사용된다.

```
final boolean  post(Runnable r)
final boolean  postAtFrontOfQueue(Runnable r)
final boolean  postAtTime(Runnable r, Object token, long uptimeMillis)
final boolean  postAtTime(Runnable r, long uptimeMillis)
final boolean  postDelayed(Runnable r, long delayMillis)
```

delayMillis, uptimeMillis는 앞에서와 동일한 의미를 가지며, postAtFrontOfQueue() 메소드는 메시지 큐의 맨 앞에 위치시키는 것도 동일하다. 이 메소드들도 내부적으로는 sendMessageAtTime()를 호출하게 된다.

Message 대신 Runnable을 사용하더라도, 핸들러가 자동으로 Message를 하나 만들어서 이 러너블을 Message 객체의 콜백으로 지정하는 일을 해 준다는 차이점만 있다. 즉, 동일한 메시지라고 봐도 무방하다. 이렇게 직접적으로 메시지를 전송하는 방법이 있는가 하면, 간접적인 방법으로 전송하는 방법도 있다.

① View 객체의 post() 메소드

뷰 객체의 다음과 같은 post() 메소드들을 이용하면, 메인쓰레드의 메시지큐에 메시지를 보낼 수 있다. 뷰들은 모두 메인 쓰레드에서 생성하기 때문에, 메인 쓰레드의 핸들러 대신, 이 뷰를 통해서 메인 쓰레드의 메시지 큐에 접근하는 방법이다.

```
boolean    View.post(Runnable action)
boolean    View.postDelayed(Runnable action, long delayMillis)
void       View.postOnAnimation(Runnable action)
void       View.postOnAnimationDelayed(Runnable action, long delayMillis)
```

핸들러를 지정안했는데, 이들 메시지들을 누가 처리(handle message)할 것인지 궁금할 것이다. 액티비티의 윈도는 내부적으로 뷰 계층(View Hierarchy)이라는 형식으로 UI를 관리하는데, 이 뷰 계층의 최상단에 해당하는 객체에는 ViewRootHandler를 가지고 있으며, 이 핸들러는 UI 변경 사항과 사용자 입력 처리등과 같은 액티비티의 가장 기본적인 메시지들을 처리하는 역할을 한다.

postOnAnimation() 메소드는 러너블을 다음 애니메이션 구간에 수행되도록 하는데, 애니메이션에 대해서 여기서 다루지는 않겠다.

② Custom View 객체의 postInvalidate() 메소드

이 장에서 캔버스 그래픽을 다룰 때 언급할 내용인데, 비어있는 View 객체를 만들어서 안드로이드의 캔버스 그래픽으로 2D 그래픽 기능을 개발할 때에 해당 View의 내용을 다시 그리도록 메시지를 전송하는 방법이다.

메인쓰레드에서는 뷰의 invalidate() 메소드를 호출하면 되지만, 그 외의 작업쓰레드들에서는 반드시 postInvalidate() 메소드를 호출해서 메인쓰레드에 메시지를 전송해야 한다.

```
void   View.postInvalidate(int left, int top, int right, int bottom)
void   View.postInvalidate()
void   View.postInvalidateDelayed(long delay Milliseconds, int left, int top,
                                   int right, int bottom)
void   View.postInvalidateDelayed(long delayMilliseconds)
void   View.postInvalidateOnAnimation(int left, int top, int right, int bottom)
void   View.postInvalidateOnAnimation()
```

③ AsyncTask에서 메인쓰레드로의 메시지 전송

안드로이드에서 쓰레드를 다루려면, 핸들러, 루퍼, 메시지의 개념을 이용해야 한다는 것을 배웠다. 안드로이드 프레임워크에서 이런 객체들을 직접 사용하지 않고도, 작업 쓰레드를 작성할 수 있게 하기 위해 제공되는 것이 AsyncTask 클래스이다.

이 클래스는 작업 쓰레드에서 작업의 진척상황이나 최종 결과를 메인 쓰레드로 메시지 전송을 하는 다음 메소드들을 제공한다.

```
final void    AsyncTask.publishProgress(Progress... values)
void          AsyncTask.onProgressUpdate(Progress... values)
void          AsyncTask.onPostExecute(Result result)
```

publishProgress()는 작업 쓰레드에서 메인 쓰레드로 작업 진척에 대한 정보를 담은 메시지를 전송한다. 이렇게 보내진 메시지에 대해서 메인 쓰레드 상에서 핸들링할 수 있는 메소드가 onProgressUpdate() 메소드이다. 마찬가지로 작업 쓰레드의 최종 결과를 메인 쓰레드 상에서 핸들링할 수 있는 메소드는 onPostExecute()이다.

이 클래스가 핸들러를 사용하지 않고도 메인 쓰레드에 정보를 보낼 수 있는 것은 내부적으로 메시지를 만들어 메인 쓰레드의 메시지 큐에 쌓고 내부 핸들러가 각 메시지들을 처리하는 기능이 숨겨져 있기 때문이다.

④ Activity의 runOnUiThread()

액티비티의 다음 메소드는 작업 쓰레드에서 호출 시 해당 러너블을 메인 쓰레드의 큐에 전송하는 편의 기능을 가진다. 만일, 메인 쓰레드에서 호출하면, 메시지 큐를 거치지 않고 그냥 러너블을 실행해 버린다.

```
final void   runOnUiThread(Runnable action)
```

이상으로 쓰레드 간의 메시지 전송 방법의 여러 가지 방식들을 살펴 봤다. 물론 이외에도 관련 메소드들이 더 있지만, 많이 활용되는 메소드들 위주로 언급했다. 안드로이드의 멀티 쓰레드 구현 시, 메시지 전송이 얼마나 중요하고 광범위하게 활용되는지 이해할 수 있을 것이다.

이제 메소드들을 어떻게 처리하는지에 대해서 알아 보자.

(5) 메시지 처리(Handling) 방법

Message 객체를 만드는 대신, Runnable 객체를 post() 류의 메소드로 전송하더라도, 핸들러 내부에서 Message 객체를 만들어주고, 이 러너블을 메시지 객체의 콜백으로 지정해 준다고 언급했었다.

그 밖에 View.post() 메소드나 Activity.runOnUiThread() 등과 같은 간접적인 방법들도 내부적으로는 동일한 구조의 메시지 객체를 만들어서 메시지 큐에 쌓아놓게 된다.

그 메시지 큐를 "소유"하고 있는 루퍼는 스케줄링에 맞춰서 메시지들이 처리되어야 하는 핸들러에 처리하도록 지시를 하는데, 핸들러는 그림 4-2와 같이 메시지를 처리하게 된다.

러너블 객체를 사용한 경우에는 이 메시지가 자신이 처리되어야 하는 "처리 코드"(콜백)을 가지고 있다고 간주한다. 핸들러는 자신의 코드 대신, 메시지가 가지고 있는 코드들을 실행하는 것으로 이 메시지는 처리된다. (①번)

앞 절에서 핸들러의 생성자에 콜백을 지정하는 경우를 살펴 봤었다. 이렇게 지정되면 핸들러 내부에 콜백 객체로 등록되고, 메시지를 핸들링할 때에는 바로 이 객체가 가지고 있는 처리 코드가 실행된다. (②번)

마지막으로 위의 두 가지에 해당되지 않으면, 핸들러 자체의 인스턴스 멤버 메소드인 handleMessage()가 실행된다. (③번)

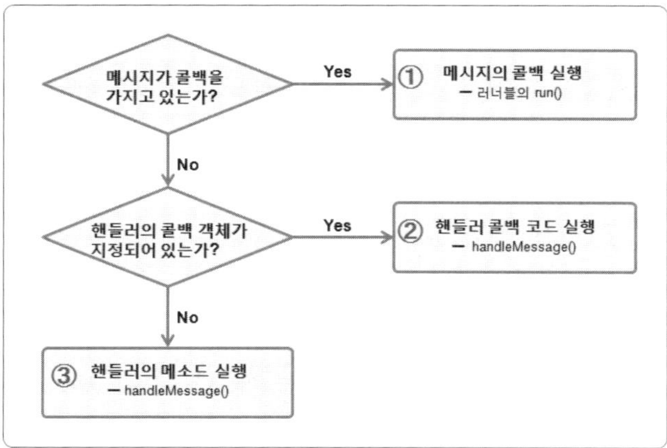

[그림 4-2] 핸들러의 메시지 핸들링 방법

②번 방법을 사용할 때에는, 익명의 클래스나 핸들러 클래스를 상속한 클래스 형태로 많이 사용된다. 이 책에서는 러너블이 아닌 경우에는 가급적 ③번의 방법으로 사용하고 있다.

(6) 안드로이드의 쓰레드 간 정보 전달 실습

루퍼를 중심으로 메시지 큐와 핸들러, 그리고 메시지의 상호 연관성을 잘 숙지하면서 간단한 예제를 통해 이들의 관계에 대한 이해를 높여 보자.

[예제 4-1] 사용자 입력 각도에 대한 사인 값 계산 (메인쓰레드/작업쓰레드)

[MainActivity.java]
메인 화면 액티비티 소스 파일

```
public class MainActivity extends Activity implements Handler.Callback {
    public static final int MSG_CALC_MAIN = 2001;
    public static final int MSG_CALC_THREAD = 2002;

    EditText mEtAngle;
    TextView mTvResult;

    MyLooperThread mMyLooperThread;
    Handler mainHandler;
    Handler threadHandler;

    @Override
    protected void onCreate(Bundle savedInstanceState) {
        super.onCreate(savedInstanceState);
        setContentView(R.layout.activity_main);
        mEtAngle = (EditText) findViewById(R.id.et_angle);
        mTvResult = (TextView) findViewById(R.id.tv_result);
    }

    @Override
    protected void onResume() {
        super.onResume();
        // 작업 쓰레드 생성 및 시작
        mMyLooperThread = new MyLooperThread();
        mMyLooperThread.start();
        // 테스트를 위한 핸들러 변수 초기화
        mainHandler = null;
        threadHandler = null;
```

```
}

public void onClickButton(View v) {
    // 메인쓰레드 루퍼에 소속된 핸들러
    if (mainHandler == null) {
        mainHandler = new Handler(this); // ————————————————————〈1〉
    }
    // 작업쓰레드 루퍼에 소속된 핸들러
    if (threadHandler == null) {
        threadHandler = new Handler(mMyLooperThread.getLooper(), this);
                        // ————————————————————————————————〈2〉
    }

    switch (v.getId()) {
    case R.id.b_calc_main:
        // 메인쓰레드로 메시지 전송
        mainHandler.sendEmptyMessage(MSG_CALC_MAIN); // ————————〈3〉
        break;
    case R.id.b_calc_thread:
        // 작업쓰레드로 메시지 전송
        threadHandler.sendEmptyMessage(MSG_CALC_THREAD); // ———————〈4〉
        break;
    }
}

// 사용자 입력 각도에 대한 사인 값 계산
private double calculate() {
    double angle = 0.0;
    try {
        double degree = Double.valueOf(mEtAngle.getText().toString());
        angle = degree * Math.PI / 180.0;
    } catch (NumberFormatException e) {
        e.printStackTrace();
    }
    return Math.sin(angle);
}

@Override
protected void onPause() {
    // 액티비티의 일시정지 시, 작업 쓰레드 종료
    if (mMyLooperThread != null && threadHandler != null) {
        Looper looper = threadHandler.getLooper();
        if (looper != null) {
            looper.quit();
            while (true) {
                try {
```

```
                mMyLooperThread.join();
                break;
            } catch (Exception e) {
                e.printStackTrace();
            }
        }

        mMyLooperThread = null;
    }
  }
  super.onPause();
}

Runnable myRunnable = new Runnable() {
    @Override
    public void run() {
        mTvResult.setText("SIN VALUE  : " + calculate());
    }
};

@Override
public boolean handleMessage(Message msg) {
    switch (msg.what) {
    // 메인쓰레드 루퍼 소속 핸들러로 처리되는 메시지
    case MSG_CALC_MAIN:
        myRunnable.run();    // ―――――――――――――――――――――――――――――――〈5〉
        break;
    // 작업쓰레드 루퍼 소속 핸들러로 처리되는 메시지
    case MSG_CALC_THREAD:
        mTvResult.post(myRunnable); // ――――――――――――――――――――――――――〈6〉
        break;
    }
    return true;
  }
}
```

[MyLooperThread.java]
작업쓰레드 소스 파일

```
public class MyLooperThread  extends Thread {
    Looper mLooper;
    public MyLooperThread() {
        super("MyLooperThread");
    }

    @Override
```

```
    public void run() {
        // 작업쓰레드의 루퍼를 준비시킴
        Looper.prepare();   // ──────────────────────────────〈7〉
        // 작업쓰레드의 루퍼
        mLooper = Looper.myLooper();      // ────────────────────〈8〉
        // 작업쓰레드 루퍼의 메시지 루프 시작
        Looper.loop();
    }

    public Looper getLooper() {
        // 테스트를 위하여 작업쓰레드 루퍼 값을 제공하기 위함
        return mLooper;
    }
}
```

[activity_main.xml]
액티비티 레이아웃 파일

```
<?xml version="1.0" encoding="utf-8"?>
<LinearLayout xmlns:android="http://schemas.android.com/apk/res/android"
    android:layout_width="fill_parent"
    android:layout_height="fill_parent"
    android:orientation="vertical"
    android:padding="20dp" >
    <TextView
        android:layout_width="fill_parent"
        android:layout_height="wrap_content"
        android:text="Ener Degree : " />
    <EditText
        android:id="@+id/et_angle"
        android:layout_width="match_parent"
        android:layout_height="wrap_content"
        android:ems="10"
        android:inputType="numberDecimal"
        android:text="0" />
    <LinearLayout
        android:layout_width="fill_parent"
        android:layout_height="wrap_content"
        android:layout_margin="20dp"
        android:orientation="vertical" >
        <Button
            android:id="@+id/b_calc_main"
            android:layout_width="wrap_content"
            android:layout_height="wrap_content"
            android:onClick="onClickButton"
            android:text="Calc in Main" />
```

```
        <Button
            android:id="@+id/b_calc_thread"
            android:layout_width="wrap_content"
            android:layout_height="wrap_content"
            android:onClick="onClickButton"
            android:text="Calc in Thread" />
    </LinearLayout>
    <TextView
        android:id="@+id/tv_result"
        android:layout_width="fill_parent"
        android:layout_height="wrap_content" />
</LinearLayout>
```

예제 4-1은 사용자가 각도를 입력하면, Sin 값을 결과로 보여주는 간단한 예제이다. 버튼이 두 개가 있어 각각 메인쓰레드 또는 작업쓰레드에서 계산을 하는 예를 보여 주는데, 어떤 차이가 있는지 확인해 보자.

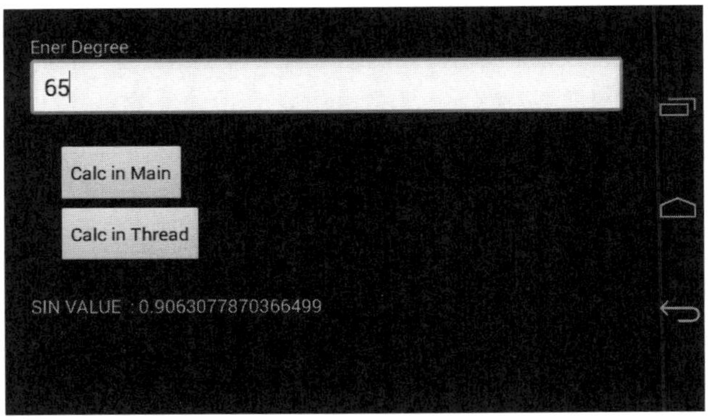

[그림 4-3] 작업 쓰레드에서 UI 쓰레드로 정보 전달

MainActivity.java의 〈1〉, 〈2〉번 라인을 보면, 두 개의 핸들러를 정의하고 있다. 이 핸들러들은 각각 메인쓰레드와 작업쓰레드로 메시지를 전송하기 위한 핸들러들이다.

MyLooperThread.java의 〈7〉번 라인에서 이 쓰레드의 루퍼를 만들어서 준비를 한다. 루퍼가 만들어질 때에 이 쓰레의 메시지큐도 함께 생성된다. 〈8〉번 라인에서 이 쓰레드의 메시지 루프가 시작된다.

루퍼를 정의해서 사용할 경우 이 루프를 중지시키지 않는 한 이 쓰레드는 이 루프 상태를 유지한다. 내부적으로는 무한 루프로 실행된다. 따라서, 〈8〉번 라인 아래에 기술된 문장이 있다면, 쓰레드가 중지되지 않는 한 실행되지 않는다.

MainActivity.java의 〈3〉, 〈4〉번 라인에서 눌려진 버튼에 따라서, 메인쓰레드와 작업 쓰레드로 메시지를 전송하고 있다. 〈5〉, 〈6〉번 라인은 2가지 다른 메시지들을 핸들링 하는 것을 보여주는데, 이 액티비티 자체의 선언에 Handler.Callback으로 되어 있기 때문에 이 액티비티는 어떠한 종류의 핸들러에 상관없이 콜백 메소드를 정의해서 제공해 줄 수 있다.

이 예제에서는 메인쓰레드용 핸들러와 작업 쓰레드용 핸들러 모두 콜백을 똑같이 이 액티비티 정의해서 사용하고 있다. 그렇다면, 왜 〈3〉번 라인의 처리 문장과 〈4〉번 라인의 처리 문장이 같은 일을 함에도 서로 다른 형태를 취하고 있을까?

```
@Override
 public boolean handleMessage(Message msg) {
    switch (msg.what) {
    // 메인쓰레드 루퍼 소속 핸들러로 처리되는 메시지
    case MSG_CALC_MAIN:
       myRunnable.run();    // ------------------------------------〈5〉
       break;
    // 작업쓰레드 루퍼 소속 핸들러로 처리되는 메시지
    case MSG_CALC_THREAD:
       mTvResult.post(myRunnable); // -----------------------------〈6〉
       break;
    }
    return true;
 }
```

그 차이점을 이해하는 것이 이 절에서 설명하고자 하는 핵심이다. 그것은 이 문장들을 실행하고 있는 쓰레드가 다르기 때문이다. 〈3〉번 라인으로 메인쓰레드에 보내진 메시지에 대해서, 이 '메인쓰레드' 상에서 이 handleMessage() 메소드가 실행이 되고, 〈4〉번 라인으로 작업쓰레드로 보내진 메시지에 대해서는 이 메소드가 '작업쓰레드' 상에서 실행이 된다.

똑같은 코드가 상황에 따라 실행되는 쓰레드가 다르다니 흥미롭지 않을 수 없다.

물론 실제 개발에서 이렇게 만든다는 것이 아니라, 테스트 목적으로 작성된 코드이니 개념만 이해하면 되겠다. 메시지 핸들러에서 다루는 러너블은 단지, 텍스트뷰에 텍스트를 보여주는 일을 한다.

```
mTvResult.setText("SIN VALUE : " + calculate());
```

처음에 언급했던 액티비티 메인쓰레드의 기본 규칙 2개 중 "화면 상의 변경"에 해당하므로 반드시 메인쓰레드에서는 이 문장이 그대로 실행될 수 있다. 〈3〉번 라인은 메인쓰레드에 도착한 메시지에 대해 메인쓰레드 상에서 실행되는 코드이므로, 그대로 이 문장을 문제없이 실행해 주고 있다. 〈4〉번 라인은 작업쓰레드에 도착한 메시지에 대해 작업쓰레드 상에서 실행되는 코드이므로, 똑같이 실행하면 그림 4-4와 같이 어플리케이션 에러가 발생한다.

그렇다면, 이 차이가 왜 발생하는 것일까?

핸들러 2개 모두 액티비티의 멤버 변수로 정의했고, 이 핸들러의 콜백도 액티비티에 만들었는데, 실행되는 쓰레드의 차이가 발생하는 것일까?

그것은 바로 핸들러를 만들 때 지정해준 소속 루퍼의 차이 때문이다.

[그림 4-4] 작업 쓰레드에서 UI 쓰레드로 정보 전달 (에러)

```
public void onClickButton(View v) {
    // 메인쓰레드 루퍼에 소속된 핸들러
    if (mainHandler == null) {
        mainHandler = new Handler(this);    // -----------------------〈1〉
    }
    // 작업쓰레드 루퍼에 소속된 핸들러
    if (threadHandler == null) {
        threadHandler = new Handler(mMyLooperThread.getLooper(), this);
                              // ------------------------------------〈2〉
    }
```

첫 번째 핸들러의 생성자에는 콜백 파라미터만 존재하지만, 두 번째 핸들러는 루퍼와 콜백의 두 가지 파라미터 생성자로 생성하고 있다. 루퍼를 생략한 생성자를 사용하면, 이 코드가 실행 중인 쓰레드의 루퍼를 채택한다. 버튼 눌렀을 때의 콜백인 위의 메소드는 메인쓰레드 상에서 실행 중이므로, 첫 번째 핸들러는 메인쓰레드 루퍼 소속으로 생성이 된다.

메시지를 전송하는 sendMessage() 메소드를 멤버로 갖는 핸들러에 의해 나중에 메시지가 처리(handling)될 때, 그 핸들러의 소속 루퍼의 쓰레드에서 실행되므로, 이 예제처럼 동일한 러너블 코드라 하더라도 실행 방법이 달라져야 하는 것이다. 이제 루퍼의 중요성을 실감할 수 있었으리라 생각한다. 위 예제와 관련해서 한 가지 더 언급해야 할 것이 있다.

```
mTvResult.post(myRunnable); // ------------------------------------〈6〉
```

위의 post() 메소드의 정체가 궁금할 것이다. 이 메소드는 메인쓰레드의 메시지큐로 러너블을 포함한 메시지를 전송하는 역할을 한다. 즉, 핸들러의 sendMessage()나 post()와 동일한 역할을 한다고 보면 된다. 전송되고자 하는 쓰레드의 루퍼에 소속된 핸들러의 post() 메소드를 쓰는 것이 더 일반화된 방법이라고 할 수 있다. 우리는 이미 그러한 핸들러를 알고 있다. 위의 예제에서 mainHandler라는 핸들러가 그 핸들러에 해당한다. 즉, 6번 라인은 다음 3가지 코드 중 한 가지로 표현해도 동일한 결과를 얻게 된다.

(방법1)　mTvResult.post(myRunnable);

(방법2)　mainHandler.post(myRunnable);

(방법3)　this.runOnUiThread(myRunnable);

위의 예제에서 "Calc in Thread"을 눌렀을 때 두 쓰레드 간의 메시지 전송은 그림4-5와 4-6으로 요약할 수 있다.

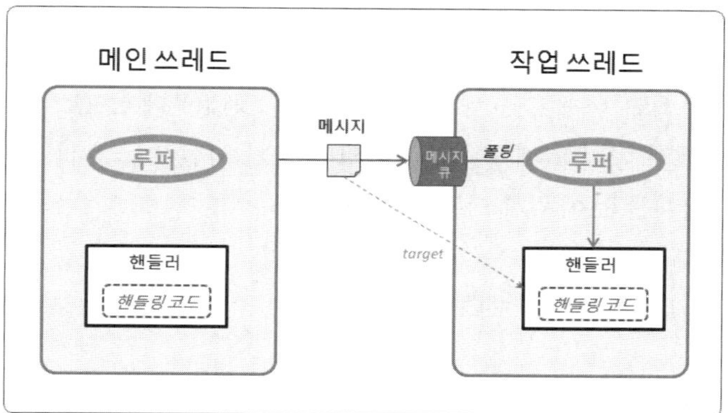

[그림 4-5] 메인쓰레드에서 작업 지시를 위한 메시지 전송(예제 4-1)

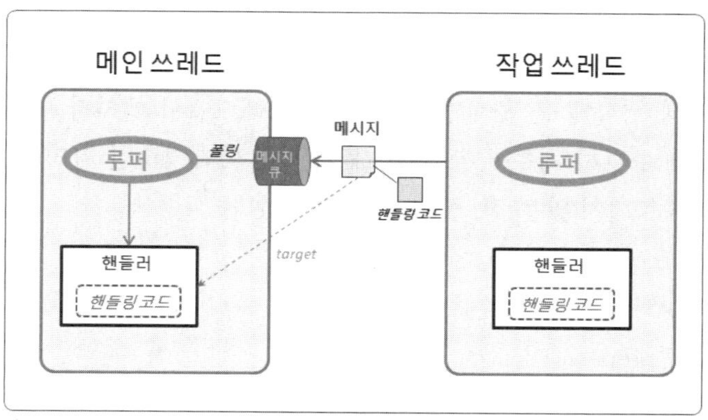

[그림 4-6] 작업쓰레드에서 메인쓰레드로 결과에 대한 메시지(러너블) 전송(예제 4-1)

즉, Handler의 sendMessage() 메소드를 사용하거나, View나 Handler의 post() 메소드를 사용한 경우 실제 이루어지는 메커니즘은 동일하다. 그림 4-5에서 보듯이, 작업 쓰레드의 핸들러가 메시지의 "타겟(target)"으로 지정된다. 타겟으로 정해진다는 것은 이 메시지가 루퍼에 의해 처리될 때 메시지 핸들링(처리)을 담당한다는 의미이다. 핸들러에는 핸들링코드가 내부적으로 포함되어 있기 때문이다.

그림 4-6을 보면, 메시지 자체가 핸들링코드를 포함하고 있다. 위 예제에서처럼 일반 메시지 대신 러너블을 보낼 때에는 이렇게 메시지에 핸들링코드가 포함된 것처럼 보내진다. 쓰레드 간 전송되는 메시지는 Message 객체 대신 Runnable 객체로 post하면 내부적으로 이 Message 객체가 만들어지고, 이 러너블 코드가 메시지의 핸들링코드(콜백)로 된다.

예제 4-1에서 메인 쓰레드로 보낼 때 러너블을 post() 메소드로 보내고 있기 때문에, 메인 쓰레드에서 처리할 때에는 핸들러의 코드가 아닌, 이 러너블의 코드가 실행되어 텍스트뷰에 글자를 보여주게 되는 것이다.

(7) HandlerThread를 활용한 메시지 전달 기법

앞의 예제 4-1을 통해서, 메인쓰레드가 아닌 쓰레드에 루퍼를 만들어서 메시지 루프를 형성하여 외부 쓰레드로부터 메시지를 전송 받을 수 있음을 알 수 있었다. 쓰레드에 루퍼가 만들어지면, 메시지 큐가 자동으로 생성되고, 이 큐에 쌓인 메시지들이 루퍼에 의해 해당하는 핸들러로 보내져서 처리되는 것이 메시지 루프이다. 모든 메시지들은 자신이 처리되어져야 하는 핸들러를 타겟이란 값으로 가지고 있다고 설명했었다.

그런데, 여기에 생각해 볼 문제가 있다. 작업 쓰레드에서 메시지 루프를 만들어내는 아래의 문장에서 무한히 내부 루프를 돌기 때문에, 아래 〈1〉번 라인 이후의 코드들은 메시지 루프가 종료되지 않는 한, 실행되는 일은 없다.

```
public void run() {
    Looper.prepare();

    Looper.loop();      // ----------------------------------------〈1〉
    // 실행되지 않는 영역
}
```

작업 쓰레드에서 메시지 수신 이외의 작업들을 처리할 필요가 있을 것이다. 별도의 반복 루프를 통해서 이루어지는 작업들, 또는 시간이 오래 걸리는 작업들이 해당될 것이다. 몇 가지 방법들이 있으나, 쉽게 생각할 수 있는 방법은 또 하나의 작업 쓰레드를 만들어서 대응하는 방법일 것이다. 즉, 메인 쓰레드, 루퍼 없이 백그라운드 작업 처리만 하는 1번 작업 쓰레드, 루퍼를 갖고 메시지 수신만 하는 2번 작업 쓰레드를 구성하여 작업 쓰레드들 간 데이터 동기화를 고려하면서 개발하는 것을 말한다. 이렇게 하면 번거롭기 때문에, 안드로이드 프레임워크에서 제공하는 "HanderThread"라는 클래스를 활용하면 해결책이 더욱 간단해진다.

사용 원리는 동일하다. 루퍼를 갖는 2번 작업쓰레드를 직접 만드는 대신, 이 용도를 갖는 HandlerThread 객체를 이용하는 것이다. 이 클래스는 자바의 Thread 클래스를 상속하여 내부적으로 루퍼를 갖도록 한 클래스이다.

예제를 통해 확인해 보자. 예제 4-2는 백그라운드 쓰레드에서 각도 값을 주기적으로 변경시키고, 버튼을 누르면 그 시점의 각도에 대한 사인 값을 보여주는 예제이다.

[예제 4-2] 백그라운드에서 주기적으로 변경된 각도에 대한 사인 값 계산

[MainActivity.java]
메인 화면 액티비티 소스 파일

```
public class MainActivity extends Activity implements Handler.Callback {
    public static final int MSG_CURRENT_ANGLE = 2001;
    public static final int MSG_CALCULATING   = 2002;
    public static final int MSG_SIN_VALUE     = 2003;
    TextView mTvCurrentAngle;
    TextView mTvResult;
    private int mCurrentAngle = 0;
    WorkThread mWorkThread;
    Handler mMyHandler;

    @Override
    protected void onCreate(Bundle savedInstanceState) {
        super.onCreate(savedInstanceState);
        setContentView(R.layout.activity_main);

        mTvCurrentAngle = (TextView) findViewById(R.id.tv_current_angle);
        mTvResult = (TextView) findViewById(R.id.tv_result);

        // 메인쓰레드 루퍼에 소속된 핸들러
        mMyHandler = new Handler(this);
```

```
}

@Override
protected void onResume() {
    super.onResume();
    // 작업 쓰레드 생성 및 시작
    mWorkThread = new WorkThread(mCurrentAngle, mMyHandler);
    mWorkThread.start();
}

public void onClickButton(View v) {
    switch (v.getId()) {
    case R.id.b_sin:
        // mWorkThread.calcHandler는 핸들러쓰레드의 루퍼에 소속된 핸들러임.
        // 즉, 작업쓰레드가 아닌 핸들러쓰레드에 메시지 전송
        mWorkThread.calcHandler.sendEmptyMessage(WorkThread.MSG_SIN);
        break;
    }
}

@Override
protected void onPause() {
    // 액티비티의 일시정지 시, 작업 쓰레드 종료
    if (mWorkThread != null) {
        mWorkThread.shutdown();
        while (true) {
            try {
                mWorkThread.join();
                break;
            } catch (Exception e) {
                e.printStackTrace();
            }
        }
        // 재시작을 위해 현재 각도 값 저장
        mCurrentAngle = mWorkThread.getCurrentAngle();
        mWorkThread = null;
    }
    super.onPause();
}

@Override
public boolean handleMessage(Message msg) {
    switch (msg.what) {
    case MSG_CURRENT_ANGLE:
        // 화면에 현재 각도 값을 주기적으로 보여주기 위한 메시지
        mTvCurrentAngle.setText("Angle  : " + msg.arg1);
```

```
            break;
        case MSG_CALCULATING:
            // 작업 쓰레드에서 계산 중임을 표시하기 위한 메시지
            mTvResult.setText("Calculating ...");
            break;
        case MSG_SIN_VALUE:
            // 계산 결과를 보여주기 위한 메시지
            mTvResult.setText("SIN(" + msg.arg1 + ") : "
                    + ((Double) msg.obj).doubleValue());
            break;
        }
        return true;
    }
}
```

[WorkThread.java]
작업쓰레드 소스 파일

```
public class WorkThread extends Thread implements Handler.Callback {
    public static final int MSG_SIN = 55001;
    private int currentAngle;
    // 메인쓰레드의 루퍼에 소속된 핸들러
    private Handler mainHandler;
    // 핸들러쓰레드의 루퍼에 소속된 핸들러
    public Handler calcHandler;
    private volatile boolean running = false;
    public WorkThread(int startNum, Handler mainHandler) {
        super("workThread");
        this.currentAngle = startNum;
        this.mainHandler = mainHandler;
    }

    @Override
    public void run() {
        // 핸들러 쓰레드 생성 및 시작
        HandlerThread handlerThread = new HandlerThread("MyHandlerThread");
        handlerThread.start();    // ---------------------------------------- <1>

        // 핸들러 쓰레드의 루퍼 가져오기
        Looper looper = handlerThread.getLooper();    // ---------------------- <2>

        // 핸들러 쓰레드의 루퍼 기반의 핸들러 정의
        calcHandler = new Handler(looper, this);    // ------------------------- <3>

        Message msg;
        running = true;
```

```
        // 0.5초 간격으로 각도 값을 변경시키고, 메인쓰레드로 메시지 전송
        while (running) {
            try {
                sleep(500);
            } catch (InterruptedException e) {
                e.printStackTrace();
            }

            currentAngle += 10;
            if (currentAngle >= 360) {
                currentAngle -= 360;
            }

            // 액티비티 메인쓰레드에 보낼 메시지 생성.
            // 각도 값을 메시지에 담아서 메시지 전송
            msg = Message.obtain();
            msg.what = MainActivity.MSG_CURRENT_ANGLE;
            msg.arg1 = currentAngle;
            mainHandler.sendMessage(msg);     // ------------------------------ <4>
        }
        // 핸들러쓰레드의 종료
        handlerThread.quit();
    }

    public void shutdown() {
        running = false;
    }

    public int getCurrentAngle() {
        return currentAngle;
    }

    @Override
    public boolean handleMessage(Message msg) {     // ----------------------- <5>
        Message retmsg;
        int angle;

        switch (msg.what) {
        case MSG_SIN:
            // 메시지 보내기 1 : 계산 중임을 나타내는 빈 메시지
            mainHandler.sendEmptyMessage(MainActivity.MSG_CALCULATING);

            angle = currentAngle;
            retmsg = Message.obtain();
            retmsg.what = MainActivity.MSG_SIN_VALUE;
```

```
            // 백그라운드 계산 수행
            double sinValue = Math.sin(angle * Math.PI / 180.0);
            retmsg.arg1 = angle;
            retmsg.obj = Double.valueOf(sinValue);

            // 메시지 보내기 2 : 계산 결과 값을 갖는 메시지
            mainHandler.sendMessageDelayed(retmsg, 300);
            break;
        }
        return true;
    }
}
```

[activity_main.xml]
액티비티 레이아웃 파일

```
<?xml version="1.0" encoding="utf-8"?>
<LinearLayout xmlns:android="http://schemas.android.com/apk/res/android"
    android:layout_width="fill_parent"
    android:layout_height="fill_parent"
    android:orientation="vertical"
    android:padding="20dp" >
    <TextView
        android:id="@+id/tv_current_angle"
        android:layout_width="fill_parent"
        android:layout_height="wrap_content"
        android:text="(empty)" />
    <LinearLayout
        android:layout_width="fill_parent"
        android:layout_height="wrap_content"
        android:layout_margin="20dp"
        android:orientation="horizontal" >
        <Button
            android:id="@+id/b_sin"
            android:layout_width="wrap_content"
            android:layout_height="wrap_content"
            android:onClick="onClickButton"
            android:text="SIN Value" />
    </LinearLayout>
    <TextView
        android:id="@+id/tv_result"
        android:layout_width="fill_parent"
        android:layout_height="wrap_content" />
</LinearLayout>
```

이 예제의 MainActivity에 정의된 핸들러 콜백 메소드 handleMessage()는 메인 쓰레드 상에서만 실행된다. 이 콜백을 가지고 생성된 핸들러가 메인 쓰레드용 핸들러 한 개(mMyHandler)이기 때문이다.

WorkThread.java의 〈1〉 라인에서 HandlerThread의 인스턴스를 만들고 쓰레드를 시작하고 있다. 이 쓰레드는 WorkThread와는 별개의 쓰레드이고, 내부적으로 루퍼를 가지게 된다.

〈2〉 라인을 거치면 핸들러쓰레드 인스턴스는 루퍼가 준비되고, 이벤트 루프까지 형성된다.

〈3〉 라인에서는 이 루퍼에 속하는 핸들러를 하나 만든다.

```
public void run() {
    // 핸들러 쓰레드 생성 및 시작
    HandlerThread handlerThread = new HandlerThread("MyHandlerThread");
    handlerThread.start();    // -----------------------------------〈1〉

    // 핸들러 쓰레드의 루퍼 가져오기
    Looper looper = handlerThread.getLooper();    // ------------------〈2〉

    // 핸들러 쓰레드의 루퍼 기반의 핸들러 정의
    calcHandler = new Handler(looper, this);    // ---------------------〈3〉
```

백그라운드로 쓰레드가 돌면서 각도 값을 변경하고, 〈4〉 라인으로 메인쓰레드에 메시지를 보내서 화면에 보여주도록 한다. 액티비티의 버튼이 눌러지면 메시지 핸들링 코드인 handleMessage() 메소드가 실행되면서(〈5〉 라인) 메인 쓰레드로 다시 메시지를 보내서 화면에 결과를 보여주게 한다. 핸들러와 쓰레드 관계를 잘 생각하면서 예제를 살펴보면, 혼동을 피할 수 있을 것이다.

WorkThread.java 파일의 〈4〉번 라인과 〈5〉 라인의 코드의 실행은 어떤 쓰레드 상에서 실행되는 것일까? 메인쓰레드는 배제하고, WorkThread 아니면, HandlerThread 중에 답이 있을 것이다.

답은 〈4〉번 라인은 당연히 WorkThread 상에서 실행이 되는 코드이고, 〈5〉번 handleMessage() 메소드는 HandlerThread 상에서 실행이 된다.

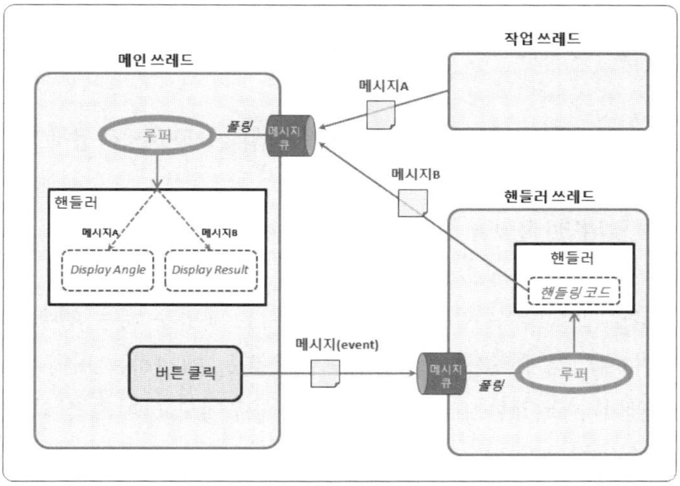

[그림 4-7] 예제 4-2의 쓰레드 간 메시지 전송

이 예제의 쓰레드 간 메시지 전송을 그림으로 표현하면 그림 4-7과 같다. 메시지A와 메시지B가 보내는 쓰레드가 다름에 주의하기 바란다. 작업 쓰레드 자체가 루퍼를 갖지 못하므로, 메시지를 받는 기능은 없다(수신 받을 메시지 큐가 없으므로). 대신 핸들러 쓰레드가 그 일을 대신 수행하는 것이다.

WorkThread.java의 핸들러 콜백은 핸들러 쓰레드의 루퍼에 소속된 핸들러의 콜백이므로 핸들링 코드가 핸들러 쓰레드에서 실행된다. 이 예제를 제대로 이해했다면, 안드로이드에서 쓰레드 간 메시지 전송을 정확히 이해하고 있음을 의미한다. 반복해서 언급하지만, 핸들러나 핸들러 콜백이 정의된 위치와 실제 실행되는 쓰레드는 별개임을 잊지 말자. 그리고, 쓰레드 간 메시지 전송의 중심에는 바로 "루퍼(Looper)"가 있음을 꼭 기억하기 바란다.

이상으로, 안드로이드의 멀티 쓰레드 기법의 특징들을 살펴 보았다. 주로 액티비티의 메인 쓰레드와 그 외 작업 쓰레드들간의 정보 전달이 어떻게 이루어지는지 다뤄봤는데, 안드로이드의 쓰레드 프로그래밍을 할 때에 기본이 되는 내용이라고 할 수 있다.

그 외에 자바의 기본적인 멀티 쓰레드 프로그래밍 방법과 쓰레드 간 데이터 동기화를 고려한 디자인 패턴 등에 대해서는 따로 다루지 않았지만, 이런 내용들도 정확히 숙지해야만 완성도 있는 어플리케이션 설계나 개발이 진행될 수 있을 것이다.

(8) Activity의 생명 주기(Life Cycle)에 대한 고려 사항

예제 4-1은 Activity의 onResume() 메소드가 작업 쓰레드를 생성하고 onPause() 메소드가 종료시키고 있다.

이런 부분이 누락되면, 화면을 종료시키더라도 작업 쓰레드는 계속 작업을 진행한다.

안드로이드의 홈 버튼을 누르거나, 전화기에서 전화가 오는 경우 등 activity의 pause 상태는 여러 경로로 발생할 수 있는데, 멀티쓰레드로 개발을 하는 경우에는 작업 쓰레드들이 화면의 변화에 맞게 적절하게 작업을 정리 또는 재개하는 처리가 필수적이다.

또한 게임 개발이나, 복잡한 그리기 작업을 할 경우에도 하나 이상의 백그라운드 쓰레드가 동작을 하는 경우가 많으므로, 화면 pause 상태와 어떻게 조화를 이룰지 신중히 고민하고 설계를 해야 한다.

보통 백그라운드 쓰레드를 UI 쓰레드와 연계할 때에, 작업의 성격에 따라서 다음과 같이 설계를 하는 것이 일반적이다.

① 화면 중지/재개 시, 매번 쓰레드를 재생성하여 실행함.

예제 4-1에서 사용한 방식이며, 단순한 쓰레드의 경우 깔끔하게 관리할 수 있는 장점이 있으나, 정지 시점의 데이터 상태를 잘 기억하여 재개 시 동일한 상태로 복원해야 하는 경우를 잘 고려해야 한다.

[onPause() 메소드]

```
protected void onPause() {
    workThread.stopThread();
        for (;;) {
            try {
                workThread.join();
                break;
            }
```

```
            catch (Exception e) {;}
        }
        super.onPause();
    }
```

[onResume() 메소드]

```
    protected void onResume() {
        super.onResume();
        workThread = new WorkThread(mHandler);
        workThread.start();
    }
```

② 백그라운드 쓰레드를 한 번만 생성하고 화면 중지/재개 시, 매번 쓰레드도 중지/재개 할 수 있도록 함.

이 때에는 onPause()가 실행되는 상황이 Activity의 '완전 종료'인지 아니면 단순한 중지인지 구분해야 한다. 실행 상태가 그대로 보존되는 장점이 있으나, UI와 쓰레드 간의 일관성에 대한 고려 사항들이 더 많아진다.

쓰레드 생성은 Activity의 onCreate()에서 하면 된다.

[onPause() 메소드]

```
    protected void onPause() {
        ( 쓰레드 정지 작업 )
        if (isFinishing()) {   // Activity의 완전 종료 여부
            for (;;) {
                try {
                    workThread.join();
                    break;
                }
                catch (Exception e) {;}
            }
        }
        super.onPause();
```

```
    }

[ onResume() 메소드 ]
    protected void onResume() {
        super.onResume();
        ( 쓰레드 재개 작업 )
    }
```

2. 안드로이드의 그래픽

이 책에서는 안드로이드에서 제공되는 다양한 방식의 그래픽 기능들을 활용하는 방법들에 대해서 다루고자 한다. 안드로이드 프레임워크에서 제공하는 다양한 그래픽 API를 활용하는 방법에 대해서 알아보고, 3장에서 살펴본 네이티브 개발 방법도 활용하게 될 것이다. 안드로이드가 제공하는 대표적인 2D, 3D 그래픽 엔진 또는 API는 다음의 3가지가 있다.

1) 캔버스 그래픽(Skia 라이브러리)
2) OpenGL ES
3) 렌더스크립트(RenderScript)

이 책에서는 렌더스크립트를 제외한 캔버스 그래픽과 OpenGL ES를 중심으로 알아보도록 하겠다.

(1) 안드로이드 그래픽이란

그래픽을 다루기에 앞서 안드로이드에서 UI를 디스플레이에 보여주는 메커니즘에 대해서 알아보자. 그림 4-8은 안드로이드 어플리케이션의 UI에 대한 시스템 구성 요소들을 보여준다.

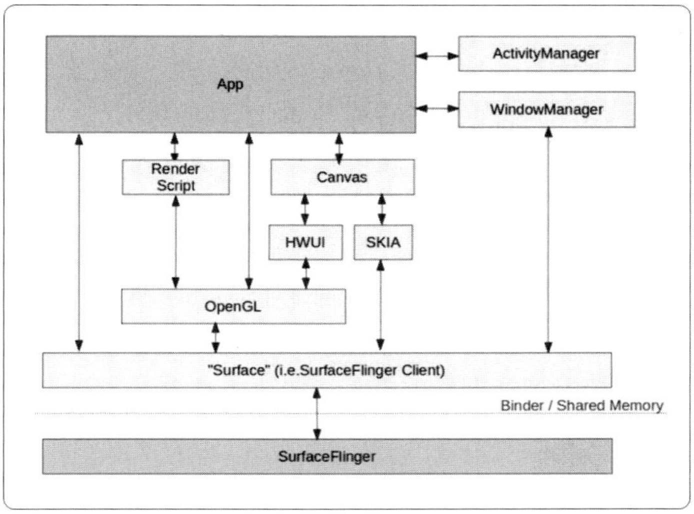

[그림 4-8] 안드로이드 디스플레이 스택

Originals at: www.opersys.com/community/docs[2]

위 그림은 안드로이드의 레이아웃과 뷰 위젯 중심의 UI를 구성할 때나 2D/3D 그래픽 엔진을 사용할 때 모두에 공통적으로 적용되는 시스템 구성을 보여준다. 안드로이드의 그래픽은 캔버스 그래픽, OpenGL, 렌더스크립트 등의 API를 사용해서 메모리 상의 버퍼에 해당하는 '서피스'에 드로잉을 하게 된다. 하나의 화면은 하나 이상의 어플리케이션의 결과물들이 조합으로 만들어지는데, 이런 일을 하는 것이 '서피스플링어'이다. 서피스플링어가 여러 어플리케이션의 서피스 데이터들을 합성하여 최종적으로 메인 서피스들을 만들어서 화면에 나타나게 된다.

캔버스 그래픽은 2D 그래픽에 사용되는데, Skia 라이브러리를 기반으로 한다. 안드로이드 API Level 11부터 캔버스 그래픽에도 하드웨어 가속을 적용할 수 있는 옵션이 추가 되었는데, 이 경우에는 OpenGL로 렌더링이 이루어지는데, 뒤에 하드웨어 가속을 다룰 때 다시 설명하도록 하겠다.

서피스와 서피스플링어의 의미부터 다시 살펴보기로 한다.

---

2) (C) Copyright 2012, Opersys inc. These slides created by: Karim Yaghmour

① 서피스(Surface)

공유 메모리의 어느 한 부분으로서, 어플리케이션이 드로잉을 해 넣는 오프스크린 버퍼이다. 캔버스 또는 OpenGL ES 그래픽 등 각 그래픽 API가 드로잉을 위해 이 서피스에 접근하고 사용하는 방식이 차이가 있으나, 각 그래픽이 추상화된 서피스를 대상으로 하고 이 서피스는 위치, 크기, 내용 등의 요소들을 갖는다는 점에서는 모두 동일하다고 볼 수 있다.

그림 4-8을 보면, 어플리케이션에 윈도 매니저와 서피스가 연결되어 있다. 어플리케이션이 실행될 때마다, 액티비티의 뷰 계층(View Hierarchy)을 관리하는 Window가 윈도매니저에 등록되고, 액티비티 윈도를 위한 서피스가 생성되어 액티비티로 전달되어, 뷰 계층에 보관된다.

② 서피스플링어(SurfaceFlinger)

안드로이드 프레임워크에 있는 독립된 시스템 서비스로서, 시스템 레벨의 서피스 합성자라고 할 수 있다. 이 서피스플링어는 여러 어플리케이션으로부터 2D 또는 3D 데이터에 해당하는 서피스들을 합성하여 최종 메인 서피스를 만들어서 프레임버퍼에 저장한다. 각 어플리케이션의 서피스들이 결국 OpenGL 텍스쳐가 되고, 이들 텍스쳐들을 OpenGL API를 통해 블렌딩이 이루어지는 것이 '합성'에 해당한다. (하드웨어 가속으로 처리됨)

이 책에서는 그래픽 개발 방식에 초점을 맞춰서 기술하기 때문에 서피스플링어의 내부 프로세스에 대해서는 다루지 않지만, 관심있는 독자는 관련 자료를 참고하여 서피스플링어의 메커니즘을 학습해 보기를 권장한다.

(2) 캔버스(Canvas) 그래픽

안드로이드 프레임워크에서 제공되는 2D 기반의 그래픽을 의미한다.

캔버스 그래픽은 본래 Skia 그래픽 라이브러리를 기반으로 만들어졌다. Skia 라이브러리는 C++ 클래스로 구성되어 있으며, 크롬 브라우저, 파이어폭스 브라우저, 크롬OS 등에서 활용되고 있다. 안드로이드의 캔버스 그래픽의 자바 클래스들도 Skia의 C++ 클래스들과 대부분 유사한 형태를 갖고 있다.

안드로이드 3.0(Honeycomb, API Level 11) 버전 이후로는 캔버스 그래픽이 OpenGL ES 2.0 기능을 사용하여 하드웨어 가속 기능을 활용할 수 있는 옵션이 추가되었다.

즉, 같은 캔버스 그래픽이라 할지라도 하드웨어 가속 기능을 활성화하면, 내부적으로 OpenGL 기반 렌더링이 일어난다. (옵션을 사용하는 외에는 개발 측면에서는 다른 점이 없다.)

안드로이드에서는 결국 캔버스 그래픽도 Skia의 기능들이 점점 OpenGL 기능들로 점차 대체될 것으로 예상이 된다. 물론, OpenGL로 대체할 수 없는, Skia만의 고유한 기능들은 유지될 수 있을 것이다.

그럼, '캔버스(Canvas)'는 무엇일까?

앞에서 액티비티 윈도에 서피스가 할당되며, 이곳에 그려진 UI가 화면 상의 결과로 나타난다는 것을 설명 했었다. 캔버스는 바로 실제 드로잉이 수행될 이 서피스에 대한 인터페이스 역할을 하는 객체이다.

프레임워크의 캔버스 클래스(android.graphics.Canvas)에는 다양한 드로잉 메소드가 준비되어 있다. 이 클래스의 인스턴스는 필요할 때 직접 생성할 수도 있으나, 최종 결과물은 시스템에서 제공하는 캔버스를 넘겨 받아야 그 캔버스로 처리해야 한다.

프레임워크에서는 캔버스는 비트맵을 기반으로 하도록 설계되었는데, 모든 캔버스 객체는 내부에 비트맵(android.graphics.Bitmap) 객체가 정의되어 있으며 이 비트맵이 모든 드로잉 작업이 이루어지는 대상체 역할을 한다.

시스템에서 제공하는 캔버스, 그리고 캔버스와 비트맵의 관계에 대해서는 예제와 함께 세부적인 내용을 다루면서 자세히 설명될 것이다.

안드로이드에서 2D 그래픽을 구현하는 일반적인 방식은 다음의 2가지가 있다.

① 레이아웃의 뷰 객체에 그래픽이나 애니메이션의 드로잉

시스템의 뷰 계층(View Hierarchy)의 드로잉 프로세스에 의해 관리되며, 단순한 그래픽일 때 유용하게 사용한다. 레이아웃의 XML 파일에 기술하거나, 프레임워크에서 제공하는 메소드들을 이용하는데, 다음과 같은 메소드들이 그 예에 해당한다.

```
void View.setBackground (Drawable background)
void View.setBackgroundResource (int resid)
void AnimationDrawable.start()
```

② 캔버스에 그래픽이나 애니메이션의 드로잉

시스템에서 제공하는 캔버스 객체를 이용하여 그리기를 하며, 일반적인 게임과 같이 반복적으로 드로잉을 수행할 때 적합하다. 메인 쓰레드에서 작업하는 경우와 그렇지 않은 경우로 나눌 수 있다.

a) 메인 쓰레드에서의 그래픽 구현

프레임워크의 뷰 클래스(android.view.View)를 상속하여, 콜백 메소드 onDraw()를 통해 주어지는 '캔버스'로 그리기 작업을 수행하는 방식

b) 별도의 작업 쓰레드(렌더링 쓰레드)에서의 그래픽 구현

서피스뷰 클래스(android.view.SurfaceView)를 상속하고, 서피스를 관리하는 서피스홀더(android.view.SurfaceHolder) 객체로부터 얻을 수 있는 '캔버스'로 그리기 작업을 수행하는 방식

①번은 액티비티의 레이아웃과 위젯의 기본적인 사용법에 해당하므로 별도로 설명하지는 않겠다. 본격적인 그래픽 기능을 구현하여 게임과 같은 어플리케이션을 개발할 때에는 ②번의 b방식으로, 메인 쓰레드가 아닌 작업 쓰레드에서 서피스뷰 클래스를 활용하는 방법이 사용된다. ②번의 a 방식은 그래픽 처리량이 크지 않고, 느린 프레임 속도로 어플리케이션을 구성해도 되는 경우에 사용되기도 하나, 메인 쓰레드의 드로잉 작업이라는 한계가 있으므로, 널리 활용되지는 않는다.

기본적인 그래픽 처리 방법으로 메인쓰레드 방식부터 차례대로 알아보도록 하자.

(3) View의 콜백 메소드 onDraw()를 이용한 캔버스 그래픽 기능 구현

TextView, ImageView, ListView 등과 같은 위젯 클래스들은 모두 android.view.View 클래스로부터 파생된 클래스들이다. View 클래스에는 다음과 같은 콜백 메소드가 정의되어 있는데, 시스템이 이 뷰를 그릴 때에 호출되는 메소드이기 때문에 여기에 드로잉 작업을 기술해 주면 그리기 작업이 수행되는 것이다.

```
protected void View.onDraw (Canvas canvas)
```

액티비티의 이 뷰 객체를 포함하는 뷰 계층(View Hierarchy)에는 시스템에서 생성한 서피스 정보를 가지고 있다고 하였다. 이 액티비티의 윈도가 윈도매니저에 등록이

될 때에 서피스플링어로부터 생성된 서피스가 이 액티비티로 전달이 되어진 것이다. 그리기 작업은 실제로 이 서피스 위에서 실행이 된다. 위 onDraw 메소드의 파라미터에 있는 캔버스 객체가 바로 이 서피스에 대한 인터페이스 역할을 하는 것이다.

즉, 드로잉을 위해서 서피스라는 개체를 직접 다룰 필요 없이, 콜백 메소드의 파라미터로 시스템에 의해서 주어진 캔버스가 있기 때문에, 드로잉 작업을 할 수 있다는 의미이다.

예제 4-3은 이 캔버스를 이용하여 녹색 원을 그리는 예제이다.

[예제 4-3] 녹색 원 그리기 (캔버스 그래픽)

[MainActivity.java]

```
public class MainActivity extends Activity {
    @Override
    protected void onCreate(Bundle savedInstanceState) {
        super.onCreate(savedInstanceState);
        // 액티비티의 타이틀바를 안 보이게 함
        requestWindowFeature(Window.FEATURE_NO_TITLE);
        // 윈도가 전체 화면을 차지하도록 함
        getWindow().setFlags(WindowManager.LayoutParams.FLAG_FULLSCREEN,
                WindowManager.LayoutParams.FLAG_FULLSCREEN);
        setContentView(new MyView(this));
    }

    // Custom View 정의
    protected class MyView extends View {
        Paint pnt;

        public MyView(Context context) {
            super(context);
            pnt = new Paint();
            pnt.setColor(Color.GREEN);
        }

        // 콜백 메소드 정의
        @Override
        protected void onDraw(Canvas canvas) {
            // 화면 지우기
            canvas.drawColor(Color.LTGRAY);
            // 뷰 정 중앙에 원 그리기
            canvas.drawCircle(this.getWidth() / 2, this.getHeight() / 2,
                    100.0f, pnt);

        }
```

```
    }
}
```

위 예제를 보면 Canvas 클래스 외에 Paint 클래스(android.graphics.Paint)가 쓰이고 있다. Paint는 그리는 도구에 해당하므로, 도형, 색상, 비트맵을 그릴 때의 색상이나 스타일 정보를 갖게 된다. 스타일 정보들에는 선의 굵기, 쉐이더나 패스(Path) 등과 같은 다양한 그리기 효과를 지정하는 것들이 있다.

캔버스 그래픽의 그리기라는 작업은 간단하게 표현하면, '캔버스'라는 그려질 공간에 '페인트'를 써서 여러 가지 그리기 작업(drawLine, drawCircle, drawBitmap, drawText, ...) 등을 수행하는 것이다.

[그림 4-9] 예제 4-3 실행 결과

Canvas 클래스에는 다양한 그리기 작업을 위한 메소드들이 갖춰져 있으며, 대표적인 것들은 다음과 같다.

void drawColor(int color)
: 캔버스의 비트맵 전체를 단색으로 채움

void drawLine(float startX, float startY, float stopX, float stopY, Paint paint)
: 선 그리기

void drawRect(float left, float top, float right, float bottom, Paint paint)
: 사각형 그리기

void drawCircle(float cx, float cy, float radius, Paint paint)
: 원 그리기

void drawText(String text, float x, float y, Paint paint)

텍스트 그리기

void drawBitmap(Bitmap bitmap, float left, float top, Paint paint)

비트맵 그리기

이 외에도 Canvas 클래스에는 다양한 그리기 기능들이 갖춰져 있으며, Paint 클래스의 메소드들과 더불어 API 문서를 참조하면서 개발에 활용하기를 바란다.

캔버스 그래픽에서는 도형, 텍스트, 비트맵의 드로잉에 더하여, 필터, 패스, 변환, 애니메이션 등과 같은 효과 등 방대한 양의 기능들을 제공하고 있음을 알게 될 것이다.

예제 4-4는 캔버스와 페인트 객체의 메소드들을 이용해서 많이 쓰이는 기능 중 일부를 보여주고 있다.

[예제 4-4] 다양한 그리기 기능 (캔버스 그래픽)

[MainActivity.java]

```
public class MainActivity extends Activity {
public class MainActivity extends Activity {
  @Override
  protected void onCreate(Bundle savedInstanceState) {
    super.onCreate(savedInstanceState);
    // 액티비티의 타이틀바를 안 보이게 함
    requestWindowFeature(Window.FEATURE_NO_TITLE);
    // 윈도가 전체 화면을 차지하도록 함
    getWindow().setFlags(WindowManager.LayoutParams.FLAG_FULLSCREEN,
          WindowManager.LayoutParams.FLAG_FULLSCREEN);
    // Custom View로 Activity를 채움
    setContentView(new MyView(this));
  }

  // Custom View 정의
  protected class MyView extends View {
    Paint paint;
    PathEffect pathEffect;
    Typeface typeface;          // 문자의 글꼴 타입페이스
    Bitmap bitmap;
    Rect bitmapRect;
    LinearGradient linearGradient;

    public MyView(Context context) {
      super(context);
      paint = new Paint();
```

```
        // 선의 점선 패턴을 path effect로 지정함.
        // 배열의 수치대로 실선과 공백이 반복적으로 발생함.
        pathEffect = new DashPathEffect(new float[] { 15.0f, 3.0f, 3.0f,
                3.0f, 3.0f, 3.0f }, 0);

        typeface = Typeface.create((String) null, Typeface.BOLD_ITALIC);

        // 비트맵Drawable : 책 이미지
        BitmapDrawable bitmapDrawable = (BitmapDrawable)this.getResources()
                                    .getDrawable(R.drawable.book);
        bitmap = bitmapDrawable.getBitmap();
        bitmapRect = new Rect(200, 200, 300, 300);

        // 사각형을 그릴 때의 그래디언트 효과를 추기 위함.
        // 빨간 색(0, 0)에서 초록색(100, 0)으로 점진적으로 변화함.
        // Mirror 타일 모드는 그래디언트 효과가 반복적으로 발생할 때
        // 거울에 비친 반대상으로 반복됨을 의미함
        linearGradient = new LinearGradient(0, 0, 100, 0, Color.RED,
                Color.GREEN, Shader.TileMode.MIRROR);

    }

    @Override
    protected void onDraw(Canvas canvas) {
        int viewWidth = this.getWidth();

        /* 1. 캔버스 전체를 단색으로 칠함(화면 지우기) */
        canvas.drawColor(Color.LTGRAY);

        /* 2. 선 그리기 */
        paint.setColor(Color.MAGENTA);
        paint.setPathEffect(pathEffect);

        // 선의 두께 지정
        paint.setStrokeWidth(20.0f);
        canvas.drawLine(0.0f, 100.0f, viewWidth, 100.0f, paint);

        /* 3. 문자 그리기 */
        paint.setAntiAlias(true);

        // 점선 패턴으로 지정되었던 path 효과를 제거함
        paint.setPathEffect(null);
        paint.setColor(Color.BLUE);
        paint.setTextAlign(Paint.Align.LEFT);
        paint.setTypeface(typeface);
        paint.setTextSize(40.0f);
```

```
            canvas.drawText("Canvas Graphics", 50.0f, 180.0f, paint);

            /* 4. 비트맵 이미지 그리기 */
            canvas.drawBitmap(bitmap, null, bitmapRect, paint);

            /* 5. 사각형 그리기 */
            // 선형 그래디언트를 쉐이더로 지정하여 사각형을 그림
            paint.setShader(linearGradient);
            canvas.drawRect(0.0f, 310.0f, viewWidth, 350.0f, paint);
        }
    }
}
```

[res/drawable 폴더]
book.png (작은 크기의 이미지 파일)

[그림 4-10] 예제 4-4 실행 결과

주석을 참고하면서 필요한 부분은 API 문서를 참고하기 바란다. 지면 관계 상, 드로잉 관련 메소드들의 사용법에 대해서 세부적으로 설명하지는 않겠다.

앞에서 캔버스는 비트맵을 기반으로 한다고 하였다. onDraw() 메소드의 모든 드로잉이 바로 이 캔버스의 바탕이 되는 비트맵(실체가 드러나 있지는 않지만)에 이루어진다.

예제 4-4는 책 이미지 하나를 비트맵으로 하여 drawBitmap() 메소드로 비트맵도 그리고 있는데, 이 비트맵은 캔버스가 기반으로 하는 비트맵과는 별개이다. 물론 이 책 이미지 비트맵도 캔버스의 비트맵 위에 그려진다.

다음 절에서 캔버스의 기반이 되는 비트맵에 대해서 자세히 알아보자.

(3) Canvas와 Bitmap

프레임워크의 캔버스 객체는 구조적으로 비트맵을 기반으로 한다. 즉, 캔버스가 하는 그리기 작업들은 모두 내부의 비트맵이라는 객체에 표현이 되고 이 비트맵이 바로 서피스에 그려지고 화면에 출력되는 것이다.

그러면, 캔버스 객체는 어떻게 만들 수 있을까 하는 의문이 생긴다. 앞의 예제에서 보면 캔버스 객체를 직접 만들지 않고, 시스템으로부터 전달을 받았다. (뷰의 콜백 메소드 onDraw의 파라미터)

뒤에 나올 서피스뷰(SurfaceView)를 뷰 대신 사용하는 경우도 있는데, 이 때에도 방법은 다르지만, 시스템으로부터 캔버스를 전달 받는 것은 동일하다. 캔버스 객체를 반드시 시스템으로부터 전달 받아야만 하는 것은 아니다. 필요할 때에 직접 생성자로 생성을 하면 되고, 그 때에 필요한 것 역시 비트맵이다. 바꿔 말하면, 안드로이드 프레임워크에서 비트맵은 그리기가 이뤄지는 곳, 캔버스는 그리기를 수행하는 것이라고 볼 수 있다.

앞의 시스템으로부터 전달받는 두 가지 케이스는 모두 최종 UI 결과물을 서피스에 출력하기 위해서, 이러한 비트맵과 캔버스를 이용하는 것이라고 이해하면 된다.

즉, Canvas는 다음과 같이 두 가지 경우로 구분할 수 있다.

① 필요에 따라 임의로 정의한 캔버스 사용 (비트맵에 렌더링)

② 시스템에서 제공되는 캔버스 사용 (비트맵에 렌더링하여 서피스로 출력)

여기에서 ②번의 시스템에서 제공되는 캔버스는 캔버스 그래픽에서 매우 중요한 의미를 가지는데, 어떤 의미를 갖는지 알아보자.

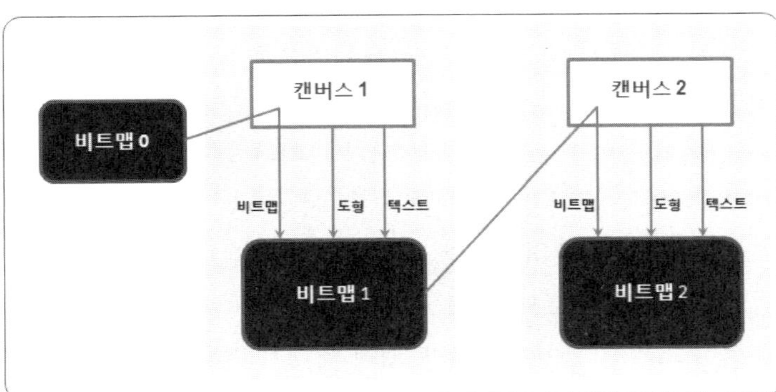

[그림 4-11] 비트맵과 캔버스의 관계

그림 4-9는 비트맵과 캔버스의 관계를 보여주고 있는데, 책 이미지와 같은 비트맵 0를 캔버스를 이용하여 또 다른 비트맵에 그려 넣고 있다. 캔버스의 드로잉 메소드들은 비트맵 외에도 여러 가지 도형이나 텍스트들도 그려 넣을 수 있다.

비트맵 1은 캔버스 1의 기반이 되는 비트맵이다. 이렇게 만들어진 비트맵은 비트맵 0와 같은 그냥 비트맵일 뿐이다. 따라서 이 비트맵도 필요하다면 또 다른 비트맵 위에 그려 넣어질 수도 있다. 이와 같은 방법으로 비트맵 3이나 그 이상도 이용할 수는 있다.

그럼, 이것을 언급하는 이유는 무엇일까?

몇 가지로 비트맵을 중첩하든지, 서피스로 최종 출력되는 것도 비트맵이므로 마지막 캔버스는 "시스템에서 제공되는 캔버스"가 되어야 하기 때문이다.

다음 그림 4-12에서 이것을 잘 표현하고 있다.

마지막 캔버스가 시스템에서 제공된 캔버스이고, 이 캔버스의 기반이 되는 비트맵으로 최종 UI 결과가 그려진다. 이 비트맵은 추상화된 객체이지만 실제 화면에 나타날 서피스 메모리와 연결되므로, 최종 화면에 출력이 된다.

(이 서피스와 타 윈도들의 서피스들과 함께 서피스플링어에서 합성되어 화면에 출력이 이루어지나, 어플리케이션 관점에서만 설명하므로 서피스플링어에 대한 내용은 생략하겠다)

한 가지 더 언급할 내용이 있는데, 그림 4-12의 마지막 캔버스로에서 그리기 작업을 확인해 보자. 캔버스의 드로잉 작업이 오로지 딱 하나만 표현되어 있다. 도형, 텍스트 또는 그 외의 비트맵 같은 것들에 대한 개별 드로잉은 표현되어 있지 않다.

이것은 반드시 이렇게 해야 한다는 것이 아니라, 캔버스 그래픽으로 게임과 같은 상용 어플리케이션을 개발할 때에 널리 사용되는 방법을 보여준다.

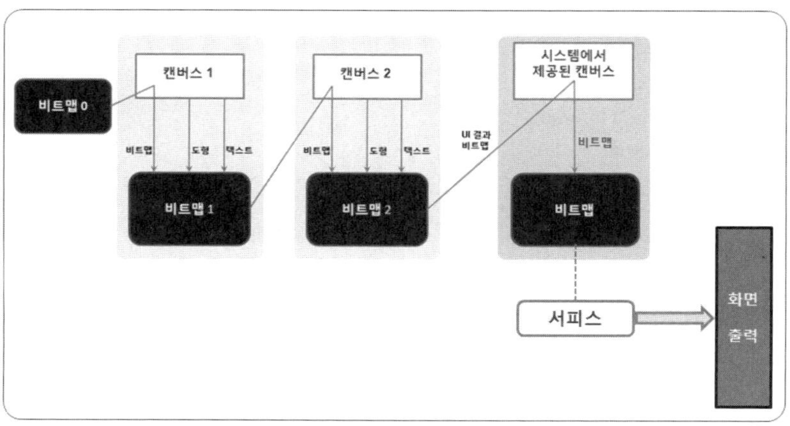

[그림 4-12] 시스템 제공 캔버스

그림을 보면, '시스템 제공 캔버스'로 작업되는 비트맵 2는 'UI 결과 비트맵'로 표기되어 있다. 즉, 모든 출력해야 할 내용이 한 장의 비트맵으로 만들어진 것이고 최종 캔버스는 단지 이 비트맵 한 장을 자신 내부의 비트맵으로 그려 넣는 것이다.

이와 같은 방법이 어떤 차이가 있는지 궁금할 것이다. 비트맵 2 자체도 최종 결과인데 이것 외에 또 다른 단계를 둔다는 것이 불필요해 보일 것이다.

예제 4-5를 통해 실습해 보면서 차이점을 확인해 보자.

[예제 4-5] Bitmap에 Canvas를 사용하여 그리기

[MainActivity.java]

```
public class MainActivity extends Activity {
    @Override
    protected void onCreate(Bundle savedInstanceState) {
        super.onCreate(savedInstanceState);
        // 액티비티의 타이틀바를 안 보이게 함
        requestWindowFeature(Window.FEATURE_NO_TITLE);
        // 윈도가 전체 화면을 차지하도록 함
        getWindow().setFlags(WindowManager.LayoutParams.FLAG_FULLSCREEN,
                WindowManager.LayoutParams.FLAG_FULLSCREEN);
        // Custom View로 Activity를 채움
        setContentView(new MyView(this));
    }

    // Custom View 정의
    protected class MyView extends View {
        Paint paint;
        Bitmap bookBitmap;
        Rect bookBitmapRect;
        Bitmap smallBitmap;
        Rect smallBitmapRect;
        Bitmap largeBitmap;
        Rect largeBitmapRect;
        Canvas smallBitmapCanvas;
        Canvas largeBitmapCanvas;
        LinearGradient linearGradient;

        public MyView(Context context) {
            super(context);

            paint = new Paint();

            // 작은 이미지 파일에 대한 비트맵
            bookBitmap = BitmapFactory.decodeResource(this.getResources(),
```

```
        R.drawable.book);
    bookBitmapRect = new Rect(50, 80, 150, 180);

    // 캔버스에 의해 그려질 비트맵 1
    smallBitmap = Bitmap
        .createBitmap(200, 200, Bitmap.Config.ARGB_8888);
    smallBitmapRect = new Rect(50, 20, 250, 220);

    // 캔버스에 의해 그려질 비트맵 2
    largeBitmap = Bitmap
        .createBitmap(300, 300, Bitmap.Config.ARGB_8888);
    largeBitmapRect = new Rect(0, 0, 0, 0);

    // 비트맵에 그리기 위한 캔버스 생성
    smallBitmapCanvas = new Canvas(smallBitmap);
    largeBitmapCanvas = new Canvas(largeBitmap);

    // 사각형을 그릴 때의 그래디언트 효과를 추기 위함.
    // 빨간 색(0, 0)에서 초록색(100, 0)으로 점진적으로 변화함.
    // Mirror 타일 모드는 그래디언트 효과가 반복적으로 발생할 때 거울에 비친
    // 반대상으로 반복됨을 의미함
    linearGradient = new LinearGradient(0, 0, 30, 0, Color.CYAN,
        Color.DKGRAY, Shader.TileMode.REPEAT);
}

@Override
protected void onDraw(Canvas canvas) {
    int viewWidth = this.getWidth();
    int viewHeight = this.getHeight();

    /* 1. 비트맵 1에 이미지 파일과 텍스트를 그림 */
    smallBitmapCanvas.drawColor(Color.YELLOW);
    smallBitmapCanvas.drawBitmap(bookBitmap, null, bookBitmapRect,
        paint);
          // ------------------------------------------------------------ <1>

    paint.setTextSize(23.0f);
    smallBitmapCanvas.drawText("Canvas & Bitmap", 10, 40, paint);

    /* 2. 비트맵 2에 앞의 비트맵 1과 Rect를 그림 */
    largeBitmapCanvas.drawColor(Color.RED);
    paint.setShader(linearGradient);
    largeBitmapCanvas.drawRect(5, 245, 295, 295, paint);
    largeBitmapCanvas.drawBitmap(smallBitmap, null, smallBitmapRect,
        paint);
          // ------------------------------------------------------------ <2>
```

```
        /* 3. 최종 View에 대한 Canvas를 사용하여, 비트맵 2를 Surface 영역에 그림 */
        canvas.drawColor(Color.GREEN);
        largeBitmapRect.set(50, 50, viewWidth - 50, viewHeight - 50);
        canvas.drawBitmap(largeBitmap, null, largeBitmapRect, paint);
            // ---------------------------------------------------------- <3>
      }
    }
}
```

[res/drawable 폴더]
book.png (작은 크기의 이미지 파일)

예제 4-5에서 작은 이미지 파일과 텍스트를 smallBitmap이라는 비트맵에 그려넣었다. (<1>번 라인)

비트맵에 그리기 작업은 이 비트맵에 딸린 캔버스를 통해서만이 가능하므로, smallBitmapCanvas가 사용되었다.

이렇게 생성이 된 비트맵을 다시, largeBitmap이라는 비트맵에 그려넣었다. (<2>번 라인)

역시 largeBitmapCanvas라는 전용 캔버스가 사용되었다. 여기까지의 작업들은 모두 메모리 상에서만 발생할 뿐, 화면에 보여지는 것과는 아무런 상관이 없다.

마지막으로 서피스와 연관된 비트맵(이 비트맵은 코드 상에서 확인되지는 않음)에 그려넣기 위한 캔버스를 사용하여 largeBitmap을 그려넣었다. (<3>번 라인)

앞의 두 캔버스는 직접 생성한 것인 반면에, 최종 캔버스는 시스템이 제공해 주는 것임을 잊지 말아야 한다.

(반복해서 얘기하지만 비트맵-캔버스 연관 관계의 이해를 돕기 위한 예시로 캔버스를 3개나 사용했는데, 실제로는 캔버스 하나를 정의해서 거기에 모든 그리기 작업을 수행하고, 최종 캔버스를 통해 DrawBitmap() 처리를 하는 것이 보통이다.)

결론은 최종 캔버스로 처리시켜야 할 것은 모든 드로잉이 담겨진 비트맵 한 장이라는 것이다. 이렇게 하면 얻을 수 있는 이점은 무엇일까?

이 어플리케이션의 실행 화면을 세로 모드와 가로 모드로 바꿔서 확인해 보자.

그림 4-13에서 보듯이, 화면의 크기에 맞게 모든 요소들이 일정한 비율로 스케일링 되어 보이는 것을 확인할 수 있을 것이다.

디바이스 별로 화면의 해상도가 매우 다양한 것을 고려한다면, 이렇게 하나의 화면이 해상도에 관계없이 스케일링 되어 표현될 것임을 알 수 있다.

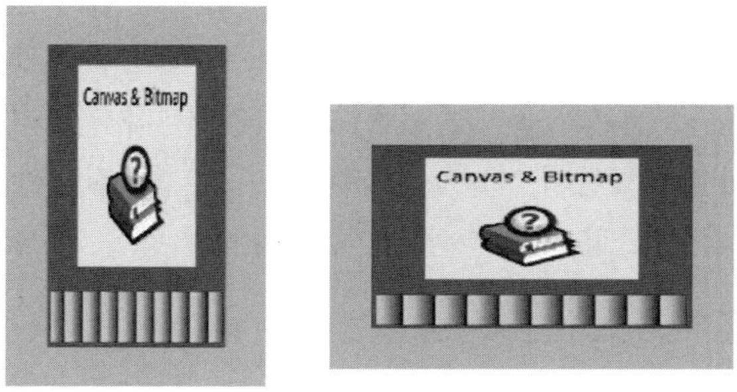

[그림 4-13] 예제 4-5 실행 결과

물론 모든 어플리케이션 개발에 이런 방식을 적용하는 것은 아니다.

그래픽으로 게임과 같은 어플리케이션을 개발할 경우, 가장 널리 사용되는 방법은 게임의 UI 방향을 가로 혹은 세로 모드로 고정하고, 게임 전반에 걸쳐 적용될 좌표계를 (World 좌표로 표현함) 고정된 값으로 정의를 한다. (예: 가로 모드 320x240의 World 좌표)

이 좌표계를 중심으로 모든 게임 객체들의 움직임을 정의하고, 최종 화면 출력 결과는 이와 같이 해상도에 영향을 받지 않도록 하는 방법을 적용한다. 새로운 기기가 나올 때마다 해상도도 더욱 다양해질 수 있으므로, 한 가지 좌표로 대응하지 않고 몇 가지 대분류를 정해서 1개 이상의 좌표를 사용하기도 한다.

OpenGL ES를 적용할 때와 달리 캔버스 그래픽에서는 이렇게 비트맵 이미지를 통한 스케일링을 간접적으로 활용한다는 것을 보여주기 위해 이 예제를 설명하였다. 관심 있는 독자는 위의 예제에서 비트맵 2 단계를 제외했을 때 어떤 차이점이 있는지 확인해 보면 도움이 될 것이다.

이상 캔버스와 비트맵을 설명했는데, 기억해야 할 원칙을 간단히 표현하면 다음과 같다.

"최종 단계의 그리기 작업을 하는 Canvas는 반드시 시스템에서 제공된(Pre-defined) Canvas이어야 한다."

이 Canvas가 아닌 딴 Canvas들의 작업은 모두 화면과는 상관없는 '메모리 상'의 작업들이기 때문이다.

지금까지 다뤄 본 예제들(4-3 ~ 4-5)은 시스템이 필요할 때에만 한번 그린 것이 화면에 유지되는 케이스들이다. (그리기 작업은 메인 쓰레드가 담당하고 있다) 실제 그래픽 어플리케이션에서 개체의 움직임 등을 표현하려면, '다시 그리기(Redrawing)' 작업들이 필요한데, 이런 작업들이 어떻게 이루어지는 지 다음 절에서 확인해 보자.

메인 쓰레드와 작업 쓰레드에서 이뤄질 때의 차이점 등을 본격적으로 다뤄보도록 한다.

(4) 메인 쓰레드 상에서의 캔버스 그래픽 구현

2D 그래픽을 구현하는 방법으로 액티비티의 레이아웃과 위젯을 활용하는 방법과 뷰나 서피스 뷰로 캔버스 그래픽을 적용하는 방법이 있다고 설명했었다.

화면 상의 개체의 움직임을 표현하기 위해 전자에서는 다양한 애니메이션 객체나 AnimationDrawable 등을 이용할 수도 있으나(단순한 그래픽 용도로 사용됨), 여기에서는 후자의 캔버스 그래픽에 국한하여 설명한다.

액티비티의 화면의 변화는 뷰 계층(View Hierarchy) 레벨에서 관리되며, 뷰에 캔버스 그래픽을 적용하는 경우에도 마찬가지이다. 뷰 계층의 최상단을 의미하는 객체를 안드로이드에서는 android.view.ViewRootImpl이라는 내부 클래스(API로 공개되어 있지는 않으나, 안드로이드 전체 소스 상에서 확인해 볼 수 있음) 타입의 객체로 관리하고 있는데, 이 객체는 내부 핸들러를 가지고 있어서 모든 뷰에서의 변경 발생을 알리는 메시지를 보내고 처리하는 역할을 한다.

이 메시지들은 액티비티의 메인 쓰레드의 메시지 큐에 쌓이고, 이 핸들러에 의해 처리가 되는데(앞에서 메시지를 처리할 핸들러를 따로 명시하지 않는 메시지 유형들에 대해서 살펴 봤었다) 뷰의 전체 혹은 일부를 다시 그리도록 하는 메시지를 전송하는 메소드는 다음과 같은 것들이 있다.

```
public void View.invalidate ()
public void View.invalidate (Rect dirty)
public void View.invalidate (int l, int t, int r, int b)
public void View.postInvalidate()
public void View.postInvalidate(int left, int top, int right, int bottom)
public void View.postInvalidateDelayed(long delayMilliseconds)
```

```
public void View.postInvalidateDelayed(long delayMilliseconds, int left, int top, int
        right, int bottom)
```

invalidate() 메소드들은 메인 쓰레드 상에서 호출할 수 있고, postInvalidate()는 메인이 아닌 쓰레드에서 호출하는데 사용한다.

그럼, 메인 쓰레드에서 캔버스 그래픽을 구현할 때에 움직이는 개체를 표현하려면, 뷰를 주기적으로 '다시 그리기' 작업을 해야 하는데 어떤 방법들이 있는지 알아보자. 쉽게 떠오르는 방법은 뷰의 콜백 메소드에서 다시 invalidate() 호출을 하는 것이다.

예제 4-6에서는 이 방법으로 화면 상에서 움직이는 공을 표현하고 있다.

[예제 4-6] 움직이는 공 (메인 쓰레드 상에서 뷰의 콜백 메소드 이용)

[MainActivity.java]

```
public class MainActivity extends Activity {
   @Override
   protected void onCreate(Bundle savedInstanceState) {
      super.onCreate(savedInstanceState);
      // 액티비티의 타이틀바를 안 보이게 함
      requestWindowFeature(Window.FEATURE_NO_TITLE);
      // 윈도가 전체 화면을 차지하도록 함
      getWindow().setFlags(WindowManager.LayoutParams.FLAG_FULLSCREEN,
            WindowManager.LayoutParams.FLAG_FULLSCREEN);
      // Custom View로 Activity를 채움
      setContentView(new MyView(this));
   }

   protected class MyView extends View {
      Paint paint;
      int centerX = 100;  // 공의 중심 x 좌표 값
      int centerY = 100;  // 공의 중심 y 좌표 값
      int dX = 4;         // 공의 움직임 x 간격
      int dY = 4;         // 공의 움직임 y 간격
      final int RADIUS = 30; // 공의 반지름

      public MyView(Context context) {
         super(context);
         paint = new Paint();
         paint.setColor(Color.GREEN);
      }

      @Override
```

```
        protected void onDraw(Canvas canvas) {
            updatePosition();  // 공의 위치 변경
            canvas.drawColor(Color.LTGRAY);
            canvas.drawCircle(centerX, centerY, RADIUS, paint);

            // 뷰가 다시 그려지도록 뷰 전체를 무효화함
            invalidate(); // ────────────────────────────── <1>
        }

        // 공의 위치 변경 메소드
        void updatePosition() {
            // 윈도의 x축 가장 자리에 다다르면 x축 진행 방향을 바꿈
            if (centerX + dX - RADIUS < 0) {
                dX *= -1;
            } else if (centerX + dX + RADIUS > this.getWidth()) {
                dX *= -1;
            }

            // 윈도의 y축 가장 자리에 다다르면 y축 진행 방향을 바꿈
            if (centerY + dY - RADIUS < 0) {
                dY *= -1;
            } else if (centerY + dY + RADIUS > this.getHeight()) {
                dY *= -1;
            }
            centerX += dX;
            centerY += dY;
        }
    }
}
```

공이 화면상에서 직선으로 이동하다가 가장자리에 부딪히면 방향을 바꿔서 움직이는 간단한 예제이다. 뷰의 콜백 메소드 onDraw()에서 invalidate() 메소드를 호출하고 있다. (〈1〉번 라인)

onDraw() 메소드는 액티비티의 메인 쓰레드 상에서 실행되기 때문에, postInvalidate()가 아닌 invalidate() 메소드가 사용되었다. invalidate() 메소드는 메인 쓰레드의 메시지 큐에 메시지를 하나 쌓게 되고, 뷰 계층(View Hierarchy)의 내부 핸들러가 이 메시지를 핸들링할 때에 뷰를 다시 그리는 작업을 하게 된다. 그러면 뷰의 콜백 onDraw()는 다시 실행이 된다.

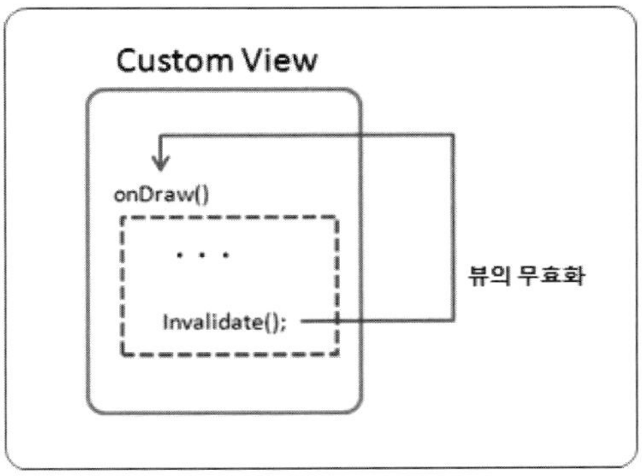

[그림 4-14] 뷰의 onDraw()에서 invalidate() 호출

그림 4-14와 같은 '간접적인' 루프 형태가 이루어지게 되어 반복적인 '다시 그리기'(redrawing) 작업이 이루어지면서 물체의 움직임을 표현하게 된다.

간접적이라는 표현을 한 이유는 invalidate() 메소드 후에 onDraw() 메소드가 실행되는 시간에 대해서 안드로이드는 아무 것도 보장하지 않기 때문이다. 메시지 큐에 쌓인 메시지를 메인 쓰레드의 루퍼가 가져가서 해당 핸들러가 처리하는 메커니즘이기 때문이다.

이 메시지 큐에는 메인 쓰레드와 관련한 모든 메시지들이 쌓이는데, 화면 터치나 키코드같은 사용자 입력부터 각종 센서 입력, 화면의 상태바를 포함한 모든 UI의 변경에 대한 메시지들이 있다.

onDraw() 메소드에서 invalidate() 호출은 시스템이 허용하는 한 최대의 속도로 메시지를 전송은 이루어질 것이다.

위의 예제같이 단순한 코드의 경우는 일정 수준의 사양을 가진 디바이스에서 60 fps 또는 그에 근접한 속도로 애니메이션을 표현할 수도 있다. 하지만, 어느 정도 복잡도를 가진 그래픽의 구현에는 적당하지 않은 방법이다.

이 장의 앞 부분에서 멀티 쓰레드를 언급했을 때, 싱글 쓰레드에서도 핸들러를 이용하여 반복적인 비동기적인 작업을 실행할 수 있다고 했었다.

지연 메시지(Delayed Message)를 이용해서 시간 간격을 두고 그리기 작업을 하는 방법이다.

예제 4-7을 통해 확인해 보자.

[예제 4-7] 움직이는 공 (메인 쓰레드 상에서 뷰의 콜백 메소드와 지연 메시지 이용)

[MainActivity.java]

```
public class MainActivity extends Activity {
    @Override
    protected void onCreate(Bundle savedInstanceState) {
        super.onCreate(savedInstanceState);
        // 액티비티의 타이틀바를 안 보이게 함
        requestWindowFeature(Window.FEATURE_NO_TITLE);
        // 윈도가 전체 화면을 차지하도록 함
        getWindow().setFlags(WindowManager.LayoutParams.FLAG_FULLSCREEN,
                WindowManager.LayoutParams.FLAG_FULLSCREEN);
        // Custom View로 Activity를 채움
        setContentView(new MyView(this));
    }

    protected class MyView extends View implements Handler.Callback {
        Paint paint;
        int centerX = 100;    // 공의 중심 x 좌표 값
        int centerY = 100;    // 공의 중심 y 좌표 값
        int dX = 4;           // 공의 움직임 x 간격
        int dY = 4;           // 공의 움직임 y 간격
        final int RADIUS = 30; // 공의 반지름
        final int DELAY = 50;  // 지연시간 (밀리초)
        final int MSG_REDRAW_VIEW = 888; // 핸들러 메시지 식별자 (뷰 그리기)
        Handler handler;

        public MyView(Context context) {
            super(context);
            paint = new Paint();
            paint.setColor(Color.GREEN);
            handler = new Handler(this);
            // 최초 지연 메시지 전송
            handler.sendEmptyMessageDelayed(MSG_REDRAW_VIEW, DELAY);
        }

        @Override
        protected void onDraw(Canvas canvas) {
            updatePosition(); // 공의 위치 변경
            canvas.drawColor(Color.LTGRAY);
            canvas.drawCircle(centerX, centerY, RADIUS, paint);
        }

        // 공의 위치 변경 메소드
        void updatePosition() {
            // 윈도의 x축 가장 자리에 다다르면 x축 진행 방향을 바꿈
```

```
            if (centerX + dX - RADIUS < 0) {
                dX *= -1;
            } else if (centerX + dX + RADIUS > this.getWidth()) {
                dX *= -1;
            }

            // 윈도의 y축 가장 자리에 다다르면 y축 진행 방향을 바꿈
            if (centerY + dY - RADIUS < 0) {
                dY *= -1;
            } else if (centerY + dY + RADIUS > this.getHeight()) {
                dY *= -1;
            }
            centerX += dX;
            centerY += dY;
        }

        @Override
        public boolean handleMessage(Message msg) {
            if (msg.what == MSG_REDRAW_VIEW) {
                // 화면 무효화
                invalidate();
                // 지연 메시지 전송
                handler.sendEmptyMessageDelayed(MSG_REDRAW_VIEW, DELAY);
                return true;
            }
            return false;
        }
    }
}
```

이 예제에서는 뷰의 콜백 onDraw() 메소드에서 invalidate()를 호출하지 않고, 핸들러의 메시지 핸들링 코드에서 이 메소드를 호출하고 있다.

MSG_REDRAW_VIEW라는 메시지 식별자를 사용해서, DELAY 시간 만큼 지연된 메시지를 보내고 있다. 보내진 메시지의 처리를 위해 다시 핸들러의 메시지 핸들링 코드가 다시 실행되어 '간접적인' 루프를 형성한다.

흥미롭게도 invalidate() 메소드나 핸들러의 sendEmptyMessageDelayed() 메소드 모두 메인 쓰레드의 메시지 큐에 메시지를 쌓는 역할을 한다. 여기서는 invalidate()는 단순히 그리기 작업이라고 간주하자.

메인 쓰레드에서 렌더링을 구현할 때에 앞의 예제 4-6처럼 시간 간격 없이 시스템이 허용하는 최대 속도로 렌더링을 반복하는 것과 비교해 보면, 실행 회수를 조절할 수 있다는 장점이 있다.

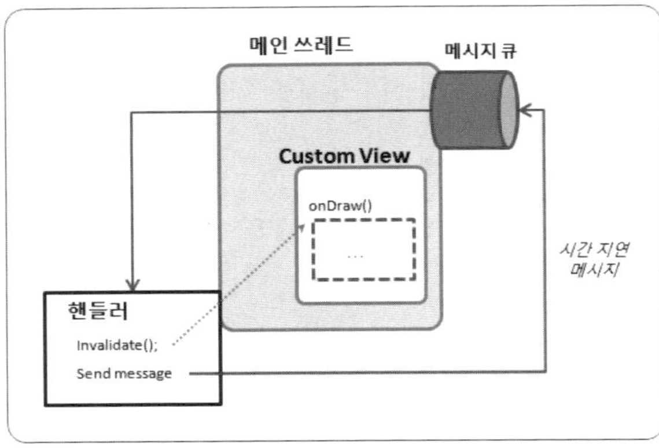

[그림 4-15] 메인 쓰레드 상에서 지연 메시지를 이용한 그래픽

예제 4-6과 4-7은 모두 메인 쓰레드가 직접 렌더링을 수행하는 방식들이다. 뷰의 onDraw() 콜백 상의 코드 뿐만 아니라 핸들러의 콜백 handleMessage() 모두 메인 쓰레드 상에서 실행되는 코드들이다. 메인 쓰레드가 다양한 입력 이벤트들이나 화면 변경 사항을 계속해서 처리하는 역할을 하고 있으므로, 게임과 같은 복잡한 수준의 그래픽을 이와 같은 방법으로 처리하는 것은 바람직하지 않다.

상황에 따라서, 메인 쓰레드에 지장을 주지 않을 정도로 단순한 그래픽을 구현할 필요가 있을 때에는 이 두 예제에서 사용된 기법들을 적절하게 조절하여 응용할 수도 있을 것이다.

위의 두 예제들에서, 액티비티의 생명 주기는 왜 고려하지 않았을까?

그것은 UI 쓰레드로만 진행되는 작업이기 때문이다. 액티비티가 일시정지되면 메인 쓰레드 자체가 중지되기 때문에, 메시지를 처리하는 핸들러 작업 역시 일어나지 않게 된다.

실행 중 홈 버튼을 눌렀다가 다시 어플리케이션을 실행하면서 어떤 변화가 있는지 확인해 보기 바란다.

이제 본격적인 그래픽 구현에 사용되는 렌더링 쓰레드 방식을 알아 보도록 하자.

3. 서피스 뷰를 이용한 백그라운드 쓰레드의 그리기

(1) 서피스 뷰

앞에서 다뤘던 예제들이 메인 쓰레드 상에서 뷰의 다시 그리기 작업이 '간접적인' 루프 형태를 갖도록 했었다. 드로잉 작업의 규모가 커질수록 메인 쓰레드에 부하가 집중되어 반응성이나 매끄러운 화면 결과물을 얻지 못하는 단점이 생기게 된다.

따라서, 렌더링 작업을 별도의 쓰레드로 분리하여 처리하는 방법에 대해 알아보자.

참고로 이렇게 분리된 쓰레드를 편의 상 '렌더링 쓰레드'라는 용어로 부르겠다.

그런데, 안드로이드에서 뷰와 관련된 변경 처리는 메인 쓰레드에서만 가능한데, 어떻게 외부의 쓰레드에서 화면의 변경을 구현할 수 있는 것일까 궁금해진다.

먼저 액티비티의 UI와 화면 출력의 관계를 다시 한번 떠 올려 보자.

액티비티의 윈도 상의 모든 UI는 이 서피스에 담겨져야만 화면에 보일 수가 있다. 그래서 액티비티를 실행하면 이 액티비티의 윈도를 위한 서피스가 서피스플링어에 의해 생성되고 액티비티는 윈도 매니저를 통해서 이 서피스를 전달 받게 된다. (그림 4-8 참고)

이 서피스는 액티비티 윈도의 뷰 계층(View Hierarchy)로 전달되어 메인 쓰레드에서 뷰 계층에 대한 변경 사항을 처리할 때에 이 서피스로 결과가 출력된다.

안드로이드 프레임워크에서 제공하는 서피스뷰(SurfaceView)라는 클래스가 바로 그 역할을 한다. 서피스 뷰와 관련된 클래스들을 알아 보자.

① 서피스 뷰(android.view.SurfaceView)

뷰의 특수한 서브클래스로서, 메인 쓰레드가 아닌 쓰레드에서 렌더링 작업을 할 수 있는 서피스를 제공해주는 기능을 한다.

개념적으로는 이 서피스는 이 서피스 뷰의 윈도 바로 아래에 놓이고, 그 서피스의 내용이 보이도록 윈도에 구멍이 뚫려 있는 것과 같다. (또는 투명한 영역이라고 이해해도 된다)

이 서피스 뷰를 제외한 나머지 뷰들은 모두 뷰 계층 레벨의 메인 쓰레드 그리기 작업의 영향(변경 사항에 대한 다시 그리기)을 받게 되나, 이 서피스 뷰는 윈도에 뚫린 구멍만 유지하고 있을 뿐이다.

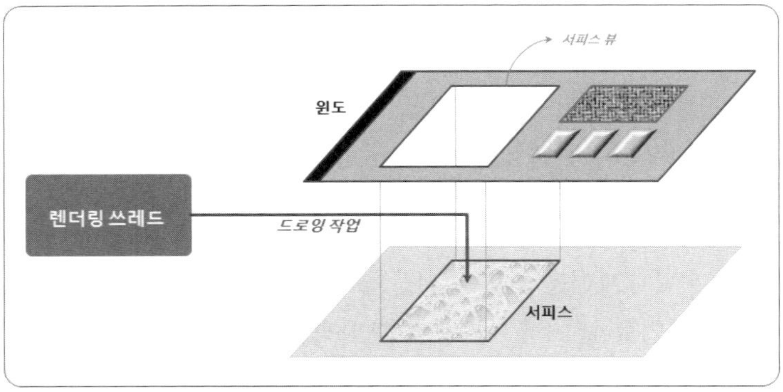

[그림 4-16] 서피스 뷰와 서피스 및 렌더링 쓰레드의 관계

그림 4-16를 보면, 서피스 뷰 역시 윈도의 뷰 계층(View Hierarchy)의 어느 한 레이아웃의 한 구성 요소이다. 이 뷰 계층에는 이 서피스 뷰 외에도 레이아웃이나 위젯 등이 배치될 수도 있다. 서피스 뷰 외의 나머지 UI 객체들은 메인 쓰레드 상에서 뷰 계층 레벨의 그리기(메시지 핸들러 메커니즘)에 종속되므로, 뷰 자신 스스로 원하는 시간에 그려지는 것은 불가능하다.

서피스 뷰는 위 그림처럼 별도의 쓰레드에서 드로잉을 수행하고 그 결과가 뚫린 구멍으로 노출되는 구조이므로, 이 서피스에 원하는 페이스로 드로잉을 할 수 있게 되는 것이다.

이 서피스는 윈도가 화면에 나타날 때 생성이 되고, 사라질 때 제거 되는데, 이 특성은 캔버스 뿐만 아니라 OpenGL, 네이티브 액티비티에서도 모두 해당되는 내용이므로, 잘 기억해 두기 바란다.

서피스 뷰가 레이아웃 위치 기반이기 때문에, 딴 위젯들과 겹치는 것도 가능하다. 버튼이나 이미지 뷰 등이 서피스 뷰 위에 놓일 수도 있는데, 메인 쓰레드와 별개인 주기로 그려지는 서피스 때문에 이들 위젯들도 영향을 받을 수 있다. 반투명 배경을 갖게 되는 경우가 그런데, 뷰 계층 레벨에서 이러한 알파 블렌딩 관리가 이루어지는데, 자세한 내용에 대해서 다루지는 않겠다.

참고로 카메라 미리보기 화면도 이 서피스 뷰를 이용하고 있는데, 연속적으로 대량의 영상 데이터를 서피스 뷰를 사용하지 않고 메인 쓰레드에서 다룬다는 것은 불가능할 것이다.

② 서피스 홀더(android.view.SurfaceHolder)

프레임워크에서 제공하는 자바 인터페이스인데, 서피스 뷰로 하여금 서피스에 접근할 수 있도록 해 준다. 렌더링 쓰레드가 렌더링을 하기 위해서 캔버스가 필요한데, 이 서피스 홀더를 통해서 캔버스를 얻을 수 있다.

이 인터페이스의 주요 메소드들은 다음과 같다.

Surface getSurface()
서피스 객체에 직접 접근

void addCallback(SurfaceHolder.Callback callback)
이 홀더에 콜백 인터페이스를 추가함.

Canvas lockCanvas(Rect dirty)
Canvas lockCanvas()
서피스의 픽셀 편집 작업을 시작함. 캔버스 객체가 리턴됨.

void unlockCanvasAndPost(Canvas canvas)
서피스의 픽셀 편집 작업을 마침. 서피스의 현재 픽셀이 화면에 나타남.

getSurface() 메소드는 서피스가 만들어졌는지 확인하기 위해 주로 사용된다. 멀티 쓰레드로 개발하기 때문에, 렌더링 쓰레드와 동기화가 잘 이루어지도록 해야 하는데, 서피스가 없는 상태에서 렌더링 쓰레드의 드로잉 작업이 일어나서는 안 되기 때문이다.

addCallback() 메소드는 이 홀더에 서피스 상태의 변화에 따른 콜백 메소드가 호출되도록 하기 위한 것으로 서피스 홀더 콜백을 설명할 때 자세히 설명할 것이다.

lockCanvas()와 unlockCanvasAndPost() 메소드가 렌더링 쓰레드에서 가장 중요한 메소드들이다. 한 프레임의 그래픽을 그리기 위해 캔버스 객체를 lockCanvas() 메소드를 통해 얻고, unlockCanvasAndPost()메소드는 프레임 결과를 화면에 나타나도록 해 준다.

더블 버퍼링 개념이 여기에도 그대로 적용된다.

즉, 캔버스로 드로잉이 이루어지는 것은 백 버퍼(back buffer)에 해당하고, 드로잉이 모두 끝나서 unlockCanvasAndPost() 메소드가 호출되면 드로잉한 내용은 프런트 버퍼(front buffer)에 나타나게 된다.

전통적인 더블 버퍼링에서와 같이 버퍼 간 데이터 복사가 이루어지는 방식은 아니다. 안드로이드에서는 '페이지 플리핑'(Page Flipping) 방식으로 버퍼 전환을 하는데, 프런트/백 버퍼의 각 포인터를 바꿔 주는 방식이다.

다만, 화면에 실제 나타나기까지는 서피스 플링어의 화면 합성작업이 필요하므로, 프런트 버퍼가 그대로 화면에 출력되는 대신 서피스 플링어의 합성 작업에 사용된다는 점만 기억하면 될 것이다.

③ 서피스 홀더 콜백(android.view.SurfaceHolder.Callback)

서피스를 설명할 때에, 윈도가 사라지면 서피스 뷰의 서피스는 제거되고, 윈도가 다시 보이게 되면 서피스도 새로 생성된다고 하였다.

이 서피스가 정확히 준비되어 있어야만, 렌더링 쓰레드에서 드로잉 작업을 문제 없이 진행할 수가 있다.

서피스의 상태를 시스템이 콜백 메소드 형태로 알려 주는데, 이 콜백 메소드는 자바 인터페이스 SurfaceHolder.Callback에 다음과 같이 3가지로 정의되어 있다.

void surfaceCreated(SurfaceHolder holder)
서피스 최초에 생성되었을 때 즉시 호출되는 콜백 메소드

void surfaceDestroyed(SurfaceHolder holder)
서피스가 제거될 때 즉시 호출되는 콜백 메소드

void surfaceChanged(SurfaceHolder holder, int format, int width, int height)
서피스의 포맷이나 크기가 변경이 일어난 후 즉시 호출되는 콜백 메소드

이들 메소드들을 구현한 콜백은 SurfaceHolder.addCallback() 메소드로 서피스 홀더에 등록되어야 함은 앞서 언급하였다.

서피스 뷰를 처음 접하게 되면, 낯선 개념들 때문에 어렵게 느껴질 수도 있다.

앞에서 메인 쓰레드로 캔버스 그래픽을 구현했던 예제를 서피스 뷰로 바꿔 보면서 어떤 차이점이 있는지 확인해 보자. 예제 4-8에 구현되어 있다.

[예제 4-8] 움직이는 공 (렌더링 쓰레드, 서피스 뷰를 이용한 그래픽 - 서피스 홀더 콜백 기반)

[MainActivity.java]

```
public class MainActivity extends Activity {
    Renderer mRenderer;

    @Override
    protected void onCreate(Bundle savedInstanceState) {
        super.onCreate(savedInstanceState);
        // 액티비티의 타이틀바를 안 보이게 함
        requestWindowFeature(Window.FEATURE_NO_TITLE);
        // 윈도가 전체 화면을 차지하도록 함
        getWindow().setFlags(WindowManager.LayoutParams.FLAG_FULLSCREEN,
                WindowManager.LayoutParams.FLAG_FULLSCREEN);
        // Custom View로 Activity를 채움
        setContentView(new MySurfaceView(this));
        mRenderer = new Renderer();
    }

    class MySurfaceView extends SurfaceView implements SurfaceHolder.Callback {
        SurfaceHolder holder;

        public MySurfaceView(Context context) {
            super(context);
            // 서피스 뷰의 서피스 홀더 얻음
            holder = getHolder();            // ──────────────────── <1>
            // 서피스 홀더 콜백 등록
            holder.addCallback(this);        // ──────────────────── <2>
        }

        @Override
        public void surfaceChanged(SurfaceHolder holder, int format, int width,
                int height) {
            if (mRenderer != null) {
                // 서피스 크기에 따라 전체 게임 공간 크기 설정(선택 사항임)
                mRenderer.setViewSize(width, height);
            }
        }

        @Override
        public void surfaceCreated(SurfaceHolder holder) {
            // 서피스 생성될 때마다 렌더링 쓰레드 생성 및 실행
            mRenderer.startThread(holder);   // ──────────────────── <3>
        }

        @Override
        public void surfaceDestroyed(SurfaceHolder holder) {
            // 서피스 제거될 때마다 렌더링 쓰레드 중단
            mRenderer.finishThread();        // ──────────────────── <4>
```

```
        }
    }
}
```

[RenderThread.java]

```
public class Renderer implements Runnable {
    volatile boolean running = false;
    SurfaceHolder mSurfaceHolder;

    int mViewWidth;
    int mViewHeight;

    Screen mScreen;
    Thread mRenderThread;

    public Renderer() {
        mScreen = new Screen();
    }

    @Override
    public void run() {
        running = true;

        while (running) {
            // 프레임 별 상태 업데이트
            mScreen.update();          // ──────────────────────── <5>
            synchronized (mSurfaceHolder) {
                // 렌더링 쓰레드의 드로잉을 위한 캔버스 객체 얻음
                Canvas canvas = mSurfaceHolder.lockCanvas();   // ─────────── <6>
                if (canvas != null) {
                    // 프레임 별 드로잉 작업 수행
                    mScreen.present(canvas);       // ─────────────────── <7>
                    // 드로잉 완료 및 버퍼 전환
                    mSurfaceHolder.unlockCanvasAndPost(canvas);   // ──────── <8>
                }
            }
        }
    }

    public void setViewSize(int width, int height) {
        mViewWidth = width;
        mViewHeight = height;
    }

    public void startThread(SurfaceHolder holder) {
        mSurfaceHolder = holder;
```

```
        mRenderThread = new Thread(this);
        mRenderThread.start();
    }

    public void finishThread() {
        running = false;
        while (true) {
            try {
                mRenderThread.join();
                break;
            } catch (InterruptedException e) {
                e.printStackTrace();
            }
        }
    }

    class Screen {
        Paint paint;
        int centerX = 100; // 공의 중심 x 좌표 값
        int centerY = 100; // 공의 중심 y 좌표 값
        int dX = 4; // 공의 움직임 x 간격
        int dY = 4; // 공의 움직임 y 간격
        final int RADIUS = 30; // 공의 반지름

        public Screen() {
            this.paint = new Paint();
            this.paint.setColor(Color.RED);
            this.paint.setStyle(Style.FILL);
        }

        // 프레임 별 상태 값 업데이트
        public void update() {
            // 윈도의 x축 가장 자리에 다다르면 x축 진행 방향을 바꿈
            if (centerX + dX - RADIUS < 0) {
                dX *= -1;
            } else if (centerX + dX + RADIUS > mViewWidth) {
                dX *= -1;
            }

            // 윈도의 y축 가장 자리에 다다르면 y축 진행 방향을 바꿈
            if (centerY + dY - RADIUS < 0) {
                dY *= -1;
            } else if (centerY + dY + RADIUS > mViewHeight) {
                dY *= -1;
            }
```

```
            centerX += dX;
            centerY += dY;
        }

        // 프레임 별 드로잉 작업
        public void present(Canvas canvas) {
            canvas.drawColor(Color.LTGRAY);
            canvas.drawCircle(centerX, centerY, RADIUS, paint);
        }
    }
}
```

[AndroidManifest.xml]

```
    // ... ( 생략 )
    <activity
        android:name="com.at0001.c04_008.MainActivity"
        android:configChanges="keyboard|keyboardHidden|orientation"
        android:label="@string/app_name"
        android:screenOrientation="portrait" >
        <intent-filter>
            <action android:name="android.intent.action.MAIN" />
            <category android:name="android.intent.category.LAUNCHER" />
        </intent-filter>
    </activity>
    // ... ( 생략 )
```

일반적인 그래픽 게임과 같이 Manifest.xml 파일에서 화면 모드를 고정하였다.

앞으로 캔버스 그래픽과 OpenGL ES로 개발할 때에도 모두 화면 모드를 고정하는 것으로 하겠다.

MainActivity.java 파일 외에도 렌더링 쓰레드를 포함하고 있는 Renderer.java 파일이 추가되어 있다.

그리고, 앞서 UI 결과를 하나의 비트맵으로 요약하는 기법은 적용하지 않고, 단순하게 멀티 쓰레드를 서피스 뷰와 어떻게 연동하여 사용하는지에 대해서만 초점을 맞춰 보기로 한다.

액티비티의 뷰 계층에는 서피스 뷰가 포함되는데, 서피스 홀더 객체를 얻고 홀더에 콜백을 등록하였다. (MainActivity.java 〈1〉, 〈2〉번 라인)

이 윈도가 화면에 보여지면 서피스 뷰의 서피스가 생성이 된다.

surfaceCreated() 콜백 메소드는 서피스 생성이 완료되어야 호출 되므로, 굳이 서피스의 null 여부를 확인하지 않아도 된다. 서피스 생성이 되었으므로, 렌더링 쓰레드를 만들고 실행한다. (MainActivity.java 〈3〉번 라인)

여기서 가장 중요한 사항은 렌더링 쓰레드에 서피스 홀더가 제공되어야만 한다. 그래야 쓰레드가 드로잉을 할 서피스에 접근할 수 있기 때문이다.

RederingThread 클래스에 Screen이라는 내부 클래스가 정의되어 있는데, 게임 상태의 변경과 드로잉 작업을 수행할 수 있는 클래스이다. 가장 중요한 두 가지 메소드를 가지고 있는데, update() 메소드가 한 프레임에 해당하는 게임 상태의 변경을 담당하고, present() 메소드는 한 프레임의 드로잉 작업을 담당한다.

게임 개발에서 많이 활용되는 네이밍의 형태이다.

렌더링 쓰레드의 run() 메소드를 보면, boolean 타입의 플래그의 상태를 확인해 가면서 무한 루프로 반복 작업을 수행하고 있다. 루프의 1회 실행이 한 프레임에 해당된다. 이 플래그의 변수는 volatile 키워드는 컴파일러에 의해 자동으로 실행 순서가 변경되지 않도록 하기 위해 사용된다.

한 프레임에 해당하는 게임 상태를 업데이트하고(RenderThread.java 〈5〉번 라인), 서피스에 드로잉하기 위한 캔버스를 얻은 후(〈6〉번 라인), 유효한 캔버스일 경우 드로잉을 수행한다. (〈7〉번 라인)

드로잉이 완료 되면, 버퍼 변경이 이뤄져서 화면에 출력될 수 있도록 한다. (〈8〉번 라인)

윈도가 보이지 않게 되어 서피스 뷰의 서피스가 제거될 때에는 어떤 순서로 진행되는지 확인해 보자.

서피스 홀더 콜백의 surfaceDestroyed() 메소드는 서피스가 제거되려 하는 과정에 있음을 의미한다. 제거 완료되고 이 메소드가 호출된다면, 렌더링 쓰레드를 제어하기에 문제가 있을 수 있기 때문이다. 이 시점에서 렌더링 쓰레드를 종료해야 한다.(MainActivity.java 〈4〉번 라인)

이상으로 앞에서 메인 쓰레드로 구현했던 그래픽을 렌더링 쓰레드로 분리하여 구현해 보았다. 이 예제에서는 액티비티의 라이프사이클을 직접 고려하지 않고, 서피스 홀더 콜백만으로 렌더링 쓰레드를 제어하도록 개발을 하였다.

홈 버튼을 누르고, 재 실행을 해 보면서 이상 없이 실행되는지 확인해 보자.

특히, 이 때에도 공의 좌표가 그대로 유지되고 있어야 하며, 게임과 같은 어플리케이션에서는 이렇게 게임 모델 객체들의 정보 유지를 항상 고려하면서 설계를 해야 한다.

(2) 서피스 홀더 콜백 기반의 캔버스 그래픽 구현

안드로이드 API 상에는 윈도가 안 보이면 서피스가 사라지고, 보이게 되면 새로운 서피스가 생성된다고 언급하고 있는데[3], 더 정확하게 표현하면 액티비티가 일시정지(pause) 상태로 바뀔 때 서피스가 제거되고, 액티비티가 재개(resume) 상태가 될 때 서피스가 생성이 된다. 따라서 앞의 예제 4-8에서 서피스 홀더 콜백에 따라서 렌더링 쓰레드를 종료시키거나 새로 만들어 실행하고 있기 때문에, 이상 없이 그래픽을 구현할 수 있었던 것이다.

모든 어플리케이션이 그렇지만, 그래픽 중심의 어플리케이션이나 게임과 같은 경우에도 분리된 쓰레드들과 메인 쓰레드와의 데이터 동기화 뿐만 아니라, 액티비티의 라이프사이클과 조화를 이루는 것이 가장 중요하다.

앞의 예제에서 했던 내용을 다시 한번 짚어 보고, 나중에 이와 다른 방식으로 구현할 때와 서로 비교해 보면 매우 유익한 학습이 될 것이다.

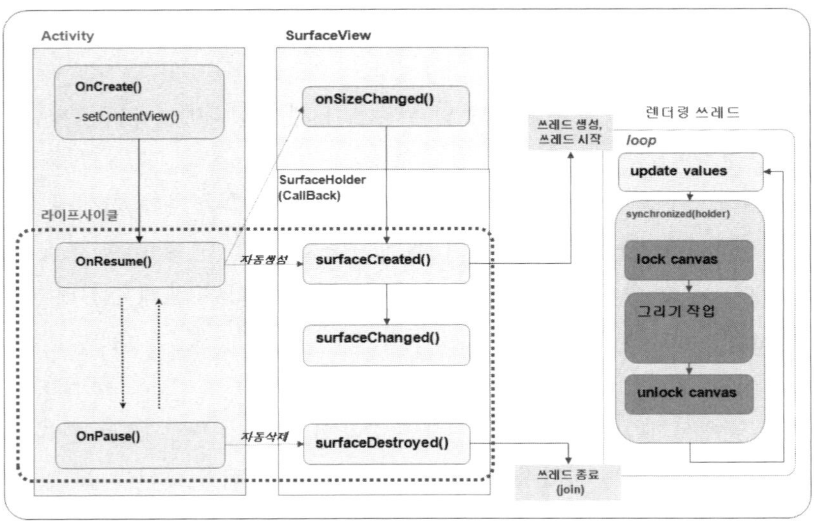

[그림 4-17] 서피스 홀더 콜백 기반의 캔버스 그래픽 구현

그림 4-17는 앞의 예제에서 사용된 방법의 프로세스 흐름을 보여주고 있다.

---

3) http://docs.eoeandroid.com/reference/android/view/SurfaceView.html

액티비티의 라이프사이클을 직접 이용하지 않고 서피스 홀더 콜백 메소드만으로 렌더링 쓰레드를 제어하는 모습을 보여준다.

액티비티의 일시정지와 재개 시, 렌더링 쓰레드를 종료하고 새로 만드는 방법이 가장 간편하고 오류의 가능성을 최소화할 수 있기 때문에 대부분 이와 같이 처리되고 있다.

서피스 뷰를 사용하면서 홀더 콜백 기반으로 그래픽을 구현한다고 해서, 반드시 이 그림과 같은 구조로 어플리케이션을 디자인해야 하는 것은 아니다. 특히 위 예제에서는 그래픽의 공간 크기(게임 등에서 월드 좌표로 표현하기도 함)를 단순히 서피스의 크기로 정의하고, 화면을 세로 모드로 고정했었다. 실제 구현하는 어플리케이션의 특성에 따라서, 약간 변형된 형태의 구조를 사용하게 될 것이다.

이렇게 캔버스 그래픽을 구현하는 방법도 있지만, 액티비티 라이프사이클을 직접 참조하면서 렌더링 쓰레드를 제어하는 방법도 있다. 게임과 같은 어플리케이션 개발에서는 액티비티 라이프사이클을 기반으로 하는 이 방식이 더 많이 활용되고 있는데, 어떻게 구현하는지, 다음 절에서 확인해 보자.

(3) 액티비티 라이프사이클 기반의 캔버스 그래픽 구현

액티비티가 일시정지(pause) 상태가 되면, 서피스 뷰의 서피스는 삭제됨을 알 수 있었다.

이 때, 액티비티의 중지(stop) 상태가 아니라 일시정지(pause) 상태에서 삭제됨에 주의해야 한다. 일시정지(pause) 상태는 여전히 화면에 보이지만 사용자와 상호작용을 할 수 없는 상태이고, 중지(stop) 상태는 화면에서 사라진 상태이다.

반대로 액티비티가 재개(resume) 상태가 되면, 서피스 뷰의 서피스는 다시 만들어진다. 여기에서도 시작(start) 상태가 아니라 재개(resume) 상태에서 생성됨에 주의하기 바란다. 시작(start) 상태는 화면에 보이기 시작한 상태이고, 재개(resume) 상태는 사용자와 상호작용을 할 수 있는 상태이다.

그렇다면, 굳이 서피스 홀더 콜백을 사용하지 않고도, 액티비티에서 직접 렌더링 쓰레드를 제어할 수 있을 것이다.

액티비티의 라이프사이클 콜백 메소드들을 이용하여 렌더링 쓰레드를 만들어서 실행시키거나 종료시키는 방식으로 프로그램을 디자인한다면 그림 4-18과 같은 방식을 생각해 볼 수 있다.

액티비티의 일시정지와 재개 시, 렌더링 쓰레드를 종료하고 새로 만드는 방법이 간편하기 때문에 여기에서도 동일하게 처리하고 있다.

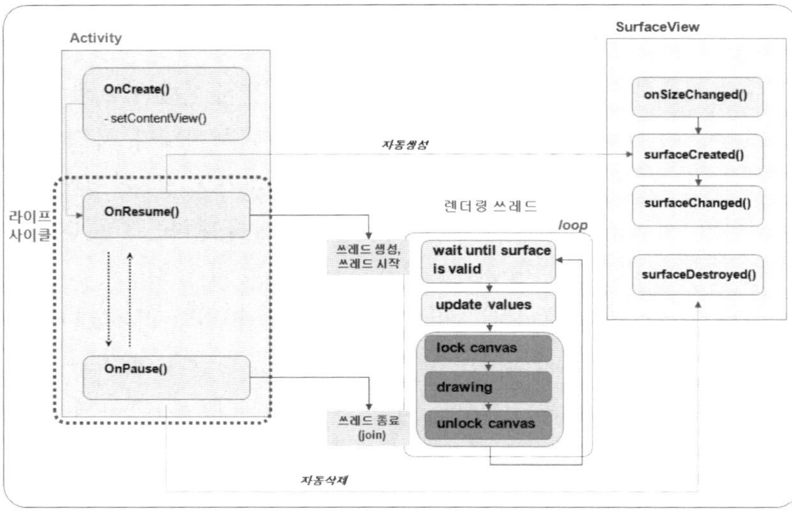

[그림 4-18] 액티비티 라이프사이클 기반의 캔버스 그래픽 구현

그림 4-18의 오른쪽에 서피스 뷰의 콜백 메소드가 보이는데, 이 방식에서는 콜백이 정의되지 않고도 구현이 가능하나, 앞의 방식과 비교를 위해 표시해 두었다.

이 그림에 나타난 렌더링 쓰레드의 절차를 확인해 보자.

첫 번째로 서피스가 유효할 때까지 기다리고 있다. 액티비티의 재개(resume)에 따라 서피스 뷰의 서피스가 생성되기는 하지만, 액티비티 콜백 onResume()과 서피스 생성 완료 사이에 직접적인 관련이 있는 것은 아니다.

이 경우에는 서피스 홀더 콜백을 활용하지 않기 때문에, 렌더링 쓰레드는 먼저 서피스가 null이 아닐 때까지 기다려야 한다.

그 다음부터의 렌더링 절차는 앞의 방식과 거의 동일하다.

예제 4-9는 액티비티 라이프사이클 기반으로 '움직이는 공'을 구현한 예제이다.

게임 공간 크기를 위해 서피스 홀더 콜백의 surfaceChanged()를 이용하고 있으므로 참고하기 바란다. (보통 일반적인 게임에서는 콜백 메소드 대신, 게임 공간을 이런 방법으로 정의하지는 않음)

[예제 4-9] 움직이는 공 (렌더링 쓰레드, 서피스 뷰를 이용한 그래픽 – 액티비티 라이프사이클 기반)

[MainActivity.java]

```
public class MainActivity extends Activity {
    RenderView mRenderView;

    @Override
    protected void onCreate(Bundle savedInstanceState) {
        super.onCreate(savedInstanceState);
        // 액티비티의 타이틀바를 안 보이게 함
        requestWindowFeature(Window.FEATURE_NO_TITLE);
        // 윈도가 전체 화면을 차지하도록 함
        getWindow().setFlags(WindowManager.LayoutParams.FLAG_FULLSCREEN,
                WindowManager.LayoutParams.FLAG_FULLSCREEN);
        // RenderView로 Activity를 채움
        mRenderView = new RenderView(this);
        setContentView(mRenderView);
    }

    @Override
    protected void onResume() {
        super.onResume();
        mRenderView.resume();
    }

    @Override
    protected void onPause() {
        super.onPause();
        mRenderView.pause();
    }
}
```

[RenderView.java]

```
public class RenderView extends SurfaceView implements Runnable,
        SurfaceHolder.Callback {
    Thread mRenderThread = null;
    SurfaceHolder mHolder;
    volatile boolean running = false;

    int mViewWidth;
    int mViewHeight;

    Screen mScreen;

    public RenderView(Context context) {
```

```
    super(context);
    mHolder = getHolder();
    mHolder.addCallback(this);

    mScreen = new Screen();
}

@Override
public void run() {
    running = true;
    Canvas canvas;
    while (running) {
        if (!mHolder.getSurface().isValid()) {
            continue;
        }

        mScreen.update();
        synchronized (mHolder) {
            canvas = mHolder.lockCanvas();
            mScreen.present(canvas);
            mHolder.unlockCanvasAndPost(canvas);
        }
    }
}

public void resume() {
    running = true;
    mRenderThread = new Thread(this);
    mRenderThread.start();
}

public void pause() {
    running = false;

    while (true) {
        try {
            mRenderThread.join();
            break;
        } catch (InterruptedException e) {
            e.printStackTrace();
        }
    }
}

class Screen {
    Paint paint;
```

```
    public int centerX = 100;
    public int centerY = 100;
    int dX = 4, dY = 4;

    public final int RADIUS = 30;

    public Screen() {
        this.paint = new Paint();
        this.paint.setColor(Color.RED);
        this.paint.setStyle(Style.FILL);
    }

    public void update() {
        if (centerX + dX - RADIUS < 0) {
            dX *= -1;
        } else if (centerX + dX + RADIUS > mViewWidth) {
            dX *= -1;
        }

        if (centerY + dY - RADIUS < 0) {
            dY *= -1;
        } else if (centerY + dY + RADIUS > mViewHeight) {
            dY *= -1;
        }

        centerX += dX;
        centerY += dY;
    }

    public void present(Canvas canvas) {
        canvas.drawColor(Color.LTGRAY);
        canvas.drawCircle(centerX, centerY, RADIUS, paint);
    }
}

@Override
public void surfaceChanged(SurfaceHolder holder, int format, int width,
        int height) {
    mViewWidth = width;
    mViewHeight = height;
}

@Override
public void surfaceCreated(SurfaceHolder holder) {
}
```

```
    @Override
    public void surfaceDestroyed(SurfaceHolder holder) {
    }
}
```

[AndroidManifest.xml]

```
    // ... ( 생략 )
      <activity
          android:name="com.at0001.c04_009.MainActivity"
          android:configChanges="keyboard|keyboardHidden|orientation"
          android:label="@string/app_name"
          android:screenOrientation="portrait" >
          <intent-filter>
              <action android:name="android.intent.action.MAIN" />
              <category android:name="android.intent.category.LAUNCHER" />
          </intent-filter>
      </activity>
    // ... ( 생략 )
```

MainActivity.java 외에 RenderView.java 파일이 추가되어 있는데, 이 RenderView 클래스는 렌더링 쓰레드를 관리할 뿐만 아니라 자신이 서피스 뷰이기도 하다.

이 예제는 액티비티의 라이프사이클을 기반으로 렌더링 쓰레드를 제어하므로, 가장 핵심적인 라이프사이클 메소드인 onResume()과 onPause()를 통해서 렌더링 쓰레드를 시작하거나 종료하도록 관련 메소드를 호출하고 있다. (MainActivity.java 〈1〉, 〈2〉번 라인)

RenderView의 resume() 메소드는 액티비티 재개 시마다 렌더링 쓰레드를 생성하여 시작하고 (RenderView.java 〈6〉번 라인), pause() 메소드는 렌더링 쓰레드를 중단시킨 후, 종료 처리하고 있다. (〈7〉번 라인)

렌더링 쓰레드의 실행 코드인 run() 메소드를 살펴 보자.

while 문의 루프가 프레임 별 작업을 의미하는데, 먼저 Screen 객체에 대해 프레임 별 작업을 하기 전에 서피스 뷰의 서피스가 유효할 때까지 기다리는 단계가 있다. (〈5〉번 라인)

이와 같은 방법으로 서피스 홀더 콜백으로 서피스 준비 여부를 감지하지 않고도 이상 없이 드로잉 작업을 시작할 수 있다.

어플리케이션을 실행해 보면, 앞의 예제 4-8과 동일한 처리 결과를 확인할 수 있다.

홈 버튼 클릭과 액티비티의 재개 시에도 이상없이 동작하는지 확인해 보자.

액티비티의 라이프사이클 기반으로 캔버스 그래픽을 구현하기 위하여 이 예제와 동일한 설계를 할 필요는 없다. 특히, 게임의 공간 크기와 같은 경우 이 예제에서는 서피스 홀더 콜백을 이용하기도 했는데, 어플리케이션의 특성에 따라 다양한 방법으로 처리할 수 있다.

(4) 멀티 쓰레드와 캔버스 그래픽 구현 시 고려할 사항

메인 쓰레드와 분리된 렌더링 쓰레드와 서피스 뷰를 이용해서 캔버스 그래픽 구현을 할 수 있는 두 가지 방식을 살펴 보았다. 어떤 방식으로 구현하던지, 중요한 것은 메인 쓰레드와 렌더링 쓰레드가 조화를 이루면서 제어되도록 해야 한다는 점이다.

멀티 쓰레드를 고려하여 캔버스 그래픽을 구현할 때 그 밖의 고려사항들에 대해서 생각해 보도록 하자.

① 메시지-핸들러 방식과의 비교

앞서 다뤄 봤었던 메인 쓰레드만으로 메시지-핸들러 메커니즘을 이용한 캔버스 그래픽과 비교해 보면서 차이점을 이해하는데 더 도움이 될 것이다.

메인 쓰레드에서 자신의 메시지 큐로 메시지를 전송하는 방식으로 그래픽을 구현할 때에는 메시지 전송 주기를 메인 쓰레드에 일임하거나, 지연 메시지를 이용해서 자신이 제어를 할 수도 있었다.

하지만, 나중에 루퍼에 의한 메시지 핸들링으로 미세한 시간 차이가 있으므로, 동적인 그래픽에는 적절한 방법이 아님을 알 수 있다.

그래픽 요소에 크게 영향을 받지 않으면서, 프레임 전환 속도가 느려도 상관없는 경우에 선택적으로 활용될 수는 있을 것이다.

메인 쓰레드가 아닌 쓰레드에서, postInvalidate() 메소드로 UI를 갱신하는 방법도 상황에 따라서 사용되기도 한다. 이 경우에도 뷰의 갱신은 메인 쓰레드가 담당하며 뷰 계층 레벨에서 처리된다는 것을 잊지 말아야 한다. (메시지-핸들러 메커니즘으로 처리)

그리고, 메인 쓰레드가 아닌 쓰레드에 루퍼를 만들어서, 외부로부터 메시지를 수신하는 방법을 이 장의 앞 부분에서 다뤄 봤었다. 다뤘던 예제들에서는 volatile 상태 변수로 쓰레드의 시작과 종료를 제어하는 방법만 사용했었는데, 상황에 따라 타 쓰레드들과 루퍼 메시지 수신 방법이 필요하다면 고려해 볼 수도 있을 것이다.

② 프레임 속도(Frame Rate)

액티비티의 뷰 계층 내에 있는 모든 위젯들은 스스로 그려지는 시점을 결정할 수 없다.

모든 것은 메인 쓰레드가 내부 핸들러로 뷰 계층에 대한 UI 갱신 작업을 하는 속도에 지배를 받는다.

서피스 뷰는 이 뷰 계층에 존재하지만, 윈도에 뚫어 놓은 구멍을 유지하는 데에만 신경 쓸 뿐이다. 렌더링 쓰레드는 이 뚫린 구멍으로 노출될 서피스 영역에 자신의 페이스로 드로잉 작업을 수행할 수 있다.

메인 쓰레드 예제들(4-6, 4-7)과 렌더링 쓰레드 예제들(4-8, 4-9) 사이의 드로잉 로직의 가장 큰 차이점은 while 루프문이 존재이다. 해야 할 임무가 많은 메인 쓰레드가 while 루프 안에서 그리기에만 몰두하는 것은 불가능하기 때문에 메시지-핸들러 메커니즘을 이용하여 '간접적인' 루프 형태의 작업을 만들었었다.

하지만, 렌더링 쓰레드는 이런 제약이 없이, 오직 그리기 작업에만 집중할 수 있다.

그럼 이 while 루프는 얼마만큼의 빠르기로 반복하는 것일까?

캔버스를 획득했다가 드로잉 후 반납하면 내부적으로는 더블 버퍼링에 해당하는 버퍼 전환이 이뤄지고, 시스템이 허락하는 최대 속도로 루프 반복이 된다. 메인 쓰레드 상에서의 일괄적인 UI 갱신과는 완전히 별개의 그리기 페이스임을 알 수 있다.

③ 화면 개체의 움직임 속도(Velocity) 제어

앞에서 언급한 대로, 렌더링의 루프 반복이 시스템이 허용하는 최대 속도로 이뤄진다면, 매 프레임마다 주어지는 시간의 크기가 일정하지 않음을 의미한다.

예제 4-8, 4-9에서는 이렇게 발생하는 시간 차이를 고려하지 않고 물체의 움직임을 처리했기 때문에, 화면 상에서 공의 움직임은 일정한 속도로 움직이지 못한다.

실제 어플리케이션을 개발할 때에, 속도 요소가 중요한 상황에서는 프레임 간 시간 차이(delta time)를 이용해서 화면 상 움직임 거리를 계산해야 한다.

거리 = 속도 × delta_time

거리 뿐만 아니라, 회전 각도 역시 각속도와 시간으로 계산해야 하고, 좀 더 깊이 들어가면 일정한 속도가 아닐 때에는 가속도를 이용해서 계산을 해야 한다.

지금까지 예제들에서는 이런 속도 개념을 포함하지 않았으나, OpenGL ES 장을 학습할 때에는 속도 개념도 포함되고 있으니 참고하기 바란다.

④ 다양한 그래픽 솔루션을 고려한 멀티 쓰레드 설계

렌더링 쓰레드를 이용하는 두 가지 방식을 학습했었는데, 각 어플리케이션의 특성에 맞게 멀티 쓰레드로 그래픽을 설계하는 것은 따로 정해진 것은 아니다. 어떤 그래픽 라이브러리나 엔진을 도입하더라도 공통된 설계를 유지할 수 있다면 더욱 좋을 것이지만, 그래픽의 특성 상 각각의 제약 사항들을 고려해야 한다.

이것은 비단 그래픽에만 국한되는 얘기는 아니다. 각 분야 별 솔루션이 이미 멀티 쓰레드를 고려하여 래퍼(Wrapper) 형태로 API를 제공하기도 하기도 한다.

예제 4-9에서 다뤘던 액티비티 라이프사이클 기반 방식으로 OpenGL ES 그래픽을 구현하는 것을 다음 5장에서 확인해 볼 수 있다.

4. 캔버스 그래픽 관련 기타 사항

(1) 그래픽의 하드웨어 가속

안드로이드의 캔버스 그래픽은 Skia 라이브러리를 토대로 하여 시작되었으며, OpenGL을 통하여 하드웨어 가속 등을 이용하는 방식으로 점차 변화를 꾀하고 있다.

현재는 버튼과 같은 일반적인 뷰 위젯들은 하드웨어 가속 옵션을 사용하는데 있어서 큰 문제가 없다. 하지만, 캔버스로 커스텀 뷰를 만드는 경우에는 모든 기능이 100% 지원이 되지 않으며, 하드웨어 가속을 사용하지 않을 때에 이상이 없는 프로그램이, 가속 옵션을 활성화하면 알 수 없는 오류가 발생하는 경우도 있다.

위의 표에서, API 별로 캔버스 그래픽 기능 중 일부에 대한 지원 여부를 보여주고 있다.

점차 하드웨어 지원의 대상이 증가하고 있는 것을 알 수 있다.

캔버스 그래픽을 이용하여 커스텀 뷰에서 굉장히 다양한 효과를 내는 그래픽을 구현할 수 있는데, 이 모든 것을 OpenGL 렌더러가 이상없이 대체할 수는 없을 것이다.

완벽히 대체 되기 전까지는 두 가지 솔루션이 공존하면서 활용될 것으로 예상된다.

[표 4-1] 캔버스 그래픽 일부 기능에 대한 하드웨어 가속 지원 여부

* 출처 : https://developer.android.com/guide/topics/graphics/hardware-accel.html

	API level			
	< 16	16	17	18
Canvas				
`drawBitmapMesh() (colors array)`	✗	✗	✗	✓
`drawPicture()`	✗	✗	✗	✗
`drawPosText()`	✗	✓	✓	✓
`drawTextOnPath()`	✗	✓	✓	✓
`drawVertices()`	✗	✗	✗	✗
`setDrawFilter()`	✗	✓	✓	✓
`clipPath()`	✗	✗	✗	✓
`clipRegion()`	✗	✗	✗	✓
`clipRect(Region.Op.XOR)`	✗	✗	✗	✓
`clipRect(Region.Op.Difference)`	✗	✗	✗	✓
`clipRect(Region.Op.ReverseDifference)`	✗	✗	✗	✓
`clipRect() with rotation/perspective`	✗	✗	✗	✓
Paint				
`setAntiAlias() (for text)`	✗	✗	✗	✓
`setAntiAlias() (for lines)`	✗	✓	✓	✓
`setFilterBitmap()`	✗	✗	✓	✓
`setLinearText()`	✗	✗	✗	✗
`setMaskFilter()`	✗	✗	✗	✗
`setPathEffect() (for lines)`	✗	✗	✗	✗
`setRasterizer()`	✗	✗	✗	✗
`setShadowLayer() (other than text)`	✗	✗	✗	✗
`setStrokeCap() (for lines)`	✗	✗	✗	✓
`setStrokeCap() (for points)`	✗	✗	✗	✗
`setSubpixelText()`	✗	✗	✗	✗
Xfermode				
`AvoidXfermode`	✗	✗	✗	✗
`PixelXorXfermode`	✗	✗	✗	✗
`PorterDuff.Mode.DARKEN (framebuffer)`	✗	✗	✗	✗
`PorterDuff.Mode.LIGHTEN (framebuffer)`	✗	✗	✗	✗
`PorterDuff.Mode.OVERLAY (framebuffer)`	✗	✗	✗	✗
Shader				
`ComposeShader inside ComposeShader`	✗	✗	✗	✗
`Same type shaders inside ComposeShader`	✗	✗	✗	✗
`Local matrix on ComposeShader`	✗	✗	✗	✓

(2) Skia 그래픽 라이브러리를 이용한 네이티브 개발

네이티브로 캔버스 그래픽을 다루는 방법을 소개하겠다.

Skia 그래픽 라이브러리는 안드로이드 캔버스 그래픽 뿐만 아니라, 구글 크롬, 파이어폭스, 블랙베리 등에서 사용되는 C++기반의 2D 그래픽 라이브러리이다.

캔버스 그래픽은 프레임워크에서 제공되는 래퍼 역할을 하는 클래스 덕분에 자바로 개발을 할 수가 있었다.

특히, 이 라이브러리는 NDK에 포함되어 있지 않기 때문에, NDK를 이용하여 네이티브로 개발하는 것은 불가능하다. 이런 경우에는 NDK를 사용하지 않고 직접 안드로이드 플랫폼 상에서 어플리케이션의 컴파일을 진행할 수도 있다.

따라서 여기에서 소개할 내용은 단순히 캔버스 그래픽에 한정된 내용이 아니라, 네이티브를 개발할 수 있는 또 다른 방법으로서의 가치를 갖는다고 할 수 있다.

이 장에서 자바의 캔버스 그래픽으로 만들었던 "움직이는 공" 예제를 네이티브에서 직접 Skia 라이브러리의 함수를 호출하도록 작성해 보자.

참고로 이 예제는 ICS (API 레벨 14)부터 KitKat (API 레벨 19)까지 빌드가 가능하다.

ICS 버전과 이전 버전의 Skia 라이브러리는 구조가 다르기 때문에, 진저브레드 이하 버전에서는 빌드가 되지 않는다.

[예제 4-10] 움직이는 공 (Skia 그래픽 라이브러리/플랫폼 빌드 - 액티비티 라이프사이클 기반)

[MainActivity.java]

```
public class MainActivity extends Activity {
   public MyScreen screen;
   RenderView renderView;
   @Override
   protected void onCreate(Bundle savedInstanceState) {
      super.onCreate(savedInstanceState);
      // 화면 타이틀바 제거, 전체 화면 모드
      requestWindowFeature(Window.FEATURE_NO_TITLE);
      getWindow().setFlags(WindowManager.LayoutParams.FLAG_FULLSCREEN,
            WindowManager.LayoutParams.FLAG_FULLSCREEN);

      renderView = new RenderView(this);
      screen = new MyScreen(this);
      setContentView(renderView);
   }
   @Override
   protected void onResume() {
      super.onResume();
      renderView.resume();
   }
   @Override
   protected void onPause() {
      super.onPause();
      renderView.pause();
   }
}
```

[RenderView.java]

```
public class RenderView extends SurfaceView implements Runnable,
      SurfaceHolder.Callback {
```

```
MainActivity mActivity;
Thread mRenderThread;
SurfaceHolder mHolder;
volatile boolean running = false;
int mViewWidth;
int mViewHeight;
public RenderView(MainActivity act) {
    super(act);
    mActivity = act;
    mHolder = getHolder();
    mHolder.addCallback(this);
}
@Override
public void run() {
    running = true;
    Canvas canvas;
    MyScreen screen = mActivity.screen;
    while (running) {
        if (!mHolder.getSurface().isValid()) {
            continue;
        }
        screen.update();
        synchronized (mHolder) {
            // 서피스 픽셀 편집 시작
            canvas = mHolder.lockCanvas();
            screen.present(canvas);
            // 서피스 픽셀 편집 완료
            mHolder.unlockCanvasAndPost(canvas);
        }
    }
}

public void resume() {
    running = true;
    mRenderThread = new Thread(this);
    mRenderThread.start();
}
public void pause() {
    running = false;
    while (true) {
        try {
            mRenderThread.join();
            break;
        } catch (InterruptedException e) {
            e.printStackTrace();
        }
```

```
        }
    }
    @Override
    public void surfaceChanged(SurfaceHolder holder, int format, int width,
            int height) {
        mViewWidth = width;
        mViewHeight = height;
    }
    @Override
    public void surfaceCreated(SurfaceHolder holder) {
    }
    @Override
    public void surfaceDestroyed(SurfaceHolder holder) {
    }
}
```

[MyScreen.java]

```
// 네이티브 라이브러리 클래스
class SkiaJNILib {
    static {
        // 공유 라이브러리 libskiadraw.so 파일 로드
        System.loadLibrary("skiadraw");
    }
    // 어플리케이션 초기화 메소드
    static native int init(float radius);
    // 프레임 렌더링 메소드
    static native int draw(Canvas canvas, Paint paint, float centerX,
            float centerY);
}

public class MyScreen {
    MainActivity mActivity;
    Paint paint;
    public int centerX = 100;
    public int centerY = 100;
    int dX = 4, dY = 4;

    public final int RADIUS = 30;
    public MyScreen(MainActivity activity) {
        this.mActivity = activity;
        this.paint = new Paint();
        SkiaJNILib.init(RADIUS);
    }

    public void update() {
        if (centerX + dX - RADIUS < 0) {
```

```
            dX *= -1;
        } else if (centerX + dX + RADIUS > mActivity.renderView.getWidth()) {
            dX *= -1;
        }
        if (centerY + dY - RADIUS < 0) {
            dY *= -1;
        } else if (centerY + dY + RADIUS > mActivity.renderView.getHeight()) {
            dY *= -1;
        }
        centerX += dX;
        centerY += dY;
    }
    public void present(Canvas canvas) {
        SkiaJNILib.draw(canvas, paint, centerX, centerY);
    }
}
```

[jni_main.cpp]

```
#include <jni.h>
#include <stdio.h>
#include <android/log.h>
#include "SkCanvas.h"
#include "GraphicsJNI.h"
#include "SkBlurMaskFilter.h"
#include "SkCornerPathEffect.h"
#include "SkDumpCanvas.h"
#include "SkPath.h"
#include "SkPicture.h"
#include "SkPixelXorXfermode.h"
#include "SkPaint.h"
#include "SkRect.h"
#include "SkTime.h"
// 네이티브 함수 등록을 위한 JNI 환경 구조체
typedef union {
    JNIEnv *env;
    void *venv;
} UnionJNIEnvToVoid;
static int registerNatives(JNIEnv *env);
static int registerNativeMethods(JNIEnv *env, const char *className,
        JNINativeMethod *gMethods, int numMethods);
static float gRadius;

// 어플리케이션 초기화
static jint init(JNIEnv *env, jobject obj, jfloat radius) {
    gRadius = radius;
    return 1;
```

```
}


static const char *classPathName = "com/at0001/c04_010/SkiaJNILib";
static JNINativeMethod methods[] = { { "init", "(F)I", (void *) init }, {
      "draw", "(Landroid/graphics/Canvas;Landroid/graphics/Paint;FF)I",
      (void *) draw }, };

jint JNI_OnLoad(JavaVM *vm, void *reserved) {
   UnionJNIEnvToVoid uenv;
   uenv.venv = NULL;
   jint result = -1;
   JNIEnv *env = NULL;
   if (vm->GetEnv(&uenv.venv, JNI_VERSION_1_6) != JNI_OK) {
      goto bail;
   }
   env = uenv.env;
   if (registerNatives(env) != JNI_TRUE) {
      goto bail;
   }
   result = JNI_VERSION_1_6;
   bail: return result;
}
// 클래스 별 함수 등록
static int registerNatives(JNIEnv *env) {
   if (!registerNativeMethods(env, classPathName, methods,
         sizeof(methods) / sizeof(methods[0]))) {
      return JNI_FALSE;
   }
   return JNI_TRUE;
}

// 네이티브 함수 등록
static int registerNativeMethods(JNIEnv *env, const char *className,
      JNINativeMethod *gMethods, int numMethods) {
   jclass clazz;
   clazz = env->FindClass(className);
   if (clazz == NULL) {
      return JNI_FALSE;
   }
   jint retValue = env->RegisterNatives(clazz, gMethods, numMethods);
   if (retValue < 0) {
      return JNI_FALSE;
   }
   return JNI_TRUE;
```

```
}
```

[Android.mk]

```
########################################
# 어플리케이션 빌드
########################################
LOCAL_PATH:= $(call my-dir)
include $(CLEAR_VARS)
LOCAL_MODULE_TAGS := optional
LOCAL_SRC_FILES := \
	$(call all-java-files-under, src)
# 로컬 패키지 명은 디렉토리 명과 동일하게 해야 함
LOCAL_PACKAGE_NAME := C04_010
# 공유 라이브러리 명 : libskiadraw.so
#  플랫폼 빌드 시에는 lib을 반드시 붙여줘야 함
LOCAL_JNI_SHARED_LIBRARIES := libskiadraw
LOCAL_DEX_PREOPT := false
include $(BUILD_PACKAGE)
########################################
# 공유 라이브러리 빌드
########################################
include $(CLEAR_VARS)
LOCAL_MODULE_TAGS := optional
# 헤더 파일 디렉토리
LOCAL_C_INCLUDES += \
   $(JNI_H_INCLUDE) \
   external/skia/include/core \
   external/skia/include/effects \
   external/skia/include/images \
   external/skia/include/utils \
   frameworks/base/core/jni/android/graphics \
   frameworks/base/native/include/android \
   $(LOCAL_PATH)/jni
LOCAL_LDLIBS    := -llog -lcutils -lskiagpu
LOCAL_STATIC_LIBRARIES := libcutils libc
LOCAL_SHARED_LIBRARIES := \
   libutils \
   libskia \
   libandroid_runtime
LOCAL_PRELINK_MODULE := false
# 공유 라이브러리 명 : libskiadraw.so
#  플랫폼 빌드 시에는 lib을 반드시 붙여줘야 함
#  어플리케이션 빌드의 LOCAL_JNI_SHARED_LIBRARIES 변수와 동일한 값을 가져야 함
LOCAL_MODULE := libskiadraw
LOCAL_SRC_FILES := jni/jni_main.cpp
include $(BUILD_SHARED_LIBRARY)
```

[AndroidManifest.xml]

```
<?xml version="1.0" encoding="utf-8"?>
<manifest xmlns:android="http://schemas.android.com/apk/res/android"
   package="com.at0001.c04_010" >
   <application
      android:icon="@drawable/ic_launcher"
      android:label="@string/app_name"
      android:theme="@style/AppTheme" >
      <activity
         android:name="com.at0001.c04_010.MainActivity"
         android:configChanges="orientation|keyboardHidden|orientation"
         android:label="@string/app_name"
         android:screenOrientation="portrait" >
         <intent-filter>
            <action android:name="android.intent.action.MAIN" />
            <category android:name="android.intent.category.LAUNCHER" />
         </intent-filter>
      </activity>
   </application>
</manifest>
```

안드로이드 플랫폼에서 어플리케이션을 빌드하는 것은, 3장에서 NDK로 빌드할 때와 약간 차이가 있다.

큰 차이점 중 하나는 make 파일에서 라이브러리명을 지정해 줄 때 "lib"을 꼭 붙여 주어야 한다.

이 예제에서 사용한 방식을 살펴 보면, 자바에서 "skiadraw"를 사용하는 것은 기존과 똑같은데, make 파일에서는 LOCAL_MODULE에 "lib"을 붙여 주고 있음을 알 수 있다.

[MyScreen.java]

```
class SkiaJNILib {
   static {
      System.loadLibrary("skiadraw");
   }
  // ... (생략)
```

[Android.mk]

```
  // ... (생략)
LOCAL_MODULE := libskiadraw
LOCAL_SRC_FILES := jni/jni_main.cp
  // ... (생략)
```

액티비티 기반으로 렌더링 쓰레드를 정의하고 Screen 클래스의 드로잉 관련 기능만 네이티브로 구현하였다.

Screen 클래스의 update() 메소드는 자바에서, present() 메소드는 네이티브가 담당하고 있는 것을 볼 수 있을 것이다.

jni_main.cpp 파일이 네이티브 소스 파일인데, Skia 라이브러리의 C++ 클래스와 캔버스 그래픽의 자바 클래스가 매우 흡사하다는 것을 알 수 있다. 직관적으로 코드만 보고도 이해가 될 것이기 때문에 별다른 설명은 하지 않겠다.

```
// 프레임 렌더링 함수
static jint draw(JNIEnv *env, jobject obj, jobject jcanvas, jobject jpaint,
      jfloat centerX, jfloat centerY) {
   SkCanvas* canvas = GraphicsJNI::getNativeCanvas(env, jcanvas);
   SkPaint* paint = GraphicsJNI::getNativePaint(env, jpaint);
   SkPath path;
   SkRect rect;

   paint->setStyle(SkPaint::kFill_Style);
   paint->setFlags(SkPaint::kAntiAlias_Flag);
   paint->setARGB(255, 0, 0, 200);
   canvas->drawARGB(255, 100, 200, 200, SkXfermode::kSrcOver_Mode);
   canvas->drawCircle(centerX, centerY, gRadius, *paint);
   return 1;
}
```

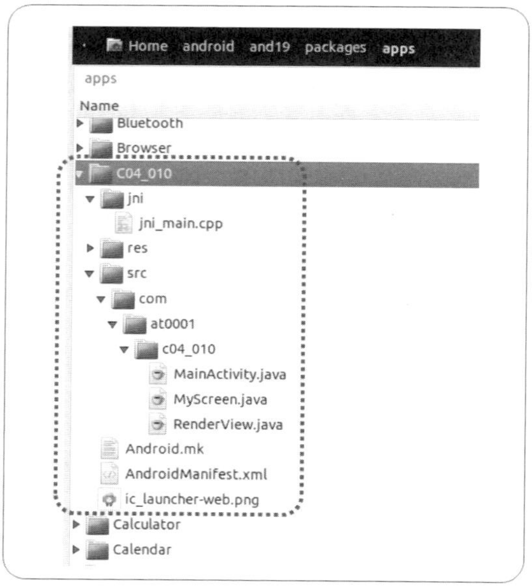

[그림 4-19] 플랫폼 상에서 빌드할 때 필요한 파일들

Android.mk 파일의 위치도 차이가 있다. 프로젝트 디렉토리에 반드시 이 파일이 존재해야 한다. 그리고 이 파일 내에는 이 어플리케이션 자체가 빌드되도록 기술되어야 한다.

즉, 이 파일에는 어플리케이션 자체에 대한 빌드 방법과 함께, 네이티브 라이브러리 빌드 방법도 기술해야 한다.

이 파일을 작성하는 것은 까다로운 편이다. 필요한 헤더와 라이브러리를 정확하게 파악하여 지정해 주지 않으면 오류가 빈번하게 발생하기 때문이다.

안드로이드 플랫폼 상에서 빌드하기 위해 필요한 파일들이 그림 4-19에 나와 있다.

자바 소스 파일, 네이티브 소스 파일, Android.mk, Manifest.xml, 아이콘 파일만 있으면 된다. Android.mk 파일은 프로젝트 홈 디렉토리에 위치 시켜놓으면 된다.

이 예제의 빌드 방법은 다음과 같다.

① 전체 소스는 전체 빌드가 된 상태이어야 한다.

소스 빌드 절차는 2장에서 설명되고 있으므로 참고하기 바란다.

② 프로젝트 디렉토리 전체를 플랫폼 소스의 어플리케이션 위치에 복사해 놓는다.

(그림 4-19 참고)

[안드로이드 전체 소스 디렉토리]/packages/apps

③ 빌드 환경 설정

반드시 전체 소스 디렉토리로 이동해서 명령을 수행해야 한다.

```
$ cd [전체 소스 디렉토리 ]
$ source build/envsetup.sh
$ lunch full-eng
```

④ 빌드

빌드는 반드시 프로젝트 디렉토리로 이동한 후 명령을 수행해야 한다.

```
$ cd [전체 소스 디렉토리 ]/packages/apps/C04_010
$ mm
```

이 예제를 KitKat 버전 (API 레벨 19)에서 실행했을 때의 결과는 다음과 같았다.

〈빌드 결과〉

```
Import includes file: out/target/product/generic/obj/SHARED_LIBRARIES/libskiadraw_intermediates/import_includes
target thumb C++: libskiadraw <= packages/apps/C04_010/jni/jni_main.cpp
target SharedLib: libskiadraw (out/target/product/generic/obj/SHARED_LIBRARIES/
```

```
libskiadraw_intermediates/LINKED/libskiadraw.so)
target Symbolic: libskiadraw (out/target/product/generic/symbols/system/lib/
libskiadraw.so)
Export includes file: packages/apps/C04_010/Android.mk -- out/target/product/
generic/obj/SHARED_LIBRARIES/libskiadraw_intermediates/export_includes
target Strip: libskiadraw (out/target/product/generic/obj/lib/libskiadraw.so)
target R.java/Manifest.java: C04_010 (out/target/common/obj/APPS/C04_010_
intermediates/src/R.stamp)
target Java: C04_010 (out/target/common/obj/APPS/C04_010_intermediates/classes)
Copying: out/target/common/obj/APPS/C04_010_intermediates/classes-jarjar.jar
Copying: out/target/common/obj/APPS/C04_010_intermediates/emma_out/lib/classes-
jarjar.jar
Copying: out/target/common/obj/APPS/C04_010_intermediates/classes.jar
Proguard: out/target/common/obj/APPS/C04_010_intermediates/proguard.classes.jar
ProGuard, version 4.4
Reading program jar [/home/www/android/and19/out/target/common/obj/APPS/
C04_010_intermediates/classes.jar]
Reading library jar [/home/www/android/and19/out/target/common/obj/JAVA_
LIBRARIES/core_intermediates/classes.jar]
Reading library jar [/home/www/android/and19/out/target/common/obj/JAVA_
LIBRARIES/core-junit_intermediates/classes.jar]
Reading library jar [/home/www/android/and19/out/target/common/obj/JAVA_
LIBRARIES/ext_intermediates/classes.jar]
Reading library jar [/home/www/android/and19/out/target/common/obj/JAVA_
LIBRARIES/framework_intermediates/classes.jar]
Reading library jar [/home/www/android/and19/out/target/common/obj/JAVA_
LIBRARIES/framework2_intermediates/classes.jar]
Preparing output jar [/home/www/android/and19/out/target/common/obj/APPS/
C04_010_intermediates/proguard.classes.jar]
  Copying resources from program jar [/home/www/android/and19/out/target/
common/obj/APPS/C04_010_intermediates/classes.jar]
target Dex: C04_010
Copying: out/target/common/obj/APPS/C04_010_intermediates/classes.dex
target Package: C04_010 (out/target/product/generic/obj/APPS/C04_010_
intermediates/package.apk)
 adding: lib/ (stored 0%)
 adding: lib/armeabi-v7a/ (stored 0%)
 adding: lib/armeabi-v7a/libskiadraw.so (deflated 41%)
Install: out/target/product/generic/system/app/C04_010.apk
Install: out/target/product/generic/system/lib/libskiadraw.so
```

⑤ 어플리케이션 설치

위의 빌드 로그를 보면, 마지막 부분에 빌드 결과로 APK 파일이 만들어졌음을 알려주고 있다.

이 APK 파일을 복사해 와서 디바이스나 에뮬레이터에 직접 설치해 보자. 설치하는 방법은 다음과 같다.

```
$ adb -s 01912341234 install -r C04_010.apk
```

adb 커맨드의 s 옵션은 디바이스를 지정해 주는 옵션이다. (adb devices 명령으로 디바이스 명을 얻을 수 있다)

설치가 되었으면 실행을 해 보자.

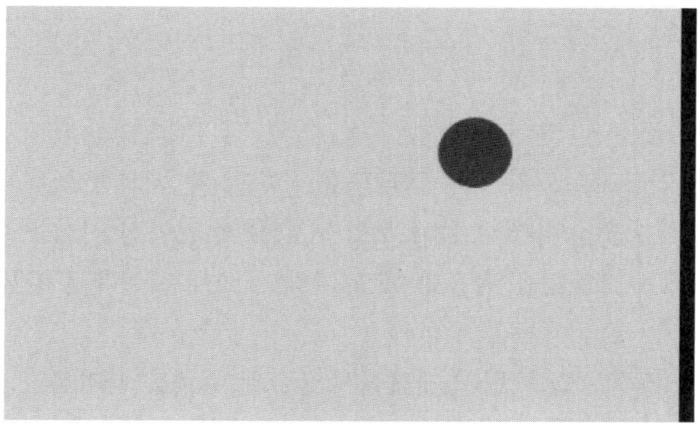

[그림 4-20] 예제 4-10 Skia 그래픽 실행 화면

캔버스로 구현한 "움직이는 공"과 거의 기능이 동일하다. 액티비티 라이프사이클을 변화시켜 보고, 정확하게 대응하고 있는지도 확인해 보자.

이것으로 플랫폼 빌드를 이용하여 Skia 그래픽 프로그램을 빌드해 보았다.

이렇게 NDK를 거치지 않고 직접 플랫폼 상에서 자신이 만든 프로그램을 빌드해 보는 것은 매우 특별한 경험이 될 것이다.

Skia 그래픽 라이브러리를 이용하는 또 다른 방법이라는 면 이외에, 안드로이드에서 네이티브를 더욱 적극적으로 활용할 수 있는 기초를 쌓을 수 있는 기회가 될 것이다.

마무리 하며

*
*
*

이 장에서는 안드로이드의 멀티 쓰레드를 구현할 때 중요한 쓰레드 간 메시지 송수신의 메커니즘을 자세히 살펴 보았다. 이렇게 얻어진 지식을 바탕으로 캔버스나 OpenGL 그래픽을 활용할 때 효과적인 쓰레드 설계가 가능하게 될 것이다.

특히, 루퍼가 쓰레드 간 메시지 전달에서 중요한 위치를 차지하고 있다는 것을 알게 되었으며, 7장에서 네이티브 액티비티를 다룰 때에 네이티브에서의 루퍼의 역할과 연결지어보면 좋을 것이다.

또 캔버스 그래픽으로 게임과 같은 어플리케이션을 개발할 때 렌더링 쓰레드와 서피스 뷰를 연동시키는 방법에 대해서 살펴 보았다. 특히 두 가지 많이 사용되는 프로그램 설계에 대해서 알아 보았는데, 다음 장의 OpenGL이나 다른 그래픽 솔루션에도 공통적으로 적용될 수 있는 내용이었다.

마지막으로 네이티브로 Skia 라이브러리를 다루면서 플랫폼 상에서 어플리케이션을 빌드하는 과정도 유익한 경험이 되었으리라 생각한다.

연습문제

1. 안드로이드의 모든 쓰레드는 메시지 핸들러를 정의할 수 있습니다.
이 핸들러의 역할을 크게 2가지로 나누어 설명하시오.

2. 안드로이드에서 그래픽을 구현하는 방법은 크게 2D의 캔버스 그래픽과 2D/3D의 OpenGL ES 그래픽이 있습니다. 두 가지 방식 모두 평면(Surface)라는 메모리 영역을 필요로 합니다. Surface의 정의에 대해서 기술하시오.

3. 다음과 같은 기능 요구 사항 중, 반드시 작업 쓰레드를 만들어서 처리해야 하는 상황은 무엇인가요?

   ① 사용자의 터치 입력에 대하여 터치되는 뷰의 색상을 랜덤한 색으로 변경함.
   ② 버튼을 누르면, 10초 후에 새로운 텍스트 창이 나타남.
   ③ 일정한 시간 간격의 웹의 다운로드 현황을 프로그래스 바로 보여줌.
   ④ 화면에서 아이콘이 애니메이션으로 움직임.

4. 캔버스 그래픽을 백그라운드 작업 쓰레드로 구현하였습니다.
커스텀 뷰를 포함한 액티비티의 정지(pause)와 재개(resume) 시, 평면(Surface)에는 어떤 영향이 일어나는지 기술하시오. (평면 제거/재 생성, 비활성화/활성화 등)

5. Custom View를 만들어 캔버스 그래픽으로 그리기를 수행하는 어플리케이션을 만들었습니다. 화면 상에 도형이 움직이는 모습을 구현하고자 다음과 같은 구조가 되도록 코드를 작성하였습니다. 이 프로그램에는 어떤 문제점이 있는지 설명 하시오.

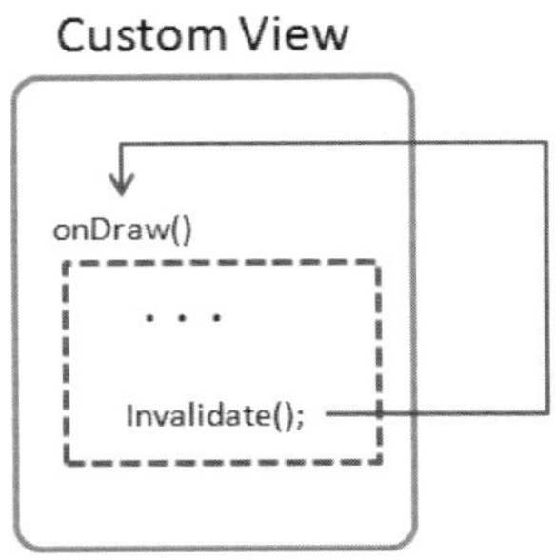

6. 액티비티의 invalidate()와 postInvalidate() 메소드를 비교 설명하시오.

7. 캔버스 그래픽을 이용한 게임 어플리케이션을 개발한다고 가정합니다. 연속되는 그리기 작업은 렌더링 쓰레드가 SurfaceView에 수행을 합니다. 이 어플리케이션이 모바일에서 실행되는 도중, 전화벨이 울리는 경우를 어떻게 처리해야 하는지 기술하시오. 액티비티의 라이프사이클과 백그라운드 쓰레드 작업의 관계가 언급되어야 합니다.

8. 캔버스 그래픽을 이용하여 다음과 같은 간단한 어플리케이션을 개발하시오.

▲ 버튼 2개(Start, Stop), 커스텀 뷰를 갖는 액티비티를 정의함.
▲ Start 버튼을 누르면 커스텀 뷰에서, "Hello"라는 글자가 좌우로 움직임.
  캔버스 그래픽의 drawText() 메소드를 이용함.
  (글자의 크기, 움직이는 속도나 패턴은 자유롭게 정해도 무방함)
▲ Stop 버튼을 누르면 커스텀 뷰의 내용이 사라짐.
▲ 액티비티 Life Cycle의 중지(pause) 후, 재개(resume) 시에는 중지하기 전 상황이 그대로 계속되어야 함.

[생각해 봅시다] 안드로이드의 캔버스 그래픽을 활용한 게임 어플리케이션을 개발하려고 합니다.
어플리케이션의 중지(pause) 후 재개(resume) 시, 중지 직전의 상태가 그대로 유지되어야 한다. MVC 디자인 패턴과 액티비티의 라이프사이클을 고려하여, 프로그램 구조를 어떻게 확장하면 좋을지, 고민해 보시기 바랍니다.

Chapter 5

OpenGL ES

OpenGL ES

이번 장에서는 OpenGL ES(OpenGL for Embedded Systems)에 대해 다루기로 한다. OpenGL ES는 OpenGL의 일부로 스마트폰에서 뛰어난 3D그래픽을 제공하기 위해 필수적으로 알아야 한다. 안드로이드 플랫폼의 경우 공식적인 3D 그래픽 API로 채택되어 초기 1.0버전부터 꾸준히 이를 지원하고 있으며, 특히 젤리빈에서는 OpenGL ES 3.0을 지원함으로써 다양한 가속 기능 등, 다양한 효과와 기능을 제공하고 있다.

1. OpenGL ES 개요

OpenGL은 2D와 3D 그래픽을 위한 멀티 플랫폼 API로서, 하드웨어 가속을 이용한 렌더링을 하기 위해 GPU(Graphics Processing Unit)를 활용하며 산업표준으로서 널리 사용되고 있다.

1990년 대 초, SGI의 IRIS GL을 모태로 하여 시작되었으며, 현재는 비영리 기술 컨소시엄인 Khronos Group(www.khronos.org)에 의해 관리되고 있다.

방대한 기능의 OpenGL은 게임, 컴퓨터 제품 설계 분야, 가상 현실, 항공 시뮬레이션 등 다양한 분야에 널리 활용된다.

2000년도에 개발된 OpenGL ES는 OpenGL 기술을 다양한 임베디드 기기(모바일, 게임 콘솔, PDA, 자동차, 항공기, 가정용 기구 등)에 활용하기 위하여 OpenGL 기능을 축소하여 개발된 API이다.

OpenGL ES는 기능이 고정된 그래픽 파이프라인을 사용하는 1.0, 1.1 버전과 쉐이더 프로그램을 통해 프로그램 가능한 파이프라인을 사용하는 2.0 이후 버전이 있으며, 둘 사이에는 호환성이 없다. 2012년 8월에 발표된 3.0 버전 역시 쉐이더 방식으로서 2.0과 하위 호환성이 있다.

[표 5-1] OpenGL ES 버전과 안드로이드 지원

Open GL ES 버전	그래픽 파이프라인	안드로이드
ES 1.0	고정 기능 파이프라인 (Fixed Function Pipeline)	1.6 (Donut) 부터 지원
ES 1.1		
ES 2.0	프로그래머블 파이프라인 (Programmable Pipeline)	2.1(Éclair)부터 지원
ES 3.0	프로그머블 파이프라인 (Programmable Pipeline)	4.3(Jelly Bean)부터 지원

이 책에서는 OpenGL ES 1.0, 1.1버전의 파이프라인을 "고정 기능 파이프라인" (Fixed Function Pipeline)으로 2.0 버전 이후의 파이프라인을 "프로그래머블 파이프라인" (Programmable Pipeline)이라는 용어를 사용하겠다.

또한 OpenGL의 이론이나 기능들에 대하여 상세하게 다루지 않기 때문에, 관련 서적을 함께 활용하기 바란다. 여기에서는 안드로이드의 그래픽에 OpenGL ES를 적용하기 위해, 고정 파이프라인과 쉐이더를 활용하기 위한 효과적인 방법 위주로 기술할 것이다.

2. OpenGL ES를 이용한 어플리케이션 개발 방법

4장에서 캔버스 그래픽을 이용한 어플리케이션을 개발하는 방법에 대해서 학습했었다.

안드로이드 프레임워크의 캔버스 그래픽 관련 자바 클래스들을 이용하면 복잡한 그래픽도 어렵지 않게 개발할 수 있다. 그 외에 NDK로 JNIGraphics 라이브러리를 이용하거나, Skia 라이브러리 전체를 직접 이용하여 플랫폼에서 앱을 빌드하는 등의 방식으로 네이티브를 이용할 수도 있긴 하지만, 활용 빈도가 높지는 않다.

3차원의 OpenGL ES는 2차원 캔버스 그래픽보다 더 광범위한 분야에서 활용되므로 안드로이드에서 다양한 방식의 개발을 잘 지원해 주고 있다. 자바 바인딩 클래스부터 네이티브 방식까지 차례대로 살펴 보자.

① OpenGL ES의 자바 바인딩 클래스

OpenGL ES API에 정의된 함수들을 자바 언어에서 사용하기 위해서 제공되는 클래스들을 바인딩 클래스라고 부른다. OpenGL ES도 OpenGL과 같이 플랫폼과 개발 언어에 독립적이기 때문에, 각 개발 언어 별로 API 바인딩이 필요하다.

안드로이드의 OpenGL ES 바인딩 클래스는 J2ME에서 제공되는 래퍼(JSR239)와 비슷한 형태를 갖지만 동일하지는 않다. 안드로이드의 버전에 따라 OpenGL ES 지원 내용도 강화되어 왔는데, 프레임워크에서 제공하는 바인딩 클래스들은 표 5-2와 같다.

[표 5-2] 안드로이드 프레임워크에서 제공하는 OpenGL ES 바인딩 클래스

패키지	패키지 설명	클래스/인터페이스	구분
javax.microedition.khronos.opengles	Open GL ES 패키지 (J2ME 형식)	GL10 GL10Ext GL11 GL11Ext GL11ExtensionPack	interface
javax.microedition.khronos.egl	Open EGL 패키지 (J2ME 형식)	EGL10 EGL11	interface
android.opengl	안드로이드 Open GL ES 패키지	GLES10 GLES10Ext GLES11 GLES11Ext GLES20 GLES30	class
		EGL14	class

J2ME 형식의 'javax.microedition.khronos.opengles' 패키지는 API 레벨 1부터 지원되어왔는데, 안드로이드에서 API 레벨 4부터 거의 동일한 기능의 'android.opengl' 패키지를 제공하고 있다. 이 패키지에는 OpenGL ES 2.0과 3.0에 대해서도 정의되어 있다.

OpenGL ES API 함수를 호출할 때, J2ME 형식의 GL10 인터페이스를 이용하거나, 추가된 패키지의 GLES10 클래스를 이용하는 것 모두 가능하다.

구글의 안드로이드 사이트에서는 후자의 방법이 더 나은 성능을 갖는다고 설명하고 있으므로[4], 이 책의 예제에서는 후자의 클래스를 사용하도록 하겠다.

---

4) 자바 바인딩 클래스의 패키지 차이 설명 참고 :
http://developer.android.com/guide/topics/graphics/opengl.html

EGL 관련해서도 J2ME 형식의 'javax.microedition.khronos.egl' 패키지의 인터페이스와 'android.opengl' 패키지에서 제공하는 클래스 EGL14가 있는데, 파라미터 등의 변화가 일부 있지만, 기능 상으로는 큰 차이는 없다. 다만, EGL14 클래스가 젤리빈 4.2(API 레벨 17)부터 정의되었기 때문에, 이 책에서 EGL은 J2ME 형식의 인터페이스를 이용하는 것으로 하겠다.

안드로이드는 자바 바인딩 클래스 외에 OpenGL ES 관련 개발 편의를 위해 몇 가지 유용한 클래스들을 제공하는데, 대표적인 것이 GLSurfaceView와 TextureView이다.

4장에서 캔버스 그래픽으로 개발하기 위해 SurfaceView를 사용했던 것을 기억할 것이다. 화면에 보여질 그래픽 작업이 서피스라는 물리적인 공간에서 진행되고 이 서피스를 제공해 주는 클래스가 SurfaceView이다.

이 원리는 OpenGL ES 그래픽에서도 똑같이 적용된다. 서피스를 제공해 주는 SurfaceView가 필요하다.

GLSurfaceView는 SurfaceView를 상속받은 클래스로서, 서피스를 제공해 주는 것 뿐만 아니라 OpenGL ES를 위한 EGL의 초기화 작업, 렌더링 쓰레드 생성 그리고 OpenGL ES 호출 관련한 디버깅 등과 같은 편의 기능을 담고 있다.

EGL은 뒤에서 상세히 설명하도록 하겠다.

안드로이드에서 OpenGL ES 관련 개발을 한다면, 이 GLSurfaceView 객체만 만들면, 4장에서 했던 것보다는 훨씬 간편하게 그래픽을 구현할 수 있다.

이 책에서도 기본적으로는 GLSurfaceView를 사용하지만, 학습의 목적을 위해 캔버스 그래픽과 유사하게 SurfaceView로 개발하는 방법도 설명하겠다.

TextureView 클래스는 온 스크린 서피스 뿐만 아니라 오프 스크린 서피스(Off-Screen, 화면에 보이지 않는 서피스)에도 렌더링할 수 있게 해 주는 등 여러 가지 강화된 기능을 갖고 있다. 이 클래스는 ICS 버전(API 레벨 14) 이후에만 사용될 수 있으며, 이 책에서 다루지는 않는다.

② NDK로 OpenGL ES의 네이티브 모듈 개발

안드로이드의 NDK는, 자바의 OpenGL ES 바인딩 클래스들을 사용하는 대신, C/C++로 네이티브에서 OpenGL ES API 함수를 이용할 수 있도록 라이브러리와 헤더 파일을 제공해 준다.

자바 바인딩과 비교하여 네이티브 언어가 갖는 성능 상의 이점 뿐만 아니라, 기존에 C/C++ 기반으로 개발되어진 그래픽 어플리케이션들을 안드로이드로의 포팅 작업도 훨씬 수월해진 것이다. (구글이 NDK를 발표하게 만든 가장 중요한 이유라고 보는 견

해도 있다)

실제 OpenGL ES 그래픽 관련 개발에서는 NDK 방식이 주로 사용되는 것이 사실이다. NDK를 활용하는 것은 6장에서 다루어진다.

EGL이나 OpenGL 관련 처리는 자바 방식이나 NDK나 공통된 형태를 띄고 있고, 복잡도가 크지 않거나 일반적인 성능을 요하는 경우는 자바 방식도 널리 사용되고 있다는 것을 이해할 필요가 있다.

또한 이 방식으로 개발하더라도, 자바와 네이티브의 역할 분담 정도는 각 어플리케이션의 상황에 따라 다양하게 적용될 수 있다. (ex. 렌더링 자체만 네이티브로 하거나, 렌더링 외의 일부 작업도 네이티브로 처리함)

③ 네이티브 액티비티 상에서 OpenGL ES의 활용

일반 액티비티 대신, 네이티브 액티비티를 사용하게 되면 필요한 개발은 모두 네이티브 영역에서만 진행되어야 한다.

OpenGL ES 뿐만 아니라 필요한 작업이 모두 네이티브에서 수행되므로 얻게 되는 성능 상의 이점이 있지만, 네이티브에서 처리해 줘야 할 부가적인 작업들(일반 액티비티에서 고려하지 않아도 되는)이 많아진다는 단점이 있다.

이 책의 7장에서 네이티브 액티비티에 다루고 있다.

이상 언급한 3가지 방식 모두 고정 기능 파이프라인과 프로그래머블 파이프라인을 선택적으로 활용할 수 있다.

이 장에서는 ①번의 OpenGL ES의 자바 바인딩 클래스를 이용하여 그래픽 프로그램을 개발하는 것에 대하여 설명한다. OpenGL의 기본 이론과 EGL에 대한 설명은 공통적으로 적용되기 때문에, 6, 7장에서는 구현 상의 차이 위주로 다루어지게 될 것이다.

3. GLSurfaceView로 고정 기능 파이프라인의 OpenGL ES 적용 방법

OpenGL ES의 자바 바인딩 클래스와 함께 프레임워크가 제공하는 GLSurfaceView 클래스를 이용해서 단순한 예제를 통해, 안드로이드에서의 OpenGL ES 활용 방법을 익혀 보자.

OpenGL의 기초적인 원리에 대해서는 일부 설명될 것이나 아무래도 지면 상 한계가 있다. 전문적인 그래픽 개발을 위해서는 OpenGL의 원리를 전문 서적을 통해 학습하는 것이 필수적이다. 이 책에서는 안드로이드로 해당 기능을 이용한 개발 방법에 대해서 주로 설명하고 있음을 이해하기 바란다.

캔버스 그래픽에서 SurfaceView와 렌더링 쓰레드를 다뤄봤었다. OpenGL에서는 거의 대부분 SurfaceView를 상속한 GLSurfaceView를 사용해서 개발된다. SurfaceView를 통해서도 개발이 가능하며, 다음에 이것에 대해서 설명할 것이다.

첫 예제로서, 가장 단순한 삼각형을 고정 기능 파이프라인으로 그려 보는 것부터 해보겠다. 예제 5-1을 확인해 보자. 이 장의 모든 예제도 API Level 8부터 실행 가능하도록 한다.

[예제 5-1] 회전하는 삼각형(GLSurfaceView)

[MainActivity.java]

```
public class MainActivity extends Activity implements GLSurfaceView.Renderer {
    public GLSurfaceView renderView;
    MyScreen mScreen;

    boolean started = false;
    boolean running = false;
    long startTime;

    @Override
    protected void onCreate(Bundle savedInstanceState) {
        super.onCreate(savedInstanceState);
        // 액티비티의 타이틀바를 안 보이게 함
        requestWindowFeature(Window.FEATURE_NO_TITLE);
        // 윈도가 전체 화면을 차지하도록 함
        getWindow().setFlags(WindowManager.LayoutParams.FLAG_FULLSCREEN,
                WindowManager.LayoutParams.FLAG_FULLSCREEN);
        // RenderView로 Activity를 채움
        renderView = new GLSurfaceView(this); // ―――――――――――――― 〈1〉
        renderView.setRenderer(this);         // ―――――――――――――― 〈2〉
        setContentView(renderView);           // ―――――――――――――― 〈3〉
    }

    @Override
    protected void onResume() {
        super.onResume();
        // GL 표면이 생성됨
        // screen에 대한 resume()도 여기에서 호출됨
        renderView.onResume();                // ―――――――――――――― 〈4〉
        running = true;
```

```
    }

    @Override
    protected void onPause() {
        super.onPause();
        // GL 표면이 파괴됨
        // screen에 대한 pause()도 여기에서 호출됨
        running = false;
        renderView.onPause();              // ─────────────────────── <5>
    }

    @Override
    public void onSurfaceCreated(GL10 gl, EGLConfig config) { // ──────────── <6>
        if (!started) {
            mScreen = new MyScreen(this);  // ──────────────────────── <7>
        }
        started = true;
        mScreen.resume();                  // ─────────────────────── <8>
        startTime = System.nanoTime();
    }

    @Override
    public void onSurfaceChanged(GL10 gl, int width, int height) {
        // 서피스 크기의 변경
    }

    @Override
    public void onDrawFrame(GL10 gl) {
        if (running) {

            float deltaTime = (System.nanoTime() - startTime) / 1000000000.0f;
            startTime = System.nanoTime();

            mScreen.update(deltaTime);
            mScreen.present(deltaTime);
        }
    }
}
```

[MyScreen.java]

```
public class MyScreen {
    MainActivity act;
    //GL10 gl;
    GLSurfaceView renderView;

    // 세계의 클리핑할 공간 크기
```

```
private static final float WORLD_WIDTH = 320.0f;
private static final float WORLD_HEIGHT = 480.0f;

private float centerX;
private float centerY;

private float rotationSpeed = 100.0f;
private float deltaTimeSum = 0.0f;

Triangle mTriangle;

public MyScreen(MainActivity act) {

    this.act = act;
    this.renderView = act.renderView;

    mTriangle = new Triangle();

    centerX = WORLD_WIDTH / 2.0f;
    centerY = WORLD_HEIGHT / 2.0f;
}

// 프레임 별 상태 값 업데이트
public void update(float deltaTime) {
    deltaTimeSum += deltaTime;
    // 이 곳에 한 프레임에 필요한 변경 작업이 있으면 기술함
}

// 프레임 별 드로잉 작업
public void present(float deltaTime) {
    /* 뷰포트 설정 */
    GLES10.glViewport(0, 0, renderView.getWidth(), renderView.getHeight());
                //────────────────────────────────── 〈9〉

    /* 투영 행렬 */
    // 투영 행렬 설정
    GLES10.glMatrixMode(GLES10.GL_PROJECTION);    //────────── 〈10〉
    // 투영 행렬 초기화
    GLES10.glLoadIdentity();         //──────────────────────── 〈11〉
    // 클리핑 영역 설정
    GLES10.glOrthof(0, WORLD_WIDTH, 0, WORLD_HEIGHT, 1, -1); //─── 〈12〉

    /* 모델뷰 행렬 */
    // 모델뷰 행렬 설정
    GLES10.glMatrixMode(GLES10.GL_MODELVIEW);    //────────── 〈13〉
    // 모델뷰 행렬 초기화
```

```
        GLES10.glLoadIdentity();                    // ——————————————— <14>
        // 클리핑 영역의 중앙으로 모델 이동
        GLES10.glTranslatef(centerX, centerY, 0.0f);    // ——————————— <15>

        float angle = rotationSpeed * deltaTimeSum;
        // 모델을 회전시킴
        GLES10.glRotatef(angle, 0, 0, 1.0f);        // ——————————————— <16>


        /* 화면 지우기 */
        GLES10.glClearColor(0.4f, 0.8f, 1.0f, 1.0f);
        GLES10.glClear(GLES10.GL_COLOR_BUFFER_BIT);  // —————————— <17>

        /* 삼각형 그리기 */
        mTriangle.draw();                           // ——————————————— <18>
    }

    public void pause() {
        // 프로그램 중지에 따른 처리
    }

    public void resume() {
        // 프로그램 재개에 따른 처리
    }

    public void dispose() {
        // 프로그램 정리 작업
    }

    class Triangle {

        private FloatBuffer mVertexBuffer;

        // 버텍스 하나의 크기(바이트)
        private final int VERTEX_STRIDE;

        private final static int VERTEX_COUNT = 3;

        // 위치 정보 크기 (x, y)
        private final static int POSITION_SIZE = 2;
          // 색상 정보 크기 (r, g, b, a)
        private final static int COLOR_SIZE = 4;

        public Triangle() {
            float[] vertices =
                { 0.0f,  50.0f, 1.0f, 0.0f, 0.0f, 1.0f,  // 점 0. — Red
```

```
            -43.0f, -25.0f, 0.0f, 1.0f, 0.0f, 1.0f,  // 점 1. — Green
             43.0f, -25.0f, 0.0f, 0.0f, 1.0f, 1.0f   // 점 2. — Blue
           }; //————————————————————————————————————————〈19〉

        VERTEX_STRIDE = (POSITION_SIZE + COLOR_SIZE) * (Float.SIZE / 8);

        // 버텍스 크기 만큼 네이티브 버퍼 생성 (바이트 버퍼)
        ByteBuffer buffer = ByteBuffer.allocateDirect(VERTEX_COUNT
              * VERTEX_STRIDE);
        buffer.order(ByteOrder.nativeOrder());
        mVertexBuffer = buffer.asFloatBuffer();
        mVertexBuffer.put(vertices, 0, vertices.length);
        mVertexBuffer.position(0);
    }

    public void draw() {
        // 삼각형 그리는 순서 : 반시계 방향
        GLES10.glFrontFace(GLES10.GL_CCW);

        // 위치에 대한 버텍스 배열을 사용함
        GLES10.glEnableClientState(GLES10.GL_VERTEX_ARRAY);

        // 위치에 대한 버텍스 배열 정보는 버텍스 버퍼를 가리킴
        mVertexBuffer.position(0);
        GLES10.glVertexPointer(POSITION_SIZE, GLES10.GL_FLOAT, VERTEX_STRIDE,
              mVertexBuffer);

        // 색상에 대한 버텍스 배열을 사용함
        GLES10.glEnableClientState(GLES10.GL_COLOR_ARRAY);

        // 색상에 대한 버텍스 배열 정보는 버텍스 버퍼를 가리킴
        mVertexBuffer.position(POSITION_SIZE);
        GLES10.glColorPointer(COLOR_SIZE, GLES10.GL_FLOAT, VERTEX_STRIDE,
              mVertexBuffer);

        // 버텍스 배열에 따라 그리기
        GLES10.glDrawArrays(GLES10.GL_TRIANGLES, 0, VERTEX_COUNT);
    }
  }
}
```

[AndroidManifest.xml]

```
   // ... ( 생략 )
   <activity
      android:name="com.at0001.c05_001.MainActivity"
      android:configChanges="keyboard|keyboardHidden|orientation"
```

```
        android:label="@string/app_name"
        android:screenOrientation="portrait" >
        <intent-filter>
            <action android:name="android.intent.action.MAIN" />
            <category android:name="android.intent.category.LAUNCHER" />
        </intent-filter>
    </activity>
  // ... ( 생략 )
```

이 예제를 실행하면, 삼각형이 회전하는 것을 볼 수 있다. 삼각형의 세 점이 각각 색깔이 다르고 내부 영역에 색깔 변화가 자연스럽게 융합되어 있다는 것도 알 수 있다.

[그림 5-1] 예제 5-1의 실행 결과

OpenGL을 처음 접하는 독자에게는 이런 효과를 코드 어느 부분에서 구현하고 있는지 궁금할 것이다. 하지만, 이 모든 것들이 바로 OpenGL이 규칙에 의해 자동으로 만들어내는 훌륭한 마법에 해당한다.

OpenGL ES를 사용하기 위한 방법에 대해 먼저 알아보자.

위 예제에서 볼 수 있듯이, GLSurfaceView를 사용하는 것은 매우 간단하다.

GLSurfaceView 객체를 만들어서 View로 사용하고, GLSurfaceView.Renderer 인터페이스를 구현하여 그 View에 Renderer로 등록하면 준비 과정이 끝난다. (MainActivity.java 〈1〉 ~ 〈3〉번 라인)

SurfaceView를 사용할 때와 가장 큰 차이점은 렌더링 쓰레드를 별도로 만들지 않아도 된다는 것이다. GLSurfaceView가 내부적으로 렌더링 쓰레드를 생성해 주기 때문이다.

또한 SurfaceView의 내부에 있는 서피스 상태를 알기 위해 서피스 홀더 콜백을 정의했었는데, 그럴 필요도 없다. 렌더러를 구현한 객체에 있는 콜백 메소드로 알 수 있기 때문이다.

GLSurfaceView는 액티비티 라이프사이클 관련하여 다음과 같은 메소드를 가지고 있다.

public void onResume ()

OpenGL 디스플레이를 재생성하고, 렌더링 쓰레드로 하여금 렌더링을 시작할 수 있게 한다. 이 메소드는 액티비티가 재개(resume) 상태가 될 때 호출되어야 한다.

GLSurfaceView 객체에 Renderer 설정이 된 상태여야 한다. (setRender 메소드)

public void onPause ()

렌더링 쓰레드로 하여금 렌더링 작업을 일시 정지시킨다. 이 메소드는 액티비티가 일시 정지 상태로 변경할 때 호출되어야 한다.

캔버스 그래픽에서 액티비티의 라이프사이클 변화에 따라 직접 만든 렌더링 쓰레드를 제어했던 것처럼, OpenGL ES에서도 내부적으로 생성된 렌더링 쓰레드의 실행 정지와 재개를 제어해 줘야 한다. (MainActivity.java 〈4〉, 〈5〉번 라인)

렌더링 쓰레드에 대해서 자세히 알아보자.

GLSurfaceView가 내부적으로 렌더링 쓰레드를 만든다고 했는데, 그럼 보이지 않는 이 쓰레드를 어떻게 확인하고 제어할 수 있을까?

안드로이드에서는 코드 상으로 이 쓰레드를 노출하지 않는다. 앞에 언급했던 onResume(), onPause() 메소드로 진행 여부만 제어할 수 있게 해 놓았다.

이들 메소드들이 동작하기 위해 필요한 사항은 Renderer 인터페이스를 구현한 객체 한 가지이다. 예제 5-1에서, MainActivity가 Renderer 인터페이스를 구현하고 있는데, 다음과 같은 3가지 메소드를 구현해야 한다.

void onSurfaceCreated(GL10 gl, EGLConfig config)

서피스가 생성될 때마다 호출된다.

void onSurfaceChanged(GL10 gl, int width, int height)

서피스의 크기가 변경될 때마다 호출된다.

void onDrawFrame(GL10 gl)

현재 프레임을 그리기 위해 호출된다. 따라서 이 메소드 안에 드로잉 코드를 넣으면, 그에 따라 매 프레임마다 렌더링이 이뤄진다.

즉, 이 뷰의 서피스의 상태를 알기 위해 서피스 홀더 콜백을 만들지 않아도, 서피스의 생성이나 크기 변경에 대해 위의 2 콜백 메소드가 실행이 된다.

그리고, 렌더링 쓰레드에서 한 프레임에 대해서 onDrawFrame() 콜백 메소드를 호출해 주기 때문에, 렌더링 쓰레드의 존재를 몰라도 드로잉 작업을 할 수 있게 된 것이다.

결국, GLSurfaceView.Renderer라는 인터페이스는 일부 서피스 홀더 콜백 역할과 렌더링 쓰레드의 역할을 대신 갖는다고 볼 수 있다.

액티비티의 재개(resume) 상태에서 GLSurfaceView의 onResume() 메소드를 호출하면, 서피스가 생성이 된다. (MainActivity.java 〈6〉번 라인)

캔버스 그래픽에서 다뤘던 방식대로 드로잉을 담당할 Screen 객체를 만들어서 재개하도록 처리하였다. (MainActivity.java 〈7〉, 〈8〉번 라인)

Screen 객체를 만들 때에는 액티비티의 일시 정지(pause)와 재개(resume) 상태에 영향 받지 않도록 액티비티 시작과 함께 한 번만 만들고 있다.

Screen 클래스에는 OpenGL ES API를 직접 호출하는 코드들로 구성되어 있는데, OpenGL의 기본적인 원리와 함께 다음 절에서 설명하겠다.

액티비티의 일시 정지(pause) 시, GLSurfaceView의 onPause() 메소드가 호출되면, 서피스가 제거되고 렌더링 쓰레드의 진행도 정지 상태가 된다.

서피스 제거에 대한 콜백은 따로 제공하지 않고 있는데, 서피스와 렌더링 쓰레드 관리를 내부적으로 자동으로 처리하기 때문이다.

SurfaceView가 아닌 GLSurfaceView를 사용했을 때, 멀티 쓰레드로 처리가 일어남에도 불구하고 렌더링 쓰레드가 노출되지 않기 때문에 프로그램 상 구조가 차이점이 느껴질 것이다.

GLSurfaceView도 SurfaceView이기 때문에, 여기에 서피스 홀더 콜백을 정의해도 동작은 하지만, 굳이 필요성은 없어서 거의 사용되지 않는다. 다만, 두 콜백의 차이점은 서피스 홀더 콜백 메소드는 메인 쓰레드 상에서 실행되고, 렌더러의 콜백은 렌더링 쓰레드에서 실행된다는 점이다. 즉, 같은 용도의 onSurfaceCreated() 메소드라고 하더라도 실행되는 쓰레드의 성격이 전혀 다르다는 것이다.

다음 절에서 Screen 클래스에 포함되어 있는 OpenGL ES의 API 함수들에 대한 이해를 돕기 위해 간략히 설명을 하고 있으니 참고하기 바란다.

4. OpenGL ES API

앞에서 OpenGL ES 그래픽을 위하여 서피스를 준비하고 렌더링 쓰레드까지 생성되는 메커니즘을 살펴 보았다. 그러면 이 렌더링 쓰레드를 통해서 OpenGL ES의 API를 이용하여 실제 드로잉 작업을 해 보자.

OpenGL은 파이프라인이라는 여러 단계의 처리 과정들로 진행되는데, 고정 기능 파이프라인과 프로그래머블 파이프라인 방식으로 나누어 볼 수 있다고 하였다.

OpenGL ES 활용 측면에서, 앞으로는 고정 기능 파이프라인 활용의 비중은 점점 줄어들고, 프로그래머블 파이프라인으로의 대체가 될 것이다. 학습 관점에서는 고정 기능 파이프라인을 먼저 이해하면, 프로그래머블 파이프라인을 이해하는데 도움이 되기 때문에 간략하게 언급하겠다.

고정 기능 파이프라인 방식을 단순화하여 표현하면 그림 5-2와 같다. OpenGL 클라이언트에 해당하는 어플리케이션에서 다양한 OpenGL ES의 API를 호출하면 명령 버퍼를 거쳐서 여러 가지 변환이나 조명 관련 처리가 이뤄지고, 픽셀 단위(프래그먼트라고 부름)로 래스터라이징 단계를 지나 프레임버퍼에 기록이 되는 일련의 작업들이 진행된다.

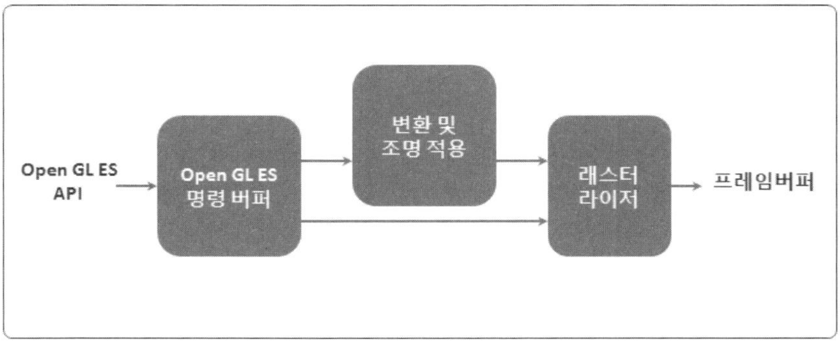

[그림 5-2] OpenGL ES의 단순화한 고정 기능 파이프라인

주로 정점(버텍스) 단위로 데이터를 구성하고, 이것을 OpenGL ES에서 처리하도록 API 호출을 하는데, 이 정점 데이터의 변환 작업에 대해서는 세부적으로 이해할 필요가 있다. 고정 기능 파이프라인에서는 변환에 해당하는 행렬(Matrix)을 정점의 벡터에 적용하는 방식을 사용한다.(모델-뷰 행렬, 투영 행렬)

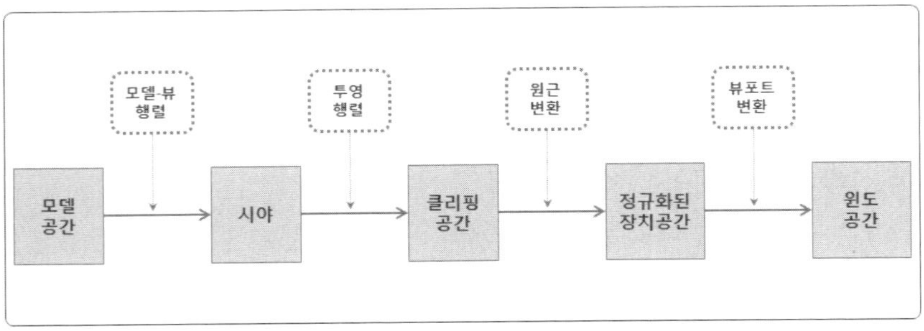

[그림 5-3] OpenGL ES 고정 기능 파이프라인의 정점 변환 단계

모델 공간은, 게임이나 어플리케이션이 임의로 정의한 3D 공간 상의 정점 위치(x, y, z)를 말한다.

OpenGL에서 사용되는 수학 개념은 여기에 w라는 4번째 요소를 추가하여 동차 좌표(homogeneous coordinates)로 정의하는데, 이 w는 원근 변환 시, x, y, z를 나눠 주는 값으로 공간 크기를 x, y, z 축 모두 −1과 +1 사이로 정규화하기 위한 용도로 쓰인다.

그래서, 흔히 이 정점 변환 과정을 4차원으로 정의된 정점 데이터가 2차원 화면의 픽셀로 변화해가는 과정이라고 부른다.

모델 공간의 좌표에 모델-뷰 행렬을 통해 변환을 하면, 원점에 위치한 카메라에 대한 상대적인 위치로 변환된다.

투영 행렬은 이 시야 공간을 눈에 들어오는 공간으로 잘라내는(클리핑) 역할을 한다.

그리고, 이 공간 크기를 정규화하여 정규화된 장치 공간으로 변환한 후, 윈도 화면 크기에 맞게 뷰포트 변환을 하게 된다.

이렇게 단계 별 변환에 해당하는 OpenGL ES의 API 함수를 사용하는 방법 중심으로 알아 보자.

(1) 뷰포트 설정

앞에서 다룬 예제 5-1의 소스를 참고해 가면서, API 함수를 자바 바인딩 메소드의 사용법을 익혀 보자. MyScreen 클래스의 update() 메소드와 present() 메소드는 캔버스 그래픽에서와 동일한 용도로 사용되며, 각각 데이터 변경과 드로잉 작업의 수행을 담당한다.

present() 메소드의 드로잉 첫 단계에서는 뷰포트 설정을 하고 있다.

(MyScreen.java 〈9〉번 라인)

glViewport() 메소드의 원형인 OpenGL API 함수의 프로토타입[5]은 다음과 같다.

```
void glViewport(GLint x, GLint y, GLsizei width, GLsizei height);
```

뷰포트 사각형에서 x, y는 좌하단의 좌표를 width, height는 너비와 높이를 의미한다.

이 설정은 화면의 윈도 크기에 대해 그래픽을 보여줄 공간을 얼마만큼 가져갈지 정의하는 것이다.

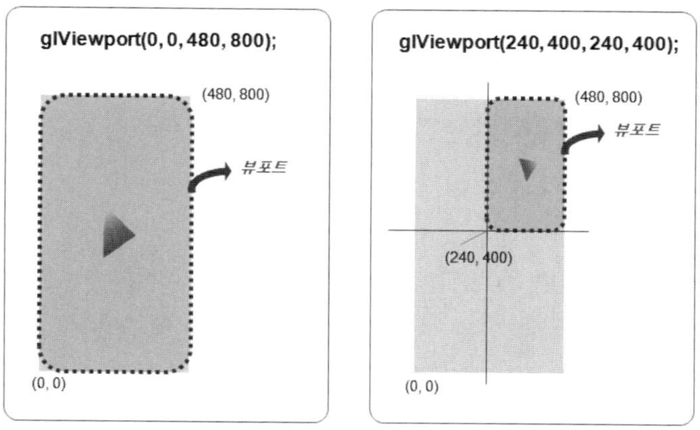

[그림 5-4] 480x800 크기의 윈도에 Viewport 지정하는 예

예제에서는 윈도 전체를 사용하기 위하여 다음과 같이 적용하였다.

```
glViewport(0, 0, viewWidth, viewHeight);
```

5) 고정 기능 파이프라인 방식의 API 함수 참조 : http://www.opengl.org/sdk/docs/man2/

윈도의 일부 영역만 사용하는 것도 가능하다. 즉,

```
glViewport(viewWidth/2, viewHeight/2, viewWidth/2, viewHeight/2);
```

이렇게 하면, 윈도 중앙에서 우상단 1/4 만큼만 지정하게 된다. 그림 5-4를 보면 이해하는데 도움이 될 것이다.

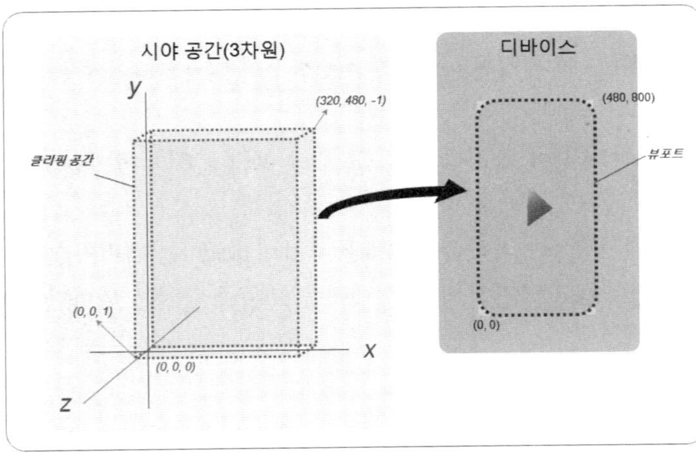

[그림 5-5] 예제 5-1의 클리핑 공간과 뷰포트

(2) 투영 행렬 설정(클리핑 공간)

그림 5-3에서 정점 변환 중, 모델-뷰 행렬을 통해 카메라를 중심으로 한 시야의 공간 좌표를 만들었는데, 이 중 실제 관측이 가능한 공간은 일부에 해당한다. 투영 행렬이 바로 그 관측이 가능한 공간(클리핑 공간)으로 잘라내기(클리핑)를 한다.

예제 5-1에서는 그림 5-5의 왼쪽 점선으로 표시된 육면체가 바로 실제 관측 가능한 공간을 의미하며, 이 육면체의 각 면을 절단면(clipping plane)이라고 부른다.

투영 행렬 변환은 두 가지를 의미하는데, 보이는 공간의 크기와 보이는 방식을 정의한다. 다음 두 가지 변환 방법으로 나뉜다.

1) 직교 투영(Orthographic Projection)
   - 거리와 상관없이 크기가 동일하게 보임
   - 위 예제와 같이 육면체의 절단면으로 표현
2) 원근 투영(Perspective Projection)

- 원근감을 적용하여 멀리 있는 물체는 작게 보임.
- 사각 원뿔형의 중간 부분(Frustum, 절두체)과 같은 모양으로 절단면 표현

이 책에서는 직교 투영에 국한하여 설명한다. 예제의 present() 메소드에서 뷰포트 설정 이후, 투영 행렬에 대한 설정을 하고 있다. (MyScreen.java 〈10〉 ~ 〈12〉번 라인)

```
// 투영 행렬 설정
GLES10.glMatrixMode(GLES10.GL_PROJECTION);
// 투영 행렬 초기화
GLES10.glLoadIdentity();
// 클리핑 영역 설정
GLES10.glOrthof(0, WORLD_WIDTH, 0, WORLD_HEIGHT, 1, -1);
```

행렬을 다루고 있는데, 투영 행렬을 초기화한 후, glOrthof() 메소드로 실제 행렬을 설정하고 있다. 이 메소드의 OpenGL API 함수는 다음과 같다.

```
void glOrthof(GLfloat left, GLfloat right, GLfloat bottom, GLfloat top,
        GLfloat nearVal, GLfloat farVal);
```

좌, 우, 위, 아래, 전, 후의 6면을 정의하여 만들어지는 육면체 공간이 클리핑 공간이 된다.

예제에서는 뷰포트와 클리핑 공간을 아래와 같이 정의하였다.

```
gl.glViewport(0, 0, renderView.getWidth(), renderView.getHeight());
gl.glOrthof(0, 320, 0, 480, 1, -1);
```

예제의 인수 값에 해당하는 공간 영역을 그림으로 표시하면 그림 5-5의 왼쪽과 같고, 이 영역이 앞에서 설정한 뷰포트에 최종적으로 보이게 된다.

예제 5-1은 2차원의 삼각형 그리기이기 때문에 z축은 의미가 없으므로 얇게 -1~1의 z축 범위를 잡았다. 실제 그리기는 z=0인 위치에서 x, y 좌표로만 그려지게 된다.

(3) 모델-뷰 변환

그래픽 어플리케이션은 보통 3차원 공간을 임의로 정의를 한다. 모델-뷰 변환을 통해야만, 비로소 카메라를 기준으로 한 시야 공간의 좌표로 변환이 된다.

모델-뷰 변환은 모델 변환과 뷰 변환으로 나누어 생각해 볼 수 있는데, 이 책에서는 단순화하여 모델 변환으로 한정지어 설명하겠다.

보여질 개체에 대해서 다음과 같은 3가지 변환을 할 수 있다.

a. 위치 변환

```
void glTranslatef(GLfloat x, GLfloat y, GLfloat z);
```

– x, y, z축으로 각각의 수치만큼 이동함.

b. 회전 변환

```
void glRotatef(GLfloat angle, GLfloat x, GLfloat y, GLfloat z);
```

– 반시계 방향으로 angle(단위 : 도)만큼 회전시킴

c. 크기 변환

```
void glScalef(GLfloat x, GLfloat y, GLfloat z);
```

– x, y, z축으로 각 수치만큼 확대/축소 시킴. (1.0은 동일한 크기)

예제로 돌아가서, 투영 행렬에 대한 설정 이후에 모델-뷰 행렬 설정을 살펴 보자. (MyScreen.java 〈13〉 ~ 〈16〉번 라인)

```
/* 모델뷰 행렬 */
// 모델뷰 행렬 설정
GLES10.glMatrixMode(GLES10.GL_MODELVIEW);
// 모델뷰 행렬 초기화
GLES10.glLoadIdentity();
// 클리핑 영역의 중앙으로 모델 이동
GLES10.glTranslatef(centerX, centerY, 0.0f);

float angle = rotationSpeed * deltaTimeSum;
// 모델을 회전시킴
GLES10.glRotatef(angle, 0, 0, 1.0f);
```

마찬가지로, 모델 뷰에 대한 행렬을 초기화하고 glTranslatef(), glRotatef() 함수를 호출하고 있다.

그림 5-5에서 클리핑 공간에 원점이 왼쪽 하단에 위치했던 것을 기억할 것이다.

삼각형을 이 원점으로부터 화면 가운데에 해당하는 위치로 옮기고(위치 변환, translate), 계산된 각만큼 회전(회전 변환, rotate)을 하고 있다.

클리핑 공간을 선정할 때 아예 카메라 위치가 가운데로 오게 하면 굳이 이 위치 변환이 필요 없기는 하지만, 다중 변환을 보여주기 위해 일부러 이렇게 예제를 구성하였다.

모델 변환은 얼마든지 계속 누적해서 적용시킬 수 있다.

이어서, 한 프레임의 화면을 지정된 색상으로 지워서 드로잉을 할 준비를 한다. (MyScreen.java 〈17〉번 라인)

```
/* 화면 지우기 */
 GLES10.glClearColor(0.4f, 0.8f, 1.0f, 1.0f);
 GLES10.glClear(GLES10.GL_COLOR_BUFFER_BIT);
```

이상으로, OpenGL ES의 기본적인 설정과 정점을 그리기 전까지의 단계를 알아 보았다. 이제 삼각형을 실제로 그리기 위해 Triangle 객체의 draw()메소드를 호출한다. (MyScreen.java 〈18〉번 라인)

```
/* 삼각형 그리기 */
mTriangle.draw();
```

정점 데이터를 배열로 구성하는 방법과 OpenGL ES의 API 함수를 호출하는 방법을 확인해 보자.

(4) 정점 배열(Vertex Array)

OpenGL ES는 그리기를 정점(Vertex) 기반으로 한다. 삼각형을 그릴 경우에는 3개의 정점만 지정하면 된다.

이 정점에는 위치 뿐만 아니라, 색상, 법선, 텍스쳐 좌표 등의 속성을 갖게 된다.

GPU에 그려야 할 정점 정보를 전달하고 GPU에서 해당 정점들의 속성들을 읽어서 렌더링이 이루어지는데, 정점 정보는 배열 형식으로 구성하며 이를 정점 배열이라고 한다.

예제 5-1에서 사용된 Triangle 클래스의 정점 관련 배열을 보자. (MyScreen.java 〈19〉번 라인)

```
float[] vertices =
      { 0.0f,  50.0f, 1.0f, 0.0f, 0.0f, 1.0f,    // 점 0. -- Red
       -43.0f, -25.0f, 0.0f, 1.0f, 0.0f, 1.0f,  // 점 1. -- Green
        43.0f, -25.0f, 0.0f, 0.0f, 1.0f, 1.0f  // 점 2. -- Blue
      };
```

3개의 정점을 6개의 실수로 구성하였는데, 위치에 해당하는 x, y와 색상에 해당하는 r, g, b, a의 6개 값들이다.

(위치와 색상을 분리하여 2개의 배열을 사용하는 것도 가능하다.)

이와 같이 정점 배열 정보를 구성하였는데, 자바에서는 한 가지 더 추가 작업이 필요하다.

OpenGL ES의 API 함수를 호출하기 위하여, 각 언어(Java, Objective-C, Visual Basic, 등)의 바인딩으로 지원을 하고 있기 때문에, 언어 특성에 따른 차이에 주의를 기울여야 한다.

정점 배열은 기본적으로 C의 배열과 같은 성격을 가져야 한다. 즉 해당 데이터가 메모리 상에 밀접하게(또는 일정한 간격으로) 배치되는 것을 보장해야 한다.

반면에 예제 5-1의 배열은 자바의 배열이다. 자바의 배열은 클래스와 같은 성격을 가지며, 배열 항목들이 C에서처럼 밀접하게 배치되지는 않는다. 그리고 배열 객체는 클래스 객체처럼 자바의 Heap 메모리 상에서 할당되고 가비지 콜렉션 처리 대상이 된다.

따라서, OpenGL ES에서 이용 가능한 정점 배열을 구성하기 위해서는 자바의 배열과는 다른 형태의 데이터를 준비해야 한다.

자바에서 이런 목적으로 사용되는 자료 구조로는 NIO 버퍼가 있다. 이러한 자료 구조는 네이티브 I/O가 가능하게 만들어주는데, 이 예제처럼 ByteBuffer 타입의 메모리 블록을 구성하는 방식이 그러하다.

Triangle 클래스의 컨스럭터 메소드에서 다음과 같이 NIO 버퍼 데이터를 구성한다.

```
float[] vertices =
  { 0.0f,  50.0f, 1.0f, 0.0f, 0.0f, 1.0f,  // 점 0. -- Red
  -43.0f, -25.0f, 0.0f, 1.0f, 0.0f, 1.0f,  // 점 1. -- Green
  43.0f, -25.0f, 0.0f, 0.0f, 1.0f, 1.0f   // 점 2. -- Blue
  };

VERTEX_STRIDE = (POSITION_SIZE + COLOR_SIZE) * (Float.SIZE / 8);

// 버텍스 크기 만큼 네이티브 버퍼 생성 (바이트 버퍼)
ByteBuffer buffer = ByteBuffer.allocateDirect(VERTEX_COUNT
      * VERTEX_STRIDE);
buffer.order(ByteOrder.nativeOrder());
```

```
mVertexBuffer = buffer.asFloatBuffer();
mVertexBuffer.put(vertices, 0, vertices.length);
mVertexBuffer.position(0);
```

자바의 ByteBuffer 파생 클래스들의 allocateDirect() 메소드는 네이티브 I/O로 접근 가능한 메모리 영역(자바 Heap 영역이 아닌)에 버퍼를 설정하게 되고 이 버퍼의 데이터들은 연속성이 보장된다. GPU에서 렌더링 처리를 하도록, OpenGL ES에 이 버퍼의 데이터들을 제공할 수 있다.

뷰포트 설정, 클리핑 영역 정의, 모델 변환을 마치고 최종 정점 배열 정보를 가지고 그리기 작업이 남았는데, 그리기 작업을 하는 주요한 OpenGL 함수는 다음과 같다.

```
void glDrawArrays(GLenum mode, GLint first, GLsizei count);
void glDrawElements(GLenum mode, GLsizei count, GLenum type,
        const GLvoid * indices);
```

glDrawArrays는 정점 정보를 가지고 그리기를 하고, glDrawElements()는 인덱스 정보를 가지고 그리기를 한다.

여기에서 인덱스라는 것은 무엇일까?

OpenGL ES가 모든 도형들을 단위 삼각형으로 나눠서 그리기를 하는데, 그러다 보면 하나의 정점이 2개 이상의 삼각형으로 중복 사용되게 된다.

정점은 한 가지 값이 아닌 위치, 색상, 텍스쳐 좌표, 법선 등의 다양한 정보들을 실수 값들을 가지므로 모든 도형마다 삼각형 형태로 3배수씩 가지는 것은 불필요한 데이터 낭비가 발생한다.

그래서 정점 정보들을 중복 없이 배열로 구성하고 Short 정수 값으로 인덱스를 구성해서 삼각형 그리기를 하면 데이터 양이 상당히 절감된다.

하나의 버퍼에 위치와 색상 정보로 구성된 정점들을 OpenGL이 해석하게 하기 위한 처리가 Triangle 클래스의 draw() 메소드 내용이다.

gl.glEnableClientState(GL10.GL_VERTEX_ARRAY);

--> OpenGL ES에게 정점의 **위치 값**을 배열로 제공할 것임을 알린다.

```
mVertexBuffer.position(0);
gl.glVertexPointer(2, GL10.GL_FLOAT, VERTEX_STRIDE,
            mVertexBuffer);
```

--> OpenGL ES에게 **위치 값**을 버퍼의 0위치부터 2개의 float를 읽고, 다음 위치는 stride(24 바이트)만큼 건너띄고 계속 읽으면 된다는 것을 알린다. 24바이트는 6개 실수(위치:x,y 색상:r,g,b,a)에 실수형 4바이트를 곱한 값이다.

```
gl.glEnableClientState(GL10.GL_COLOR_ARRAY);
```

--> OpenGL ES에게 색**상 값**을 배열로 제공할 것임을 알린다.

```
mVertexBuffer.position(2);
gl.glColorPointer(4, GL10.GL_FLOAT, VERTEX_STRIDE,
            mVertexBuffer);
```

--> OpenGL ES에게 **색상 값**을 버퍼의 2 위치부터 4개의 float를 읽고, 다음 위치는 stride(24 바이트)만큼 건너띄고 계속 읽으면 된다는 것을 알린다. 버퍼의 맨 앞의 2개 값은 위치 정보이기 때문에 2개를 건너 띄우는 것이다.

```
gl.glDrawArrays(GL10.GL_TRIANGLES, 0, VERTEX_COUNT);
```

--> OpenGL ES에게 이제까지 얘기한 배열 정보를 참조하여, vertex 개수(3)만큼 정점을 그리라는 지시를 함.

이상으로 예제 5-1의 내용을 모두 알아 보았다.

OpenGL을 처음 접하는 독자들은 이해하기에 어려움이 있을 것이다. 반복해서 얘기하지만, OpenGL 원리에 대한 내용을 자세하게 다룰 수 없기 때문에, 부족한 부분들에 대해서는 OpenGL 전문 서적을 함께 활용하는 것이 필요하다.

또한 안드로이드에서 제공하는 GLSurfaceView 클래스와 GLSurfaceView.Render 인터페이스를 이용하면 OpenGL ES를 이용하기 위한 기반이 마련됨을 확인해 보았다.

GLSurfaceView는 Canvas 그래픽에서 다뤄왔던 SurfaceView에 OpenGL 관련 기능들을 추가한 것이기 때문에, 핵심적인 OpenGL ES 구현 절차 등이 내부에 자동화되어 있다.

그 중에 대표적인 것이 EGL이다.

다음 장에서 EGL에 대한 구체적인 내용을 학습해 보기로 한다.

5. EGL

이 책에서 안드로이드의 다양한 그래픽 개발 방식을 다루고 있는데, 특히 이 장의 OpenGL ES는 안드로이드에서 가장 중요한 그래픽 엔진에 해당된다.

OpenGL ES를 이용하기 위하여 필수적으로 나오는 개념이 EGL이다.

안드로이드 프레임워크에서 제공하는 편의 클래스인 GLSurfaceView를 사용하면, EGL에 대해서 큰 중요성을 못 느낄 수도 있다. 하지만, OpenGL ES 버전 선택이나 파이프라인 변경, 다중 렌더링 컨텍스트 설정을 포함한 정교한 그래픽 관련 작업을 하기 위해서는 EGL에 대한 이해가 필수적이다.

NDK나 네이티브 액티비티와 같은 네이티브 모듈을 활용 뿐만 아니라, 안드로이드 이외의 임베디드 환경으로의 이식성을 높일 수 있게 하기 위해서도 EGL의 중요성을 간과해서는 안 된다.

그렇다면, EGL은 무엇일까?

임베디드 기기에 활용될 목적으로 개발되 것이 OpenGL ES이고, 임베디드 디스플레이와의 중간 역할을 수행하는 것이 필요한데 이것이 EGL이다.

EGL(Embedded-System Graphics Library)은 다양한 임베디드 윈도 시스템들과 OpenGL ES 사이의 인터페이스를 의미한다. OpenGL가 API인데 비하여, EGL은 라이브러리라는 것을 염두에 두자. 즉, 임베디드 기기에서 OpenGL ES가 사용되기 위한 중간 소프트웨어 계층 역할을 하는 것이 EGL이다.

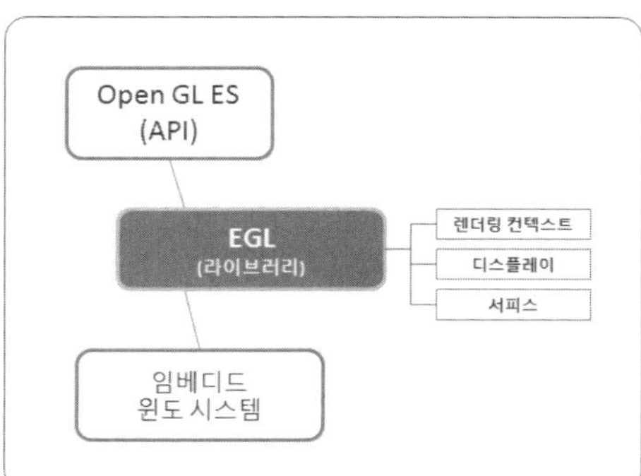

[그림 5-6] OpenGL ES와 EGL의 관계

OpenGL ES에서 EGL이 필요한 이유는 무엇일까?

EGL을 이용하면, OS에 의존하기 쉬운 화면 표시 기능을 숨기고, 공통화된 인터페이스를 사용하여 이식성을 높일 수 있기 때문이다.

그림 5-6에서 EGL이 관리하는 3가지 중요한 정보를 보여주는데, 그것은 렌더링 컨텍스트, 디스플레이, 서피스이다. OpenGL ES는 추상화된 '상태 머신'이라는 개념으로 각 그래픽 설정을 '상태(state)'라는 개념으로 관리하는데, 이들 상태의 기준이 되는 것이 렌더링 컨텍스트이다.

안드로이드에서는 단일 컨텍스트를 만들어서, 렌더링을 주 임무로 하는 하나의 쓰레드로 처리하도록 권장하고 있는데, 실제로는 다중 컨텍스트를 만들고 리소스를 여러 쓰레드로 공유하는 것도 가능하다. 이 책에서는 단일 컨텍스트로 한정하여 설명하겠다.

또한 이 장에서는 EGL에 대한 이해를 돕기 위해, 캔버스 그래픽과 같이 GLSurfaceView가 아닌 SurfaceView 클래스를 사용해서 OpenGL ES를 활용하는 방법을 다뤄 보겠다.

두 가지 그래픽을 적용할 때에 프로그램 설계를 동일하게 유지해 보겠다.

OpenGL ES의 자바 바인딩을 이용해서 개발할 때에는 이렇게 SurfaceView를 사용할 필요는 없으나, 여기에서 EGL을 다루는 방법들은 7장에서 네이티브 액티비티로 개발할 때에 그대로 적용되는 내용이므로, 나름 의미가 있는 내용이 될 것이다.

뿐만 아니라, 안드로이드가 아닌 다양한 임베디드 환경에서 OpenGL ES 관련 개발을 할 때에 기본이 되는 내용이기도 하다.

캔버스 그래픽에서와 같이 서피스 뷰와 렌더링 쓰레드를 사용해서 OpenGL ES를 적용할 경우 프로그램의 절차를 생각해 보면 그림 5-7과 같다.

서피스 뷰를 생성하고 렌더링 쓰레드를 준비하는 단계는 기존의 캔버스 그래픽과 동일하다. EGL과 GL이 준비가 되면, 생성된 서피스가 렌더링 쓰레드에 제공되어져야 하기 때문에, 서피스 홀더와 서피스 홀더 콜백을 이용한다.

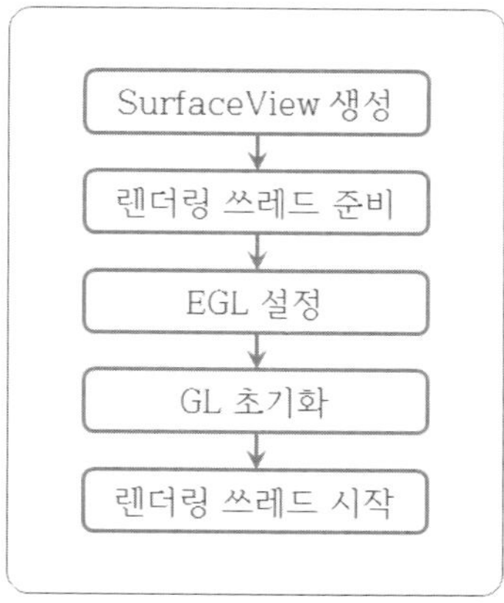

[그림 5-7] 서피스 뷰와 렌더링 쓰레드 기반의 OpenGL ES 활용 절차

EGL 설정은 여러 단계로 이루어져 있는데, 세부적으로 알아 보자.

(1) 임베디드 환경에서의 EGL 설정

EGL 설정은 그림 5-8에 나타난 절차로 진행된다. 안드로이드를 포함한 모든 임베디드에서 공통적으로 적용되는 절차이다.

EGL이 OS와 OpenGL ES를 연결하는 인터페이스 역할을 하므로, '화면에 보여주는' 작업에 대한 추상적인 개념들을 순차적으로 처리해 나가는 것임을 생각하면서 살펴 보자.

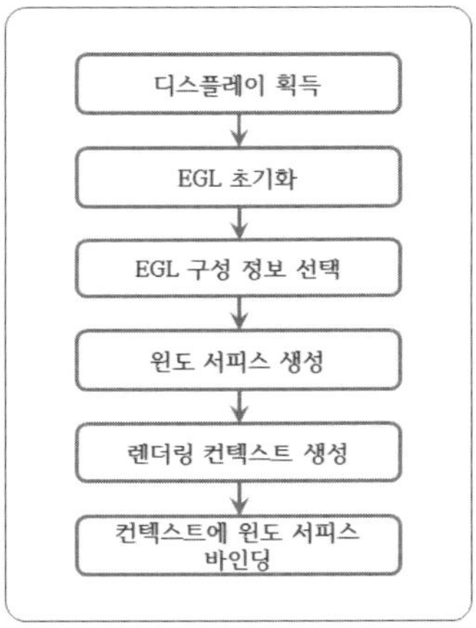

[그림 5-8] EGL 설정의 단계 별 작업

각 단계에 해당하는 'EGL API'가 제공[6]되고 있으므로, 순서에 맞게 API 함수를 호출하면 되므로, 어려운 내용은 없다.

디스플레이의 획득 즉, EGL 디스플레이 연결 정보를 얻는 것으로 시작되는데, 최종적으로 렌더링 컨텍스트를 얻기 위한 출발점이 된다.

EGL 구성 정보를 선택할 때에는 어플리케이션에서 요구되는 그래픽 사양을 지정할 수 있다. 윈도 서피스와 렌더링 컨텍스트가 만들어지면, 이 컨텍스트에 서피스를 바인딩함으로써 EGL의 설정 작업은 끝이 난다.

각 단계의 EGL API 함수 사용 방법을 확인해 보자.

---

6) EGL API - http://www.khronos.org/registry/egl/sdk/docs/man/xhtml/

일반적인 임베디드 환경에서 네이티브로 이 함수를 직접 호출하는 것을 예시로 설명하겠다. 안드로이드 자바의 래퍼 메소드와 형태는 거의 동일하다고 볼 수 있다.

```
EGLBoolean initializeWindow(EGLNativeWindow nativeWindow)
{
 // EGL 구성 정보를 위한 속성 값들
 const EGLint configAttribs[] = {
   EGL_RENDERABLE_TYPE, EGL_OPENGL_ES2_BIT,
   EGL_SURFACE_TYPE,      EGL_WINDOW_BIT,
     EGL_RED_SIZE, 8,
     EGL_GREEN_SIZE, 8,
     EGL_BLUE_SIZE, 8,
     EGL_DEPTH_SIZE, 24,
     EGL_NONE
 };

 // EGL 컨텍스트 생성을 위한 속성 값들
 const EGLint contextAttribs[] = {
     EGL_CONTEXT_CLIENT_VERSION, 2,
     EGL_NONE
 };
 EGLDisplay display;

 // 1) 디스플레이 획득
 display = eglGetDisplay(EGL_DEFAULT_DISPLAY);
 if (display == EGL_NO_DISPLAY) {
     return EGL_FALSE;
 }

 // 2) EGL 초기화
 EGLint major, minor;
 if (!eglInitialize(display, &major, &minor)) {
```

```
        return EGL_FALSE;
    }

    // 3) EGL 구성 정보 선택
    EGLConfig config;
    EGLint numConfigs;
    if (!eglChooseConfig(display, configAttribs, &config, 1, &numConfigs)) {
        return EGL_FALSE;
    }

    // 4) 윈도 평면 생성
    EGLSurface windowSurface;
    windowSurface = eglCreateWindowSurface(display, config, nativeWindow, NULL);
    if (windowSurface == EGL_NO_SURFACE) {
        return EGL_FALSE;
    }

    // 5) EGL 컨텍스트 생성
    EGLContext context;
    context = eglCreateContext(display, config, EGL_NO_CONTEXT, contextAttribs);
    if (context == EGL_NO_CONTEXT) {
        return EGL_FALSE;
    }

    // 6) EGL 컨텍스트에 윈도 평면 연결
    if (!eglMakeCurrent(display, windowSurface, windowSurface, context)) {
        return EGL_FALSE;
    }

    return EGL_TRUE;
}
```

위의 EGL 설정 코드를 보면, 각 행위에 맞는 EGL API 함수들의 순차적인 호출일 뿐임을 알 수 있다.

EGL 구성 정보를 선택하는 함수(eglChooseConfig)와, 렌더링 컨텍스트를 만드는 함수(eglCreateContext)에서는 속성을 배열로 지정할 수가 있다.

이 배열은 EGL_NONE으로 마지막 원소를 표현하기 전까지 필요한 속성 수 만큼 지정할 수가 있다.

대부분은 몇 가지 많이 활용되는 속성들에 한정되는 편이며, 앞으로 나올 예제들에서 필수적인 항목을 확인해 볼 수 있다.

(2) 안드로이드의 서피스 뷰와 EGL 활용

안드로이드에서 서피스 뷰와 렌더링 쓰레드를 정의하고, 위에서 언급한 순서대로 EGL을 설정하는 예제 5-2를 살펴 보자.

서피스 뷰를 이용한 캔버스 그래픽 방식 중, 액티비티 라이프사이클 기반 방식으로 프로그램 구조를 유지한 예제이다.

[예제 5-2] 회전하는 삼각형(SurfaceView와 EGL 설정)

[MainActivity.java]

```
public class MainActivity extends Activity {
    public RenderView renderView;
    public MyScreen screen;
    public GL10 gl;

    @Override
    protected void onCreate(Bundle savedInstanceState) {
        super.onCreate(savedInstanceState);
        requestWindowFeature(Window.FEATURE_NO_TITLE);
        getWindow().setFlags(WindowManager.LayoutParams.FLAG_FULLSCREEN,
                WindowManager.LayoutParams.FLAG_FULLSCREEN);
        renderView = new RenderView(this);
        screen = new MyScreen(this);

        setContentView(renderView);
    }

    @Override
    protected void onResume() {
        super.onResume();
```

```
        screen.resume();
        renderView.resume();        // ———————————————— <1>
    }

    @Override
    protected void onPause() {
        super.onPause();
        renderView.pause();    // ———————————————— <2>
        screen.pause();

        if (isFinishing()) {
            renderView.requestToStop(); // ———————————— <3>
            screen.dispose();
        }
    }
}
```

[RenderView.java]

```
public class RenderView extends SurfaceView implements Runnable {
    MainActivity act;
    GL10 mGL;
    EGL10 mEGL;
    EGLDisplay mEGLDisplay;
    EGLConfig mEGLConfig;
    EGLSurface mEGLSurface;
    EGLContext mEGLContext;

    Thread mRenderThread = null;
    SurfaceHolder mHolder;
    volatile boolean running = false;
    long startTime = System.nanoTime();

    // EGL 구성 정보 속성
    int[] mConfigSpec = {
            EGL10.EGL_RED_SIZE, 5,
            EGL10.EGL_GREEN_SIZE, 6,
            EGL10.EGL_BLUE_SIZE, 5,
            EGL10.EGL_NONE };

    public RenderView(MainActivity act) {
        super(act);

        this.act = act;
        this.mHolder = getHolder();
    }
```

```
@Override
public void run() {
    boolean eglInitialized = false;

    while (running) {
        // 서피스가 준비될 때까지 기다림
        if (!mHolder.getSurface().isValid()) {
            continue;
        }

        if (!eglInitialized) {
            initEGL();
            act.gl = mGL;
            eglInitialized = true;
        }

        float deltaTime = (System.nanoTime() - startTime) / 1000000000.0f;
        startTime = System.nanoTime();

        act.screen.update(deltaTime);
        act.screen.present(deltaTime);

        // 평면에 대한 그리기를 완료한 후, 버퍼 교체를 통하여 화면에 표시하도록 요청함
        mEGL.eglSwapBuffers(mEGLDisplay, mEGLSurface);
                          // ──────────────────────────────── <4>
    }
}

private void initEGL() {      // ──────────────────────────────── <5>
    // EGL 객체 생성
    mEGL = (EGL10) GLDebugHelper.wrap(EGLContext.getEGL(),
            GLDebugHelper.CONFIG_CHECK_GL_ERROR
                | GLDebugHelper.CONFIG_CHECK_THREAD, null);

    // 1) 디스플레이 획득
    mEGLDisplay = mEGL.eglGetDisplay(EGL10.EGL_DEFAULT_DISPLAY);

    // 2) EGL 초기화
    int[] curEGLVersion = new int[2];
    mEGL.eglInitialize(mEGLDisplay, curEGLVersion);

    Log.i("GL", "## EGL version = " + curEGLVersion[0] + "."
            + curEGLVersion[1]);

    // 3) EGL 구성 정보 선택
    EGLConfig[] configs = new EGLConfig[1];
```

```
        int[] numConfigs = new int[1];
        mEGL.eglChooseConfig(mEGLDisplay, mConfigSpec, configs, 1, numConfigs);
        mEGLConfig = configs[0];

        // 4) 윈도 평면 생성
        mEGLSurface = mEGL.eglCreateWindowSurface(mEGLDisplay, mEGLConfig,
                mHolder, null);

        // 5) EGL 컨텍스트 생성
        mEGLContext = mEGL.eglCreateContext(mEGLDisplay, mEGLConfig,
                EGL10.EGL_NO_CONTEXT, null);

        // 6) EGL 컨텍스트를 렌더링 쓰레드와 윈도 평면에 바인딩 함
        mEGL.eglMakeCurrent(mEGLDisplay, mEGLSurface,
                mEGLSurface, mEGLContext);

        // GL 객체 획득
        mGL = (GL10) GLDebugHelper.wrap(mEGLContext.getGL(),
                GLDebugHelper.CONFIG_CHECK_GL_ERROR
                        | GLDebugHelper.CONFIG_CHECK_THREAD
                        | GLDebugHelper.CONFIG_LOG_ARGUMENT_NAMES, null);

    }

    public void resume() {
        running = true;
        mRenderThread = new Thread(this);
        mRenderThread.start();
    }

    public void pause() {
        running = false;
        while (true) {
            try {
                mRenderThread.join();
                break;
            } catch (InterruptedException e) {
                e.printStackTrace();
            }
        }
    }

    public void requestToStop() {
        running = false;
        cleanupEGL();
    }
```

```
    private void cleanupEGL() {  //                                        <6>
        mEGL.eglMakeCurrent(mEGLDisplay, EGL10.EGL_NO_SURFACE,
                EGL10.EGL_NO_SURFACE, EGL10.EGL_NO_CONTEXT);
        mEGL.eglDestroySurface(mEGLDisplay, mEGLSurface);
        mEGL.eglDestroyContext(mEGLDisplay, mEGLContext);
        mEGL.eglTerminate(mEGLDisplay);

        Log.i("GL", "## GL Cleaned up");
    }
}
```

[MyScreen.java]

```
public class MyScreen {
    MainActivity act;
    GL10 gl;
    SurfaceView surfaceView;

    // 세계의 클리핑할 공간 크기
    private static final float WORLD_WIDTH = 320.0f;
    private static final float WORLD_HEIGHT = 480.0f;

    private float centerX;
    private float centerY;
    private float rotationSpeed = 100.0f;
    private float deltaTimeSum = 0.0f;
    Triangle mTriangle;

    public MyScreen(MainActivity act) {
        this.act = act;
        this.surfaceView = act.renderView;
        mTriangle = new Triangle();
        centerX = WORLD_WIDTH / 2.0f;
        centerY = WORLD_HEIGHT / 2.0f;
    }

    public void update(float deltaTime) {
        deltaTimeSum += deltaTime;
        // 프로그램 로직 처리
    }

    public void present(float deltaTime) {
        gl = act.gl;
        /* 뷰포트 크기 설정 */
        gl.glViewport(0, 0, surfaceView.getWidth(), surfaceView.getHeight());
```

```
        /* 투영 행렬 */
        gl.glMatrixMode(GL10.GL_PROJECTION);  // 투영 행렬 설정
        gl.glLoadIdentity();                  // 투영 행렬 초기화
        gl.glOrthof(0, WORLD_WIDTH, 0, WORLD_HEIGHT, 1, -1);
                                      // 클리핑 영역 설정

        /* 모델뷰 행렬 */
        gl.glMatrixMode(GL10.GL_MODELVIEW);
        gl.glLoadIdentity();            // 모델뷰 행렬 설정
        gl.glTranslatef(centerX, centerY, 0.0f);
                                   // 클리핑 영역의 중앙으로 모델 이동

        float angle = rotationSpeed * deltaTimeSum;
        gl.glRotatef(angle, 0, 0, 1.0f); // 모델을 회전시킴


        /* 화면 지우기 */
        gl.glClearColor(0.4f, 0.8f, 1.0f, 1.0f);
        gl.glClear(GL10.GL_COLOR_BUFFER_BIT);

        /* 삼각형 그리기 */
        mTriangle.draw(gl);
    }

    public void pause() {
        // 프로그램 중지에 따른 처리
    }

    public void resume() {
        // 프로그램 재개에 따른 처리
    }

    public void dispose() {
        // 프로그램 정리 작업
    }

    class Triangle {
        private FloatBuffer mVertexBuffer;
        final int VERTEX_STRIDE;  // 버텍스 하나의 크기(바이트)
        private final static int VERTEX_COUNT = 3;
        private final static int POSITION_SIZE = 2; // 위치 정보 크기 (x, y)
        private final static int COLOR_SIZE = 4;    // 색상 정보 크기 (r, g, b, a)

        public Triangle() {
            float[] vertices =
                { 0.0f,  50.0f, 1.0f, 0.0f, 0.0f, 1.0f,  // 점 0. — Red
```

```
            -43.0f, -25.0f, 0.0f, 1.0f, 0.0f, 1.0f, // 점 1. — Green
             43.0f, -25.0f, 0.0f, 0.0f, 1.0f, 1.0f  // 점 2. — Blue
          };

        VERTEX_STRIDE = (POSITION_SIZE + COLOR_SIZE) * (Float.SIZE / 8);

        // 버텍스 크기 만큼 네이티브 버퍼 생성 (바이트 버퍼)
        ByteBuffer buffer = ByteBuffer.allocateDirect(VERTEX_COUNT
              * VERTEX_STRIDE);
        buffer.order(ByteOrder.nativeOrder());
        mVertexBuffer = buffer.asFloatBuffer();
        mVertexBuffer.put(vertices, 0, vertices.length);
        mVertexBuffer.position(0);
      }

      public void draw(GL10 gl) {
        // 삼각형 그리는 순서 : 반시계 방향
        gl.glFrontFace(GL10.GL_CCW);
        // 위치에 대한 버텍스 배열을 사용함
        gl.glEnableClientState(GL10.GL_VERTEX_ARRAY);
        // 위치에 대한 버텍스 배열 정보는 버텍스 버퍼를 가리킴
        mVertexBuffer.position(0);
        gl.glVertexPointer(POSITION_SIZE, GL10.GL_FLOAT, VERTEX_STRIDE,
              mVertexBuffer);
        // 색상에 대한 버텍스 배열을 사용함
        gl.glEnableClientState(GL10.GL_COLOR_ARRAY);
        // 색상에 대한 버텍스 배열 정보는 버텍스 버퍼를 가리킴
        mVertexBuffer.position(POSITION_SIZE);
        gl.glColorPointer(COLOR_SIZE, GL10.GL_FLOAT, VERTEX_STRIDE,
              mVertexBuffer);
        // 버텍스 배열에 따라 그리기
        gl.glDrawArrays(GL10.GL_TRIANGLES, 0, VERTEX_COUNT);
      }
    }
}
```

[AndroidManifest.xml]

```
    // ... ( 생략 )
    <activity
      android:name="com.at0001.c05_002.MainActivity"
      android:configChanges="keyboard|keyboardHidden|orientation"
      android:label="@string/app_name"
      android:screenOrientation="portrait" >
      <intent-filter>
        <action android:name="android.intent.action.MAIN" />
        <category android:name="android.intent.category.LAUNCHER" />
```

```
        </intent-filter>
    </activity>
   // ... ( 생략 )
```

실행 결과를 확인하면, GLSurfaceView를 사용했을 때와 같은 결과가 얻어짐을 알 수 있다.

서피스 홀더 콜백은 정의하지 않았는데, 필요에 따라 추가할 수도 있다. MainActivity는 onResume()과 onPause() 메소드에서 RenderView를 제어한다. (MainActivity.java 〈1〉, 〈2〉번 라인)

액티비티의 일시 정지(pause)가 완전 종료로 진행하는 경우에는 EGL을 종료시켜야 하기 때문에 추가로 코드를 삽입하였다. (〈3〉번 라인)

RenderView는 서피스 뷰이면서, EGL을 설정하는 일을 담당한다.

한 가지 눈 여겨 볼 것은, 한 프레임의 렌더링이 끝나는 즉시, 버퍼 전환을 직접 호출하는 것을 알 수 있다. (RenderView.java 〈4〉번 라인)

GLSurfaceView는 버퍼 전환을 자동으로 처리해 주는 데 반해, SurfaceView를 사용할 때에는 직접 호출해 줘야 한다.

이제 RenderView 클래스의 InitEGL() 메소드 부분을 세부적으로 알아 보겠다. (RenderView.java 〈5〉번 라인)

앞에서 임베디드 환경의 네이티브에서 EGL API 함수를 호출하는 방법을 살펴 보았는데, 자바의 EGL 바인딩 메소드를 사용하는 방법과 비교해 보면 유익할 것이다.

① EGL 객체 얻기

EGL의 API 함수들을 이용할 수 있는 EGL 객체를 얻는 단계이다.

```
mEGL = (EGL10) GLDebugHelper.wrap(EGLContext.getEGL(),
        GLDebugHelper.CONFIG_CHECK_GL_ERROR
          | GLDebugHelper.CONFIG_CHECK_THREAD, null);
```

EGLContext의 Class 메소드인 getEGL()을 호출하여 이루어지는데, GL 관련 인터페이스를 수행할 때에 에러 확인을 위한 Wrapper 클래스인 GLDebugHelper를 사용하였다.

② EGL 디스플레이 연결 정보 얻기

디스플레이 정보를 얻는 과정이다.

```
mEGLDisplay = mEGL.eglGetDisplay(EGL10.EGL_DEFAULT_DISPLAY);
```

API 함수의 원형은 아래와 같다.

EGLDisplay eglGetDisplay(EGLNativeDisplayType display_id);

display_id는 X 윈도 시스템의 경우 X 디스플레이 번호가 되고, 마이크로소프트의 Windows에서는 Windows Device Context에 해당한다. 보통은 여기에서처럼 디폴트 디스플레이를 알아서 리턴해 달라고 요청한다.

③ EGL 초기화

EGL의 초기화 단계이다. 위에서 얻은 디스플레이를 파라미터로 eglInitialize() API를 호출하면 EGL 구현체의 버전 정보를 알 수 있다.

```
int[] curEGLVersion = new int[2];
mEGL.eglInitialize(mEGLDisplay, curEGLVersion);
```

버전 정보가 배열로 되어 있는 것은, 버전을 다음과 같이 조합하여 사용하기 위함이다.

```
curEGLVersion[0] + "." + curEGLVersion[1]
```

④ EGL 구성 정보 선택

EGL의 구성 정보를 선택하는 단계이다.

```
EGLConfig[] configs = new EGLConfig[1];
int[] numConfigs = new int[1];
mEGL.eglChooseConfig(mEGLDisplay, mConfigSpec, configs, 1, numConfigs);
mEGLConfig = configs[0];
```

앞 부분에서 다음과 같이 필요한 구성에 대한 속성들을 배열로 정의하였다.

```
int[] mConfigSpec =
```

```
{ EGL10.EGL_RED_SIZE,  5,
  EGL10.EGL_GREEN_SIZE, 6,
  EGL10.EGL_BLUE_SIZE,  5,
  EGL10.EGL_DEPTH_SIZE, 16,
  EGL10.EGL_NONE };
```

[표 5-3] EGL 구성 정보 속성 목록

Attribute	Type	Notes
EGL_BUFFER_SIZE	integer	total color component bits in the color buffer
EGL_RED_SIZE	integer	bits of Red in the color buffer
EGL_GREEN_SIZE	integer	bits of Green in the color buffer
EGL_BLUE_SIZE	integer	bits of Blue in the color buffer
EGL_LUMINANCE_SIZE	integer	bits of Luminance in the color buffer
EGL_ALPHA_SIZE	integer	bits of Alpha in the color buffer
EGL_ALPHA_MASK_SIZE	integer	bits of Alpha Mask in the mask buffer
EGL_BIND_TO_TEXTURE_RGB	boolean	True if bindable to RGB textures.
EGL_BIND_TO_TEXTURE_RGBA	boolean	True if bindable to RGBA textures.
EGL_COLOR_BUFFER_TYPE	enum	color buffer type
EGL_CONFIG_CAVEAT	enum	any caveats for the configuration
EGL_CONFIG_ID	integer	unique EGLConfig identifier
EGL_CONFORMANT	bitmask	whether contexts created with this config are conformant
EGL_DEPTH_SIZE	integer	bits of Z in the depth buffer
EGL_LEVEL	integer	frame buffer level
EGL_MAX_PBUFFER_WIDTH	integer	maximum width of pbuffer
EGL_MAX_PBUFFER_HEIGHT	integer	maximum height of pbuffer
EGL_MAX_PBUFFER_PIXELS	integer	maximum size of pbuffer
EGL_MAX_SWAP_INTERVAL	integer	maximum swap interval
EGL_MIN_SWAP_INTERVAL	integer	minimum swap interval
EGL_NATIVE_RENDERABLE	boolean	EGL_TRUE if native rendering APIs can render to surface
EGL_NATIVE_VISUAL_ID	integer	handle of corresponding native visual
EGL_NATIVE_VISUAL_TYPE	integer	native visual type of the associated visual
EGL_RENDERABLE_TYPE	bitmask	which client APIs are supported
EGL_SAMPLE_BUFFERS	integer	number of multisample buffers
EGL_SAMPLES	integer	number of samples per pixel
EGL_STENCIL_SIZE	integer	bits of Stencil in the stencil buffer
EGL_SURFACE_TYPE	bitmask	which types of EGL surfaces are supported.
EGL_TRANSPARENT_TYPE	enum	type of transparency supported
EGL_TRANSPARENT_RED_VALUE	integer	transparent red value
EGL_TRANSPARENT_GREEN_VALUE	integer	transparent green value
EGL_TRANSPARENT_BLUE_VALUE	integer	transparent blue value

EGL의 구성 정보에 대한 속성 리스트는 표 5-3에 나와 있다. 다양한 속성들을 정의할 수 있는데, 안드로이드에서 OpenGL ES를 사용하는 경우, 주로 사용되는 것은 색상, 깊이, 휘도, 스텐실 등의 비트 수 등의 항목들이다. 위의 예제에서는 2바이트(16 비트)로 565 포맷의 RGB 색상을 표현하고, 깊이 값은 2바이트로 표현하기 위한 속성을 의미한다.

eglChooseConfig()의 API 함수의 원형은 다음과 같다.

```
EGLBoolean eglChooseConfig(EGLDisplay dpy, const
                    EGLint *attrib_list, EGLConfig *configs,
                    EGLint config_size, EGLint *num_config);
```

EGL 구성 정보는 보통 하나 이상이 될 경우가 많다.
configs를 NULL로 해서 호출하는 경우와 위의 예제처럼 configs를 NULL이 아닌 경우로 넘기는 2가지 호출이 있다. 첫 번째 호출의 경우에는 attrib_list를 만족하는 모든 구성 정보들의 수를 num_config로 리턴하게 된다. 두 번째 호출의 경우에는 config_size 수 만큼의 구성 정보를 요청하는 것인데, configs 배열에 실제로 리턴된 구성 정보의 수가 num_config로 리턴된다. 두 번째 호출의 경우는 다음의 예제를 통해서 확인해 보겠다.

⑤ 윈도 서피스 생성

이제까지 준비된 디스플레이, EGL 구성 정보를 바탕으로 하여, 온 스크린 렌더링 서피스를 생성할 차례이다. 구성 정보의 컬러 버퍼 포맷과 일치하는 픽셀 포맷을 갖는 네이티브 플랫폼의 서피스를 얻는 단계이다.

```
mEGLSurface = mEGL.eglCreateWindowSurface(mEGLDisplay, mEGLConfig,
     mHolder, null);
```

이 API를 통해서 반환되는 것이 결국, 렌더링 서피스에 대한 핸들이다.

```
EGLSurface eglCreateWindowSurface(EGLDisplay dpy,
EGLConfig config, EGLNativeWindowType win,
const EGLint *attrib_list);
```

예제에서 EGLNativeWindowType 파라미터를 SurfaceHolder로 하였음을 유의해 볼 필요가 있다.

⑥ 렌더링 컨텍스트 생성

윈도 서피스까지 생성되었으니, 렌더링 컨텍스트를 생성해야 한다.

```
mEGLContext = mEGL.eglCreateContext(mEGLDisplay, mEGLConfig,
        EGL10.EGL_NO_CONTEXT, null);
```

eglCreateContext()의 API 함수의 원형은 다음과 같다.

```
EGLContext eglCreateContext(EGLDisplay dpy,
EGLConfig config, EGLContext share_context,
const EGLint *attrib_list);
```

eglChooseConfig()와 마찬가지로 컨텍스트의 속성 정보를 파라미터로 전달하게 되어 있다. 이 예제에서는 null로 하여 속성을 따로 작성하지 않았다. OpenGL ES 1.1 버전을 사용하기 위한 렌더링 컨텍스트를 얻을 때에는 이 속성이 필요하지 않다.
다만, OpenGL ES 2.0 이상을 사용하는 경우에는 명시해 줘야 하며, 나중에 나올 2.0 관련 예제에서 확인해 보겠다.
렌더링 컨텍스트를 쓰레드 간 공유하기 위한 share_context 파라미터는 이 책에서는 다루지 않는다.

⑦ 렌더링 컨텍스트를 렌더링 쓰레드와 윈도 서피스에 바인딩 함.

이 예제에서 EGL 설정 작업이 진행되고 있는 쓰레드는 렌더링 쓰레드이다.
렌더링 컨텍스트를 생성한 다음 단계는 이 컨텍스트를 렌더링 쓰레드에 바인딩시키는 것이다. 또한 프레임버퍼로부터 읽고 쓰는 서피스가 무엇인지를 명시하는 것까지 포함한다.

```
mEGL.eglMakeCurrent(mEGLDisplay, mEGLSurface, mEGLSurface, mEGLContext);
```

eglMakeCurrent()의 API 함수의 원형은 다음과 같다. 안드로이드에서는 draw와 read의 평면을 앞서 생성한 윈도 평면을 동일하게 지정해 주면 된다.

```
EGLBoolean eglMakeCurrent(EGLDisplay dpy,
EGLSurface draw, EGLSurface read,
EGLContext ctx);
```

⑧ GL 핸들러 얻기

이제, 필요한 EGL 설정 작업은 모두 완료되었고 그리기를 수행하기 위한 GL 인터페이스의 핸들러 객체를 얻으면 된다.
EGL 컨텍스트의 getGL() 메소드를 호출하여 얻게 된다.

```
mGL = (GL10) GLDebugHelper.wrap(mEGLContext.getGL(),
    GLDebugHelper.CONFIG_CHECK_GL_ERROR
    | GLDebugHelper.CONFIG_CHECK_THREAD
    | GLDebugHelper.CONFIG_LOG_ARGUMENT_NAMES, null);
```

OpenGL ES 1.1 버전에 해당하는 사항이고, 2.0 이상의 버전에서는 이런 핸들러는 필요하지 않다. OpenGL 명령어들은 Static 메소드 형태로 호출만 해 주면 된다.

이상으로 EGL 설정에 대해서 상세히 알아 보았다. 이 원리는 OpenGL ES 버전에 따른 설정에 매우 중요하며, 특히 네이티브 액티비티와 같이 직접 EGL 설정을 해 줘야 하는 경우에 유용하게 활용될 수 있다.

마지막으로 이 예제에서, 액티비티의 종료 시에 EGL을 정리하는 작업을 기술하고 있다.

(RenderView.java 〈6〉번 라인)

```
private void cleanupEGL() {
    mEGL.eglMakeCurrent(mEGLDisplay, EGL10.EGL_NO_SURFACE,
        EGL10.EGL_NO_SURFACE, EGL10.EGL_NO_CONTEXT);
    mEGL.eglDestroySurface(mEGLDisplay, mEGLSurface);
```

```
        mEGL.eglDestroyContext(mEGLDisplay, mEGLContext);
        mEGL.eglTerminate(mEGLDisplay);
    }
```

사용하지 않게 되면 EGL을 반드시 정리해줘야만 한다. GLSurfaceView는 자동으로 정리 작업까지 처리해 준다.

이 예제는 수동으로 EGL을 설정해 가면서 GL10 객체를 EGL로부터 얻는 것을 보여주기 위하여 GLES10과 같은 'android.opengl' 패키지의 클래스를 사용하지 않고, J2ME 형식의 'javax.microedition.khronos.opengles' 패키지의 인터페이스 GL10을 그대로 이용하였으니, 감안하여 확인하기 바란다.

이 예제를 GLES10의 static 메소드로 전환해도 정상적으로 결과가 얻어진다.

6. GLSurfaceView의 EGL 설정(OpenGL ES 1.1)

바로 앞의 예제에서는 SurfaceView를 직접 다뤄서 OpenGL 그래픽 기능을 구현했는데, 실제로는 GLSurfaceView를 사용하는 것이 일반적이다.

물론 SurfaceView를 사용하게 되면, EGL 설정을 범용적이 OpenGL ES 방식처럼 수행할 수 있고, Canvas 그래픽에서와 동일한 프로그램 디자인을 유지할 수 있는 점도 고려해 볼 만 하다.

GLSurfaceView를 사용하더라도, EGL 설정을 할 수 있는 방법이 없는 것은 아니다. EGL을 제어하기 위한 인터페이스를 추가로 제공해 주기 때문인데, 예제 5-3을 통해 확인해 보자.

GLSurfaceView를 사용하면, 렌더링 쓰레드의 실체가 은닉되어 있다는 사실만 염두에 두고, 예제를 살펴 보기 바란다.

[예제 5-3] 회전하는 사각형 (GLSurfaceView와 EGL 설정, OpenGL ES 1.0)

[MainActivity.java]

```
public class MainActivity extends Activity implements Renderer {
    public GLSurfaceView glView;
    MyScreen screen;
    boolean started = false;
    boolean running = false;
```

```
long startTime;

@Override
protected void onCreate(Bundle savedInstanceState) {
    super.onCreate(savedInstanceState);
    requestWindowFeature(Window.FEATURE_NO_TITLE);
    getWindow().setFlags(WindowManager.LayoutParams.FLAG_FULLSCREEN,
            WindowManager.LayoutParams.FLAG_FULLSCREEN);
    glView = new MyGLSurfaceView(this);
    glView.setRenderer(this);

    setContentView(glView);
}

@Override
protected void onResume() {
    super.onResume();
    glView.onResume();
    running = true;
}

@Override
protected void onPause() {
    super.onPause();
    running = false;
    glView.onPause();
}

@Override
public void onSurfaceCreated(GL10 gl, EGLConfig config) {
    if (!started) {
        screen = new MyScreen(this);
    }
    started = true;
    screen.resume();
    startTime = System.nanoTime();
}

@Override
public void onSurfaceChanged(GL10 gl, int width, int height) {
    // 서피스 크기의 변경
}

@Override
public void onDrawFrame(GL10 gl) {
    if (running) {
```

```
            float deltaTime = (System.nanoTime() - startTime) / 1000000000.0f;
            startTime = System.nanoTime();
            screen.update(deltaTime);
            screen.present(deltaTime);
        }
    }
}
```

[MyGLSurfaceView.java]

```
public class MyGLSurfaceView extends GLSurfaceView {
    private static String TAG = "MyGLSurfaceView";

    public MyGLSurfaceView(Context context) {
        super(context);
        init(false, 0, 0);
    }

    // 반투명, 깊이 테스트, 스텐실 테스트를 적용할 때의 생성자
    public MyGLSurfaceView(Context context, boolean translucent, int depth,
            int stencil) {
        super(context);
        init(translucent, depth, stencil);
    }

    private void init(boolean translucent, int depth, int stencil) {

        // GLSurfaceView는 디폴트로 RGB_565 포맷의 불투명 평면을 생성한다.
        // 만일 alpha를 적용하여 반투명한 포맷이 필요하다면,
        // 평면의 픽셀 포맷도 그에 맞게 변경해야 한다.
        if (translucent) {
            this.getHolder().setFormat(PixelFormat.TRANSLUCENT);
        }

        // EGLContext를 생성하기 위한 ContextFactory 설정
        setEGLContextFactory(new ContextFactory());

        // EGL 구성 정보를 선택할 수 있는 ConfigChooser 설정
        setEGLConfigChooser(translucent ? new ConfigChooser(8, 8, 8, 8, depth,
                stencil) : new ConfigChooser(5, 6, 5, 0, depth, stencil));

    }

    private static class ConfigChooser implements
            GLSurfaceView.EGLConfigChooser {

        protected int mRedSize;
```

```
protected int mGreenSize;
protected int mBlueSize;
protected int mAlphaSize;
protected int mDepthSize;
protected int mStencilSize;
private int[] mValue = new int[1];

public ConfigChooser(int r, int g, int b, int a, int depth, int stencil) {
   mRedSize = r;
   mGreenSize = g;
   mBlueSize = b;
   mAlphaSize = a;
   mDepthSize = depth;
   mStencilSize = stencil;
}

// EGL 구성정보에 대한 속성 값들
// —> R, G, B 각 색상 비트를 최소 4비트로 지정함.
private static int[] configAttribs = { EGL10.EGL_RED_SIZE, 4,
      EGL10.EGL_GREEN_SIZE, 4, EGL10.EGL_BLUE_SIZE, 4, EGL10.EGL_NONE };

public EGLConfig chooseConfig(EGL10 egl, EGLDisplay display) {

   // 구성정보 배열을 null로 하여 eglChooseConfig()를 호출함
   // —> EGLConfigs configs = null, int config_size = 0
   // 이 경우에는 위 속성 값들을 만족시키는 전체 구성정보들의 수가 num_config로 리턴됨
   // 1차로 속성 값의 유효 여부를 판단하기 위한 단계임
   int[] num_config = new int[1];
   egl.eglChooseConfig(display, configAttribs, null, 0, num_config);

   int numConfigs = num_config[0];
   Log.i(TAG, "## eglChooseConfig() — num_config:" + numConfigs);

   if (numConfigs <= 0) {
      throw new IllegalArgumentException(
            "No configs match configSpec");
   }

   // 구성정보 배열을 앞에서 구한 개수만큼 크기를 지정하여
   // eglChooseConfig()를 호출함
   EGLConfig[] configs = new EGLConfig[numConfigs];
   egl.eglChooseConfig(display, configAttribs, configs, numConfigs,
         num_config);

   // 원하는 규칙에 가장 부합하는 구성 정보를 선택함
   return chooseConfig(egl, display, configs);
```

```
    }

    public EGLConfig chooseConfig(EGL10 egl, EGLDisplay display,
            EGLConfig[] configs) {

        for (EGLConfig config : configs) {
            int d = findConfigAttrib(egl, display, config,
                    EGL10.EGL_DEPTH_SIZE, 0);
            int s = findConfigAttrib(egl, display, config,
                    EGL10.EGL_STENCIL_SIZE, 0);

            // 구성 정보 중, 깊이 버퍼 비트 수와 스텐실 버퍼 비트 수가
            // 만족되는 구성 정보만 선택함
            if (d < mDepthSize || s < mStencilSize)
                continue;

            int r = findConfigAttrib(egl, display, config,
                    EGL10.EGL_RED_SIZE, 0);
            int g = findConfigAttrib(egl, display, config,
                    EGL10.EGL_GREEN_SIZE, 0);
            int b = findConfigAttrib(egl, display, config,
                    EGL10.EGL_BLUE_SIZE, 0);
            int a = findConfigAttrib(egl, display, config,
                    EGL10.EGL_ALPHA_SIZE, 0);

            // 구성정보 중, RGBA가 정확히 일치하는 첫번째 구성정보를 선택함
            if (r == mRedSize && g == mGreenSize && b == mBlueSize
                    && a == mAlphaSize) {
                return config;
            }
        }
        return null;
    }

    // 구성정보 내에 특정 속성의 값을 조회함
    private int findConfigAttrib(EGL10 egl, EGLDisplay display,
            EGLConfig config, int attribute, int defaultValue) {

        if (egl.eglGetConfigAttrib(display, config, attribute, mValue)) {
            return mValue[0];
        }
        return defaultValue;
    }
}

private static class ContextFactory implements
```

```
        GLSurfaceView.EGLContextFactory {

    public EGLContext createContext(EGL10 egl, EGLDisplay display,
            EGLConfig eglConfig) {
        checkEglError("Before eglCreateContext", egl);

        // 1.x 버전에서는 컨텍스트 생성 시, 속성 정보가 불필요함.
        EGLContext context = egl.eglCreateContext(display, eglConfig,
                EGL10.EGL_NO_CONTEXT, null);

        checkEglError("After eglCreateContext", egl);
        return context;
    }

    public void destroyContext(EGL10 egl, EGLDisplay display,
            EGLContext context) {
        egl.eglDestroyContext(display, context);
    }
  }

  // OpenGL 관련 작업 에러 내역을 조회함
  private static void checkEglError(String prompt, EGL10 egl) {
    int error;
    while ((error = egl.eglGetError()) != EGL10.EGL_SUCCESS) {
      Log.e(TAG, String.format("%s: EGL error: 0x%x", prompt, error));
    }
  }
}
```

[MyScreen.java]

```
public class MyScreen {
  MainActivity act;
  GLSurfaceView glView;
  private static final float WORLD_WIDTH = 320.0f;
  private static final float WORLD_HEIGHT = 480.0f;
  private float centerX;
  private float centerY;
  private float rotationVelocity = 100.0f;
  private float deltaTimeSum = 0.0f;
  Square mSquare;

  public MyScreen(MainActivity act) {
    this.act = act;
    this.glView = act.glView;
    mSquare = new Square();
```

```
        centerX = WORLD_WIDTH / 2.0f;
        centerY = WORLD_HEIGHT / 2.0f;
    }

    public void update(float deltaTime) {
        deltaTimeSum += deltaTime;
        // 프로그램 로직 처리
    }

    public void present(float deltaTime) {
        /* 뷰포트 크기 설정 */
        GLES10.glViewport(0, 0, glView.getWidth(), glView.getHeight());

        /* 투영 행렬 */
        // 투영 행렬 설정
        GLES10.glMatrixMode(GLES10.GL_PROJECTION);
        // 투영 행렬 초기화
        GLES10.glLoadIdentity();
        // 클리핑 영역 설정
        GLES10.glOrthof(0, WORLD_WIDTH, 0, WORLD_HEIGHT, 1, -1);

        /* 모델뷰 행렬 */
        // 모델뷰 행렬 설정
        GLES10.glMatrixMode(GLES10.GL_MODELVIEW);
        // 모델뷰 행렬 초기화
        GLES10.glLoadIdentity();
        GLES10.glTranslatef(centerX, centerY, 0.0f);

        float angle = rotationVelocity * deltaTimeSum;
        // 모델을 회전시킴
        GLES10.glRotatef(angle, 0, 0, 1.0f);

        /* 화면 지우기 */
        GLES10.glClearColor(0.4f, 0.8f, 1.0f, 1.0f);
        GLES10.glClear(GLES10.GL_COLOR_BUFFER_BIT);

        /* 사각형 그리기 */
        mSquare.draw();
    }

    public void pause() {
        // 프로그램 중지에 따른 처리
    }

    public void resume() {
        // 프로그램 재개에 따른 처리
```

```
}

public void dispose() {
    // 프로그램 정리 작업
}

class Square {

    private FloatBuffer mVertexBuffer;
    private ShortBuffer mIndexBuffer;

    // 버텍스 하나의 크기(바이트)
    final int VERTEX_STRIDE;

    private final static int VERTEX_COUNT = 4;
    private final static int INDEX_COUNT = 6;

    // 위치 정보 크기 (x, y)
    private final static int POSITION_SIZE = 2;
    // 색상 정보 크기 (r, g, b, a)
    private final static int COLOR_SIZE = 4;

    public Square() {

        float[] vertices = { -50.0f, 50.0f, 1.0f, 0.0f, 0.0f, 1.0f, // 점 0. — Red
                -50.0f, -50.0f, 0.0f, 1.0f, 0.0f, 1.0f, // 점 1. — Blue
                50.0f, -50.0f, 0.0f, 0.0f, 1.0f, 1.0f, // 점 2. — Green
                50.0f, 50.0f, 0.0f, 1.0f, 0.0f, 1.0f // 점 3. — Blue
        };

        short[] indices = { 0, 1, 3, 1, 2, 3 };

        VERTEX_STRIDE = (POSITION_SIZE + COLOR_SIZE) * (Float.SIZE / 8);

        // 버텍스 크기 만큼 네이티브 버퍼 생성 (바이트 버퍼)
        ByteBuffer buffer = ByteBuffer.allocateDirect(VERTEX_COUNT
                * VERTEX_STRIDE);
        buffer.order(ByteOrder.nativeOrder());
        mVertexBuffer = buffer.asFloatBuffer();

        buffer = ByteBuffer.allocateDirect(INDEX_COUNT * Short.SIZE / 8);
        buffer.order(ByteOrder.nativeOrder());
        mIndexBuffer = buffer.asShortBuffer();

        mVertexBuffer.put(vertices, 0, vertices.length);
        mIndexBuffer.put(indices, 0, indices.length);
```

```
            mVertexBuffer.position(0);
            mIndexBuffer.position(0);
        }

        public void draw() {
            // 삼각형 그리는 순서 : 반시계 방향
            GLES10.glFrontFace(GLES10.GL_CCW);
            // 위치에 대한 버텍스 배열을 사용함
            GLES10.glEnableClientState(GLES10.GL_VERTEX_ARRAY);
            // 위치에 대한 버텍스 배열 정보는 버텍스 버퍼를 가리킴
            mVertexBuffer.position(0);
            GLES10.glVertexPointer(POSITION_SIZE, GLES10.GL_FLOAT,
                    VERTEX_STRIDE, mVertexBuffer);
            // 색상에 대한 버텍스 배열을 사용함
            GLES10.glEnableClientState(GLES10.GL_COLOR_ARRAY);
            // 색상에 대한 버텍스 배열 정보는 버텍스 버퍼를 가리킴
            mVertexBuffer.position(POSITION_SIZE);
            GLES10.glColorPointer(COLOR_SIZE, GLES10.GL_FLOAT, VERTEX_STRIDE,
                    mVertexBuffer);
            // 인덱스 버퍼의 맨 앞을 가리킴
            mIndexBuffer.position(0);
            // 인덱스에 따라 삼각형 그리기
            GLES10.glDrawElements(GLES10.GL_TRIANGLES, INDEX_COUNT,
                    GLES10.GL_UNSIGNED_SHORT, mIndexBuffer);
        }
    }
}
```

[AndroidManifest.xml]

```
    // ... ( 생략 )
    <activity
        android:name="com.at0001.c05_003.MainActivity"
        android:configChanges="keyboard|keyboardHidden|orientation"
        android:label="@string/app_name"
        android:screenOrientation="portrait" >
        <intent-filter>
            <action android:name="android.intent.action.MAIN" />
            <category android:name="android.intent.category.LAUNCHER" />
        </intent-filter>
    </activity>
    // ... ( 생략 )
```

이 예제는 사각형을 회전하는 예제인데, 4개의 정점 데이터를 6개의 인덱스로 그려내고 있다.

프로그램 구조는 EGL 설정하는 부분을 제외하면, 예제 5-1과 비슷하기 때문에 EGL 설정을 중심으로 설명하겠다.

GLSurfaceView는 안드로이드에서 OpenGL ES를 더 쉽게 사용하기 위하여 SurfaceView를 상속하여 만들어진 클래스로, 여기에는 EGL 설정과 관련하여 몇 가지 인터페이스가 제공되는데, EGLConfigChooser, EGLContextFactory, EGLWindowSurfaceFactory 등의 인터페이스가 있다.

차례대로, 구성정보를 선택하고 컨텍스트를 만들고, 윈도 평면을 만드는 클래스들을 정의하는 도구인 셈이다.

EGL 설정에서 속성 값들을 배열로 정의하여 사용하는 단계들이 구성정보 선택과 컨텍스트를 만드는 단계였다. 즉, 별도의 EGL 설정에 대한 제어는 이 두 단계에서 가장

[그림 5-9] 예제 5-3 실행 화면

많이 행해진다고 볼 수 있다. 차례대로 확인해 보자.

(1) EGL 구성정보 설정

GLSurfaceView.EGLConfigChooser 인터페이스를 구현한 클래스에서 chooseConfig() 메소드를 작성하면 자동으로 구성정보 선택이 이루어진다.

구성 정보 속성은 앞 예제와 동일하게 지정하면 된다.

앞 예제에서는 한 번에 구성정보를 선택했다면, 여기에서는 먼저 가능한 구성정보 개수만 먼저 구해보고 가능한 구성정보가 있으면 필요로 하는 규칙에 맞는 구성정보를 선택하는 방식으로 한다.

```
private static int[] configAttribs =
{
   EGL10.EGL_RED_SIZE, 4,
   EGL10.EGL_GREEN_SIZE, 4,
   EGL10.EGL_BLUE_SIZE, 4,
   EGL10.EGL_NONE
};
```

eglChooseConfig()의 세 번째 파라미터(EGLConfig를 리턴 받을 배열)를 null로 하고 Config_size를 0으로 하여 호출하고 있다. 이렇게 하면 num_config로 속성들 조건에 부합하는 구성정보의 수를 리턴받을 수 있다.

속성 배열을 보면, R, G, B 각 색상 별로 최소 4비트만 만족하면 되는 경우이다.

```
int[] num_config = new int[1];
egl.eglChooseConfig(display, configAttribs, null, 0, num_config);
int numConfigs = num_config[0];

if (numConfigs <= 0) {
   throw new IllegalArgumentException("No configs match configSpec");
}
```

해당 조건에 부합하는 EGL 구성정보가 없으면 예외 처리를 하고, 그렇지 않으면 구성정보 수만큼의 배열을 만들어 eglChooseConfig()의 세 번째 파라미터(EGLConfig를 리턴 받을 배열)로 하여 API 호출을 한다. 이렇게 하면 배열에 모든 구성정보들이 저장된다.

```
EGLConfig[] configs = new EGLConfig[numConfigs];
egl.eglChooseConfig(display, configAttribs, configs, numConfigs, num_config);
```

이렇게 EGL로부터 1개 이상의 구성정보들을 리턴 받고, 임의의 규칙을 만들어서 필요한 구성 정보를 하나 선택할 수 있도록 chooseConfig() 메소드를 작성했다.

루프 내에서 한가지 씩 조건 체크를 하고 부합하는 가장 먼저 읽혀진 구성정보를 리턴하고 있다.

```
int d = findConfigAttrib(egl, display, config,
        EGL10.EGL_DEPTH_SIZE, 0);
int s = findConfigAttrib(egl, display, config,
        EGL10.EGL_STENCIL_SIZE, 0);
if (d < mDepthSize || s < mStencilSize)
    continue;
```

위의 룰은 깊이 버퍼 비트 수와 스텐실 버퍼 비트 수는 최소한 만족해야 한다는 의미이다. 이 예제에서는 두 값을 사용하지 않아 모두 0이다.

```
int r = findConfigAttrib(egl, display, config,
        EGL10.EGL_RED_SIZE, 0);
    int g = findConfigAttrib(egl, display, config,
            EGL10.EGL_GREEN_SIZE, 0);
    int b = findConfigAttrib(egl, display, config,
            EGL10.EGL_BLUE_SIZE, 0);
    int a = findConfigAttrib(egl, display, config,
        EGL10.EGL_ALPHA_SIZE, 0);

    if (r == mRedSize && g == mGreenSize
        && b == mBlueSize && a == mAlphaSize) {
        return config;
    }
```

1차로 검출된 구성정보들은 모두 444(R:4 G:4 B:4)비트 조합 이상 되는 구성정보였다. 여기에 별도의 룰을 적용하고 있는데, 반투명은 8888(R:8 G:8 B:8 A:8), 불투명은 565(R:5 G:6 B:5 A:0)에 맞는 첫 번째 구성정보를 찾고 있는 것이다.

이렇게 필요한 룰을 작성하여 적용할 수 있다.

속성 배열을 어떻게 작성하는지에 따라서 뿐만 아니라, 하드웨어 환경에 따라서도 구성정보들의 검출되는 수는 다르다. 이 예제에서와 같이 낮은 수준의 제약을 주면 많게는 수십 개까지 구성정보가 대상이 될 수도 있다. 그림 5-10은, 속성 기준치를 만족하는 여러 구성정보 중 정의된 룰에 부합하는 첫 번째 구성 정보를 선택 받는 것을 예시로 보여주고 있다.

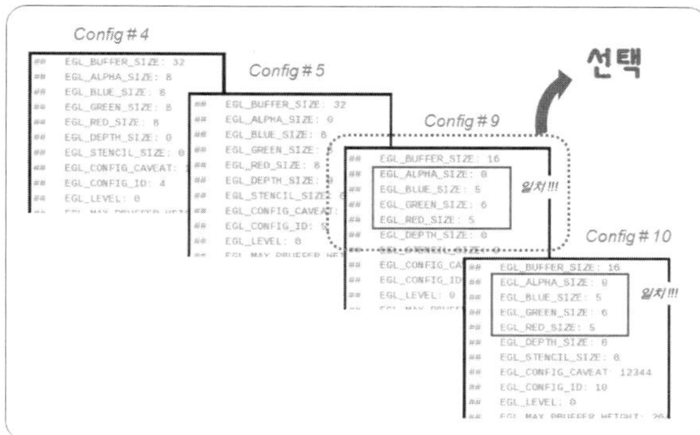

[그림 5-10] 예제 5-3의 EGL 구성정보 선택 (첫번째 일치한 구성정보 선택)

(2) EGL 컨텍스트 생성

GLSurfaceView.EGLContextFactory 인터페이스를 구현한 클래스에서 createContext() 메소드를 작성하면 자동으로 컨텍스트 생성이 이루어진다.

OpenGL ES 1.1에서는 컨텍스트 생성 시, 별도의 속성 정보가 필요없다. null로 넘기는 것이 일반적이다.

7. GLSurfaceView의 EGL 설정 (OpenGL ES 2.0)

OpenGL ES 1.1 버전과 2.0 이상의 버전은 서로 파이프라인 방식이 상이하고 호환이 되지 않는다. 2.0 이상의 버전은 고정 파이프라인 대신, 쉐이더라는 프로그래머블 파이프라인 방식을 사용한다.

EGL 설정 방법을 중심으로 설명하겠다. 2.0 버전의 예제 5.4를 확인해 보자.

[예제 5-4] 회전하는 원 (GLSurfaceView와 EGL 설정, OpenGL ES 2.0)

[MainActivity.java]

```
public class MainActivity extends Activity implements Renderer {
    public GLSurfaceView glView;
    MyScreen screen;
```

```
boolean started = false;
boolean running = false;
long startTime = System.nanoTime();
boolean logFlag = false;

@Override
protected void onCreate(Bundle savedInstanceState) {
    super.onCreate(savedInstanceState);
    requestWindowFeature(Window.FEATURE_NO_TITLE);
    getWindow().setFlags(WindowManager.LayoutParams.FLAG_FULLSCREEN,
            WindowManager.LayoutParams.FLAG_FULLSCREEN);
    glView = new MyGLSurfaceView(this);
    glView.setRenderer(this);
    setContentView(glView);
}

@Override
protected void onResume() {
    super.onResume();
    glView.onResume();
    running = true;
}

@Override
protected void onPause() {
    glView.onPause();
    super.onPause();
    running = false;
}

@Override
public void onSurfaceCreated(GL10 gl, EGLConfig config) {
    if (!started) {
        screen = new MyScreen(this);
    }

    started = true;
    screen.resume();
    startTime = System.nanoTime();
}

@Override
public void onSurfaceChanged(GL10 gl, int width, int height) {
    // 뷰 사이즈 변경
}
```

```
    @Override
    public void onDrawFrame(GL10 gl) {
        if (running) {
            float deltaTime = (System.nanoTime() - startTime) / 1000000000.0f;
            startTime = System.nanoTime();
            screen.update(deltaTime);
            screen.present(deltaTime);
        }
    }
}
```

[MyGLSurfaceView.java]

```
public class MyGLSurfaceView extends GLSurfaceView {
    private static String TAG = "MyGLSurfaceView";

    public MyGLSurfaceView(Context context) {
        super(context);
        init(false, 0, 0);
    }

    // 반투명, 깊이 테스트, 스텐실 테스트를 적용할 때의 생성자
    public MyGLSurfaceView(Context context, boolean translucent, int depth, int stencil) {
        super(context);
        init(translucent, depth, stencil);
    }

    private void init(boolean translucent, int depth, int stencil) {

        // GLSurfaceView는 디폴트로 RGB_565 포맷의 불투명 평면을 생성한다.
        // 만일 alpha를 적용하여 반투명한 포맷이 필요하다면,
        // 평면의 픽셀 포맷도 그에 맞게 변경해야 한다.
        if (translucent) {
            this.getHolder().setFormat(PixelFormat.TRANSLUCENT);
        }

        // EGLContext를 생성하기 위한 ContextFactory 설정
        setEGLContextFactory(new ContextFactory());

        // EGL 구성 정보를 선택할 수 있는 ConfigChooser 설정
        setEGLConfigChooser( translucent ?
                         new ConfigChooser(8, 8, 8, 8, depth, stencil) :
                         new ConfigChooser(5, 6, 5, 0, depth, stencil) );

    }

    private static class ConfigChooser implements GLSurfaceView.EGLConfigChooser {
```

```
protected int mRedSize;
protected int mGreenSize;
protected int mBlueSize;
protected int mAlphaSize;
protected int mDepthSize;
protected int mStencilSize;
private int[] mValue = new int[1];

public ConfigChooser(int r, int g, int b, int a, int depth, int stencil) {
   mRedSize = r;
   mGreenSize = g;
   mBlueSize = b;
   mAlphaSize = a;
   mDepthSize = depth;
   mStencilSize = stencil;
}

// EGL 구성정보에 대한 속성 값들
//  --> R, G, B 각 색상 비트를 최소 4비트로 지정함
// OpenGL ES 2.0 사용을 위해 Renderable type에 지정함
private static final int EGL_OPENGL_ES2_BIT = 4;
private static int[] configAttribs =
{
   EGL10.EGL_RED_SIZE, 4,
   EGL10.EGL_GREEN_SIZE, 4,
   EGL10.EGL_BLUE_SIZE, 4,
   EGL10.EGL_RENDERABLE_TYPE, EGL_OPENGL_ES2_BIT,
   EGL10.EGL_NONE
};

public EGLConfig chooseConfig(EGL10 egl, EGLDisplay display) {

   // 구성정보 배열을 null로 하여 eglChooseConfig()를 호출함
//     --> EGLConfigs configs = null, int config_size = 0
   // 이 경우에는 위 속성 값들을 만족시키는 전체 구성정보들의 수가 num_config로 리턴됨
   // 1차로 속성 값의 유효 여부를 판단하기 위한 단계임
   int[] num_config = new int[1];
   egl.eglChooseConfig(display, configAttribs, null, 0, num_config);

   int numConfigs = num_config[0];
   Log.i(TAG, "## eglChooseConfig() - num_config:" + numConfigs);

   if (numConfigs <= 0) {
      throw new IllegalArgumentException("No configs match configSpec");
   }
```

```
        // 구성정보 배열을 앞에서 구한 개수만큼 크기를 지정하여
        //   eglChooseConfig()를 호출함
        EGLConfig[] configs = new EGLConfig[numConfigs];
        egl.eglChooseConfig(display, configAttribs, configs, numConfigs, num_config);

        // 원하는 규칙에 가장 부합하는 구성 정보를 선택함
        return chooseConfig(egl, display, configs);
    }

    public EGLConfig chooseConfig(EGL10 egl, EGLDisplay display,
            EGLConfig[] configs) {
        for(EGLConfig config : configs) {
            int d = findConfigAttrib(egl, display, config,
                    EGL10.EGL_DEPTH_SIZE, 0);
            int s = findConfigAttrib(egl, display, config,
                    EGL10.EGL_STENCIL_SIZE, 0);

            // 구성 정보 중, 깊이 버퍼 비트 수와 스텐실 버퍼 비트 수가
            // 만족되는 구성 정보만 선택함
            if (d < mDepthSize || s < mStencilSize)
                continue;

            // 구성정보 중, RGBA가 정확히 일치하는 첫번째 구성정보를 선택함
            int r = findConfigAttrib(egl, display, config,
                    EGL10.EGL_RED_SIZE, 0);
            int g = findConfigAttrib(egl, display, config,
                      EGL10.EGL_GREEN_SIZE, 0);
            int b = findConfigAttrib(egl, display, config,
                      EGL10.EGL_BLUE_SIZE, 0);
            int a = findConfigAttrib(egl, display, config,
                    EGL10.EGL_ALPHA_SIZE, 0);

                if (r == mRedSize && g == mGreenSize && b == mBlueSize && a ==
mAlphaSize) {
                return config;
            }
        }
        return null;
    }

    // 구성정보 내에 특정 속성의 값을 조회함
    private int findConfigAttrib(EGL10 egl, EGLDisplay display,
            EGLConfig config, int attribute, int defaultValue) {

        if (egl.eglGetConfigAttrib(display, config, attribute, mValue)) {
```

```
            return mValue[0];
        }
        return defaultValue;
    }
}

private static class ContextFactory implements GLSurfaceView.EGLContextFactory {

    private static final int EGL_CONTEXT_CLIENT_VERSION = 0x3098;

    public EGLContext createContext(EGL10 egl, EGLDisplay display, EGLConfig eglConfig)
{

        checkEglError("Before eglCreateContext", egl);

        // 1.x 버전과 달리, 2.0 이상에서는 컨텍스트를 생성하기 위해, Client 버전을 명시해야 함
        int[] attrib_list = { EGL_CONTEXT_CLIENT_VERSION, 2,
                    EGL10.EGL_NONE };

        EGLContext context = egl.eglCreateContext(display, eglConfig,
                EGL10.EGL_NO_CONTEXT, attrib_list);

        checkEglError("After eglCreateContext", egl);
        return context;
    }

    public void destroyContext(EGL10 egl, EGLDisplay display, EGLContext context) {
        egl.eglDestroyContext(display, context);
    }
}

// OpenGL 관련 작업 에러 내역을 조회함
private static void checkEglError(String prompt, EGL10 egl) {
    int error;
    while ((error = egl.eglGetError()) != EGL10.EGL_SUCCESS) {
        Log.e(TAG, String.format("%s: EGL error: 0x%x", prompt, error));
    }
}
}
```

[MyScreen.java]

```
public class MyScreen {
    GLSurfaceView glView;
    Context mContext;
    private static final float WORLD_WIDTH = 320.0f;
    private static final float WORLD_HEIGHT = 480.0f;
```

```
private float centerX;
private float centerY;
private float rotationSpeed = 100.0f;
private float deltaTimeSum = 0.0f;
private Circle mCircle;
private static final float RADIUS = 50.0f;

private int mProgram;
private String mVertexShaderStr;
private String mFragmentShaderStr;
private int muMVPMatrixHandle;
private int maPositionHandle;
private int maColorHandle;

private float[] mMVPMatrix = new float[16];
private float[] mProjMatrix = new float[16];
private float[] mMMatrix = new float[16];
private final int RAW_VERTEX_SHADER = R.raw.simple_vs;
private final int RAW_FRAGMENT_SHADER = R.raw.simple_fs;

private static String LOG_TAG = "GLES2Screen";

public MyScreen(MainActivity act) {
   glView = act.glView;
   mContext = act;
   mCircle = new Circle(RADIUS);

   centerX = WORLD_WIDTH / 2.0f;
   centerY = WORLD_HEIGHT / 2.0f;
}

public void update(float deltaTime) {
   deltaTimeSum += deltaTime;
   // 프로그램 로직 처리
}

public void present(float deltaTime) {
   deltaTimeSum += deltaTime;

   /* 뷰포트 크기 설정 */
   GLES20.glViewport(0, 0, glView.getWidth(), glView.getHeight());

   /* 투영 행렬 */
   // 직교 투영 행렬 설정
   Matrix.orthoM(mProjMatrix, 0, 0, WORLD_WIDTH, 0, WORLD_HEIGHT, 1, -1);
```

```
        /* 모델 변환 행렬 */
        // 모델 변환 행렬 초기화
        Matrix.setIdentityM(mMMatrix, 0);
        // 이동 행렬 : 초기화된 행렬에 대해 클리핑 영역의 중앙으로 이동
        Matrix.translateM(mMMatrix, 0, centerX, centerY, 0);

        // 회전 행렬 : 이동 변환까지 처리된 행렬을, 회전 속도 만큼 반시계 방향으로 회전
        float angle = rotationSpeed * deltaTimeSum;
        Matrix.rotateM(mMMatrix, 0, angle, 0, 0, 1.0f);

        // 투영 행렬과 모델 변환 행렬을 곱함
        Matrix.multiplyMM(mMVPMatrix, 0, mProjMatrix, 0, mMMatrix, 0);

        // 프로그램(쉐이더) 사용을 알림
        GLES20.glUseProgram(mProgram);
        checkGlError("glUseProgram");

        // 프로그램의 모델-뷰-프로젝션 행렬 핸들에, 앞에서 투영X모델변환 행렬을 연결함
        GLES20.glUniformMatrix4fv(muMVPMatrixHandle, 1, false, mMVPMatrix, 0);
        checkGlError("glUniformMatrix4fv");

        // 화면을 지움
        GLES20.glClearColor(0.4f, 0.8f, 1.0f, 1.0f);
        GLES20.glClear(GL10.GL_COLOR_BUFFER_BIT);

        // 원 그리기
        mCircle.draw();
    }

    public void pause() {
        // 프로그램 중지에 따른 처리
    }

    public void resume() {

        // 쉐이더 프로그램 생성
        mProgram = createProgram();

        if (mProgram == 0) {
            return;
        }

        // 프로그램의 Attribute인 aPosition에 대한 핸들을 얻음
        maPositionHandle = GLES20.glGetAttribLocation(mProgram, "aPosition");
        checkGlError("glGetAttribLocation aPosition");
```

```
        if (maPositionHandle == -1) {
            throw new RuntimeException(
                    "Could not get attrib location for aPosition");
        }

        // 프로그램의 Attribute인 aColor에 대한 핸들을 얻음
        maColorHandle = GLES20.glGetAttribLocation(mProgram, "aColor");
        checkGlError("glGetAttribLocation aColor");

        if (maColorHandle == -1) {
            throw new RuntimeException(
                    "Could not get attrib location for aColor");
        }

        // 프로그램의 Uniform인 uPMatrix에 대한 핸들을 얻음
        muMVPMatrixHandle = GLES20.glGetUniformLocation(mProgram, "uMVPMatrix");
        checkGlError("glGetUniformLocation uMVPMatrix");
        if (muMVPMatrixHandle == -1) {
            throw new RuntimeException(
                    "Could not get attrib location for uMVPMatrix");
        }
    }

    public void dispose() {
        // 프로그램 정리 작업
    }

    private int createProgram() {

        // raw 리소스 파일을 읽어서 버텍스 쉐이더, 프래그먼트 쉐이더의 문자열을 만듦
        if (readShaderFiles() == false) {
            return 0;
        }

        // 버텍스 쉐이더를 로드함
        int vertexShader = loadShader(GLES20.GL_VERTEX_SHADER, mVertexShaderStr);
        if (vertexShader == 0) {
            return 0;
        }

        // 프래그먼트 쉐이더를 로드함
        int fragmentShader = loadShader(GLES20.GL_FRAGMENT_SHADER,
                mFragmentShaderStr);
        if (fragmentShader == 0) {
            return 0;
        }
```

```
    // 프로그램 생성
    int program = GLES20.glCreateProgram();

    if (program != 0) {
        // 버텍스 쉐이더를 프로그램에 첨부
        GLES20.glAttachShader(program, vertexShader);
        checkGlError("glAttachShader - vertex shader");

        // 프래그먼트 쉐이더를 프로그램에 첨부
        GLES20.glAttachShader(program, fragmentShader);
        checkGlError("glAttachShader - fragment shader");

        // 프로그램을 링크함
        GLES20.glLinkProgram(program);

        // 프로그램 링크 결과 확인
        int[] linkStatus = new int[1];
        GLES20.glGetProgramiv(program, GLES20.GL_LINK_STATUS, linkStatus, 0);
        if (linkStatus[0] != GLES20.GL_TRUE) {
            Log.e(LOG_TAG, "Could not link program: ");
            Log.e(LOG_TAG, GLES20.glGetProgramInfoLog(program));
            GLES20.glDeleteProgram(program);
            program = 0;
        }
    }

    return program;
}

private int loadShader(int shaderType, String source) {
    int shader = GLES20.glCreateShader(shaderType);
    if (shader != 0) {
        // 버텍스 쉐이더 문자열 또는 프래그먼트 쉐이더 문자열을 쉐이더 소스로 명시함
        GLES20.glShaderSource(shader, source);

        // 쉐이더를 컴파일함
        GLES20.glCompileShader(shader);

        // 쉐이더 컴파일 결과 확인
        int[] compiled = new int[1];
        GLES20.glGetShaderiv(shader, GLES20.GL_COMPILE_STATUS, compiled, 0);
        if (compiled[0] == 0) {
            Log.e(LOG_TAG, "Could not compile shader " + shaderType + ":");
            Log.e(LOG_TAG, GLES20.glGetShaderInfoLog(shader));
            GLES20.glDeleteShader(shader);
```

```
            shader = 0;
        }
    }
    return shader;
}

private boolean readShaderFiles() {

    StringBuffer vs = new StringBuffer();
    StringBuffer fs = new StringBuffer();

    boolean done = false;

    try {
        // 버텍스 쉐이더 소스를 담고 있는 raw 리소스 파일을 엶
        InputStream inputStream = mContext.getResources().openRawResource(
                RAW_VERTEX_SHADER);
        BufferedReader in = new BufferedReader(new InputStreamReader(
                inputStream));

        // 버텍스 쉐이더 소스 파일 내용을 읽어서 문자열로 연결
        String read = in.readLine();
        while (read != null) {
            vs.append(read + "\n");
            read = in.readLine();
        }

        // 불필요한 마지막 문자 삭제
        vs.deleteCharAt(vs.length() - 1);

        // 프래그먼트 쉐이더 소스를 담고 있는 raw 리소스 파일을 엶
        inputStream = mContext.getResources().openRawResource(
                RAW_FRAGMENT_SHADER);
        in = new BufferedReader(new InputStreamReader(inputStream));

        // 프래그먼트 쉐이더 소스 파일 내용을 읽어서 문자열로 연결
        read = in.readLine();
        while (read != null) {
            fs.append(read + "\n");
            read = in.readLine();
        }

        // 불필요한 마지막 문자 삭제
        fs.deleteCharAt(fs.length() - 1);
        done = true;
```

```
        } catch (Exception e) {
            Log.d("ERROR-readingShader",
                    "Could not read shader: " + e.getLocalizedMessage());
        }

        mVertexShaderStr = vs.toString();
        mFragmentShaderStr = fs.toString();

        return done;
    }

    private void checkGlError(String op) {
        int error;
        while ((error = GLES20.glGetError()) != GLES20.GL_NO_ERROR) {
            Log.e(LOG_TAG, op + ": glError " + error);
            throw new RuntimeException(op + ": glError " + error);
        }
    }

    class Circle {
        private FloatBuffer mVertexBuffer;
        private ShortBuffer mIndexBuffer;

        // 버텍스 하나의 크기(바이트)
        final int VERTEX_STRIDE;
        float mRadius;

        // 위치 정보 크기 (x, y)
        private final static int POSITION_SIZE = 2;
        // 색상 정보 크기 (r, g, b, a)
        private final static int COLOR_SIZE = 4;
        // 원을 중심을 기준으로 40등분한 삼각형으로 분리
        private final static int SLICES = 40;

        // 40등분에 해당하는 중심각
        private final static float DTHETA = (float) (2 * Math.PI / SLICES);
        // 정점 개수는 원주의 40개와 원 중심 1개
        private final static int VERTEX_COUNT = SLICES + 1;
        // TriangleFan 모드의 인덱스 개수
        // 중심 1개. 원주의 40개. 원주의 최초 정점을 중복시켜서 마지막 fan을 그려야 하므로
        // 1개가 추가됨.
        private final static int INDEX_COUNT = SLICES + 2;

        public Circle(float radius) {
            this.mRadius = radius;
            float[] vertices = new float[VERTEX_COUNT
```

```
        * (POSITION_SIZE + COLOR_SIZE)];
short[] indices = new short[INDEX_COUNT];

// 버텍스 하나의 길이(바이트)
VERTEX_STRIDE = (POSITION_SIZE + COLOR_SIZE) * (Float.SIZE / 8);

// 버텍스 크기 만큼 네이티브 버퍼 생성 (바이트 버퍼)
ByteBuffer buffer = ByteBuffer.allocateDirect(VERTEX_COUNT
        * VERTEX_STRIDE);
buffer.order(ByteOrder.nativeOrder());
mVertexBuffer = buffer.asFloatBuffer();

buffer = ByteBuffer.allocateDirect(INDEX_COUNT * Short.SIZE / 8);
buffer.order(ByteOrder.nativeOrder());
mIndexBuffer = buffer.asShortBuffer();

// 원 중심 버텍스 1개
int vArrayIndex = 0;
vertices[vArrayIndex++] = 0.0f; // x
vertices[vArrayIndex++] = 0.0f; // y
vertices[vArrayIndex++] = 0.0f; // r
vertices[vArrayIndex++] = 1.0f; // g
vertices[vArrayIndex++] = 0.0f; // b
vertices[vArrayIndex++] = 1.0f; // a

// 원주를 따라 40등분한 버텍스 40개
for (int i = 0; i < SLICES; i++) {
    float theta = DTHETA * i;

    vertices[vArrayIndex++] = (float) (mRadius * Math.cos(theta));
    vertices[vArrayIndex++] = (float) (mRadius * Math.sin(theta));
    vertices[vArrayIndex++] = (float) Math.abs(Math.cos(theta)); // r
    vertices[vArrayIndex++] = (float) Math.abs(Math.sin(theta)); // g
    vertices[vArrayIndex++] = 0.0f; // b
    vertices[vArrayIndex++] = 1.0f; // a
}

// 원주 중심 1개와 원주 40개의 인덱스를 차례로 지정
for (int i = 0; i < INDEX_COUNT - 1; i++) {
    indices[i] = (short) i;
}
// 첫번째 원주 인덱스를 마지막에 한번 더 사용
indices[INDEX_COUNT - 1] = 1;

mVertexBuffer.put(vertices, 0, vertices.length);
mIndexBuffer.put(indices, 0, indices.length);
```

```
        mVertexBuffer.position(0);
        mIndexBuffer.position(0);
    }

    public void draw() {
        // 삼각형 그리는 순서 : 반시계 방향
        GLES20.glFrontFace(GL10.GL_CCW);

        // 버텍스 버퍼의 0번째 위치로 이동
        mVertexBuffer.position(0);

        // 프로그램의 위치 attribute 핸들에, 버텍스 속성 배열 연결함.
        // 버텍스 배열의 현재 위치로부터 2개씩 읽고 stride만큼 건너띄워야 함을 명시함
        GLES20.glVertexAttribPointer(maPositionHandle, POSITION_SIZE,
              GLES20.GL_FLOAT, false, VERTEX_STRIDE, mVertexBuffer);
        checkGlError("glVertexAttribPointer maPosition");

        // 버텍스 버퍼의 2번째 위치로 이동 (위치 다음 색상)
        mVertexBuffer.position(POSITION_SIZE);

        // 프로그램의 색상 attribute 핸들에, 버텍스 속성 배열 연결함.
        // 버텍스 버퍼의 현재 위치로부터 4개씩 읽고 stride만큼 건너띄워야 함을 명시함
        GLES20.glVertexAttribPointer(maColorHandle, COLOR_SIZE,
              GLES20.GL_FLOAT, false, VERTEX_STRIDE, mVertexBuffer);
        checkGlError("glVertexAttribPointer maColor");

        // 인덱스 버퍼의 0번째 위치로 이동
        mIndexBuffer.position(0);

        // 프로그램의 위치 attribute 핸들에 연결된 버텍스 속성 배열 활성화
        GLES20.glEnableVertexAttribArray(maPositionHandle);
        checkGlError("glEnableVertexAttribArray maPositionHandle");

        // 프로그램의 색상 attribute 핸들에 연결된 버텍스 속성 배열 활성화
        GLES20.glEnableVertexAttribArray(maColorHandle);
        checkGlError("glEnableVertexAttribArray maColorHandle");

        // 인덱스 기반 그리기 (Triangle Fan 모드)
        GLES20.glDrawElements(GL10.GL_TRIANGLE_FAN, INDEX_COUNT,
              GL10.GL_UNSIGNED_SHORT, mIndexBuffer);
    }
  }
}
```

[쉐이더 파일 소스]

프로젝트의 res 폴더 밑에 raw 폴더를 만들고 쉐이더 파일 2개를 위치시킨다.

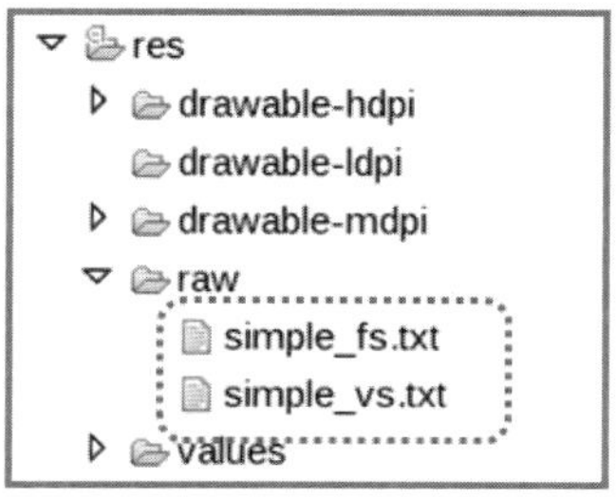

1) simple_vs.txt : 버텍스 쉐이더

```
uniform mat4 uMVPMatrix;
attribute vec4 aPosition;
attribute vec4 aColor;
varying vec4 vColor;

void main() {
   gl_Position = uMVPMatrix * aPosition;
   vColor = aColor;
}
```

2) simple_fs.txt : 프래그먼트 쉐이더

```
precision mediump float;
varying vec4 vColor;

void main() {
   gl_FragColor = vColor;
}
```

[AndroidManifest.xml]

```
 // ... ( 생략 )
〈uses-feature android:glEsVersion="0x00020000" /〉

〈application
   android:allowBackup="true"
   android:icon="@drawable/ic_launcher"
   android:label="@string/app_name"
   android:theme="@style/AppTheme" 〉
   〈activity
```

```
        android:name="com.at0001.c05_004.MainActivity"
        android:configChanges="keyboard|keyboardHidden|orientation"
        android:label="@string/app_name"
        android:screenOrientation="portrait" >
        <intent-filter>
          <action android:name="android.intent.action.MAIN" />

          <category android:name="android.intent.category.LAUNCHER" />
        </intent-filter>
      </activity>
    </application>
     // ... ( 생략 )
```

이 예제에서는 res/raw 디렉토리에 2개의 쉐이더 소스를 텍스트 파일로 추가해야 한다.

이 두 파일의 소스는 각각 버텍스 쉐이더, 프래그먼트 쉐이더로서, OpenGL ES의 프로그래머블 파이프라인 방식을 적용하기 위한 필수 요소이다.

실행하면, 다음과 같이 원이 회전을 하고 있는 것을 볼 수 있다.

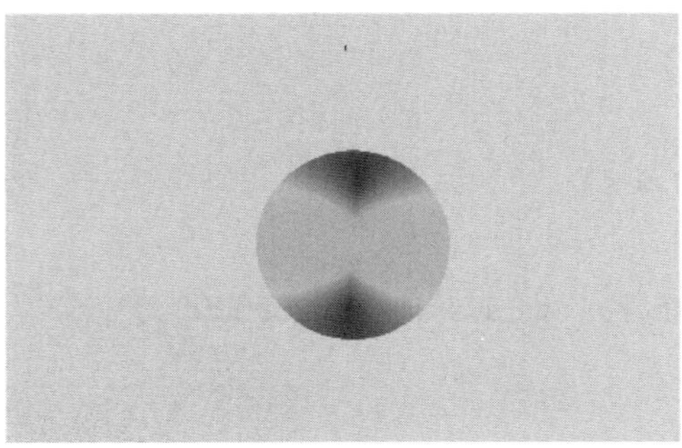

[그림 5-10] 예제 5-4의 실행 화면

2.0을 지원하는 디바이스에서만 설치가 될 수 있도록 하기 위해서는, Manifest.xml 파일에 다음과 같이 기술해 주어야 한다.

```
<uses-feature android:glEsVersion="0x00020000" />
```

먼저 OpenGL ES 1.1과 비교하여 EGL 설정에 어떤 차이가 있는지 알아 보겠다. EGL 설정에서 EGL 구성 정보를 선택하는 단계와 렌더링 컨텍스트를 생성 단계에서는 속성 배열을 통해 제어를 할 수 있다고 했는데, 각각에 OpenGL ES 2.0 항목을 추가하면 된다.

① EGL 구성 정보

OpenGL ES 2.0 이상의 버전에서는 구성정보 속성 항목에 Renderable Type을 추가해야 한다.

```
private static final int EGL_OPENGL_ES2_BIT = 4;
private static int[] configAttribs =
{
   EGL10.EGL_RED_SIZE, 4,
   EGL10.EGL_GREEN_SIZE, 4,
   EGL10.EGL_BLUE_SIZE, 4,
   EGL10.EGL_RENDERABLE_TYPE, EGL_OPENGL_ES2_BIT,
   EGL10.EGL_NONE
};
```

예제에서는 EGL_OPENGL_ES2_BIT이라는 상수를 정의해서 사용하고 있는데, 아직 자바 클래스로 정의가 되어 있지 않기 때문이다. 왜 하필이면 4라고 정의했을까?

그 이유는 EGL API에서 매크로로 정의된 값이기 때문이다.

eglChooseConfig()는 OpenGL ES API이기 때문에, 자바에서 호출을 하든지, 오브젝티브 C에서 호출을 하든지 동일한 수치를 사용해야 한다.

이 값은 EGL API의 헤더파일을 참조하면 된다. 리눅스에 안드로이드 전체 소스를 다운 받은 경우에 확인해 볼 수 있고, 그렇지 않다면 NDK 설치 폴더에서도 확인해 볼 수 있다.

1) 안드로이드 소스

[안드로이드 소스 폴더]/frameworks/native/opengl/include/EGL/egl.h

2) NDK

[NDK 설치 폴더]/platforms/[안드로이드 버전]/arch-arm/usr/include/EGL/egl.h

egl.h 헤더 파일

```
#define EGL_OPENGL_ES_BIT    0x0001  /* EGL_RENDERABLE_TYPE mask bits */
#define EGL_OPENVG_BIT       0x0002  /* EGL_RENDERABLE_TYPE mask bits */
#define EGL_OPENGL_ES2_BIT   0x0004  /* EGL_RENDERABLE_TYPE mask bits */
#define EGL_OPENGL_BIT       0x0008  /* EGL_RENDERABLE_TYPE mask bits */
```

② 렌더링 컨텍스트

디스플레이 정보를 얻는 과정이다.

EGL 컨텍스트는 OpenGL ES 1.x에서는 속성을 정의하지 않고 생성했던 것과 달리, 클라이언트 버전을 반드시 포함시켜야 한다.

```
private static final int EGL_CONTEXT_CLIENT_VERSION = 0x3098;
int[] attrib_list = { EGL_CONTEXT_CLIENT_VERSION, 2,
            EGL10.EGL_NONE };
EGLContext context = egl.eglCreateContext(display, eglConfig,
            EGL10.EGL_NO_CONTEXT, attrib_list);
```

예제에서 EGL_CONTEXT_CLIENT_VERSION이라는 상수를 정의하고 있는데, 구성 정보와 마찬가지로, 자바 클래스로 정의가 되어 있지 않아서 그렇다.

EGL 구성 정보 속성에서 사용된 상수 EGL_OPENGL_ES2_BIT는 속성 값이었던 반면, 렌더링 컨텍스트 속성에서 사용된 상수 EGL_CONTEXT_CLIENT_VERSION는 속성 항목 명에 해당하는 차이점이 있음에 주의하자.

EGL 헤더 파일에는 다음과 같이 정의되어 있다.

egl.h 헤더 파일

```
/* CreateContext attributes */
#define EGL_CONTEXT_CLIENT_VERSION   0x3098
```

이렇게 해서 OpenGL ES 2.0을 적용하기 위한 EGL 설정 변경이 완료되었다.

NDK로 개발하거나, 네이티브 액티비티로 개발하더라도 이 원칙은 동일하게 적용된다.

네이티브에서는 헤더 파일을 참조할 수 있기 때문에, 헤더 파일에 정의된 매크로를 그대로 사용하면 된다.

OpenGL ES 3.0의 경우에는 어떠할까?

렌더링 컨텍스트 생성 부분만 다음과 같이 바꿔 주면 된다

.

```
  private static final int EGL_CONTEXT_CLIENT_VERSION = 0x3098;
int[] attrib_list = { EGL_CONTEXT_CLIENT_VERSION, 3,
            EGL10.EGL_NONE };
EGLContext context = egl.eglCreateContext(display, eglConfig,
            EGL10.EGL_NO_CONTEXT, attrib_list);
```

OpenGL ES 2.0과 1.1 사이에는 전혀 호환성이 없기 때문에, 쉐이더를 꼭 사용해서 프로그래머블 파이프라인을 적용하고자 하는 경우에는 2.0 미지원 디바이스에 대해서 설치가 되지 않도록 제어할 필요가 있었다.

그렇지만, 3.0은 2.0과 하위 호환성을 지니며, 모두 프로그래머블 파이프라인 방식이다. 따라서, 안드로이드는 3.0 사용 관련해서 다음과 같이 권고를 하고 있다.[7]

Manifest.xml에는 2.0 기준으로 제약을 주되, 컨텍스트 생성을 3.0으로 시도해 보고 생성이 되면 3.0으로 실행되게 하고, 컨텍스트 생성에 실패하면 2.0으로 생성하여 3.0 고유 기능을 사용하지 않도록 한다.

이상으로, OpenGL ES 1.1버전부터 3.0까지 EGL을 설정하는 방법에 대해서 알아 보았다.

예제 5-4에는 프로그래머블 파이프라인 방식을 적용하므로, 생소한 방식의 처리 코드가 보일 것이다. 다음 절에서는 프로그래머블 파이프라인 방식에 대하여 간략하게 설명하기로 한다.

7) http://developer.android.com/guide/topics/graphics/opengl.html#version-check

8. OpenGL ES 2.0, 3.0

OpenGL ES 2.0 이상 버전에서는 프로그래머블 파이프라인으로 그래픽을 구현하고, 버텍스 쉐이더(정점 쉐이더)와 프래그먼트 쉐이더로 '프로그램'을 구성하게 된다.

이 절에서는 OpenGL ES 관련한 기본적인 내용을 간략하게 살펴 보기로 한다.

(1) 프로그래머블 파이프라인

GLSurfaceView.EGLConfigChooser 인터페이스를 구현한 클래스에서 chooseConfig() 메소드를 작성하면 자동으로 구성정보 선택이 이루

이 장의 앞 부분에서는 OpenGL ES 1.1의 고정 기능 파이프라인에 대해서 설명했었다. 2.0의 그래픽 파이프라인을 간략하게 도식화하면 그림 5-11과 같다.[8]

이 파이프라인 역시, 여러 단계를 거치고 있는데, '버텍스 쉐이더'와 '프래그먼트 쉐이더' 단계가 바로 프로그램 가능한 단계이다.

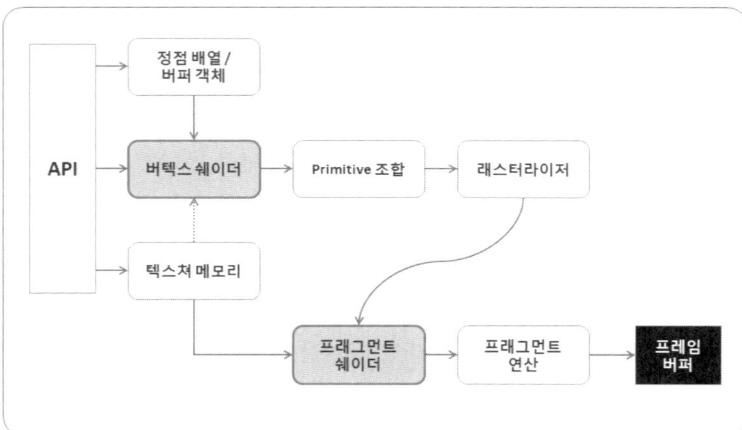

[그림 5-11] OpenGL ES 2.0의 프로그래머블 파이프라인

예제 5-4는 원을 표현하기 위하여 원을 삼각형들로 잘게 분해한 후, 정점 데이터를 구성하고 있어 하나의 삼각형 예제보다는 난이도가 있는 편이다.

---

8) OpenGL ES 2.0 Programming guide, p4, Aaftab Munshi, Dan Ginsburg, Dave Shreiner 공저

하나의 삼각형를 렌더링하는 단순한 경우를 예로 설명하겠다. (텍스쳐나 조명 등에 대해서는 다루지 않고 위치와 색상으로 한정한다.)

버텍스 쉐이더에 각 정점의 데이터 즉, 위치와 색상이 attribute 변수로 입력된다.

그리고, 모델-뷰 변환, 투영 변환과 같은 세 정점에 모두 공통으로 적용되는 요소는 uniform 변수로 입력된다.

버텍스 쉐이더의 결과물로 각 정점의 변환 위치가 저장이 되고, Primitive 조합 과정을 거치면, 세 정점이 하나의 삼각형을 형성하게 된다. 관측 가능한 공간에 대한 클리핑이 적용되는 것은 고정 기능 파이프라인과 마찬가지이다. 세 정점이 모두 관측 절두체 밖에 있거나, 일부가 밖에 걸쳐 있는지 여부에 따라 Primitive는 다시 정의가 된다.

래스터라이저 단계까지 거치고 난 후에는 화면 픽셀에 해당하는 2차원 프래그먼트 집합으로 변환된다.

프래그먼트 쉐이더에서는 각 프래그먼트의 최종 출력 색상을 만들어내기 위해 다양한 연산을 수행할 수 있다.

이후에 프래그먼트 연산 단계에서는 소유권 테스트, 시저 테스트, 깊이 테스트, 블렌딩, 디더링 등의 처리를 하게 되어 최종 프레임버퍼에 결과가 만들어진다.

아래는 예제 5-4의 버텍스 쉐이더 소스이다. C언어의 문법과 약간 비슷한 면이 있다.

```
[버텍스 쉐이더]
uniform mat4 uMVPMatrix;
attribute vec4 aPosition;
attribute vec4 aColor;

varying vec4 vColor;

void main() {
   gl_Position = uMVPMatrix * aPosition;
   vColor = aColor;
}
```

위 코드에서 uMVPMatrix, aPosition, aColor의 세 변수가 보이는데, uMVPMatrix는 데이터 타입이 mat4(4차원 행렬 타입)이고 uniform으로 선언되어 있다는 것은 세 정점에 모두 동일하게 적용되는 상수 성격이라는 뜻이다.

attribute로 선언된 aPosition과 aColor는 vec4(4차원 벡터) 타입이고 각 정점 별 값을 가지고 있는데, 어플리케이션에서 넘겨 주는 값이다. 고정 기능 파이프라인 방식에서 정점 데이터를 넘겨주는 방식과 유사하다.

varying으로 선언된 vColor 변수는 버텍스 쉐이더의 출력이 나중에 프래그먼트 쉐이더의 입력으로 사용된다는 의미이다. 프래그먼트 쉐이더에도 동일한 이름으로 똑같이 선언되어 있어야 한다. (버텍스 쉐이더는 삼각형의 각 정점을 대상으로 연산을 수행하지만, 프래그먼트 쉐이더는 2차원 픽셀 데이터를 대상으로 연산을 한다는 것을 기억하기 바란다)

main 함수의 gl_Postion은 내장 변수로서, 이 버텍스 쉐이더에 의해 정점의 변환된 위치가 저장되는 변수이다. 위의 코드에서는 정점에 일정한 값 uMVPMatrix(모델-뷰, 투영 행렬)와 어플리케이션으로부터 받은 각 정점 위치(벡터)를 곱하여 변환 위치로 저장하는 것을 알 수 있다.

그리고 받은 색상(aColor)를 그대로 varying 변수에 저장하고 있다. 나중에 래스터라이즈에 의해 만들어진 화면 픽셀 단위의 2차원 프래그먼트 데이터를 프래그먼트가 다룰 때에 이 varying 변수의 값이 프래그먼트 단위의 연산에 쓰이게 된다.

```
[프래그먼트 쉐이더]
precision mediump float;
varying vec4 vColor;
void main() {
   gl_FragColor = vColor;
}
```

위에 프래그먼트 쉐이더의 소스인데, varying으로 전달 받은 색상을 그대로 내장 변수 gl_FragColor로 저장하고 있는데, 이 변수의 색상이 프래그먼트 컬러로 출력되는 것이다.

(2) 쉐이더 생성 및 사용

예제 5-4의 MyScreen 클래스에서는 raw 리소스로 저장되어 있는 텍스트 파일로부터 버텍스, 프래그먼트 쉐이더를 만드는 작업을 포함하고 있다.

readShaderFiles() 메소드가 텍스트 파일을 읽는 작업을 처리하고 있는데, createProgram() 메소드에서 바로 쉐이더 프로그램을 만든다. 쉐이더를 컴파일하는 방법을 살펴 보자.

```
private int loadShader(int shaderType, String source) {
  int shader = GLES20.glCreateShader(shaderType);
  if (shader != 0) {
    // 버텍스 쉐이더 문자열 또는 프래그먼트 쉐이더 문자열을 쉐이더 소스로 명시함
    GLES20.glShaderSource(shader, source);
    // 쉐이더를 컴파일함
    GLES20.glCompileShader(shader);

    // ... (생략)
  }
  return shader;
}
```

API 함수 glCreateShader()는 버텍스 또는 프래그먼트 쉐이더의 핸들을 리턴하는 역할을 한다. 실제 소스를 쉐이더에 지정하는 것은 glShaderSource() 함수이다.

glCompileShader() 함수는 쉐이더를 컴파일하는 일을 한다.

문법 오류 등으로 인한 컴파일 실패에 대해서는 로그를 제공하고 있어, 확인 후 조치를 할 수 있다.

다음은, 컴파일된 쉐이더로부터 프로그램을 만드는 방법을 알아보자.

```
private int createProgram() {
  // ... (생략)

  // 프로그램 생성
  int program = GLES20.glCreateProgram();

  if (program != 0) {
    // 버텍스 쉐이더를 프로그램에 첨부
```

```
        GLES20.glAttachShader(program, vertexShader);

        // 프래그먼트 쉐이더를 프로그램에 첨부
        GLES20.glAttachShader(program, fragmentShader);

        // 프로그램을 링크함
        GLES20.glLinkProgram(program);

        // ... (생략)
    }
    return program;
}
```

버텍스 쉐이더와 프래그먼트 쉐이더로 '프로그램'을 만드는 과정은 프로그램 컴파일, 링크와 비슷한 형태이다. 컴파일된 쉐이더를 첨부하고 링크 단계를 거치면 '프로그램'이 만들어 지게 된다.

API 함수 glCreateProgram()는 프로그램에 대한 핸들만 리턴한다.

glAttachShader() 함수를 통해 두 가지 쉐이더를 이 프로그램에 첨부하게 된다. 각 쉐이더 유형에 대해서 두 개 이상의 쉐이더를 첨부하는 것도 가능하다.

glLinkProgram() 함수로 링크가 성공하면 프로그램 준비가 완료된다. 링크가 실패 여부도 로그를 통해 확인할 수가 있다.

쉐이더 소스 내에 attribute나 uniform으로 선언된 변수가 있었다.

어플리케이션에서 OpenGL로 정보를 넘겨 주기 위한 변수들이므로, 어플리케이션에서 접근을 위한 방법이 필요하다.

MyScreen 클래스의 resume() 메소드에서 확인해 보자.

```
// 프로그램의 Attribute인 aPosition에 대한 핸들을 얻음
maPositionHandle = GLES20.glGetAttribLocation(mProgram, "aPosition");
// ... (생략)

// 프로그램의 Attribute인 aColor에 대한 핸들을 얻음
maColorHandle = GLES20.glGetAttribLocation(mProgram, "aColor");
```

```
// ... (생략)

// 프로그램의 Uniform인 uPMatrix에 대한 핸들을 얻음
    muMVPMatrixHandle = GLES20.glGetUniformLocation(mProgram,
"uMVPMatrix");
// ... (생략)
```

attribute 변수는 버텍스 쉐이더에만 사용된다. 각 정점에 대한 속성을 의미하는 변수이다.

uniform은 버텍스, 프래그먼트 모두 사용 가능한데, 정점에 모두 동일한 값을 적용할 수 있는 상수이다. 예제 5-4에서는 모델-뷰-투영 행렬을 넘기기 위해 uniform 변수를 사용하였다.

MyScreen 클래스의 present() 메소드에서 다음과 같이 프로그램을 사용하는 것을 볼 수 있다.

```
// 프로그램(쉐이더) 사용을 알림
GLES20.glUseProgram(mProgram);

// 프로그램의 모델-뷰-프로젝션 행렬 핸들에, 앞에서 투영X모델변환 행렬을 연결함
GLES20.glUniformMatrix4fv(muMVPMatrixHandle, 1, false, mMVPMatrix, 0);

// 화면을 지움
GLES20.glClearColor(0.4f, 0.8f, 1.0f, 1.0f);
GLES20.glClear(GL10.GL_COLOR_BUFFER_BIT);

// 원 그리기
mCircle.draw();
```

API 함수 glUseProgram()으로 함수 사용을 알리고 난 후, 모델-뷰-투영 행렬 값을 위한 uniform 변수에 값을 부여하기 위하여 glUniformMatrix3fv() 함수가 사용되었다.

mMVPMatrix는 미리 자바에서 구해 놓은 행렬 값이다. 이후, 나중에 버텍스 쉐이더는 이 주어진 행렬 값을 바탕으로 각 정점의 위치 정보와 곱셈을 하는데 이 값을 사용

하게 된다.

그렇다면, attribute 변수에 해당하는 정점의 속성(위치, 색상 등)은 어떻게 정점 별로 지정되는지 확인해 보자.

```
public void draw() {
  // ... (생략)

  // 버텍스 버퍼의 0번째 위치로 이동
  mVertexBuffer.position(0);

  // 프로그램의 위치 attribute 핸들에, 버텍스 속성 배열 연결함.
  // 버텍스 배열의 현재 위치로부터 2개씩 읽고 stride만큼 건너띄워야 함을 명시함
  GLES20.glVertexAttribPointer(maPositionHandle, POSITION_SIZE,
      GLES20.GL_FLOAT, false, VERTEX_STRIDE, mVertexBuffer);

  // 버텍스 버퍼의 2번째 위치로 이동 (위치 다음 색상)
  mVertexBuffer.position(POSITION_SIZE);

  // 프로그램의 색상 attribute 핸들에, 버텍스 속성 배열 연결함.
  // 버텍스 버퍼의 현재 위치로부터 4개씩 읽고 stride만큼 건너띄워야 함을 명시함
  GLES20.glVertexAttribPointer(maColorHandle, COLOR_SIZE,
      GLES20.GL_FLOAT, false, VERTEX_STRIDE, mVertexBuffer);

  // 인덱스 버퍼의 0번째 위치로 이동
  mIndexBuffer.position(0);

  // 프로그램의 위치 attribute 핸들에 연결된 버텍스 속성 배열 활성화
  GLES20.glEnableVertexAttribArray(maPositionHandle);

  // 프로그램의 색상 attribute 핸들에 연결된 버텍스 속성 배열 활성화
  GLES20.glEnableVertexAttribArray(maColorHandle);
```

```
    // 인덱스 기반 그리기 (Triangle Fan 모드)
    GLES20.glDrawElements(GL10.GL_TRIANGLE_FAN, INDEX_COUNT,
        GL10.GL_UNSIGNED_SHORT, mIndexBuffer);
}
```

정점 데이터를 NIO 버퍼 데이터 형태로 갖추는 것은 ES 1.1과 같은 방법이다.

ES 1.1에서 glVertexPointer() 함수로 버퍼의 데이터를 지정해 준 것과 비슷하게 ES 2.0에서는 glVertexAttribPointer() 함수가 사용된다. 명칭 그대로 Vertex에 대한 포인터가 아니라 Vertex에의 Attrib(위치, 색상 등)에 대한 포인터이다. 이 함수 파라미터에는 attribute 변수들을 의미하는 핸들 정보이다.

(OpenGL ES API 용어로는 인덱스라는 명칭을 사용한다.)

최종 그리기에 대한 API 호출은 glDrawElements() 함수가 사용되는 것은 ES 1.1과 2.0모두 동일하다.

마무리 하며

*
*
*

이 장에서는 OpenGL을 이용한 그래픽 구현 방법의 하나로 자바의 OpenGL ES 바인딩을 이용하는 방법에 대해 학습하였다.
임베디드 환경에서 OpenGL ES와 화면 윈도 시스템 사이의 가교 역할을 하는 EGL을 직접 제어하여 다양한 버전의 OpenGL ES를 선택하여 사용할 수 있었다.
안드로이드에서 제공하는 편의 클래스인 GLSurfaceView를 사용하면 렌더링 쓰레드를 직접 다루지 않고 콜백을 통해서 서피스 접근이나 렌더링 작업을 수월하게 수행할 수 있었다. 또한 버퍼 전환, 종료 시 EGL 정리 작업과 같은 기능도 포함되어 있다.
SurfaceView를 써서 EGL을 수동으로 직접 다루는 예제를 통해, 네이티브 액티비티 등에서도 효과적으로 EGL을 설정할 수 있는 방법을 알게 되었다.

4장의 캔버스 그래픽은 2차원 그래픽 용도로 사용되며 사용법이 직관적인데 비하여, OpenGL은 기본 원리에 대한 이해가 뒷받침 되어야 효과적인 활용이 가능하다.
이 장의 지면의 제한으로 고정 기능 파이프라인과 프로그래머블 파이프라인의 개념 설명 보다는 실질적인 활용 관점에서 다루고 있다.
6장에서는 네이티브 모듈로 OpenGL ES를 이용한 그래픽을 구현하는 방법에 대해서 배우게 될 것이다.

연습문제

1 ● OpenGL과 EGL의 개념을 나눠서 설명 하시오.

2 ● OpenGL ES의 클리핑 처리(viewport)와 투영(projection)의 개념을 비교 설명 하시오.

3 ● EGL의 준비 과정입니다. 알맞은 순서로 나열하시오.

① 윈도 평면(Surface) 생성

② 디스플레이 식별자 획득

③ EGL 구성 정보 선택함.

④ 컨텍스트에 윈도 평면 바인딩

4 ● 안드로이드에서 캔버스 그래픽이나 OpenGL 그래픽 모두 액티비티의 라이프사이클에 대한 고려는 필수적입니다. 만일 OpenGL ES로 (네이티브가 아닌 자바로) 안드로이드의 그래픽을 구현한 경우, 액티비티 라이프 사이클과 관련하여 어떤 내용들을 반영해야 하는지 설명하시오.

5 ● 안드로이드 게임 어플리케이션을 개발하려고 할 때에 OpenGL ES 2.0을 적용하려한다면 1.0을 적용할 때와 어떤 부분들이 달라져야 하는지 설명 하시오.

6. 안드로이드의 OpenGL ES를 적용하기 위하여 SurfaceView와 GLSurfaceView 모두 사용이 가능합니다. 이에 대한 설명 중 잘못된 것을 고르시오.

① 두 경우 모두 EGL에 버퍼스왑을 처리하도록 직접 API 함수를 호출해야 한다.

② GLSurfaceView는 SurfaceView Holder를 사용할 필요가 없다.

③ GLSurfaceView는 렌더링 쓰레드를 별도로 정의하지 않고 콜백 메소드를 사용해야 한다.

④ 두 경우 모두 EGL 준비 과정을 요구사항에 맞게 커스터마이징할 수 있다.

7. 예제 5-1은 움직이는 공을 OpenGL ES 1.0으로 구현하였습니다. 다음과 같이 수정하여 프로그램을 작성하시오.

▶ 삼각형을 사각형으로 대체
▶ 사각형의 움직이는 패턴은 기존과 동일하게 유지

[생각해 봅시다] 이 장에서 다루는 예제들은 OpenGL 관련 초기화 처리를 매 프레임마다 반복하고 있습니다. 그다지 분량이 작지 않은 경우엔 이렇게 하는 것이 편리할 수 있습니다.
만일 초기화 관련하여 변경사항이 발생할 때에만 초기화 처리를 해 주는 것으로 프로그램설계를 바꾸고자 한다면 어떤 방식으로 접근하는 것이 좋을지 고민해 보시기 바랍니다.

Chapter 6

NDK를 활용한 OpenGL ES

1. OpenGL ES에 대한 NDK 모듈 개발
2. NDK를 적용한 OpenGL ES 1.0 프로그램 작성하기
3. NDK를 적용한 OpenGL ES 2.0 프로그램 작성하기

NDK를 활용한 OpenGL ES

5장에서는 안드로이드 프레임워크에서 제공하는 OpenGL ES의 자바 바인딩 클래스를 이용하여 그래픽을 구현하였다. OpenGL ES 1.1 버전의 고정 기능 파이프라인이나 2.0 버전 이상의 프로그래머블 파이프라인 방식 모두 EGL의 설정을 통해서 활용 가능함을 알 수 있었다.

이번 장에서는 NDK를 통해서 네이티브 라이브러리로 OpenGL ES를 적용하는 방식에 대해 알아보기로 한다.

어떻게 보면, NDK의 효용성을 가장 크게 부각시키는 것도 OpenGL ES라고 할 수 있다.

안드로이드에서 JNI를 활용하여 네이티브 모듈을 개발할 때에는 자바와 네이티브 간 적절한 역할 분담 및 작업 안배가 가장 중요한 포인트일 것이다.

이 장에서는 5장에서 다뤘던 프로그램 구조를 그대로 유지하면서 렌더링 부분만 네이티브로 개발하는 방식에 대해 살펴 본다.

그래픽 파이프라인이나, OpenGL ES 버전에 대한 고려 사항은, 앞장과 일치되는 내용도 등장할 것이다 .

1. OpenGL ES에 대한 NDK 모듈 개발

5장의 어플리케이션 구조는 동일하게 유지한채로 Screen 클래스에서 렌더링하는 부분을 JNI로 대체해 보자. 모든 그래픽이나 안드로이드 어플리케이션이 그렇듯이, 액티비티의 라이프사이클과 유기적으로 조화를 이루는 것을 염두에 둬야 한다.

안드로이드에서는 네이티브 레벨에서도 OpenGL ES API를 호출하는 것이 가능하므로, 자바에서 구현했을 때와 동일한 순서로 호출하기만 하면 된다.

네이티브에서 API를 호출하기 위한 준비과정은 다음과 같다.

① 헤더파일 추가

▲ OpenGL ES 1.1 버전

```
#include <GLES/gl.h>
```

▲ OpenGL ES 2.0

```
#include <GLES2/gl2.h>
#include <GLES2/gl2ext.h>
```

▲ OpenGL ES 3.0

```
#include <GLES3/gl3.h>
#include <GLES3/gl3ext.h>
```

② 빌드 시, 라이브러리 추가

▲ OpenGL ES 1.1 버전

libGLESv1_CM.so (-lGLESv1_CM)

▲ OpenGL ES 2.0

libGLESv2.so (-lGLESv2)

▲ OpenGL ES 3.0

libGLESv3.so (-lGLESv3)

(1) 액티비티의 Life Cycle 고려

GLSurfaceView를 통하여 서피스를 생성하고, Screen을 준비하면서 네이티브로 개발된 모듈에서 OpenGL을 초기화하는 작업을 해야 한다. 그러면, GLSurfaceView에 딸린 Renderer에 의해 렌더링이 수행된다.

액티비티의 정지(pause) 시에 GLSurfaceView도 정지시키고, 재개(resume) 시에 GLSurface View도 재개시키는 것은 자바로 개발할 때와 동일하다. 만일 액티비티가 정지(Pause) 상태로 들어가면, 뷰의 정지와 함께 렌더링 서피스가 파괴되므로, OpenGL 초기화 정보도 모두 사라진다. 이 초기화에는 2.0버전의 쉐이더 프로그램까지 포함된다.

따라서, 다시 액비티비가 재개되면 네이티브 모듈에서 OpenGL을 다시 초기화할 수 있도록 어플리케이션을 디자인해야 한다.

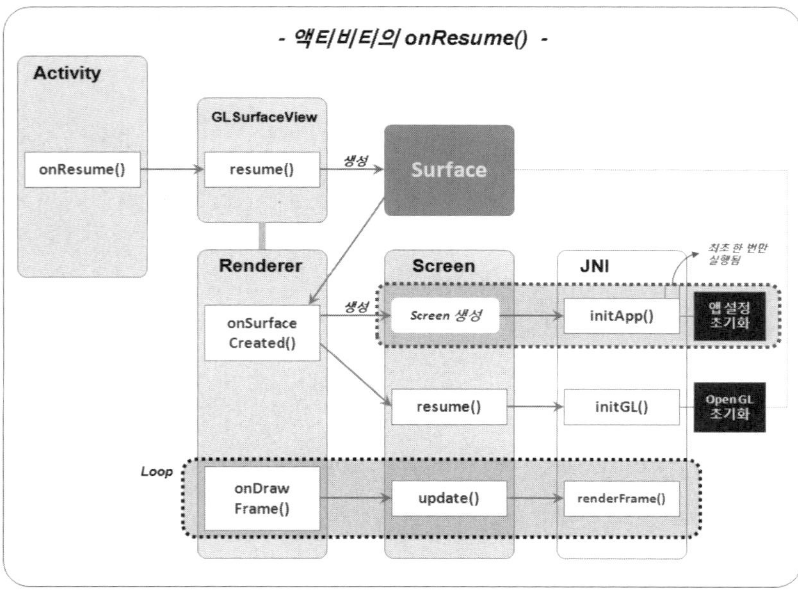

[그림 6-1] 액티비티의 재개에 따른 NDK OpenGL ES 프로그램의 프로세스

그림 6-1은 액티비티 재개 시, 수행되어야 하는 프로세스를 보여주고 있다.
Screen 객체가 생성이 되고 JNI 모듈이 준비되는 절차는 단 한번만 이루어지도록 한다.

JNI 모듈에서 단순히 그리기만 수행할 것인지, 아니면 프로그램 로직 관리까지 수행할 것인지에 따라서 구조는 달라질 수 있다. 그림 6-1의 프로세스는 일부 로직까지 관리한다는 전제로 하고 있다.

JNI의 클래스의 메소드 명들은 임의로 정한 것이다.

① initApp() : 프로그램 설정 관련한 초기화 처리
프로그램에서 한 번만 실행되어야 함.

② initGL() : OpenGL 초기화 처리
액티비티의 재개(resume) 시에, 렌더링 이전에 가장 먼저 실행되어야 함.

③ renderFrame() : 하나의 프레임에 대한 그래픽 처리
렌더러의 onDrawFrame() 호출에 대하여 매번 수행되어야 함.

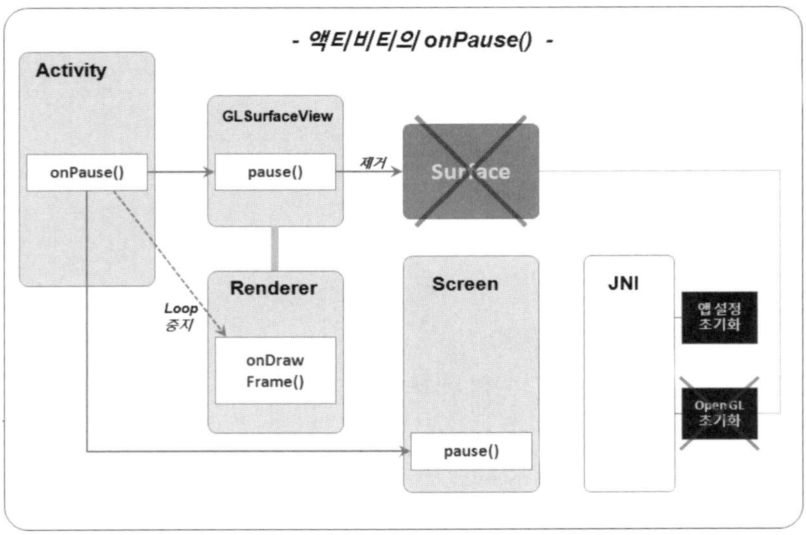

[그림 6-2] 액티비티의 중지에 따른 NDK OpenGL ES 프로그램의 프로세스

액티비티 중지에 대해서 JNI 모듈이 그래픽 관련해서는 특별히 해 줘야 할 부분은 없다.

서피스가 사라지면서 OpenGL 초기화 내용이 사라지고, 렌더러로부터의 렌더링 명령이 더 이상은 오지 않기 때문이다.

물론, 로직 관련하여 필요하다면 Screen의 pause() 메소드와 연결한 처리를 추가할 수는 있다.

액티비티의 중지, 재개가 반복적으로 발생하더라도, Screen 객체와 JNI 모듈은 그대로 메모리 상에 남아 있고, 렌더링 서피스만 제거되고 다시 만들어진다는 것을 잊지 말자.

그에 따라 JNI 모듈의 OpenGL 관련 초기화 내용들도 제거 되고 다시 만들어져야 하는 것은 당연하다.

(2) NDK의 OpenGL ES

NDK를 이용하기 위해서 프로젝트의 jni 폴더를 만들고, Make 파일과 소스 파일을 작성하는 일반적인 절차를 그대로 따른다.

① Android.mk 파일

Make 파일은 Android.mk로 하며, OpenGL 라이브러리만 명시해 주는 것을 제외하고 일반 NDK에서와 다른 점은 없다.

로드할 라이브러리 명은 1.1, 2.0을 구분하여 넣어주면 된다.

```
-----------------------------------------------
LOCAL_PATH:= $(call my-dir)
include $(CLEAR_VARS)

LOCAL_MODULE    := [ 모듈명 ]
LOCAL_SRC_FILES := [ 소스 파일 리스트 ]
LOCAL_LDLIBS    := -llog -lGLESv2
# 1.0에서는 -lGLESv2 대신 -lGLESv1_CM을 사용함

include $(BUILD_SHARED_LIBRARY)
-----------------------------------------------
```

② 네이티브 라이브러리에 대한 래퍼(Wrapper) 클래스

래퍼 클래스에서 JNI 모듈의 함수와 연결되는 메소드를 정적 메소드로 정의한다.

```
-----------------------------------------------------------
public class [래퍼 클래스명] {

   static {
      System.loadLibrary( [모듈명] );
   }

   public static native void initApp(float half_world_width,
               float half_world_height);
   public static native void initGL();
   public static native void renderFrame(int view_width,
               int view_height, float delta_time);
}
-----------------------------------------------------------
```

이제 NDK로 OpenGL ES 1.1과 2.0을 적용한 예제를 차례대로 살펴 보기로 한다.

2. NDK를 적용한 OpenGL ES 1.1 프로그램 작성하기

예제 6-1은 OpenGL ES 1.1을 네이티브 라이브러리로 개발하여 JNI 모듈을 생성한 후, 자바에서 호출하는 기능을 갖는다.

예제 5-4에서 순수 자바로 개발했었던 '움직이는 공' 예제를 동일하게 구현해 보고, 차이점을 확인해 보자.

[예제 6-1] NDK를 활용한 OpenGL ES 1.1

[AndroidManifest.xml]

화면 오리엔테이션 고정

```
<activity
   android:name="com.at001.t0041.MainActivity"
   android:configChanges="keyboard|keyboardHidden|orientation"
   android:screenOrientation="portrait"
   android:label="@string/app_name" >
   <intent-filter>
```

```
            <action android:name="android.intent.action.MAIN" />
            <category android:name="android.intent.category.LAUNCHER" />
        </intent-filter>
    </activity>
```

[MainActivity.java]
예제 5-3과 동일함

[MyGLSurfaceView.java]
예제 5-3과 동일함

[MyScreen.java]

```
public class MyScreen {

    GLSurfaceView glView;

    // OpenGL의 클리핑 영역을 설정하기 위한 세계 좌표의 width, height
    // 원점(x:0, y:0)을 클리핑 영역의 중심으로 하여, 클리핑 공간을
    // x:-width~width, y:-height~height 범위의 영역으로 함
    float mHalfWorldWidth;
    float mHalfWorldHeight;

    public MyScreen(MainActivity act) {
        this.glView = act.glView;

        // 뷰 사이즈가 고정될 것이므로, 뷰 사이즈를 이용하여 클리핑 공간 크기에 사용.
        // 뷰 사이즈와 상관없이 임의의 상수로 지정하는 경우도 있음
        mHalfWorldWidth = glView.getWidth() / 2.0f;
        mHalfWorldHeight = glView.getHeight() / 2.0f;

        // 어플리케이션 설정 관련 JNI 모듈 초기화
        GL1JNILib.initApp(mHalfWorldWidth, mHalfWorldHeight);
    }

    public void update(float deltaTime) {
        // 매 프레임 당 JNI 모듈의 함수 호출
        GL1JNILib.renderFrame(glView.getWidth(), glView.getHeight(), deltaTime);
    }

    public void pause() {
        // 액티비티 중지 시 처리
        // JNI 모듈에 필요하면 중지 처리 작업을 연동할 수 있음
    }

    public void resume() {
        // 액티비티의 resume 상태에 따른 처리
```

```
        // 액티비티의 중지 시, JNI 모듈의 OpenGL 초기화 내용들이 모두 삭제되므로,
        // 재개 시 마다 다시 초기화할 필요 있음
        GL1JNILib.initGL();
    }

    public void dispose() {
        // 프로그램 종료 시 처리
    }
}
```

[GL1JNILib.java]

```
public class GL1JNILib {

    static {
        // 공유 라이브러리 libt0041.so 로드
        System.loadLibrary("t0041");
    }

    // JNI 모듈을 초기화함
    public static native void initApp(float half_world_width,
            float half_world_height);

    // JNI 모듈의 OpenGL을 초기화함
    public static native void initGL();

    // 하나의 프레임을 렌더링함
    public static native void renderFrame(int view_width,
            int view_height, float delta_time);
}
```

[Android.mk]

```
LOCAL_PATH:= $(call my-dir)

include $(CLEAR_VARS)

LOCAL_MODULE    := t0041
LOCAL_CFLAGS    := -Werror
LOCAL_SRC_FILES := gl1_draw.cpp
LOCAL_LDLIBS    := -llog -lGLESv1_CM

include $(BUILD_SHARED_LIBRARY)
```

[gl1_draw.cpp]

```
#include <jni.h>
```

```
#include <android/log.h>

#include <GLES/gl.h>

#include <stdio.h>
#include <stdlib.h>
#include <math.h>

#define  LOG_TAG    "gl1_draw"
#define  LOGI(...)  __android_log_print(ANDROID_LOG_INFO,LOG_TAG,__VA_ARGS__)
#define  LOGE(...)  __android_log_print(ANDROID_LOG_ERROR,LOG_TAG,__VA_ARGS__)

static float gHalfWorldWidth;
static float gHalfWorldHeight;

static float gBallX;
static float gBallY;

static float gXSpeed;
static float gYSpeed;

static int gXDeltaSign = 1;
static int gYDeltaSign = 1;

static const float RADIUS = 50.0f;

// 위치 정보 크기 (x, y)
static const int POSITION_SIZE = 2;
// 색상 정보 크기 (r, g, b, a)
static const int COLOR_SIZE = 4;

// 버텍스 하나의 크기(바이트)
static const int VERTEX_STRIDE = (POSITION_SIZE + COLOR_SIZE ) * sizeof(GLfloat);

// 원을 중심을 기준으로 40등분한 삼각형으로 분리
static const int SLICES = 40;
static const float DTHETA = (float) (2 * M_PI / SLICES);

// 정점 개수는 원주의 40개와 원 중심 1개
static const int VERTEX_COUNT = SLICES + 1;
// TriangleFan 모드의 인덱스 개수
// 중심 1개. 원주의 40개. 원주의 최초 정점을 중복시켜서 마지막 fan을 그려야 하므로
// 1개가 추가됨.
static const int INDEX_COUNT = SLICES + 2;

GLfloat gVertices[VERTEX_COUNT * (POSITION_SIZE + COLOR_SIZE)];
```

```
GLshort gIndices[INDEX_COUNT];

static void checkGlError(const char* op) {
    for (GLint error = glGetError(); error; error
            = glGetError()) {
        LOGI("### after %s() glError (0x%x)\n", op, error);
    }
}

// JNI 모듈 초기화
void initApp(float halfWorldWidth, float halfWorldHeight) {
    gHalfWorldWidth = halfWorldWidth;
    gHalfWorldHeight = halfWorldHeight;

        gBallX = 0.0f;
        gBallY = 0.0f;

        gXSpeed = 200.0f;
        gYSpeed = 200.0f;
}

// 버텍스 데이터 배열 준비
void prepareVertexData() {
    // 원 중심 버텍스 1개
    int vArrayIndex = 0;
    gVertices[vArrayIndex++] = 0.0f; // x
    gVertices[vArrayIndex++] = 0.0f; // y
    gVertices[vArrayIndex++] = 0.0f; // r
    gVertices[vArrayIndex++] = 1.0f; // g
    gVertices[vArrayIndex++] = 0.0f; // b
    gVertices[vArrayIndex++] = 1.0f; // a

    float tempValue;

    // 원주를 따라 40등분한 버텍스 40개
    for (int i = 0; i < SLICES; i++) {
        float theta = DTHETA * i;

        gVertices[vArrayIndex++] = (float) (RADIUS * cos(theta));
        gVertices[vArrayIndex++] = (float) (RADIUS * sin(theta));
        gVertices[vArrayIndex++]
            = ((tempValue = cos(theta)) < 0 ? -tempValue : tempValue);
        gVertices[vArrayIndex++]
            = ((tempValue = sin(theta)) < 0 ? -tempValue : tempValue); // g
        gVertices[vArrayIndex++] = 0.0f; // b
        gVertices[vArrayIndex++] = 1.0f; // a
```

```
    }

    // 원주 중심 1개와 원주 40개의 인덱스를 차례로 지정
    for (int i = 0; i < INDEX_COUNT - 1; i++) {
        glIndices[i] = (short) i;
    }

    // 첫번째 원주 인덱스를 마지막에 한번 더 사용
    glIndices[INDEX_COUNT - 1] = 1;
}

// OpenGL 초기화
bool initGL() {
    // 버텍스 데이터를 준비함
    prepareVertexData();

    return true;
}

// 모듈 데이터 변경 처리
void update(float deltaTime) {
    float dX = gXSpeed * deltaTime * gXDeltaSign;
    float dY = gYSpeed * deltaTime * gYDeltaSign;

    if (gXDeltaSign < 0 && gBallX + dX - RADIUS < -gHalfWorldWidth) {
        gXDeltaSign = 1;
        dX *= -1;
    } else if (gXDeltaSign > 0 && gBallX + dX + RADIUS > gHalfWorldWidth) {
        gXDeltaSign = -1;
        dX *= -1;
    }

    if (gYDeltaSign < 0 && gBallY + dY - RADIUS < -gHalfWorldHeight) {
        gYDeltaSign = 1;
        dY *= -1;
    } else if (gYDeltaSign > 0 && gBallY + dY + RADIUS > gHalfWorldHeight) {
        gYDeltaSign = -1;
        dY *= -1;
    }

    gBallX += dX;
    gBallY += dY;
}

void renderFrame(int viewWidth, int viewHeight, float deltaTime) {
```

```
    update(deltaTime);

    /* 뷰포트 크기 설정 */
    glViewport(0, 0, viewWidth, viewHeight);

    /* 투영 행렬 */
    // 투영 행렬 설정
    glMatrixMode(GL_PROJECTION);
    // 투영 행렬 초기화
    glLoadIdentity();
    // 클리핑 영역 설정
    glOrthof(-gHalfWorldWidth, gHalfWorldWidth, -gHalfWorldHeight,
        gHalfWorldHeight, 1.0f, -1.0f);

    /* 모델뷰 행렬 */
    // 모델뷰 행렬 설정
    glMatrixMode(GL_MODELVIEW);
    // 모델뷰 행렬 초기화
    glLoadIdentity();

    // 모델뷰 행렬 변환 : 위치 이동
    glTranslatef(gBallX, gBallY, 0.0f);

    /* 화면 지우기 */
    glClearColor(0.4f, 0.8f, 1.0f, 1.0f);
    glClear(GL_COLOR_BUFFER_BIT);

    // 삼각형 그리는 순서 : 반시계 방향
    glFrontFace(GL_CCW);

    // 위치에 대한 버텍스 배열을 사용함
    glEnableClientState(GL_VERTEX_ARRAY);
    // 위치에 대한 버텍스 배열 정보는 버텍스 버퍼를 가리킴
    glVertexPointer(POSITION_SIZE, GL_FLOAT, VERTEX_STRIDE, gVertices);

    // 색상에 대한 버텍스 배열을 사용함
    glEnableClientState(GL_COLOR_ARRAY);
    // 색상에 대한 버텍스 배열 정보는 버텍스 버퍼를 가리킴
    glColorPointer(COLOR_SIZE, GL_FLOAT, VERTEX_STRIDE, gVertices + POSITION_SIZE);

    // 인텍스에 따라 삼각형 그리기
    glDrawElements(GL_TRIANGLE_FAN, INDEX_COUNT, GL_UNSIGNED_SHORT, gIndices);
}

extern "C" {
    /*
```

```
 * Class:     com_at0001_t0041_GL1JNILib
 * Method:    initApp
 * Signature: (FF)V
 */
JNIEXPORT void JNICALL Java_com_at0001_t0041_GL1JNILib_initApp
  (JNIEnv *env, jclass obj, jfloat half_world_width, jfloat half_world_height);

/*
 * Class:     com_at0001_t0041_GL1JNILib
 * Method:    initGL
 * Signature: ()V
 */
JNIEXPORT void JNICALL Java_com_at0001_t0041_GL1JNILib_initGL
  (JNIEnv *env, jclass obj);

/*
 * Class:     com_at0001_t0041_GL1JNILib
 * Method:    renderFrame
 * Signature: (IIF)V
 */
JNIEXPORT void JNICALL Java_com_at0001_t0041_GL1JNILib_renderFrame
  (JNIEnv *env, jclass obj, jint view_width, jint view_height, jfloat delta_time);
};


JNIEXPORT void JNICALL Java_com_at0001_t0041_GL1JNILib_initApp
 (JNIEnv *env, jclass obj, jfloat half_world_width, jfloat half_world_height)
{
  initApp(half_world_width, half_world_height);
}

JNIEXPORT void JNICALL Java_com_at0001_t0041_GL1JNILib_initGL
 (JNIEnv *env, jclass obj)
{
  initGL();
}

JNIEXPORT void JNICALL Java_com_at0001_t0041_GL1JNILib_renderFrame
 (JNIEnv *env, jclass obj, jint view_width, jint view_height, jfloat delta_time)
{
  renderFrame(view_width, view_height, delta_time);
}
```

네이티브 라이브러리는 C++로 작성하였으며, 언어 간 특성에 유의하면서 C로 작성하여도 무방하다. C++에서는 다음과 같이 인터페이스 함수 선언을 extern C로 해야 한다.

```
extern "C" {
```

```
    /*
     * Class:     com_at0001_t0041_GL1JNILib
     * Method:    initApp
     * Signature: (FF)V
     */
    JNIEXPORT void JNICALL Java_com_at0001_t0041_GL1JNILib_initApp
      (JNIEnv *env, jclass obj, jfloat half_world_width, jfloat half_world_height);

    /*
     * Class:     com_at0001_t0041_GL1JNILib
     * Method:    initGL
     * Signature: ()V
     */
    JNIEXPORT void JNICALL Java_com_at0001_t0041_GL1JNILib_initGL
      (JNIEnv *env, jclass obj);

    /*
     * Class:     com_at0001_t0041_GL1JNILib
     * Method:    renderFrame
     * Signature: (IIF)V
     */
    JNIEXPORT void JNICALL Java_com_at0001_t0041_GL1JNILib_renderFrame
      (JNIEnv *env, jclass obj, jint view_width, jint view_height, jfloat delta_time);
};
```

그래픽 관련 내용 중에 EGL 설정은 자바에서 처리하였고, 네이티브에서는 GL에 관한 내용만 다루고 있다는 점을 주목하기 바란다. GLSurfaceView라는 자바 클래스를 그대로 이용하기 때문에 EGL을 이전 순수 자바 OpenGL 방식과 동일하게 하였다.

NDK 관련 파일들은 그림 6-3과 같이 jni 폴더에 위치 시켜야 한다.

[빌드 및 설치 방법]

① NDK 모듈은 쉘 상에서 프로젝트 디렉토리로 이동 후, 다음과 같이 입력하여 빌드한다.

$ cd jni

$ ndk-build -B

```
Compile++ thumb  : t0041 <= gl1_draw.cpp
StaticLibrary  : libstdc++.a
```

```
SharedLibrary  : libt0041.so
Install        : libt0041.so => libs/armeabi/libt0041.so
```

② NDK 모듈의 공유 라이브러리가 빌드되었으면, 안드로이드 빌드/설치는 이전과 동일하게 하면 된다.

[그림 6-3] 예제 6-1의 NDK 관련 파일 위치

순수 자바로 개발했을 때 보다, 같은 결과 화면을 볼 수 있다.

그래픽의 복잡도가 낮은 예제라서 큰 차이를 실감할 수 없다. 하지만 많은 OpenGL 연산을 수행하는 경우에는 네이티브로 작성했을 경우가 성능 면에서 더 나은 결과를 갖는다.

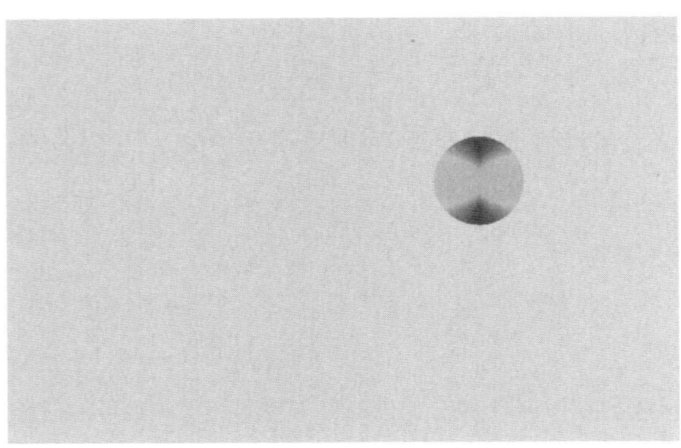

[그림 6-4] 예제 6-3의 실행 결과

실행 중, 홈버튼을 눌러서 액티비티를 정지 상태로 만들어 보고, 다시 앱을 재개시켜보자.

공의 위치가 정지 전 위치로부터 다시 시작되고 있음을 확인할 수 있다.

액티비티의 정지/재개가 되더라도, JNI 모듈의 GL 상태만 복구 처리가 일어나지만, 원래 어플리케이션 로직 관련 데이터는 그대로 유지되도록 작성되었기 때문이다.

3. NDK를 적용한 OpenGL ES 2.0 프로그램 작성하기

예제 6-2는 OpenGL ES 2.0을 네이티브 라이브러리로 개발하여 JNI 모듈을 생성한 후, 자바에서 호출하는 기능을 갖는다.

1.1로 개발했던 '움직이는 공' 예제를 동일하게 구현해 보고, 차이점을 확인해 보자.

[예제 6-2] NDK를 활용한 OpenGL ES 2.0

[AndroidManifest.xml]

화면 오리엔테이션 고정

```
<activity
    android:name="com.at001.t0044.MainActivity"
    android:configChanges="keyboard|keyboardHidden|orientation"
    android:screenOrientation="portrait"
    android:label="@string/app_name" >
    <intent-filter>
        <action android:name="android.intent.action.MAIN" />
        <category android:name="android.intent.category.LAUNCHER" />
    </intent-filter>
</activity>
```

[MainActivity.java]

예제 5-4와 동일함

[MyGLSurfaceView.java]

예제 5-4와 동일함

[MyScreen.java]

```
public class MyScreen {
    GLSurfaceView glView;

    // OpenGL의 클리핑 영역을 설정하기 위한 세계 좌표의 width, height
    // 원점(x:0, y:0)을 클리핑 영역의 중심으로 하여, 클리핑 공간을
    // x:-width~width, y:-height~height 범위의 영역으로 함
    float mHalfWorldWidth;
```

```
    float mHalfWorldHeight;

    public MyScreen(MainActivity act) {
        this.glView = act.glView;

        // 뷰 사이즈가 고정될 것이므로, 뷰 사이즈를 이용하여 클리핑 공간 크기에 사용.
        // 뷰 사이즈와 상관없이 임의의 상수로 지정하는 경우도 있음
        mHalfWorldWidth = glView.getWidth() / 2.0f;
        mHalfWorldHeight = glView.getHeight() / 2.0f;

        // 어플리케이션 설정 관련 JNI 모듈 초기화
        GL2JNILib.initApp(mHalfWorldWidth, mHalfWorldHeight);
    }

    public void update(float deltaTime) {
        // 매 프레임 당 JNI 모듈의 함수 호출
        GL2JNILib.renderFrame(glView.getWidth(), glView.getHeight(), deltaTime);
    }

    public void pause() {
        // 액티비티 중지 시 처리
        // JNI 모듈에 필요하면 중지 처리 작업을 연동할 수 있음
    }

    public void resume() {
        // 액티비티의 resume 상태에 따른 처리
        // 액티비티의 중지 시, JNI 모듈의 OpenGL 초기화 내용들이 모두 삭제되므로,
        // 재개 시 마다 다시 초기화할 필요 있음
        GL2JNILib.initGL();
    }

    public void dispose() {
        // 프로그램 종료 시 처리
    }
}
```

[GL2JNILib.java]

```
public class GL2JNILib {
    static {
        // 공유 라이브러리 libt0044.so 로드
        System.loadLibrary("t0044");
    }

    // JNI 모듈을 초기화함
    public static native void initApp(float half_world_width,
```

```
          float half_world_height);

    // JNI 모듈의 OpenGL을 초기화함
    public static native void initGL();

    // 하나의 프레임을 렌더링함
    public static native void renderFrame(int view_width,
          int view_height, float delta_time);
}
```

[Android.mk]

```
LOCAL_PATH:= $(call my-dir)

include $(CLEAR_VARS)

LOCAL_MODULE    := t0044
LOCAL_CFLAGS    := -Werror
LOCAL_SRC_FILES := gl2_draw.cpp
LOCAL_LDLIBS    := -llog -lGLESv2

include $(BUILD_SHARED_LIBRARY)
```

[gl2_draw.cpp]

```
#include <jni.h>
#include <android/log.h>

#include <GLES2/gl2.h>
#include <GLES2/gl2ext.h>

#include <stdio.h>
#include <stdlib.h>
#include <math.h>

#define  LOG_TAG    "libgl2jni"
#define  LOGI(...)  __android_log_print(ANDROID_LOG_INFO,LOG_TAG,__VA_ARGS__)
#define  LOGE(...)  __android_log_print(ANDROID_LOG_ERROR,LOG_TAG,__VA_ARGS__)

static GLuint gProgram;
static GLuint guPMatrixHandle;
static GLuint guMVMatrixHandle;
static GLuint gaPositionHandle;
static GLuint gaColorHandle;

static float gHalfWorldWidth;
static float gHalfWorldHeight;
```

```
static float gBallX;
static float gBallY;

static float gXSpeed;
static float gYSpeed;

static int gXDeltaSign = 1;
static int gYDeltaSign = 1;

static const float RADIUS = 50.0f;

// 위치 정보 크기 (x, y)
static const int POSITION_SIZE = 2;
// 색상 정보 크기 (r, g, b, a)
static const int COLOR_SIZE = 4;

// 버텍스 하나의 크기(바이트)
static const int VERTEX_STRIDE = (POSITION_SIZE + COLOR_SIZE ) * sizeof(GLfloat);

// 원을 중심을 기준으로 40등분한 삼각형으로 분리
static const int SLICES = 40;
static const float DTHETA = (float) (2 * M_PI / SLICES);

// 정점 개수는 원주의 40개와 원 중심 1개
static const int VERTEX_COUNT = SLICES + 1;
// TriangleFan 모드의 인덱스 개수
// 중심 1개. 원주의 40개. 원주의 최초 정점을 중복시켜서 마지막 fan을 그려야 하므로
// 1개가 추가됨.
static const int INDEX_COUNT = SLICES + 2;

GLfloat gVertices[VERTEX_COUNT * (POSITION_SIZE + COLOR_SIZE)];
GLshort gIndices[INDEX_COUNT];

GLfloat gProjection[16];
GLfloat gTransform[16];

static void checkGlError(const char* op) {
   for (GLint error = glGetError(); error; error
         = glGetError()) {
      LOGI("### after %s() glError (0x%x)\n", op, error);
   }
}

static const char gVertexShader[] =
      "uniform mat4 uPMatrix;\n"
      "uniform mat4 uMVMatrix;\n"
```

```
        "attribute vec4 aPosition;\n"
        "attribute vec4 aColor;\n"
        "varying vec4 vColor;\n"
        "void main() {\n"
        "    gl_Position = uPMatrix * uMVMatrix * aPosition;\n"
        "    vColor = aColor;\n"
        "}\n";

static const char gFragmentShader[] =
        "precision mediump float;\n"
        "varying vec4 vColor;\n"
        "void main() {\n"
        "    gl_FragColor = vColor;\n"
        "}\n";

// JNI 모듈 초기화
void initApp(float halfWorldWidth, float halfWorldHeight) {

    LOGI("## JNI initApp");

    gHalfWorldWidth = halfWorldWidth;
    gHalfWorldHeight = halfWorldHeight;

      gBallX = 0.0f;
      gBallY = 0.0f;

      gXSpeed = 100.0f;
      gYSpeed = 100.0f;
}

GLuint loadShader(GLenum shaderType, const char* pSource) {
    // 쉐이더 생성
    GLuint shader = glCreateShader(shaderType);

    if (shader) {
        // 버텍스 쉐이더 문자열 또는 프래그먼트 쉐이더 문자열을 쉐이더 소스로 명시함
        glShaderSource(shader, 1, &pSource, NULL);
        // 쉐이더를 컴파일함
        glCompileShader(shader);

        // 쉐이더 컴파일 결과 확인
        GLint compiled = 0;
        glGetShaderiv(shader, GL_COMPILE_STATUS, &compiled);
        if (!compiled) {
            GLint infoLen = 0;
            glGetShaderiv(shader, GL_INFO_LOG_LENGTH, &infoLen);
```

```
            if (infoLen) {
                char* buf = (char*) malloc(infoLen);
                if (buf) {
                    glGetShaderInfoLog(shader, infoLen, NULL, buf);
                    LOGE("Could not compile shader %d:\n%s\n",
                            shaderType, buf);
                    free(buf);
                }
                glDeleteShader(shader);
                shader = 0;
            }
        }
    }
    return shader;
}

GLuint createProgram(const char* pVertexSource, const char* pFragmentSource) {
    // 버텍스 쉐이더를 로드함
    GLuint vertexShader = loadShader(GL_VERTEX_SHADER, pVertexSource);
    if (!vertexShader) {
        return 0;
    }

    // 프래그먼트 쉐이더를 로드함
    GLuint pixelShader = loadShader(GL_FRAGMENT_SHADER, pFragmentSource);
    if (!pixelShader) {
        return 0;
    }

    // 프로그램 생성
    GLuint program = glCreateProgram();
    if (program) {
        // 버텍스 쉐이더를 프로그램에 첨부
        glAttachShader(program, vertexShader);
        checkGlError("glAttachShader");

        // 프래그먼트 쉐이더를 프로그램에 첨부
        glAttachShader(program, pixelShader);
        checkGlError("glAttachShader");

        // 프로그램을 링크함
        glLinkProgram(program);

        // 프로그램 링크 결과 확인
        GLint linkStatus = GL_FALSE;
        glGetProgramiv(program, GL_LINK_STATUS, &linkStatus);
```

```
        if (linkStatus != GL_TRUE) {
            GLint bufLength = 0;
            glGetProgramiv(program, GL_INFO_LOG_LENGTH, &bufLength);

            if (bufLength) {
                char* buf = (char*) malloc(bufLength);
                if (buf) {
                    glGetProgramInfoLog(program, bufLength, NULL, buf);
                    LOGE("Could not link program:\n%s\n", buf);
                    free(buf);
                }
            }
            glDeleteProgram(program);
            program = 0;
        }
    }

    return program;
}

// 버텍스 데이터 배열 준비
void prepareVertexData() {
    // 원 중심 버텍스 1개
    int vArrayIndex = 0;
    gVertices[vArrayIndex++] = 0.0f; // x
    gVertices[vArrayIndex++] = 0.0f; // y
    gVertices[vArrayIndex++] = 0.0f; // r
    gVertices[vArrayIndex++] = 1.0f; // g
    gVertices[vArrayIndex++] = 0.0f; // b
    gVertices[vArrayIndex++] = 1.0f; // a

    float tempValue;

    // 원주를 따라 40등분한 버텍스 40개
    for (int i = 0; i < SLICES; i++) {
        float theta = DTHETA * i;

        gVertices[vArrayIndex++] = (float) (RADIUS * cos(theta));
        gVertices[vArrayIndex++] = (float) (RADIUS * sin(theta));
         gVertices[vArrayIndex++]              = ((tempValue = cos(theta))<0 ? -tempValue :
tempValue); // r
        gVertices[vArrayIndex++]
            = ((tempValue = sin(theta))<0 ? -tempValue : tempValue); // g
        gVertices[vArrayIndex++] = 0.0f; // b
        gVertices[vArrayIndex++] = 1.0f; // a
```

```
    }

    // 원주 중심 1개와 원주 40개의 인덱스를 차례로 지정
    for (int i = 0; i < INDEX_COUNT - 1; i++) {
        gIndices[i] = (short) i;
    }

    // 첫번째 원주 인덱스를 마지막에 한번 더 사용
    gIndices[INDEX_COUNT - 1] = 1;
}

// OpenGL 초기화
bool initGL() {
    // 쉐이더 프로그램 생성
    gProgram = createProgram(gVertexShader, gFragmentShader);
    if (!gProgram) {
        LOGE("Could not create program.");
        return false;
    }

    // 프로그램의 Uniform인 uPMatrix에 대한 핸들을 얻음
    guPMatrixHandle = glGetUniformLocation(gProgram, "uPMatrix");
    checkGlError("glGetUniformLocation");
    LOGI("glGetUniformLocation(\"uPMatrix\") = %d\n",
            guPMatrixHandle);

    // 프로그램의 Uniform인 uMVMatrix에 대한 핸들을 얻음
    guMVMatrixHandle = glGetUniformLocation(gProgram, "uMVMatrix");
    checkGlError("glGetUniformLocation");
    LOGI("glGetUniformLocation(\"uMVMatrix\") = %d\n",
            guMVMatrixHandle);

    // 프로그램의 Attribute인 aPosition에 대한 핸들을 얻음
    gaPositionHandle = glGetAttribLocation(gProgram, "aPosition");
    checkGlError("glGetAttribLocation");
    LOGI("glGetAttribLocation(\"aPosition\") = %d\n",
            gaPositionHandle);

    // 프로그램의 Attribute인 aColor에 대한 핸들을 얻음
    gaColorHandle = glGetAttribLocation(gProgram, "aColor");
    checkGlError("glGetAttribLocation");
    LOGI("glGetAttribLocation(\"aColor\") = %d\n",
            gaColorHandle);

    // 버텍스 데이터를 준비함
```

```
    prepareVertexData();

    // 삼각형 그리는 순서 : 반시계 방향
    glFrontFace(GL_CCW);

    return true;
}

// OpenGL ES 1.0의 glOrthof()와 같은 투영을 위해 행렬을 만듦
void orthoMatrix(GLfloat left, GLfloat right, GLfloat bottom, GLfloat top, GLfloat near,
GLfloat far) {

    GLfloat a = 2.0f / (right - left);
    GLfloat b = 2.0f / (top - bottom);
    GLfloat c = -2.0f / (far - near);

    GLfloat tx = -(right + left) / (right - left);
    GLfloat ty = -(top + bottom) / (top - bottom);
    GLfloat tz = -(far + near) / (far - near);

    gProjection[0]  = a;
    gProjection[1]  = 0.0f;
    gProjection[2]  = 0.0f;
    gProjection[3]  = 0.0f;

    gProjection[4]  = 0.0f;
    gProjection[5]  = b;
    gProjection[6]  = 0.0f;
    gProjection[7]  = 0.0f;

    gProjection[8]  = 0.0f;
    gProjection[9]  = 0.0f;
    gProjection[10] = c;
    gProjection[11] = 0.0f;

    gProjection[12] = tx;
    gProjection[13] = ty;
    gProjection[14] = tz;
    gProjection[15] = 1.0f;

}

// OpenGL ES 1.0의 glTranslatef()와 같은 투영을 위해 행렬을 만듦
void translateMatrix(GLfloat* matrix, GLfloat x, GLfloat y, GLfloat z)
{
    matrix[0] = 1.0f;
```

```
    matrix[1] = 0.0f;
    matrix[2] = 0.0f;
    matrix[3] = 0.0f;

    matrix[4] = 0.0f;
    matrix[5] = 1.0f;
    matrix[6] = 0.0f;
    matrix[7] = 0.0f;

    matrix[8] = 0.0f;
    matrix[9] = 0.0f;
    matrix[10] = 1.0f;
    matrix[11] = 0.0f;

    matrix[12] = x;
    matrix[13] = y;
    matrix[14] = z;
    matrix[15] = 1.0f;
}

// 모듈 데이터 변경 처리
void update(float deltaTime) {
    float dX = gXSpeed * deltaTime * gXDeltaSign;
    float dY = gYSpeed * deltaTime * gYDeltaSign;

    if (gXDeltaSign < 0 && gBallX + dX - RADIUS < -gHalfWorldWidth) {
        gXDeltaSign = 1;
        dX *= -1;
    } else if (gXDeltaSign > 0 && gBallX + dX + RADIUS > gHalfWorldWidth) {
        gXDeltaSign = -1;
        dX *= -1;
    }

    if (gYDeltaSign < 0 && gBallY + dY - RADIUS < -gHalfWorldHeight) {
        gYDeltaSign = 1;
        dY *= -1;
    } else if (gYDeltaSign > 0 && gBallY + dY + RADIUS > gHalfWorldHeight) {
        gYDeltaSign = -1;
        dY *= -1;
    }

    gBallX += dX;
    gBallY += dY;
}

void renderFrame(int viewWidth, int viewHeight, float deltaTime) {
```

```
update(deltaTime);

/* 뷰포트 크기 설정 */
glViewport(0, 0, viewWidth, viewHeight);
checkGlError("glViewport");

/* 투영 행렬 */
// 직교 투영 행렬 설정
orthoMatrix(-gHalfWorldWidth, gHalfWorldWidth, -gHalfWorldHeight,
      gHalfWorldHeight, 1.0f, -1.0f);

/* 모델 변환 행렬 */
// 이동 행렬 : 모델을 (gBallX, gBallY, 0.0f) 위치로 이동
translateMatrix(gTransform, gBallX, gBallY, 0.0f);

// 프로그램(쉐이더) 사용을 알림
glUseProgram(gProgram);
checkGlError("glUseProgram");

// 프로그램의 프로젝션 행렬 핸들에, 앞에서 투영 행렬을 연결함
glUniformMatrix4fv(guPMatrixHandle, 1, GL_FALSE, gProjection);
checkGlError("glUniformMatrix4fv — guPMatrixHandle");

// 프로그램의 모델-뷰 행렬 핸들에, 앞에서 모델변환 행렬을 연결함
glUniformMatrix4fv(guMVMatrixHandle, 1, GL_FALSE, gTransform);
checkGlError("glUniformMatrix4fv — guMVMatrixHandle");

  // 화면 지우기
glClearColor(0.5f, 0.5f, 0.5f, 1.0f);
checkGlError("glClearColor");

glClear(GL_COLOR_BUFFER_BIT);
checkGlError("glClear");

// 프로그램의 위치 attribute 핸들에, 버텍스 속성 배열 연결함.
// 버텍스 배열의 0번째 위치로부터 2개씩 읽고 stride만큼 건너띄워야 함을 명시함
glVertexAttribPointer(gaPositionHandle, POSITION_SIZE, GL_FLOAT, GL_FALSE, VERTEX_
STRIDE, gVertices);
checkGlError("glVertexAttribPointer : gaPositionHandle");
glEnableVertexAttribArray(gaPositionHandle);
checkGlError("glEnableVertexAttribArray : gaPositionHandle");

// 프로그램의 색상 attribute 핸들에, 버텍스 속성 배열 연결함.
// 버텍스 버퍼의 2번째 위치로부터 4개씩 읽고 stride만큼 건너띄워야 함을 명시함
 glVertexAttribPointer(gaColorHandle, COLOR_SIZE, GL_FLOAT, GL_FALSE, VERTEX_
```

```
STRIDE, gVertices + POSITION_SIZE);
    checkGlError("glVertexAttribPointer : gaColorHandle");
    glEnableVertexAttribArray(gaColorHandle);
    checkGlError("glEnableVertexAttribArray : gaColorHandle");

    // 인덱스 기반 그리기 (Triangle Fan 모드)
    glDrawElements(GL_TRIANGLE_FAN, INDEX_COUNT, GL_UNSIGNED_SHORT, gIndices);
    checkGlError("glDrawElements");
}

extern "C" {
    /*
     * Class:     com_at0001_t0044_GL2JNILib
     * Method:    initApp
     * Signature: (FF)V
     */
    JNIEXPORT void JNICALL Java_com_at0001_t0044_GL2JNILib_initApp
      (JNIEnv *env, jclass obj, jfloat half_world_width, jfloat half_world_height);

    /*
     * Class:     com_at0001_t0044_GL2JNILib
     * Method:    initGL
     * Signature: ()V
     */
    JNIEXPORT void JNICALL Java_com_at0001_t0044_GL2JNILib_initGL
      (JNIEnv *env, jclass obj);

    /*
     * Class:     com_at0001_t0044_GL2JNILib
     * Method:    renderFrame
     * Signature: (IIF)V
     */
    JNIEXPORT void JNICALL Java_com_at0001_t0044_GL2JNILib_renderFrame
      (JNIEnv *env, jclass obj, jint view_width, jint view_height, jfloat delta_time);
};


JNIEXPORT void JNICALL Java_com_at0001_t0044_GL2JNILib_initApp
  (JNIEnv *env, jclass obj, jfloat half_world_width, jfloat half_world_height)
{
    initApp(half_world_width, half_world_height);
}

JNIEXPORT void JNICALL Java_com_at0001_t0044_GL2JNILib_initGL
  (JNIEnv *env, jclass obj)
{
```

```
    initGL();
}

JNIEXPORT void JNICALL Java_com_at0001_t0044_GL2JNILib_renderFrame
  (JNIEnv *env, jclass obj, jint view_width, jint view_height, jfloat delta_time)
{
    renderFrame(view_width, view_height, delta_time);
}
```

5장에서 다뤘던 내용이 네이티브에서도 그대로 적용되고 있다.

다른 점이 있다면, 버텍스 쉐이더에서 행렬 기능을 사용하는 방법이다. 버텍스 쉐이더를 한번 살펴 보자.

```
uniform mat4 uPMatrix;
uniform mat4 uMVMatrix;
attribute vec4 aPosition;
attribute vec4 aColor;
varying vec4 vColor;
void main() {
        gl_Position = uPMatrix * uMVMatrix * aPosition;
        vColor = aColor;
}
```

uniform 변수 2개, attribute 변수 2개, varying 변수 1개가 보인다.

2개의 uniform 변수는 각각 투영 행렬과 모델-뷰 행렬에 해당한다. 5장에서는 모델-뷰, 투영 행렬이 처음부터 결합한 채 제공되었었는데, 여기에서는 분리된 채 제공되고 있다.

2개의 attribute는 각각 정점의 위치와 색상을 나타내는데, 앞의 두 행렬이 위치 attribute와 곱셈에 사용된다.

각 정점의 출력 위치는 아래의 공식으로 계산하고 있음을 알 수 있다.

```
gl_Position = uPMatrix * uMVMatrix * aPosition;
```

즉, 풀어 쓰면 다음과 같다.

(출력 위치 벡터) = (투영 행렬) × (모델 뷰 행렬) × (모델 공간 위치 벡터)

곱셈에 대한 결합 법칙을 이용하여 다음의 관계를 생각해 볼 수 있고,

= (투영 행렬) × { 모델 뷰 행렬 × 모델 공간 위치 }
= (투영 행렬) × (시야 좌표 위치 벡터)
= 클리핑 공간 위치 벡터

즉, 쉐이더 상에서 수행되는 연산으로도 필요한 위치를 구할 수 있게 된다.

OpenGL ES를 활용하기 위해 네이티브 모듈을 개발하는 방법을 알아 봤다. 현재 안드로이드에서 그래픽을 구현하는 가장 중요하게 생각되어지는 방식이기는 하지만, 3장에서 배운 네이티브 관련 내용과 5장에서 배운 OpenGL 관련 내용을 조합하여 어렵지 않게 구현할 수 있음을 알 수 있다.

마무리 하며

*
*
*

이 장에서는 성능이 중요시 되는 그래픽 분야에서 널리 사용되는 네이티브 OpenGL ES로 그래픽을 구현하는 방법을 알아 보았다.
특히, 5장에서 다뤘던 프로그램 구조를 그대로 유지하기 때문에 어렵지 않게 네이티브 기능을 도입할 수 있었다.
자바와 네이티브 레이어 간에 데이터 정합성을 보장하기 위한 방법에 대해서도 간단하게나마 생각해 보는 기회가 되었을 것이다.

연습문제

1. OpenGL의 고정 파이프라인 방식과 프로그램 파이프라인 방식의 차이점을 간략하게 설명하시오.

2. 안드로이드 어플리케이션에서 OpenGL ES 그래픽 기능을 네이티브로 구현하는 것에 관하여 설명이 잘못된 것을 고르시오.

   ①네이티브에서 EGL 초기화 처리를 해 줘야 한다.

   ② 자바에서 SurfaceView와 GLSurfaceView 모두 사용이 가능하다.

   ③ 네이티브에서 구현하더라도, OpenGL ES 2.0 이상의 프로그램 파이프라인 방식을 적용할 수 있다.

   ④ 액티비티의 라이프사이클 관련하여 네이티브에서도 OpenGL 관련 초기화를 고려해야 한다.

3. 안드로이드의 OpenGL ES 그래픽 기능을 자바로만 구현하려면, 버텍스 데이터를 처리하기 위하여 버퍼 구조의 데이터 형식이 필요합니다. 네이티브에서는 C/C++의 배열을 사용해서 처리할 수 있는데, 자바의 버퍼와 비교하여 어떤 차이점이 있는지 기술하시오.

4. 안드로이드의 액티비티가 정지 후, 재개 되면 서피스가 제거 되고 다시 만들어집니다. OpenGL ES 그래픽 기능을 네이티브로 구현하는 경우, 서피스의 변경과 관련해서 네이티브 모듈에서 반드시 해야 하는 작업들은 어떤 것들이 있을지 설명하시오.

5. 예제 6-1은 움직이는 공을 OpenGL ES 1.1로 구현하였습니다. 다음과 같이 수정하여 프로그램을 작성하시오.

- ▶ 원을 삼각형으로 대체
- ▶ 삼각형의 움직이는 패턴은 기존과 동일하게 유지
- ▶ 삼각형 자체로 시계 방향으로 일정한 속도로 회전

6. OpenGL ES 2.0의 쉐이더에서는 각 버텍스 별로 출력 데이터인 위치를 MVP 행렬 연산으로 계산해 냅니다. 예제 6-2의 예제는 MV행렬, P행렬을 각각 입력으로 받아 행렬 곱셈을 쉐이더에서 수행하고 있는데, 실제로는 일반적인 방법은 아닙니다.
다음과 같이 수정하시오.

- ▶ 네이티브에서 MV행렬과 P행렬을 직접 곱셈을 수행하고 쉐이더로 곱셈 결과를 보냄
- ▶ 쉐이더에서는 입력으로 받은 MVP 행렬을 사용

[생각해 봅시다] 이 장에서 다루는 예제들은 그리기 기능만을 네이티브로 개발하는 예제였습니다. 그렇다면 그리기 이외의 작업들도 3 장에서 다뤘던 것처럼 얼마든지 네이티브에서 개발될 수 있을 것입니다.
그렇다면 네이티브 라이브러리가 1개 이상이 사용될 수도 있고 하나의 라이브러리로 합쳐질 수도 있을 것입니다.
관련하여 고려해야 하는 사항들은 어떤 것이 있을지 고민해 보시기 바랍니다.

Chapter 7

네이티브 액티비티

네이티브 액티비티

안드로이드의 가장 기본적인 컴포넌트인 액티비티를 자바로 작성해 왔다. 하지만, 액티비티를 네이티브로만 작성하는 것도 가능하며, 이것을 '네이티브 액티비티'라고 한다. 이번 장에서 다룰 네이비트 엑티비티는 네이티브로 작성하기 때문에, 꼭 필요한 기능들만을 C나 C++로 작성함으로써, 성능 상의 이점을 가질 수 있게 된다.

1. 네이티브 액티비티 개요

안드로이드 2.3(진저브레드) 버전부터 NDK 5를 도입하면서 네이티브 액티비티가 추가가 되었다. 네이티브 액티비티를 활용하는 일반적인 방법은 안드로이드 프레임워크의 위젯 보다는 EGL을 통하여 OpenGL ES로 그래픽을 구현하는 것이다. 즉, 복잡한 그래픽 프로그램이나 게임과 같은 성능이 중요 시 되는 분야에 많이 활용되고 있다.

(1) 네이티브 액티비티의 특징

a. C/C++ 모듈만 추가하여 개발함

네이티브 액티비티를 개발할 경우에는 자바 소스가 필요없다. 프로젝트에서 src 폴더 자체를 만들지 않고 jni 폴더만 있으면 된다.

물론, 내부적으로 자바가 완전히 배제되는 것은 아니다. NativeActivity라는 클래스(Activity의 자식 클래스) 객체가 Launcher 모듈로서 로드되고 여기에서부터 JNI 연결을 통해 네이티브 모듈이 실행되는 것이다.

b. OpenGL ES를 이용한 그래픽

네이티브 액티비티를 사용하여 빈 영역에 OpenGL ES를 이용한 그래픽을 구현함으로써, 액티비티를 활용하게 된다.

안드로이드 프레임워크의 위젯을 사용하는 것도 JNI의 리플렉션(Reflection)을 이용하면 가능하다. 하지만, 네이티브로만 액티비티를 개발하는 이점이 크지 않기 때문에, 일반적인 활용은 OpenGL ES로 대부분 액티비티를 채우게 된다.

따라서, 위젯이 활용되지 않는 프로그램이나 게임과 같은 경우에 네이티브 액티비티가 활용이 많이 되고 있다.

자바로 액티비티를 작성할 경우에는 GLSurfaceView 클래스를 통해서 OpenGL ES를 사용하였고, EGL 설정은 관련 인터페이스를 통해서 조작하였다. 네이티브 액티비티는 GLSurfaceView와 같은 도구가 없으므로, EGL을 직접 다루면서 설정 작업을 해야 한다.

OpenGL ES 1.1과 2.0 버전 모두 EGL을 조정함으로써 사용할 수 있다.

c. 콜백 함수를 통한 쓰레드 블로킹 회피

네이티브 액티비티도 본질은 액티비티이기 때문에, 안드로이드 프레임워크의 규칙을 그대로 준수해야 한다.

액티비티가 로드되면 UI 쓰레드가 액티비티의 메인 쓰레드가 된다는 것을 알고 있다.

이 쓰레드는 화면 상의 변경과 사용자 입력 처리 등의 임무를 수행하면서, 과도한 실행 시간으로 인한 ANR 현상이 발생하지 않도록 해야 한다.

액티비티의 중요한 이벤트들(시작, 재개, 정지 등)에 대해서는 각각 콜백 메소드가 준비되어 있음을 기억하기 바란다. 뿐만 아니라, 각종 입력 이벤트(터치, 키 입력 등) 등에 대해서도 관련한 콜백 도구들이 존재한다. 어떠한 상황에도 메인 쓰레드가 블로킹되어 어떤 작업이 시작부터 끝까지 완료되기를 오랫동안 기다리는 상황이 되지 말아야 한다. 대신 필요한 상황이 발생하면 미리 준비된 콜백 메소드들이 호출되도록 하면서, 메인 쓰레드가 전체적인 반응성을 유지해야 하는 것이다.

네이티브 액티비티 개발 시에도 이런 규칙을 준수해야 한다.

액티비티의 내부 구조에 대한 정확한 이해 없이 그렇게 하기는 쉬운 일은 아닐 것이다. 하지만 NDK에는 Native App Glue라는 모듈이 있어서, 세부적인 것을 대신 처리해주고 있기 때문에 어렵지 않게 네이티브 액티비티를 구현하는 것이 가능하다.

(2) 네이티브 액티비티 개발 관련 사항

a. Native App Glue 활용

보통 네이티브 액티비티를 개발하는 방식은, NDK에 포함된 샘플 프로그램을 그대로 가져와서 '개발 모듈' 부분만 수정하는 방식이다.

샘플 위치 : [NDK 디렉토리]/samples/native-activity

이 샘플 프로젝트를 보면, Native App Glue라는 모듈을 정적 라이브러리로 포함시켜 빌드를 하고 있다. Native App Glue는 앞서 언급했듯이, 네이티브 액티비티가 메인 쓰레드의 블로킹 현상을 회피하는 등의 복잡한 부분들을 고려하여 설계된 래퍼와 같은 역할을 한다.

안드로이드 프레임워크 상에 네이티브 액티비티의 내부 프로세스가 어떻게 구현되었는지 살펴보지 않으면 다소 어렵게 들릴 수 있는 내용이지만, 차근차근 확인해 보도록 하자.

b. NativeActivity 클래스

네이티브 액티비티를 위한 프로젝트에는 src 폴더 자체가 불필요하지만, 처음 로드되는 것은 NativeActivity이다.

매니페스트 파일의 Main/Launcher 컴포넌트로서, NativeActivity가 기술되어야 한다.

이 클래스를 상속받아 별도의 클래스로 정의하지도 않는다.

```
<activity
  android:name="android.app.NativeActivity"
  android:configChanges="orientation|keyboardHidden|orientation"
  android:label="@string/app_name"
  android:screenOrientation="portrait" >
  <meta-data
    android:name="android.app.lib_name"
    android:value="t0051" />
  <intent-filter>
    <action android:name="android.intent.action.MAIN" />
```

```
        <category android:name="android.intent.category.LAUNCHER" />
    </intent-filter>
```

나중에 살펴 보겠지만, 이 액티비티와 프레임워크의 JNI 인터페이스 모듈과 Native App Glue가 추가적으로 모듈을 붙여 넣을 수 있도록 디자인되어 있기 때문이다.

c. 액티비티 라이프 사이클

네이티브 액티비티도 일반 액티비티와 동일한 라이프 사이클을 따른다.

즉, 네이티브 액티비티로 프로그램을 개발하는 경우, 지금까지 해 왔던 라이프 사이클을 고려한 관련 쓰레드들의 초기화/중지 등과 같은 연동 작업을 동일하게 해 줘야 함을 의미한다.

네이티브 액티비티는 콜백을 만들어서 등록하는 작업과 액티비티의 이벤트를 수신해서 루퍼(Looper)를 통해 처리 루틴으로 넘기는 작업 등을 네이티브 모듈로 개발해야 하는데, Native App Glue가 대부분의 루틴을 포함하고 있으며, 개발할 모듈에는 규칙에 맞게 필요한 함수들을 배치하면 된다.

(3) 네이티브 액티비티 프로세스

네이티브 액티비티의 처리 절차에 대해 이야기하고자 한다. 편의 도구인 Native App Glue의 존재 때문에, 프로세스를 깊이 이해하지 못해도 네이티브 액티비티로 개발을 진행할 수는 있다.

하지만, 네이티브 액티비티는 안드로이드 프레임워크와도 깊이 관련이 있기 때문에, 전반적인 프로세스를 이해한다면 네이티브 액티비티를 효과적으로 운용하거나 고급 기능을 구현하는데에 있어서 많은 도움을 받을 수 있다.

안드로이드 전체 소스와 NDK 폴더 내에서, 관련 파일들의 위치는 다음과 같다. 프로세스 전반적인 이해를 위해 필요하면 활용하기 바란다.

[관련 소스 파일]

① 프레임워크

▲ 네이티브 액티비티 자바 소스

[android 소스]/frameworks/base/core/java/android/app/NativeActivity.java

▲ 헤더 파일

[android 소스]/frameworks/base/native/include/android/native_activity.h

[android 소스]/frameworks/base/include/android_runtime/android_app_NativeActivity.h

▲ JNI 인터페이스 구현 파일(C++)

[android 소스]/frameworks/base/core/jni/android_app_NativeActivity.cpp

② NDK

▲ Native App Glue 헤더 파일

[NDK 폴더]/sources/android/native_app_glue/android_native_app_glue.h

▲ Native App Glue 소스 파일

[NDK 폴더]/sources/android/native_app_glue/android_native_app_glue.c

그림 7-1은 네이티브 액티비티의 프로세스를 보여주고 있다. 단계적으로 살펴 보도록 하자.

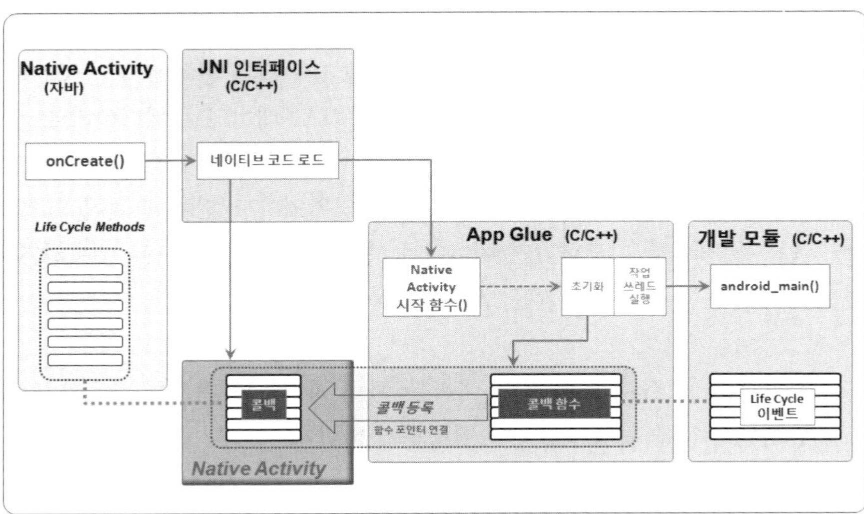

[그림 7-1] 네이티브 액티비티 처리 절차

(4) 네이티브 액티비티의 라이브러리 로딩

네이티브 액티비티 클래스(자바)가 로드되면서 onCreate()에서 JNI를 통해 네이티브 모듈을 실행시킨다. 이 모듈이 하는 일은 다음과 같다.

① 동적 라이브러리 로드
② 네이티브 액티비티 인스턴스 생성
③ 네이티브 액티비티 인스턴스의 "시작 함수" 호출

동적 라이브러리와 시작 함수 명은 개발자가 직접 정의할 수 있다. 프로젝트의 매니페스트 파일에 메타 데이터로 명시해 놓으면, 앱 설치 시에 패키지 매니저로 해당 정보가 관리가 된다. 앱 실행 시, NativeActivity 클래스가 로드되면 패키지 매니저로부터 메타 데이터를 찾아서 라이브러리 명과 함수 명을 읽은 후 JNI 모듈로 정보를 넘기면, JNI 모듈에서 라이브러리를 로드하고 해당 라이브러리 안에 해당 함수를 찾아 호출하게 되는 것이다.

```
<activity
  android:name="android.app.NativeActivity"
  android:configChanges="orientation|keyboardHidden|orientation"
  android:label="@string/app_name"
  android:screenOrientation="portrait" >
  <meta-data
    android:name="android.app.lib_name"
    android:value="t0051" />
  <intent-filter>
    <action android:name="android.intent.action.MAIN" />
    <category android:name="android.intent.category.LAUNCHER" />
  </intent-filter>
```

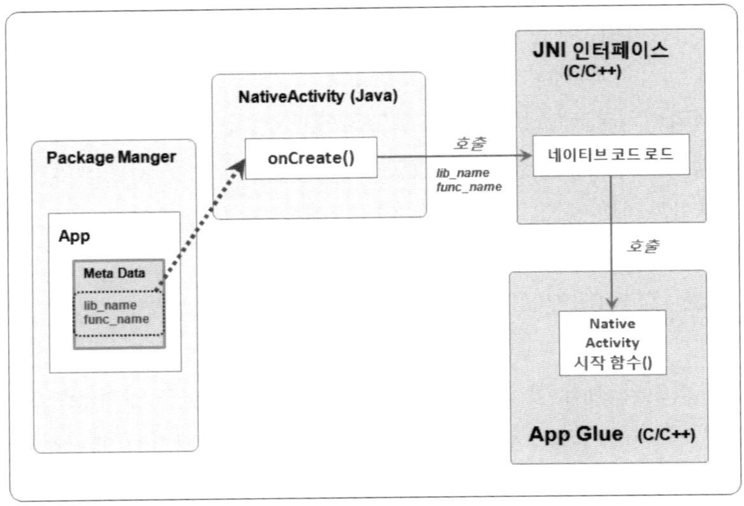

[그림 7-2] 공유 라이브러리 명과 함수 명에 대한 처리

Native App Glue를 사용하는 경우에는 한 가지 알아야 할 사항이 있다. 라이브러리 명은 메타 데이터로 임의로 정의할 수 있지만, 함수 명은 Native App Glue 안에 정의되어 있는 관계로 고정 된다는 것이다.

안드로이드 프레임워크의 JNI 헤더 파일(native_activity.h)에는 다음과 같이 정의되어 있다.

```
typedef void ANativeActivity_createFunc(ANativeActivity* activity,
    void* savedState, size_t savedStateSize);

extern ANativeActivity_createFunc ANativeActivity_onCreate;
```

디폴트 함수 명을 정의했고, 메타 데이터로 명시하지 않으면 사용되는 이름으로 되어 있다.

Native App Glue 구현 파일(android_native_app_glue.c)에는, 다음과 같이 디폴트 명으로 이미 정의가 되어 있다.

```
void ANativeActivity_onCreate(ANativeActivity* activity,
      void* savedState, size_t savedStateSize) {
   // ...
   activity->instance = android_app_create(activity, savedState, savedStateSize);
}
```

따라서, Native App Glue를 사용하지 않는 경우에는 해당되지 않지만, 사용하는 경우에는 함수명을 현재 상태 그대로 이용하면 된다. 굳이 딴 이름으로 하고 싶다면, android_native_app_glue.c를 편집하고, Manifest.xml에 함수명을 정확히 기재해서 사용할 수도 있다.

(5) 콜백 등록

다시 그림 7-1을 확인해 보자.

네이티브 모듈의 시작 함수까지 호출이 되면, 해당 함수 내에서는 다음과 같은 두 가지 처리가 일어난다.

① 네이티브 액티비티의 콜백 등록
② 새로운 쓰레드를 만들어서 '개발 모듈'의 android_main() 호출

Java의 NativeActivity에서는 라이프 사이클 관련한 메소드들마다 JNI 호출을 하도록 되어 있다. 예를 들어, 다음과 같이 처리하는 방식이다.

```
@Override
protected void onPause() {
   super.onPause();
   onPauseNative(mNativeHandle);
}

@Override
protected void onResume() {
   super.onResume();
   onResumeNative(mNativeHandle);
```

}

바로 이 단계에서 등록된 콜백들이 호출되는 것이다.

(6) 액티비티 이벤트 처리

앞서 등록된 콜백 함수들은 여전히 Native App Glue 안에 정의되어 있다. 그러면, 어떻게 '개발 모듈'에 해당 콜백 기능들을 연동시킬 것인가?

그것은 바로 이벤트 처리 메커니즘을 이용하는 것이다. 즉, Native App Glue의 콜백 메소드들은 해당 이벤트가 일어날 때마다 메시지를 생성하게 되고, Looper로 메시지를 읽어서 처리하는 부분을 '개발 모듈'에 추가하면 되는 것이다.

[표 7-1] 액티비티 라이프사이클과 네이티브 콜백

액티비티 라이프 사이클 이벤트	NativeActivity (자바) 래퍼 메소드	네이티브 액티비티 콜백	처리 대상 이벤트
액티비티 종료	unloadNativeCode	onDestroy	APP_CMD_DESTROY
액티비티 시작	onStartNative	onStart	APP_CMD_START
액티비티 재개	onResumeNative	onResume	APP_CMD_RESUME
인스턴스 상태 저장	onSaveInstanceStateNative	onSaveInstanceState	APP_CMD_SAVE_STATE
액티비티 정지(pause)	onPauseNative	onPause	APP_CMD_PAUSE
액티비티 중지(stop)	onStopNative	onStop	APP_CMD_STOP
Configuration 변경	onConfigurationChangedNative	onConfigurationChanged	APP_CMD_CONFIG_CHANGED
메모리 부족	onLowMemoryNative	onLowMemory	APP_CMD_LOW_MEMORY
윈도 포커스 변경	onWindowFocusChangedNative	onWindowFocusChanged	APP_CMD_GAINED_FOCUS
표면(Surface) 생성	**onSurfaceCreatedNative**	**onNativeWindowCreated**	APP_CMD_INIT_WINDOW
표면(Surface) 제거	**onSurfaceDestroyedNative**	**onNativeWindowDestroyed**	APP_CMD_TERM_WINDOW
입력 채널 생성	onInputChannelCreatedNative	onInputQueueCreated	APP_CMD_INPUT_CHANGED
입력 채널 제거	onInputChannelDestroyedNative	onInputQueueDestroyed	APP_CMD_INPUT_CHANGED

위의 표는 실제 자바의 NativeActivity에서 발생된 이벤트들과 처리해야 할 이벤트 명을 매치하여 놓은 것이다.

한 가지 재미있는 점은 NativeActivity의 이벤트는 표면(Surface)의 생성/제거 여부에도 발생한다는 것이다. 처리 대상 이벤트 명에서 "~NativeWindow~"라는 명칭을 썼는데 뷰의 윈도가 아닌 서피스를 의미하는 것임을 주의하기 바란다.

간략하게 액티비티 이벤트와 연동되는 부분 중심으로 살펴보았는데, 네이티브 액티비티의 세부적으로는 훨씬 많은 내용들이 있다. 특히, 사용자 입력 처리와 같은 부분은 실제 게임과 같은 앱을 개발할 때에는 추가로 고려해야 한다.

네이티브 액티비티의 구현된 구조를 파악하기 위해서는 안드로이드 프레임워크와 네이티브 개발 관련한 지식이 요구된다. 지금까지 언급한 내용으로도 네이티브 액티비티를 활용하는데 큰 어려움이 없지만, 좀 더 세부적인 사항에 대해서는 7.4절에 설명하도록 하겠다.

2. 네이티브 액티비티에서의 OpenGL ES 1.1 적용

실제로 네이티브 액티비티를 사용한 프로그램을 작성해 보자.

작성할 때에는 새 프로젝트를 만든 후, jni 폴더에 소스 파일을 위치시킨다. 소스 파일은 NDK 샘플의 main.c의 파일을 복사한 후, 수정해서 사용해도 된다.

OpenGL ES 1.1을 적용한 예제이다. 소스 파일은 C가 아닌 C++로 작성 되었다.

[예제 7-1] 네이티브 액티비티(OpenGL ES 1.1)로 움직이는 사각형 만들기

[AndroidManifest.xml]

화면 오리엔테이션 고정 및 NativeActivity 명시.
메타 데이터로 라이브러리 명 명시.
어플리케이션 테마 조정 : NoTitleBar.FullScreen

```
<application
    android:allowBackup="true"
    android:icon="@drawable/ic_launcher"
    android:label="@string/app_name"
    android:theme="@android:style/Theme.Black.NoTitleBar.Fullscreen" >

    <activity
        android:name="android.app.NativeActivity"
        android:configChanges="orientation|keyboardHidden|orientation"
        android:label="@string/app_name"
        android:screenOrientation="portrait" >
        <meta-data
            android:name="android.app.lib_name"
            android:value="t0051" />
        <intent-filter>
            <action android:name="android.intent.action.MAIN" />
            <category android:name="android.intent.category.LAUNCHER" />
        </intent-filter>
    </activity>
```

```
    </application>
```

[native_activity.h]

```
#include <jni.h>
#include <errno.h>

#include <EGL/egl.h>
#include <GLES/gl.h>
#include <math.h>

#include <android/sensor.h>
#include <android/log.h>
#include <android_native_app_glue.h>
#include <stdio.h>
#include <time.h>
#include <unistd.h>
#include <stdlib.h>

#define LOG_TAG    "gl1_draw"
#define LOGI(...)  ((void)__android_log_print(ANDROID_LOG_INFO, LOG_TAG, __VA_
ARGS__))
#define LOGW(...)  ((void)__android_log_print(ANDROID_LOG_WARN, LOG_TAG, __VA_
ARGS__))
#define LOGE(...)  ((void)__android_log_print(ANDROID_LOG_ERROR, LOG_TAG, __VA_
ARGS__))

// 액티비티 상태에 대한 구조체
struct saved_state {
    float angle;
    int32_t x;
    int32_t y;
};

// 앱 상태를 관리하는 구조체
// 센서, 이벤트큐, EGL 설정 내용을 담고 있으며, 네이티브 액티비티 구현 상의
// 주요 정보를 보관함
struct engine {
    struct android_app* app;

    ASensorManager* sensorManager;
    const ASensor* accelerometerSensor;
    ASensorEventQueue* sensorEventQueue;

    int animating;
    EGLDisplay display;
    EGLSurface surface;
```

```
    EGLContext context;
    int32_t width;
    int32_t height;
    struct saved_state state;
};
```

[native_activity.cpp]

```
#include "native_activity.h"

extern void initApp();
extern void initGL(struct engine* engine);
extern void renderFrame(struct engine* engine);

// 디스플레이에 대한 EGL 컨텍스트 초기화
static int engine_init_display(struct engine* engine) {

    // EGL 구성정보 속성
    // (R:8 G:8 B:8) 비트 구성의 컬러 비트 사이즈
    const EGLint attribs[] = { EGL_SURFACE_TYPE, EGL_WINDOW_BIT, EGL_BLUE_SIZE,
            8, EGL_GREEN_SIZE, 8, EGL_RED_SIZE, 8, EGL_NONE };
    EGLint w, h, dummy, format;
    EGLint numConfigs;
    EGLConfig config;
    EGLSurface surface;
    EGLContext context;

    // 디스플레이 얻기
    EGLDisplay display = eglGetDisplay(EGL_DEFAULT_DISPLAY);

    // EGL 초기화
    eglInitialize(display, 0, 0);

    // 구성 정보 얻기
    // 간단히 1회의 실행으로 구성정보 획득
    eglChooseConfig(display, attribs, &config, 1, &numConfigs);

    // ANativeWindow 버퍼를 EGL 구성 정보의 포맷에 맞게 재구성하는 부분임.
    // 앞에서 얻어진 구성 정보의 EGL_NATIVE_VISUAL_ID에 해당하는 포맷을 사용
    eglGetConfigAttrib(display, config, EGL_NATIVE_VISUAL_ID, &format);
    ANativeWindow_setBuffersGeometry(engine->app->window, 0, 0, format);

    // 윈도 서피스 얻기
    surface = eglCreateWindowSurface(display, config, engine->app->window,
            NULL);
    // EGL 컨텍스트 생성 (OpenGL ES 1.0에서는 속성을 지정하지 않음)
```

```
    context = eglCreateContext(display, config, NULL, NULL);

    // EGL 컨텍스트를 렌더링 쓰레드와 윈도 서피스에 바인딩 함
    if (eglMakeCurrent(display, surface, surface, context) == EGL_FALSE) {
        LOGW("Unable to eglMakeCurrent");
        return -1;
    }

    // 서피스 크기 조회
    eglQuerySurface(display, surface, EGL_WIDTH, &w);
    eglQuerySurface(display, surface, EGL_HEIGHT, &h);

    engine->display = display;
    engine->context = context;
    engine->surface = surface;
    engine->width = w;
    engine->height = h;
    engine->state.angle = 0;

    // 그래픽 관련 초기화 ——————————————————————————— <3>
    initGL(engine);

    return 0;
}

// 매 프레임마다 렌더링 처리
static void engine_draw_frame(struct engine* engine) {

    if (engine->display == NULL) {
        // No display.
        return;
    }

    // 프레임 렌더링 수행
    renderFrame(engine);

    // 서피스에 대한 버퍼를 교환하여 화면에 나타나게 함
    eglSwapBuffers(engine->display, engine->surface);
}

// 디스플레이에 연결된 EGL 컨텍스트를 제거함
static void engine_term_display(struct engine* engine) {
    if (engine->display != EGL_NO_DISPLAY) {
        eglMakeCurrent(engine->display, EGL_NO_SURFACE, EGL_NO_SURFACE,
                EGL_NO_CONTEXT);
        if (engine->context != EGL_NO_CONTEXT) {
```

```
            eglDestroyContext(engine->display, engine->context);
        }
        if (engine->surface != EGL_NO_SURFACE) {
            eglDestroySurface(engine->display, engine->surface);
        }
        eglTerminate(engine->display);
    }
    engine->animating = 0;
    engine->display = EGL_NO_DISPLAY;
    engine->context = EGL_NO_CONTEXT;
    engine->surface = EGL_NO_SURFACE;
}

// 입력 이벤트를 처리하는 함수
// (android_main()에서 android_app 구조체에 등록됨)
static int32_t engine_handle_input(struct android_app* app,
        AInputEvent* event) {
    struct engine* engine = (struct engine*) app->userData;
    if (AInputEvent_getType(event) == AINPUT_EVENT_TYPE_MOTION) {
        engine->animating = 1;
        engine->state.x = AMotionEvent_getX(event, 0);
        engine->state.y = AMotionEvent_getY(event, 0);
        return 1;
    }
    return 0;
}

// 액티비티 커맨드를 처리하는 함수
// (android_main()에서 android_app 구조체에 등록됨)
static void engine_handle_cmd(struct android_app* app, int32_t cmd) {
    struct engine* engine = (struct engine*) app->userData;

    switch (cmd) {
    case APP_CMD_SAVE_STATE:
        // 액티비티의 상태 저장 이벤트 (onSaveInstanceState)
        engine->app->savedState = malloc(sizeof(struct saved_state));
        *((struct saved_state*) engine->app->savedState) = engine->state;
        engine->app->savedStateSize = sizeof(struct saved_state);
        break;

    case APP_CMD_INIT_WINDOW:
        // 서피스가 생성되었을 때의 이벤트
        if (engine->app->window != NULL) {
            engine_init_display(engine);
            engine_draw_frame(engine);
```

```
            // 서피스가 자동으로 생성이 된 후, 사용자 입력없이도
            // 게임 진행이 이루어지도록 하기 위해 animating flag를 설정함
            //                                                    〈4〉
            engine->animating = 1;
        }
        break;

    case APP_CMD_TERM_WINDOW:
        // 서피스가 제거되었을 때의 이벤트
        engine_term_display(engine);
        break;

    case APP_CMD_GAINED_FOCUS:
        // 윈도가 포커스를 갖게 되면, 가속도계 모니터링 시작
        // (onWindowFocusChanged)
        if (engine->accelerometerSensor != NULL) {
            ASensorEventQueue_enableSensor(engine->sensorEventQueue,
                    engine->accelerometerSensor);
            // 초당 60 이벤트 수신
            ASensorEventQueue_setEventRate(engine->sensorEventQueue,
                    engine->accelerometerSensor, (1000L / 60) * 1000);
        }
        break;

    case APP_CMD_LOST_FOCUS:
        // 윈도가 포커스를 잃게 되면, 가속도계 모니터링 중단 (배터리 소모를 줄임)
        // (onWindowFocusChanged)
        if (engine->accelerometerSensor != NULL) {
            ASensorEventQueue_disableSensor(engine->sensorEventQueue,
                    engine->accelerometerSensor);
        }

        engine->animating = 0;
        engine_draw_frame(engine);
        break;
    }
}

// Native App Glue에 의해 진입되는 시작점
// 별도의 쓰레드로 진행하게 됨
void android_main(struct android_app* state) {
    struct engine engine;

    // App Glue와 결합된 상태 체크
    app_dummy();
```

```
// engine 구조체 공간 확보 및 값 초기화
memset(&engine, 0, sizeof(engine));
state->userData = &engine;

// engine 구조체의 onAppCmd, onInputEvent는 각각 액티비티 라이프사이클 이벤트와
// 입력 이벤트에 대한 처리를 하는 함수임
// 개발 모듈에서 해당 함수를 정의해야 함. ——————————————————— <1>
state->onAppCmd = engine_handle_cmd;
state->onInputEvent = engine_handle_input;

engine.app = state;

// 센서매니저를 생성한 후, 가속도 센서와 이벤트큐를 생성함
engine.sensorManager = ASensorManager_getInstance();
engine.accelerometerSensor = ASensorManager_getDefaultSensor(
      engine.sensorManager, ASENSOR_TYPE_ACCELEROMETER);
engine.sensorEventQueue = ASensorManager_createEventQueue(
      engine.sensorManager, state->looper, LOOPER_ID_USER, NULL, NULL);

if (state->savedState != NULL) {
   // We are starting with a previous saved state; restore from it.
   engine.state = *(struct saved_state*) state->savedState;
}

// Native 모듈 초기화 ——————————————————————————— <2>
initApp();

// 메인 루프
while (1) {
   // Read all pending events.
   int ident;
   int events;
   struct android_poll_source* source;

   // animating = false : 이벤트가 올 때까지 무한히 기다림
   // animating = true : 이벤트들을 모두 읽음(loop), 다음 프레임 그림
   while ((ident = ALooper_pollAll(engine.animating ? 0 : -1, NULL,
         &events, (void**) &source)) >= 0) {

      // 이 쓰레드가 생성되기 전, android_app 구조체(state)에는 cmdPollSource와
      // inputPollSource에 각각 실행할 메소드들이 지정되는데, 각각
      // process_cmd, process_input임. (app_glue.c)
      // 이 두 메소드를 호출하는 단계임
      // 이 두 메소드들은  각각 state->onAppCmd, state->onInputEvent를 호출하므로,
      // <1>에서 지정한 함수들이 호출되게 됨.
      if (source != NULL) {
```

```
            source->process(state, source);
        }

        // 가속도계 센서 값 처리
        if (ident == LOOPER_ID_USER) {
            if (engine.accelerometerSensor != NULL) {
                ASensorEvent event;
                while (ASensorEventQueue_getEvents (engine.sensorEventQueue,
                        &event, 1) > 0) {
                    /*LOGI("accelerometer: x=%f y=%f z=%f",
                     event.acceleration.x, event.acceleration.y,
                     event.acceleration.z); */
                }
            }
        }

        // 액티비티로부터 onDestroy 이벤트가 발생했으면 EGL 컨텍스트 종료
        if (state->destroyRequested != 0) {
            engine_term_display(&engine);
            return;
        }
    }

    if (engine.animating) {

        engine.state.angle += .01f;
        if (engine.state.angle > 1) {
            engine.state.angle = 0;
        }

        // 프레임 렌더링
        engine_draw_frame(&engine);
    }
  }
}
```

[gl1_draw.cpp]

```
#include "native_activity.h"

static float gWorldWidth;
static float gWorldHeight;
static float gRotationSpeed;
static float gDeltaTimeSum = 0.0f;
static float gCenterX;
static float gCenterY;
```

```
static const GLfloat gVertices[]
        = {-100.0f,  100.0f, 1.0f, 0.0f, 0.0f, 1.0f,
           -100.0f, -100.0f, 0.0f, 1.0f, 0.0f, 1.0f,
            100.0f, -100.0f, 0.0f, 0.0f, 1.0f, 1.0f,
            100.0f,  100.0f, 0.0f, 1.0f, 0.0f, 1.0f };

static const GLshort gIndices[] = {0, 1, 3, 1, 2, 3};

static const int VERTEX_COUNT = 4;
static const int INDEX_COUNT = 6;

// 위치 정보 크기 (x, y)
static const int POSITION_SIZE = 2;
// 색상 정보 크기 (r, g, b, a)
static const int COLOR_SIZE = 4;

// 버텍스 하나의 크기(바이트)
static const int VERTEX_STRIDE = (POSITION_SIZE + COLOR_SIZE) * sizeof(GLfloat);

static struct timespec gStartTime;
static struct timespec gTempTime;

// clock_gettime의 nano 초에 곱하기 위한 수치
#define BILLION 1E9

void initApp(void) {
   gRotationSpeed = 100.0f;
}

void initGL(struct engine* engine) {
   // GL 상태 초기화
   glHint(GL_PERSPECTIVE_CORRECTION_HINT, GL_FASTEST);
   glDisable (GL_CULL_FACE);
   glShadeModel (GL_SMOOTH);
   glDisable (GL_DEPTH_TEST);
   glFrontFace(GL_CCW);

   // 그래픽 관련 변수 초기화
   gWorldWidth = engine->width;
   gWorldHeight = engine->height;

   gCenterX = gWorldWidth / 2.0f;
   gCenterY = gWorldHeight / 2.0f;

   // deltaTime을 위한 시간 초기화
   if( clock_gettime(CLOCK_REALTIME, &gStartTime) == -1 ) {
```

```
        perror( "clock gettime" );
        return;
    }
}

void getDeltaTime() {

    if( clock_gettime(CLOCK_REALTIME, &gTempTime) == -1 ) {
        perror( "clock gettime" );
        return;
    }

    float deltaTime = (gTempTime.tv_sec - gStartTime.tv_sec) +
            ((float)(gTempTime.tv_nsec - gStartTime.tv_nsec) / (float)BILLION);
    LOGI("## DeltaTime : %.6f", deltaTime);

    if( clock_gettime(CLOCK_REALTIME, &gStartTime) == -1 ) {
        perror( "clock gettime" );
        return;
    }

    // 회전을 위한 deltaTime 합
    gDeltaTimeSum += deltaTime;
}

void renderFrame(struct engine* engine) {
    getDeltaTime();

    /* 뷰포트 크기 설정 */
    glViewport(0, 0, engine->width, engine->height);

    /* 투영 행렬 */
    // 투영 행렬 설정
    glMatrixMode(GL_PROJECTION);
    // 투영 행렬 초기화
    glLoadIdentity();
    // 클리핑 영역 설정
    glOrthof(0, gWorldWidth, 0, gWorldHeight, 1, -1);

    /* 모델뷰 행렬 */
    // 모델뷰 행렬 설정
    glMatrixMode(GL_MODELVIEW);
    // 모델뷰 행렬 초기화
    glLoadIdentity();
    // 모델뷰 변환 - 이동 변환 (중앙으로 이동)
    glTranslatef(gCenterX, gCenterY, 0.0f);
```

```
    // 모델뷰 변환 - 회전 변환 (시간과 회전속도에 따라 변환)
    float angle = gRotationSpeed * gDeltaTimeSum;
    glRotatef(angle, 0, 0, 1.0f);


    glEnableClientState(GL_VERTEX_ARRAY);
    glVertexPointer(POSITION_SIZE, GL_FLOAT, VERTEX_STRIDE, gVertices);

    glEnableClientState(GL_COLOR_ARRAY);
    glColorPointer(COLOR_SIZE, GL_FLOAT, VERTEX_STRIDE, gVertices + POSITION_SIZE);

    /* 화면 지우기 */
    glClearColor(0.4f, 0.8f, 1.0f, 1.0f);
    glClear( GL_DEPTH_BUFFER_BIT | GL_COLOR_BUFFER_BIT);

    // 인덱스 기반 삼각형 그리기
    glDrawElements(GL_TRIANGLES, INDEX_COUNT, GL_UNSIGNED_SHORT, gIndices);
}
```

[Android.mk]

```
LOCAL_PATH := $(call my-dir)

include $(CLEAR_VARS)

LOCAL_MODULE    := t0051
LOCAL_CFLAGS    := -Werror
LOCAL_SRC_FILES := native_activity.cpp gl1_draw.cpp
LOCAL_LDLIBS    := -llog -landroid -lEGL -lGLESv1_CM
LOCAL_STATIC_LIBRARIES := android_native_app_glue

include $(BUILD_SHARED_LIBRARY)

$(call import-module,android/native_app_glue)
```

액티비티의 라이프 사이클 관련 이벤트를 처리하는 함수가 native_activity.cpp의 engine_handle_cmd()이다. 액티비티의 pause와 resume에 대한 처리는 이제까지 다뤄왔던 예제들과 동일한 방식으로 적용되어야 한다.

여기에서는 onPause(), onResume()에 대응하는 이벤트를 이용하는 대신, 서피스가 생성되고 제거되는 이벤트를 이용하였다. (〈4〉번 참조)

네이티브 액티비티는 일반 액티비티보다 더 다양한 이벤트를 이용할 수 있음을 알 수 있다. 서피스의 생성과 제거는 일반 액티비티에서는 SurfaceView의 SurfaceHolder를 통해서 확인했었는데, 네이티브 액티비티는 직접 해당 이벤트를 이용할 수 있다.

[그림 7-3] 예제 7-1 실행 결과

gl1_draw.cpp는 그래픽을 처리하는데, initApp()과 initGL()을 정의하여 기존 NDK 방식과 유사하게 구현되었다.

EGL 초기화 내용을 보면, GLSurfaceView가 아닌 SurfaceView로 그래픽을 개발했던 5장의 예제 5-2와 흡사함을 알 수 있다. GLSurfaceView에서 제공하는 ConfigChooser나 ContextFactory와 같은 도구가 없기 때문에, 일반적인 OpenGL ES의 EGL 설정 방법을 그대로 사용하면 된다.

3. 네이티브 액티비티에서의 OpenGL ES 2.0 적용

이제 네이티브 액티비티에 OpenGL ES 2.0을 적용해 보자.

2.0이 가능하게 되는 이유는 EGL의 설정 때문이다. 순수 자바나 NDK를 사용해서 개발했을 때를 떠올려 보면, EGL의 구성 정보와 컨텍스트 생성 시, 속성 정보에 2.0을 지정해 주면 간단하게 해결된다. 1.1에서 컨텍스트에 대한 속성은 생략했지만 2.0에서는 반드시 지정했던 것을 기억하기 바란다.

헤더 파일은 당연히 2.0에 맞게 지정해 줘야 한다.

```
#include <GLES2/gl2.h>
#include <GLES2/gl2ext.h>
```

움직이는 공 예제를 네이티브 액티비티로 동일하게 작성해 보면서, 앞에서 다뤘던 내용들과 비교해 보자.

참고로, 액티비티의 타이틀 바를 없애고 전체 스크린 형태로 만들기 위해 일반 액티비티에서는 onScreen()메소드에서 다음과 같은 처리를 했었다.

```
requestWindowFeature(Window.FEATURE_NO_TITLE);
getWindow().setFlags(WindowManager.LayoutParams.FLAG_FULLSCREEN,
        WindowManager.LayoutParams.FLAG_FULLSCREEN);
```

네이티브 액티비티에서는 onCreate()에 접근이 안 되므로, 매니페스트 파일의 어플리케이션 속성을 변경하는 등의 방법으로 대신 하면 된다.

```
<application
  android:label="@string/app_name"
  android:theme="@android:style/Theme.Black.NoTitleBar.Fullscreen" >
```

[예제 7-2] 네이티브 액티비티(OpenGL ES 2.0)로 구현하는 '움직이는 공'

[AndroidManifest.xml]

화면 오리엔테이션 고정 및 NativeActivity 명시.
메타 데이터로 라이브러리 명 명시.
어플리케이션 테마 조정 : NoTitleBar.FullScreen
OpenGL ES 2.0 버전 명시

```
<uses-feature android:glEsVersion="0x00020000" />

<application
    android:allowBackup="true"
    android:icon="@drawable/ic_launcher"
    android:label="@string/app_name"
    android:theme="@android:style/Theme.Black.NoTitleBar.Fullscreen" >

    <activity
        android:name="android.app.NativeActivity"
        android:configChanges="orientation|keyboardHidden|orientation"
        android:label="@string/app_name"
        android:screenOrientation="portrait" >
        <meta-data
```

```
            android:name="android.app.lib_name"
            android:value="t0052" />
        <intent-filter>
            <action android:name="android.intent.action.MAIN" />
            <category android:name="android.intent.category.LAUNCHER" />
        </intent-filter>
    </activity>
</application>
```

[native_activity.h]

```
#include <jni.h>
#include <errno.h>

#include <EGL/egl.h>
#include <GLES2/gl2.h>
#include <GLES2/gl2ext.h>
#include <math.h>

#include <android/sensor.h>
#include <android/log.h>
#include <android_native_app_glue.h>
#include <stdio.h>
#include <time.h>
#include <unistd.h>
#include <stdlib.h>

#define LOG_TAG    "gl2_draw"
#define LOGI(...)  ((void)__android_log_print(ANDROID_LOG_INFO, LOG_TAG, __VA_
ARGS__))
#define LOGW(...)  ((void)__android_log_print(ANDROID_LOG_WARN, LOG_TAG, __VA_
ARGS__))
#define LOGE(...)  ((void)__android_log_print(ANDROID_LOG_ERROR, LOG_TAG, __VA_
ARGS__))

// 액티비티 상태에 대한 구조체
struct saved_state {
    float angle;
    int32_t x;
    int32_t y;
};

// 앱 상태를 관리하는 구조체
// 센서, 이벤트큐, EGL 설정 내용을 담고 있으며, 네이티브 액티비티 구현 상의
// 주요 정보를 보관함
struct engine {
```

```
    struct android_app* app;

    ASensorManager* sensorManager;
    const ASensor* accelerometerSensor;
    ASensorEventQueue* sensorEventQueue;

    int animating;
    EGLDisplay display;
    EGLSurface surface;
    EGLContext context;
    int32_t width;
    int32_t height;
    struct saved_state state;
};
```

[native_activity.cpp]

```
#include "native_activity.h"

extern void initApp();
extern void initGL(struct engine* engine);
extern void renderFrame(struct engine* engine);

// 디스플레이에 대한 EGL 컨텍스트 초기화
static int engine_init_display(struct engine* engine) {

   // EGL 구성정보 속성
   // (R:8 G:8 B:8) 비트 구성의 컬러 비트 사이즈
   // OpenGL ES 2.0에서 다음 항목이 필수임
   //    EGL_RENDERABLE_TYPE -> EGL_OPENGL_ES2_BIT    —— <1>
   const EGLint attribs[] = { EGL_RENDERABLE_TYPE, EGL_OPENGL_ES2_BIT,
         EGL_SURFACE_TYPE, EGL_WINDOW_BIT, EGL_BLUE_SIZE, 8, EGL_GREEN_SIZE,
         8, EGL_RED_SIZE, 8, EGL_NONE };

   // EGL 컨텍스트 속성
   // OpenGL ES 2.0에서 다음 항목이 필수임
   //    EGL_CONTEXT_CLIENT_VERSION -> 2    —— <2>
   const EGLint contextAttribs[] = { EGL_CONTEXT_CLIENT_VERSION, 2, EGL_NONE };

   EGLint w, h, dummy, format;
   EGLint numConfigs;
   EGLConfig config;
   EGLSurface surface;
   EGLContext context;

   // 디스플레이 얻기
```

```
    EGLDisplay display = eglGetDisplay(EGL_DEFAULT_DISPLAY);

    // EGL 초기화
    eglInitialize(display, 0, 0);

    // 구성 정보 얻기
    // 간단히 1회의 실행으로 구성정보 획득
    eglChooseConfig(display, attribs, &config, 1, &numConfigs);

    // ANativeWindow 버퍼를 EGL 구성 정보의 포맷에 맞게 재구성하는 부분임.
    // 앞에서 얻어진 구성 정보의 EGL_NATIVE_VISUAL_ID에 해당하는 포맷을 사용
    eglGetConfigAttrib(display, config, EGL_NATIVE_VISUAL_ID, &format);
    ANativeWindow_setBuffersGeometry(engine->app->window, 0, 0, format);

    // 윈도 서피스 얻기
    surface = eglCreateWindowSurface(display, config, engine->app->window,
          NULL);

    // EGL 컨텍스트 생성 (2.0에서는 속성을 반드시 지정함)
    context = eglCreateContext(display, config, EGL_NO_CONTEXT, contextAttribs);

    // EGL 컨텍스트를 렌더링 쓰레드와 윈도 서피스에 바인딩 함
    if (eglMakeCurrent(display, surface, surface, context) == EGL_FALSE) {
        LOGW("Unable to eglMakeCurrent");
        return -1;
    }

    // 서피스의 크기 조회
    eglQuerySurface(display, surface, EGL_WIDTH, &w);
    eglQuerySurface(display, surface, EGL_HEIGHT, &h);

    engine->display = display;
    engine->context = context;
    engine->surface = surface;
    engine->width = w;
    engine->height = h;
    engine->state.angle = 0;

    // 그래픽 관련 초기화
    initGL(engine);

    return 0;
}

// 매 프레임마다 렌더링 처리
static void engine_draw_frame(struct engine* engine) {
```

```
    if (engine->display == NULL) {
        // No display.
        return;
    }

    // 프레임 렌더링 수행
    renderFrame(engine);

    // 서피스에 대한 버퍼를 교환하여 화면에 나타나게 함
    eglSwapBuffers(engine->display, engine->surface);
}

// 디스플레이에 연결된 EGL 컨텍스트를 제거함
static void engine_term_display(struct engine* engine) {
    if (engine->display != EGL_NO_DISPLAY) {
        eglMakeCurrent(engine->display, EGL_NO_SURFACE, EGL_NO_SURFACE,
                EGL_NO_CONTEXT);
        if (engine->context != EGL_NO_CONTEXT) {
            eglDestroyContext(engine->display, engine->context);
        }
        if (engine->surface != EGL_NO_SURFACE) {
            eglDestroySurface(engine->display, engine->surface);
        }
        eglTerminate(engine->display);
    }
    engine->animating = 0;
    engine->display = EGL_NO_DISPLAY;
    engine->context = EGL_NO_CONTEXT;
    engine->surface = EGL_NO_SURFACE;
}

// 입력 이벤트를 처리하는 함수
// (android_main()에서 android_app 구조체에 등록됨)
static int32_t engine_handle_input(struct android_app* app,
        AInputEvent* event) {
    struct engine* engine = (struct engine*) app->userData;
    if (AInputEvent_getType(event) == AINPUT_EVENT_TYPE_MOTION) {
        engine->animating = 1;
        engine->state.x = AMotionEvent_getX(event, 0);
        engine->state.y = AMotionEvent_getY(event, 0);
        return 1;
    }
    return 0;
}
```

```
// 액티비티 커맨드를 처리하는 함수
// (android_main()에서 android_app 구조체에 등록됨)
static void engine_handle_cmd(struct android_app* app, int32_t cmd) {
    struct engine* engine = (struct engine*) app->userData;

    switch (cmd) {
    case APP_CMD_SAVE_STATE:
        // 액티비티의 상태 저장 이벤트 (onSaveInstanceState)
        engine->app->savedState = malloc(sizeof(struct saved_state));
        *((struct saved_state*) engine->app->savedState) = engine->state;
        engine->app->savedStateSize = sizeof(struct saved_state);
        break;

    case APP_CMD_INIT_WINDOW:
        // 서피스가 생성되었을 때의 이벤트
        if (engine->app->window != NULL) {
            engine_init_display(engine);
            engine_draw_frame(engine);

            // 서피스가 자동으로 생성이 된 후, 사용자 입력없이도
            // 게임 진행이 이루어지도록 하기 위해 animating flag를 설정함
            engine->animating = 1;
        }
        break;

    case APP_CMD_TERM_WINDOW:
        // 서피스가 제거되었을 때의 이벤트

        engine_term_display(engine);
        break;
    case APP_CMD_GAINED_FOCUS:
        // 윈도가 포커스를 갖게 되면, 가속도계 모니터링 시작
        // (onWindowFocusChanged)
        if (engine->accelerometerSensor != NULL) {
            ASensorEventQueue_enableSensor(engine->sensorEventQueue,
                    engine->accelerometerSensor);
            // We'd like to get 60 events per second (in us).
            ASensorEventQueue_setEventRate(engine->sensorEventQueue,
                    engine->accelerometerSensor, (1000L / 60) * 1000);
        }
        break;
    case APP_CMD_LOST_FOCUS:
        // 윈도가 포커스를 잃게 되면, 가속도계 모니터링 중단 (배터리 소모를 줄임)
        // (onWindowFocusChanged)
        if (engine->accelerometerSensor != NULL) {
            ASensorEventQueue_disableSensor(engine->sensorEventQueue,
```

```
                engine->accelerometerSensor);
        }

        engine->animating = 0;
        engine_draw_frame(engine);
        break;
    }
}

// Native App Glue에 의해 진입되는 시작점
// 별도의 쓰레드로 진행하게 됨
void android_main(struct android_app* state) {
    struct engine engine;

    // App Glue와 결합된 상태 체크
    app_dummy();

    // engine 구조체 공간 확보 및 값 초기화
    memset(&engine, 0, sizeof(engine));
    state->userData = &engine;

    // engine 구조체의 onAppCmd, onInputEvent는 각각 액티비티 라이프사이클 이벤트와
    // 입력 이벤트에 대한 처리를 하는 함수임
    // 개발 모듈에서 해당 함수를 정의해야 함.
    state->onAppCmd = engine_handle_cmd;
    state->onInputEvent = engine_handle_input;

    engine.app = state;

    // 센서매니저를 생성한 후, 가속도 센서와 이벤트큐를 생성함
    engine.sensorManager = ASensorManager_getInstance();
    engine.accelerometerSensor = ASensorManager_getDefaultSensor(
            engine.sensorManager, ASENSOR_TYPE_ACCELEROMETER);
    engine.sensorEventQueue = ASensorManager_createEventQueue(
            engine.sensorManager, state->looper, LOOPER_ID_USER, NULL, NULL);

    if (state->savedState != NULL) {
        // 저장된 상태 복구
        engine.state = *(struct saved_state*) state->savedState;
    }

    // Native 모듈 초기화
    initApp();

    while (1) {
        // 대기중인 모든 이벤트를 읽음
```

```
int ident;
int events;
struct android_poll_source* source;

// animating = false : 이벤트가 올 때까지 무한히 기다림
// animating = true : 이벤트들을 모두 읽음(loop), 다음 프레임 그림
while ((ident = ALooper_pollAll(engine.animating ? 0 : -1, NULL,
        &events, (void**) &source)) >= 0) {

    // 이 쓰레드가 생성되기 전, android_app 구조체(state)에는 cmdPollSource와
    // inputPollSource에 각각 실행할 메소드들이 지정되는데, 각각
    // process_cmd, process_input임. (app_glue.c)
    // 이 두 메소드를 호출하는 단계임
    // 이 두 메소드들은  각각 state->onAppCmd, state->onInputEvent를 호출하므로,
    // <1>에서 지정한 함수들이 호출되게 됨.
    if (source != NULL) {
        source->process(state, source);
    }

    // 가속도계 센서 값 처리
    if (ident == LOOPER_ID_USER) {
        if (engine.accelerometerSensor != NULL) {
            ASensorEvent event;
            while (ASensorEventQueue_getEvents(engine.sensorEventQueue,
                    &event, 1) > 0) {
                /* LOGI("accelerometer: x=%f y=%f z=%f",
                event.acceleration.x, event.acceleration.y,
                event.acceleration.z); */
            }
        }
    }

    // 액티비티로부터 onDestroy 이벤트가 발생했으면 EGL 컨텍스트 종료
    if (state->destroyRequested != 0) {
        engine_term_display(&engine);
        LOGI("## END android_main()");

        return;
    }
}

if (engine.animating) {

    engine.state.angle += .01f;
    if (engine.state.angle > 1) {
```

```
            engine.state.angle = 0;
        }

        // 프레임 렌더링
        engine_draw_frame(&engine);
    }
  }
}
```

[gl2_draw.cpp]

```
#include "native_activity.h"

GLuint gProgram;
GLuint guPMatrixHandle;
GLuint guMVMatrixHandle;
GLuint gaPositionHandle;
GLuint gaColorHandle;

static float gHalfWorldWidth;
static float gHalfWorldHeight;

static float gBallX;
static float gBallY;

static float gXSpeed;
static float gYSpeed;

static int gXDeltaSign = 1;
static int gYDeltaSign = 1;

static const float RADIUS = 50.0f;

// 위치 정보 크기 (x, y)
static const int POSITION_SIZE = 2;
// 색상 정보 크기 (r, g, b, a)
static const int COLOR_SIZE = 4;

// 버텍스 하나의 크기(바이트)
static const int VERTEX_STRIDE = (POSITION_SIZE + COLOR_SIZE) * sizeof(GLfloat);

// 원을 중심을 기준으로 40등분한 삼각형으로 분리
static const int SLICES = 40;
static const float DTHETA = (float) (2 * M_PI / SLICES);

// 정점 개수는 원주의 40개와 원 중심 1개
```

```
static const int VERTEX_COUNT = SLICES + 1;
// TriangleFan 모드의 인덱스 개수
// 중심 1개. 원주의 40개. 원주의 최초 정점을 중복시켜서 마지막 fan을 그려야 하므로
// 1개가 추가됨.
static const int INDEX_COUNT = SLICES + 2;

GLfloat gVertices[VERTEX_COUNT * (POSITION_SIZE + COLOR_SIZE)];
GLshort gIndices[INDEX_COUNT];

GLfloat gProjection[16];
GLfloat gTransform[16];

static struct timespec gStartTime;
static struct timespec gTempTime;

// clock_gettime의 nano 초에 곱하기 위한 수치
#define BILLION 1E9

static void checkGlError(const char* op) {
   GLint error = glGetError();
   for (; error; error = glGetError()) {
      LOGI("### after %s() glError (0x%x)\n", op, error);
   }
}

// 버텍스 쉐이더 소스 문자열
static const char gVertexShader[] = "uniform mat4 uPMatrix;\n"
      "uniform mat4 uMVMatrix;\n"
      "attribute vec4 aPosition;\n"
      "attribute vec4 aColor;\n"
      "varying vec4 vColor;\n"
      "void main() {\n"
      "   gl_Position = uPMatrix * uMVMatrix * aPosition;\n"
      "   vColor = aColor;\n"
      "}\n";

// 프래그먼트 쉐이더 소스 문자열
static const char gFragmentShader[] = "precision mediump float;\n"
      "varying vec4 vColor;\n"
      "void main() {\n"
      "   gl_FragColor = vColor;\n"
      "}\n";

GLuint loadShader(GLenum shaderType, const char* pSource) {
   // 쉐이더 생성
   GLuint shader = glCreateShader(shaderType);
```

```
    if (shader) {
        // 버텍스 쉐이더 문자열 또는 프래그먼트 쉐이더 문자열을 쉐이더 소스로 명시함
        glShaderSource(shader, 1, &pSource, NULL);
        // 쉐이더를 컴파일함
        glCompileShader(shader);

        // 쉐이더 컴파일 결과 확인
        GLint compiled = 0;
        glGetShaderiv(shader, GL_COMPILE_STATUS, &compiled);
        if (!compiled) {
            GLint infoLen = 0;
            glGetShaderiv(shader, GL_INFO_LOG_LENGTH, &infoLen);
            if (infoLen) {
                char* buf = (char*) malloc(infoLen);
                if (buf) {
                    glGetShaderInfoLog(shader, infoLen, NULL, buf);
                    LOGE("Could not compile shader %d:\n%s\n", shaderType, buf);
                    free(buf);
                }
                glDeleteShader(shader);
                shader = 0;
            }
        }
    }
    return shader;
}

GLuint createProgram(const char* pVertexSource, const char* pFragmentSource) {
    // 버텍스 쉐이더를 로드함
    GLuint vertexShader = loadShader(GL_VERTEX_SHADER, pVertexSource);
    if (!vertexShader) {
        return 0;
    }

    // 프래그먼트 쉐이더를 로드함
    GLuint pixelShader = loadShader(GL_FRAGMENT_SHADER, pFragmentSource);
    if (!pixelShader) {
        return 0;
    }

    // 프로그램 생성
    GLuint program = glCreateProgram();
    if (program) {
        // 버텍스 쉐이더를 프로그램에 첨부
        glAttachShader(program, vertexShader);
```

```
        checkGlError("glAttachShader");

        // 프래그먼트 쉐이더를 프로그램에 첨부
        glAttachShader(program, pixelShader);
        checkGlError("glAttachShader");

        // 프로그램을 링크함
        glLinkProgram(program);

        // 프로그램 링크 결과 확인
        GLint linkStatus = GL_FALSE;
        glGetProgramiv(program, GL_LINK_STATUS, &linkStatus);

        if (linkStatus != GL_TRUE) {
            GLint bufLength = 0;
            glGetProgramiv(program, GL_INFO_LOG_LENGTH, &bufLength);

            if (bufLength) {
                char* buf = (char*) malloc(bufLength);
                if (buf) {
                    glGetProgramInfoLog(program, bufLength, NULL, buf);
                    LOGE("Could not link program:\n%s\n", buf);
                    free(buf);
                }
            }
            glDeleteProgram(program);
            program = 0;
        }
    }
    return program;
}

// 버텍스 데이터 배열 준비
void prepareVertexData() {

    // 원 중심 버텍스 1개
    int vArrayIndex = 0;
    gVertices[vArrayIndex++] = 0.0f; // x
    gVertices[vArrayIndex++] = 0.0f; // y
    gVertices[vArrayIndex++] = 0.0f; // r
    gVertices[vArrayIndex++] = 1.0f; // g
    gVertices[vArrayIndex++] = 0.0f; // b
    gVertices[vArrayIndex++] = 1.0f; // a

    float tempValue;
```

```
    // 원주를 따라 40등분한 버텍스 40개
    for (int i = 0; i < SLICES; i++) {
        float theta = DTHETA * i;

        gVertices[vArrayIndex++] = (float) (RADIUS * cos(theta));
        gVertices[vArrayIndex++] = (float) (RADIUS * sin(theta));
        gVertices[vArrayIndex++] = (
                (tempValue = cos(theta)) < 0 ? -tempValue : tempValue);
        gVertices[vArrayIndex++] = (
                (tempValue = sin(theta)) < 0 ? -tempValue : tempValue); // g
        gVertices[vArrayIndex++] = 0.0f; // b
        gVertices[vArrayIndex++] = 1.0f; // a

    }

    // 원주 중심 1개와 원주 40개의 인덱스를 차례로 지정
    for (int i = 0; i < INDEX_COUNT - 1; i++) {
        gIndices[i] = (short) i;
    }

    // 첫번째 원주 인덱스를 마지막에 한번 더 사용
    gIndices[INDEX_COUNT - 1] = 1;
}

void initApp(void) {
    LOGI("## JNI init");

    gBallX = 0.0f;
    gBallY = 0.0f;

    gXSpeed = 200.0f;
    gYSpeed = 200.0f;
}

// OpenGL 초기화
void initGL(struct engine* engine) {
    // 쉐이더 프로그램 생성
    gProgram = createProgram(gVertexShader, gFragmentShader);
    if (!gProgram) {
        LOGE("Could not create program.");
        return;
    }

    // 프로그램의 Uniform인 uPMatrix에 대한 핸들을 얻음
    guPMatrixHandle = glGetUniformLocation(gProgram, "uPMatrix");
    checkGlError("glGetUniformLocation");
```

```
    LOGI("glGetUniformLocation(\"uPMatrix\") = %d\n", guPMatrixHandle);

    // 프로그램의 Uniform인 uMVMatrix에 대한 핸들을 얻음
    guMVMatrixHandle = glGetUniformLocation(gProgram, "uMVMatrix");
    checkGlError("glGetUniformLocation");
    LOGI("glGetUniformLocation(\"uMVMatrix\") = %d\n", guMVMatrixHandle);

    // 프로그램의 Attribute인 aPosition에 대한 핸들을 얻음
    gaPositionHandle = glGetAttribLocation(gProgram, "aPosition");
    checkGlError("glGetAttribLocation");
    LOGI("glGetAttribLocation(\"aPosition\") = %d\n", gaPositionHandle);

    // 프로그램의 Attribute인 aColor에 대한 핸들을 얻음
    gaColorHandle = glGetAttribLocation(gProgram, "aColor");
    checkGlError("glGetAttribLocation");
    LOGI("glGetAttribLocation(\"aColor\") = %d\n", gaColorHandle);

    // 버텍스 배열 준비
    prepareVertexData();

    // 그래픽 관련 변수 초기화
    gHalfWorldWidth = engine->width / 2.0f;
    gHalfWorldHeight = engine->height / 2.0f;

    // deltaTime을 위한 시간 초기화
    if (clock_gettime(CLOCK_REALTIME, &gStartTime) == -1) {
        perror("clock gettime");
        return;
    }
}

// OpenGL ES 1.0의 glOrthof()와 같은 투영을 위해 행렬을 만듦
void orthoMatrix(GLfloat left, GLfloat right, GLfloat bottom, GLfloat top,
        GLfloat near, GLfloat far) {
    GLfloat a = 2.0f / (right - left);
    GLfloat b = 2.0f / (top - bottom);
    GLfloat c = -2.0f / (far - near);

    GLfloat tx = -(right + left) / (right - left);
    GLfloat ty = -(top + bottom) / (top - bottom);
    GLfloat tz = -(far + near) / (far - near);

    gProjection[0] = a;
    gProjection[1] = 0.0f;
    gProjection[2] = 0.0f;
    gProjection[3] = 0.0f;
```

```
    gProjection[4] = 0.0f;
    gProjection[5] = b;
    gProjection[6] = 0.0f;
    gProjection[7] = 0.0f;

    gProjection[8] = 0.0f;
    gProjection[9] = 0.0f;
    gProjection[10] = c;
    gProjection[11] = 0.0f;

    gProjection[12] = tx;
    gProjection[13] = ty;
    gProjection[14] = tz;
    gProjection[15] = 1.0f;

}

// OpenGL ES 1.0의 glTranslatef()와 같은 투영을 위해 행렬을 만듦
void translateMatrix(GLfloat* matrix, GLfloat x, GLfloat y, GLfloat z) {
    matrix[0] = 1.0f;
    matrix[1] = 0.0f;
    matrix[2] = 0.0f;
    matrix[3] = 0.0f;

    matrix[4] = 0.0f;
    matrix[5] = 1.0f;
    matrix[6] = 0.0f;
    matrix[7] = 0.0f;

    matrix[8] = 0.0f;
    matrix[9] = 0.0f;
    matrix[10] = 1.0f;
    matrix[11] = 0.0f;

    matrix[12] = x;
    matrix[13] = y;
    matrix[14] = z;
    matrix[15] = 1.0f;
}

float getDeltaTime() {

    if (clock_gettime(CLOCK_REALTIME, &gTempTime) == -1) {
        perror("clock gettime");
        return -1;
```

```
    }

    float deltaTime = (gTempTime.tv_sec - gStartTime.tv_sec)
            + ((float) (gTempTime.tv_nsec - gStartTime.tv_nsec)
                / (float) BILLION);

    if (clock_gettime(CLOCK_REALTIME, &gStartTime) == -1) {
        perror("clock gettime");
        return -1;
    }

    return deltaTime;
}

void update(float deltaTime) {
    float dX = gXSpeed * deltaTime * gXDeltaSign;
    float dY = gYSpeed * deltaTime * gYDeltaSign;

    if (gXDeltaSign < 0 && gBallX + dX - RADIUS < -gHalfWorldWidth) {
        gXDeltaSign = 1;
        dX *= -1;
    } else if (gXDeltaSign > 0 && gBallX + dX + RADIUS > gHalfWorldWidth) {
        gXDeltaSign = -1;
        dX *= -1;
    }

    if (gYDeltaSign < 0 && gBallY + dY - RADIUS < -gHalfWorldHeight) {
        gYDeltaSign = 1;
        dY *= -1;
    } else if (gYDeltaSign > 0 && gBallY + dY + RADIUS > gHalfWorldHeight) {
        gYDeltaSign = -1;
        dY *= -1;
    }

    gBallX += dX;
    gBallY += dY;
}

void renderFrame(struct engine* engine) {

    float deltaTime = getDeltaTime();

    update(deltaTime);

    /* 뷰포트 크기 설정 */
    glViewport(0, 0, engine->width, engine->height);
```

```
checkGlError("glViewport");

/* 투영 행렬 */
// 직교 투영 행렬 설정
orthoMatrix(-gHalfWorldWidth, gHalfWorldWidth, -gHalfWorldHeight,
      gHalfWorldHeight, 1.0f, -1.0f);

/* 모델 변환 행렬 */
// 이동 행렬 : 모델을 (gBallX, gBallY, 0.0f) 위치로 이동
translateMatrix(gTransform, gBallX, gBallY, 0.0f);

// 프로그램(쉐이더) 사용을 알림
glUseProgram(gProgram);
checkGlError("glUseProgram");

// 프로그램의 프로젝션 행렬 핸들에, 앞에서 투영 행렬을 연결함
glUniformMatrix4fv(guPMatrixHandle, 1, GL_FALSE, gProjection);
checkGlError("glUniformMatrix4fv — guPMatrixHandle");

// 프로그램의 모델-뷰 행렬 핸들에, 앞에서 모델변환 행렬을 연결함
glUniformMatrix4fv(guMVMatrixHandle, 1, GL_FALSE, gTransform);
checkGlError("glUniformMatrix4fv — guMVMatrixHandle");

// 화면 지우기
glClearColor(1.0f, 0.5f, 0.5f, 1.0f);
checkGlError("glClearColor");

glClear (GL_COLOR_BUFFER_BIT);
checkGlError("glClear");

// 프로그램의 위치 attribute 핸들에, 버텍스 속성 배열 연결함.
// 버텍스 배열의 0번째 위치로부터 2개씩 읽고 stride만큼 건너띄워야 함을 명시함
glVertexAttribPointer(gaPositionHandle, POSITION_SIZE, GL_FLOAT, GL_FALSE,
      VERTEX_STRIDE, gVertices);
checkGlError("glVertexAttribPointer : gaPositionHandle");
glEnableVertexAttribArray(gaPositionHandle);
checkGlError("glEnableVertexAttribArray : gaPositionHandle");

// 프로그램의 색상 attribute 핸들에, 버텍스 속성 배열 연결함.
// 버텍스 버퍼의 2번째 위치로부터 4개씩 읽고 stride만큼 건너띄워야 함을 명시함
glVertexAttribPointer(gaColorHandle, COLOR_SIZE, GL_FLOAT, GL_FALSE,
      VERTEX_STRIDE, gVertices + POSITION_SIZE);
checkGlError("glVertexAttribPointer : gaColorHandle");
glEnableVertexAttribArray(gaColorHandle);
checkGlError("glEnableVertexAttribArray : gaColorHandle");
```

```
    // 인덱스 기반 그리기 (Triangle Fan 모드)
    glDrawElements(GL_TRIANGLE_FAN, INDEX_COUNT, GL_UNSIGNED_SHORT, gIndices);
    checkGlError("glDrawElements");
}
```

[Android.mk]

```
LOCAL_PATH := $(call my-dir)

include $(CLEAR_VARS)

LOCAL_MODULE    := t0052
LOCAL_CFLAGS    := -Werror
LOCAL_SRC_FILES := native_activity.cpp gl2_draw.cpp
LOCAL_LDLIBS    := -llog -landroid -lEGL -lGLESv2
LOCAL_STATIC_LIBRARIES := android_native_app_glue

include $(BUILD_SHARED_LIBRARY)

$(call import-module,android/native_app_glue)
```

NDK를 사용해서 개발했을 때와 거의 동일한 실행 결과를 볼 수 있다.

이 예제의 실행 후, 홈버튼을 눌러보고 다시 재개하였을 때에 정지 시점의 위치가 보존되었는지 확인해 보자. 서피스의 제거와 생성에 맞게 OpenGL 상태와 관련 데이터를 초기화 또는 유지한다면 일관성있게 앱 상태를 관리할 수 있다.

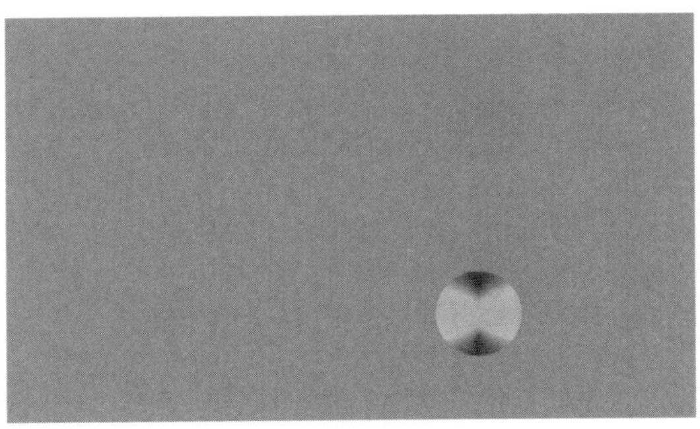

[그림 7-4] 예제 7-2 실행 결과

4. 네이티브 액티비티 구현 세부 사항

앞 절들을 통해서, 네이티브 액티비티로 어플리케이션을 개발할 때에 OpenGL ES 1.1과 OpenGL ES 2.0을 적용하는 방법에 대해서 살펴 보았다. Native App Glue를 활용하면 액티비티에 필요한 이벤트 처리와 백그라운드 프로세싱이 이미 구현되어 있기 때문에 어플리케이션 기능에 집중하는데 도움이 될 것이다.

이 절은 네이티브 액티비티의 구현에 대해 관심있는 독자들을 위해서 주요 세부적인 내용을 설명하고자 한다.

4장에서 멀티쓰레드와 루퍼에 대해 설명을 했었다.

네이티브 영역에 대한 설명은 배제하고 자바 레벨에서 쓰레드들 간에 메시지를 주고 받을 수 있는 메커니즘으로 쓰레드 별로 루퍼를 관리할 수 있고, 이 루퍼가 만들어 내는 메시지 루프를 통해 쓰레드 간에 데이터 전송과 작업 처리가 이루어짐을 알 수 있었다.

네이티브 모듈에서는 훨씬 더 유연한 방법으로 루퍼를 다룰 수가 있다. 네이티브 액티비티 내에서 이루어지는 메인 쓰레드와 루퍼, 쓰레드 간 정보 전달 방법 등을 관찰해 보면 네이티브 액티비티를 더 깊이 이해할 수 있게 된다.

먼저 루퍼에 대해서 살펴보자.

(1) 쓰레드와 루퍼

안드로이드에서 루퍼는 쓰레드의 이벤트 루프를 관리한다.

자바에서는 특정 핸들러로 보내진 메시지나 러너블(Runnable) 객체가 메시지큐에 쌓이고, 루퍼를 통해 다시 지정된 핸들러에서 처리되는 정형화된 형식을 가지고 있었다.

네이티브의 루퍼는 훨씬 저수준으로 구현되어 있어, 직관적으로 이해하기에는 쉽지 않지만, 이벤트가 발생하기를 기다렸다가 발생하는 이벤트를 읽어서(폴링, Polling) 그에 따른 처리를 수행하는 구조는 동일하다.

안드로이드의 루퍼 클래스는 android.os.Looper이고, 네이티브에서는 Looper라는 C++ 클래스가 이에 상응한다고 볼 수 있다.(ALooper 구조체는 Looper 클래스에 대한

래퍼 역할을 하기 때문에 관련 함수들의 프로토타입에는 ALooper 구조체가 대신 사용되기도 한다)

네이티브 루퍼는 다음과 같은 특징이 있다.

① 루퍼의 개수

모든 쓰레드는 필요에 따라 루퍼를 가질 수 있으며, 오직 2개 이상을 가질 수는 없다.

② 이벤트 모니터링 방법

루퍼가 이벤트를 모니터링하는 방법은, 파일 디스크립터(FD : file descriptor)로부터 데이터를 읽는 것이다. 즉, "이벤트가 발생"했다는 의미는 파일 디스크립터에 데이터가 존재한다는 것이다. 루퍼는 이 파일디스크립터에 데이터가 들어올 때까지 기다렸다가, 데이터가 들어오면(이벤트가 발생), 읽어서 데이터를 처리하게 되는데, 이를 폴링(Polling)이라고 한다.

③ 파일 디스크립터

루퍼가 모니터링하고 싶은 이벤트의 종류에 맞게 해당하는 파일 디스크립터를 루퍼에 추가해 놓아야 한다. 루퍼는 1개 이상의 파일 디스크립터를 가질 수 있다.

일반적으로 쓰레드 내에, 파이프(pipe)를 정의하여 읽기 용 파일 디스크립터에 폴링을 하게 된다.

물론, 파이프가 아니더라도 파일 디스크립터의 형식만 갖추면 루퍼의 모니터링 대상이 될 수 있다. 그림 7-5는 파이프 한 개를 정의한 쓰레드에 루퍼가 폴링을 하는 구조를 보여준다.

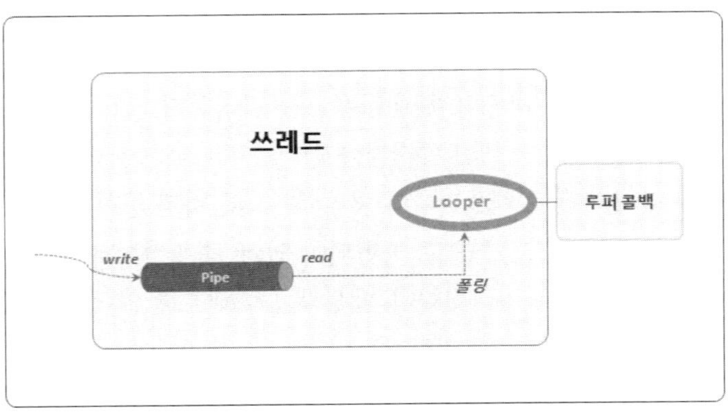

[그림 7-5] 쓰레드와 루퍼

④ 루퍼 콜백

파일 디스크립터를 루퍼에 추가할 때, 콜백을 정의해서 추가하면 이에 해당하는 이벤트 발생 시, 자동으로 콜백이 실행되게 할 수 있다.

반대로, 콜백을 정의하지 않고도 파일 디스크립터를 추가할 수도 있다. 이 경우에는 이벤트가 발생해도 자동으로 처리되지 않는다는 것이므로, 직접 쓰레드에서 뭔가 이벤트를 처리하는 후속작업이 있어야 한다는 의미이다.

뒤에서 코드를 통해 알아 보면서 이해를 높여보기로 한다.

네이티브 액티비티의 메인 쓰레드가 사용하는 방식은 루퍼에 콜백을 정의하여 자동으로 처리하는 방식이고, 작업 쓰레드에서는 콜백 없이 후속작업으로 처리를 하고 있다.

(2) 네이티브 액티비티 쓰레드와 이벤트

네이티브 액티비티도 일반 액티비티와 본질적으로는 거의 동일하다. (NativeActivity는 Activity에서 상속받은 클래스)

일반 액티비티에서 UI와 관련된 메인 쓰레드가 있고, 시간이 오래 걸리는 처리가 필요한 경우 직접 작업 쓰레드를 작성했던 것을 기억할 것이다. 그렇다고 해서 액티비티에 메인 쓰레드만 있다고 생각하면 안된다. 다만 노출이 되어 있지 않을 뿐이지 내부적으로는 작업 쓰레드가 별도로 존재한다.

라이프사이클 관련 메소드들(onResume, onPause, onDestroy 등) 뿐만 아니라, KeyEvent, MotionEvent의 메소드들(onKeyDown, onTouchEvent, onTrackball- Event) 등이 메인쓰레드에서 실행될 수 있는 것은, 내부적으로 작업 쓰레드가 액티비티의 상태를 변경하거나 입력 이벤트를 처리하기 때문에 가능한 것이다.

네이티브 액티비티에서 다루는 이벤트들은 다음과 같이 3가지로 구분한다.

① 액티비티 상태 변경 (LOOPER_ID_MAIN)

액티비티의 라이프사이클 관련 상태 변경이나, 윈도 서피스의 생성, 제거 또는 입력 채널의 생성, 제거 에 대한 이벤트들을 의미한다.

윈도 포커스 변경 뿐만 아니라 메모리 부족에 대한 이벤트 역시 여기에 포함된다.

모두 액티비티의 메인 쓰레드에서 발생하는 이벤트들이다.

자바 클래스로부터 JNI를 통해 이 이벤트와 관련된 네이티브 함수가 호출이 되고, 메인 쓰레드에서 작업 쓰레드로 액티비티의 실제 상태가 변경되도록 지시를 보내게 된다.

메인 쓰레드에서 작업 쓰레드로 지시를 보낼 때에는 작업 쓰레드 루퍼에 연결된 파일 디스크립터에 기록하여 이 유형의 이벤트가 발생했다는 것을 알려준다.

② 입력 이벤트 (LOOPER_ID_INPUT)

입력 채널로부터 발생하는 입력 이벤트(키 이벤트, 모션 이벤트)를 의미한다. 이 이벤트들은 메인 쓰레드에서 받는 것이 아니라 작업 쓰레드에서 직접 루퍼로 폴링하여 처리를 한 후 키 입력 관련해서 메인 쓰레드로 지시를 보낸다.

③ 기타 이벤트 (LOOPER_ID_USER)

액티비티의 상태 변경이나 입력 이벤트 외에도 개발자가 정의한 이벤트를 의미한다. NDK에서 제공하는 예제를 보면 가속도계의 이벤트를 이 유형으로 핸들링하고 있다.

(3) 네이티브 액티비티 상태 변경 이벤트에 대한 네이티브 처리 절차

액티비티의 상태가 변경될 때, 네이티브 모듈에는 어떤 일들이 이루어지고 있을까? 상태 변경에는 액티비티의 라이프사이클 외에도 입력 채널이나 메모리 부족, 윈도 서피스 변화 등에 대한 이벤트도 모두 포함된다고 했었다.

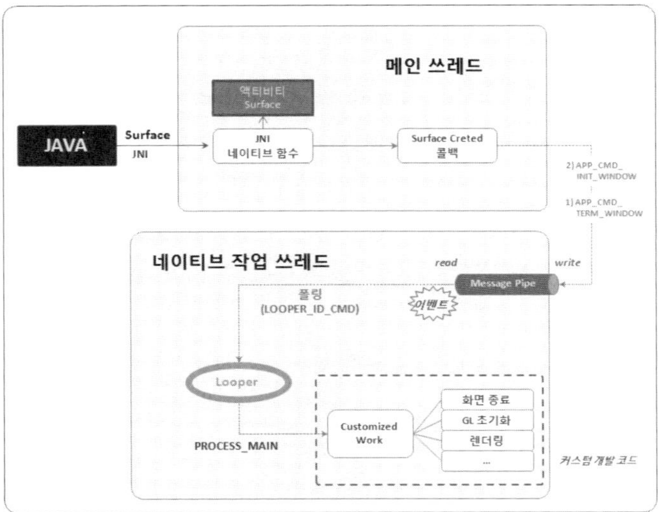

[그림 7-6] 네이티브 액티비티의 윈도 서피스 생성에 대한 네이티브 처리 절차

어떤 작업들이 내부적으로 일어나는지 간략하게 살펴 보는 것은 액티비티의 프로세스에 대한 이해에 있어 매우 도움이 된다.

본 교재에서 중요하게 다뤘던 윈도 서피스가 생성될 때를 예를 들어 설명하도록 하겠다. 액티비티의 상태와 관련된 나머지 이벤트들도 거의 동일한 흐름을 따른다.

그림 7-6은 서피스 생성 시 일어나는 내부 처리 절차를 보여준다.

메인 쓰레드와 내부 작업 쓰레드의 2가지 쓰레드가 보인다. 두 쓰레드 모두 각자 루퍼를 가지고 있으며, 루퍼에 사용될 파이프도 모두 가지고 있다.

이 처리 절차에서 메인 쓰레드 루퍼는 사용되지 않은 관계로 그림에서는 메인 쓰레드의 루퍼, 파이프 등은 생략하였다.

JNI로 전달 받은 내용을 바탕으로 메인 쓰레드에서는 작업 쓰레드로 작업 지시를 내리게 되며, 작업 쓰레드의 루퍼에서 폴링으로 이 이벤트들을 수신하여 처리하는 구조이다.

이 때 처리 루틴에 커스터마이즈된 개발 코드들을 추가하는 것이 네이티브 액티비티 개발 방식이라고 할 수 있다. 서피스(Surface) 생성 이벤트에 대해서는 화면을 초기화하고 게임 상태 등을 복원한 후, 렌더링을 시작하는 등의 처리 작업이 필요하게 될 것이다.

그림 7-6의 절차에 대해서, 안드로이드 프레임워크의 소스, Native App Glue의 소스와 함께 단계 별로 살펴 보도록 하자.

먼저 이 내용을 확인할 수 있는 안드로이드 프레임워크 소스 위치는 다음과 같다.

프레임워크 소스는 안드로이드 전체 소스의 frameworks 폴더에 위치한다.

frameworks/base/core/java/android/app/NativeActivity.java

(네이티브 액티비티 자바 소스)

frameworks/base/core/jni/android_app_NativeActivity.cpp

(네이티브 액티비티 C++ 소스)

[NDK 설치 폴더]/sources/android/native_app_glue/android_native_app_glue.c

(네이티브 앱 글루 소스)

① 액티비티의 서피스 생성에 따른 콜백 (자바 메소드)

액티비티가 일시정지(pause)하면 서피스가 제거되고 재개(resume)한다는 것을 알고 있다. 안드로이드 내부 처리로 서피스가 다시 만들어지면, 네이티브 액티비티는 SurfaceHolder의 콜백으로 아래의 메소드가 호출된다. (NativeActivity.java)

```
public void surfaceCreated(SurfaceHolder holder) {
    if (!mDestroyed) {
        mCurSurfaceHolder = holder;
        onSurfaceCreatedNative(mNativeHandle, holder.getSurface());
    }
}
```

JNI를 통한 네이티브 함수 onSurfaceCreatedNative()를 호출하고 있다. 호출할 때의 파라미터는 생성된 서피스 객체이다.

② 네이티브 모듈 실행 (JNI 네이티브 함수)

자바의 네이티브 메소드에서 JNI를 통하여 네이티브 함수를 호출하는 것은 4장에서 많이 다룬 방식과 동일하다. JNIOnLoad() 함수로 등록된 네이티브 함수가 호출되는데, 실제 네이티브에서 실행되는 함수 명은 onSurfaceCreated_native() 함수임을 알 수 있다. (android_app_NativeActivity.cpp)

```
static const JNINativeMethod g_methods[] = {
    // ...
        { "onSurfaceCreatedNative", "(ILandroid/view/Surface;)V", (void*)
  onSurfaceCreated_native },
};
```

이 함수에서 수행하는 일은 2가지이다.

a. 네이티브 액티비티의 멤버 변수에 인터페이스 받은 서피스 지정

b. 서피스 생성에 대한 액티비티 콜백 호출

네이티브 코드에서, 안드로이드의 액티비티는 ANativeActivity라는 C++ 구조체의 객체로 표현된다. 이 구조체를 상속받은 NativeCode 구조체를 네이티브 액티비티에서 사용하고 있다.

멤버 변수 중 nativeWindow가 서피스를 가리킬 변수이다.

```
struct NativeCode : public ANativeActivity {
   //...
sp<ANativeWindow> nativeWindow;  // 윈도 서피스를 가리키는 멤버 변수
   //...
}
```

JNI로 전달받은 서피스를 가리키도록 이 변수에 대입을 한 후, 콜백을 호출하여 작업 쓰레드로 관련한 작업 지시를 내리게 된다.

③ 서피스 생성에 대한 네이티브 콜백(onNativeWindowCreated) 실행

그림 7-1에서 네이티브 액티비티 객체가 가지고 있는 액티비티 상태 변화에 대한 콜백 함수 포인터들에 대해, Native App Glue에서 콜백 함수를 정의하고 매핑해야 한다는 것을 설명한 바 있다.

서피스 생성에 대해 네이티브 콜백을 실행한다는 것은 바로 이 Native App Glue의 콜백 함수를 의미하는 것이다.

onNativeWindowCreated() 함수가 서피스 생성에 대한 콜백함수이며, 이를 호출하면 작업 쓰레드에 지시를 내리게 된다.

쓰레드 간 지시를 내리는 것은 파이프의 Write 파일 디스크립터에 데이터를 쓰는 방법을 취한다. (소스 파일 : android_native_app_glue.c)

```
 // 메인 쓰레드에서, 작업 쓰레드에 지시를 보냄
 // APP_CMD_TERM_WINDOW, APP_CMD_INIT_WINDOW
   static void android_app_set_window(struct android_app* android_app,
ANativeWindow* window) {
    pthread_mutex_lock(&android_app->mutex);
    if (android_app->pendingWindow != NULL) {
```

```
        android_app_write_cmd(android_app, APP_CMD_TERM_WINDOW);
    }
    android_app->pendingWindow = window;
    if (window != NULL) {
        android_app_write_cmd(android_app, APP_CMD_INIT_WINDOW);
    }
    while (android_app->window != android_app->pendingWindow) {
        pthread_cond_wait(&android_app->cond, &android_app->mutex);
    }
    pthread_mutex_unlock(&android_app->mutex);
}

// 파이프의 Write 파일 디스크립터에 작업 지시 출력
static void android_app_write_cmd(struct android_app* android_app, int8_t cmd) {
    if (write(android_app->msgwrite, &cmd, sizeof(cmd)) != sizeof(cmd)) {
        LOGE("Failure writing android_app cmd: %s\n", strerror(errno));
    }
}
```

서피스 생성에 대한 지시는 2중으로 되어 있는데, 첫 번째는 기존의 서피스가 제거되었음을 의미하는 APP_CMD_TERM_WINDOW이고, 두 번째는 새로운 서피스가 생성되었음을 의미하는 APP_CMD_INIT_WINDOW이다.

위의 코드를 보면 메인 쓰레드와 작업 쓰레드의 동기화가 고려되어 있는데, 작업 쓰레드에서 지시 정보를 수신했는지 여부를 받기 위해 Mutex Lock을 걸고 기다렸다가(wait), 수신하면 Lock을 해제하게 된다.

④ 작업 쓰레드의 이벤트 폴링

메인 쓰레드에서 보내진 지시 내용은 Pipe의 Read 파일 디스크립터에 데이터를 발생시키게 된다. 작업 쓰레드의 루퍼는 액티비티가 시작될 때에, 이 파일 디스크립터를 모니터링하도록 이미 설정이 되어 있다.

(소스 파일 : android_native_app_glue.c)

```
static void* android_app_entry(void* param) {
    // ... (생략)
    android_app->cmdPollSource.id = LOOPER_ID_MAIN;
    android_app->cmdPollSource.app = android_app;
    android_app->cmdPollSource.process = process_cmd;

    android_app->inputPollSource.id = LOOPER_ID_INPUT;
    android_app->inputPollSource.app = android_app;
    android_app->inputPollSource.process = process_input;

    ALooper* looper = ALooper_prepare(ALOOPER_PREPARE_ALLOW_NON_
CALLBACKS);
    ALooper_addFd(looper, android_app->msgread, LOOPER_ID_MAIN,
ALOOPER_EVENT_INPUT, NULL,
        &android_app->cmdPollSource);
    android_app->looper = looper;
    // ... (생략)
}
```

위의 함수는 네이티브 액티비티의 초기화 시점에 작업 쓰레드를 발생시키는 역할을 하는데, 작업 쓰레드에서 사용할 Looper를 만들고 파이프의 Read 파일 디스크립터(msgread)를 모니터대상으로 등록(ALooper_addFd)하고 있음을 알 수 있다.

모니터링을 할 이벤트는 LOOPER_ID_MAIN(액티비티 상태 변화)만 해당 된다.

앞서, 액티비티가 필수적으로 다루는 이벤트에는 LOOPER_ID_MAIN와 더불어 입력 이벤트를 의미하는 LOOPER_ID_INPUT가 있다고 언급했었다. 파이프를 통해서 받는 이벤트에 LOOPER_ID_MAIN만 있는 이유는 무엇일까?

그 이유는 LOOPER_ID_INPUT 이벤트는 이 파이프가 아닌 다른 곳에 정의된 파일디스크립터로 받기 때문이다. 입력 채널과 관련된 입력 큐에도 파이프를 만들어서 파일 디스크립터를 이 루퍼에 추가해서 이벤트를 받도록 분리되어 있는데, 입력 이벤트 관련해서는 다음 절에서 확인해 볼 것이다.

ALooper_addFd() 함수의 원형은 다음과 같다.

```
int ALooper_addFd(ALooper* looper, int fd, int ident, int events,
        ALooper_callbackFunc callback, void* data);
```

ident는 LOOPER_ID_MAIN과 같은 이벤트의 식별자를 의미하고, callback은 루퍼콜백으로서 이 파일디스크립터의 이벤트에 대해서 루퍼가 자동으로 호출해야하는 콜백이라는 의미이다.

마지막 파라미터인 data가 우리가 주목해야 할 파라미터이다.

앞서, 콜백 없이 파일 디스크립터를 추가할 때에는 나중에 직접 이벤트를 처리하는 루틴을 만들어야 한다고 했었다. LOOPER_ID_MAIN에 대한 이벤트를 등록하는 경우에도 콜백을 NULL로 하여 등록하고 있으므로, 이 루틴이 필요하다는 의미이다.

addFd 단계에서 data로 보낸 데이터는 폴링 시, 다시 리턴 받게 되어 이 data를 처리하는 방법으로 루틴을 구성하면 된다.

언뜻 이해가 잘 안 갈 수도 있는데, 이 data의 형식으로 Native App Glue에서 사용하는 구조체의 정의를 한번 확인해 보자. 편의 상, 이 구조체를 폴 소스 구조체로 지칭하겠다.

```
struct android_poll_source {
    // The identifier of this source.  May be LOOPER_ID_MAIN or LOOPER_ID_INPUT.
    int32_t id;

    // The android_app this ident is associated with.
    struct android_app* app;

    // Function to call to perform the standard processing of data from this source.
    void (*process)(struct android_app* app, struct android_poll_source* source);
};
```

3번째 멤버 변수는 파일 포인터임을 알 수 있다.

그림 7-7과 같이, 한 쓰레드에 루퍼가 정의되어 있고, 두 개의 파일 디스크립터를 루퍼에 추가(addFd)해 놓았다고 가정해 보자. 추가할 때에 폴소스(android_poll_source) 구조체 변수의 함수 포인터에 각 이벤트에 해당하는 후속 처리를 할 수 있는 함수를 지정해 놓았다고 가정하자.

폴링을 하게 되면, 이 루퍼에 등록된 모든 파일 디스크립터로부터 이벤트를 읽게 된다.

하지만 각 이벤트 별로 결과로 리턴되는 data 값을 보면, 이 이벤트가 어떤 파일 디스크립터로부터 읽혔던 것인지 구분이 가능하다.

특히 함수 포인터를 사용한다면, 그냥 그 포인터로 함수 호출만 해 주면 알아서 정확한 함수가 실행된다.

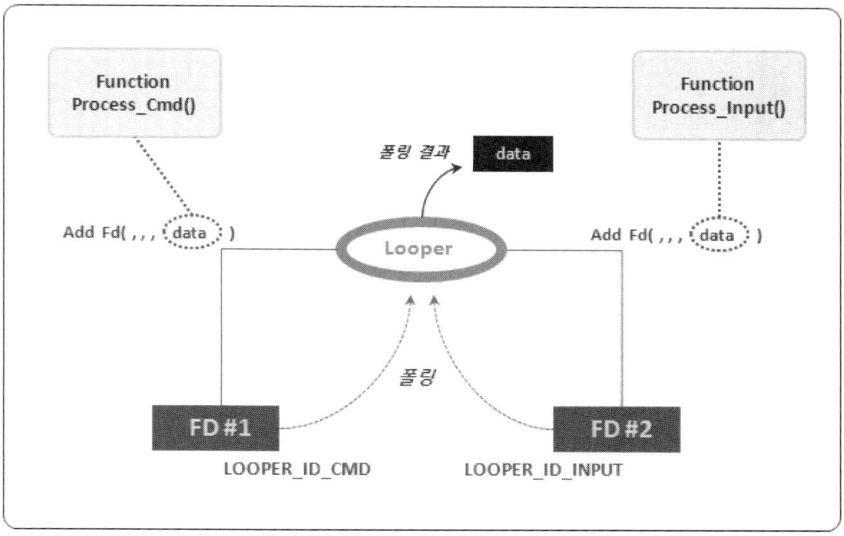

[그림 7-7] 입력 이벤트에 대한 루퍼 구조

네이티브 액티비티도 마찬가지이다. 작업 쓰레드의 루퍼가 폴링을 하면 앞서의 메시지 파이프에서도 읽고, 입력 채널에서도 읽고 센서 관련한 채널에서도 읽는 등 여러 유형의 이벤트들이 읽혀진다.

이 중, 액티비티로 받은 LOOPER_ID_CMD 이벤트들은 process_cmd() 함수가 후속으로 실행되어야 하고, 입력 관련한 LOOPER_ID_INPUT 이벤트들은 process_input() 함수가 실행되어야 하는데, 폴 소스 구조체를 data 파라미터로 정확히 파일 디스크립터 등록만 되어 있다면 루퍼로부터 얻은 결과 데이터를 구분할 수 있게 된다.

그럼 다시, 서피스 생성에 대한 네이티브 액티비티 처리 절차에 대한 얘기로 돌아가 보자.

메인 쓰레드로부터 파이프를 통해 지시가 작업 쓰레드로 전달된 상태이다. 작업 쓰레드의 루퍼는 이벤트 루프를 통해 계속해서 파일 디스크립터를 모니터링하고 있다.

네이티브 액티비티에서의 작업 쓰레드의 폴링 처리가 어떻게 실행되는지 프로그램 상 코드로 확인해 보자. Native App Glue를 사용하기 위해서는 android_main() 함수를 정의해야 하고, 작업 쓰레드는 바로 이 함수를 메인 쓰레드에서 분리하여 실행하게 된다. 예제 7-1이나 7-2에서 모두 android_main() 함수를 구현했었는데, 그 안에는 루퍼의 이벤트 루프에 해당하는 무한 루프를 만들어냈었고, 루퍼의 폴링 처리를 위한 ALooper_pollAll() 함수가 호출된다.

```
void android_main(struct android_app* state) {
  // ... (생략)

  while (1) {
    // ... (생략)
    struct android_poll_source* source;
    while ((ident=ALooper_pollAll(engine.animating ? 0 : -1, NULL, &events,
         (void**)&source)) >= 0) {

      // Process this event.
      if (source != NULL) {
        source->process(state, source);
      }
      // ... (생략)
    }
  }
}
```

코드에서 알 수 있듯이, ALooper_pollAll() 함수의 네 번째 파라미터 outData는 폴 소스 구조체(android_poll_source)이다. 리턴 받은 폴 소스 값의 process 함수 포인터는

process_input()이 아닌, process_cmd()로 되어 있다. 루퍼 콜백을 사용하지 않는 경우에는 직접 폴링 결과를 이용해 후속 처리를 해야 한다고 있었는데, 폴 소스 구조체를 이용해 간단하게 구현된 것이다.

⑤ 작업 쓰레드의 커맨드 처리

작업 쓰레드에서 폴링 시, 결과 데이터에 연결된 함수 포인터 호출을 하면서, 후속 처리가 진행된다.

서피스 생성 관련 이벤트에 대해서 호출되는 함수는 다음과 같다.

(소스 파일 : android_native_app_glue.c)

```
static void process_cmd(struct android_app* app, struct android_poll_source* source) {
    int8_t cmd = android_app_read_cmd(app);
    android_app_pre_exec_cmd(app, cmd);
    if (app->onAppCmd != NULL) app->onAppCmd(app, cmd);
    android_app_post_exec_cmd(app, cmd);
}
```

먼저 파일 디스크립터로부터 실제 파일 I/O 함수로 읽기 작업을 하고, 사전 처리를 한 후, 실제 커스터마이즈된 루틴을 실행하고 사후 처리하는 순서이다. 메인 쓰레드에서 보낸 지시는 APP_CMD_TERM_WINDOW와 APP_CMD_INIT_WINDOW이고 읽을 때에도 순서대로 읽히게 된다. 지시를 보내고 수신 여부를 받을 때까지 메인 쓰레드가 대기 중이었음을 기억할 것이다.

작업 쓰레드의 사전 처리라 함은 아래와 같이, 대기하고 있는 메인 쓰레드를 일깨우는 것을 의미한다. pthread_cond_wait()는 조건에 따라 대기하는 것인데, 해당 조건을 해소시키고 pthread_cond_broadcast() 함수로 메인 쓰레드를 깨우고 있다.

```
void android_app_pre_exec_cmd(struct android_app* android_app, int8_t cmd) {
    switch (cmd) {
        // ... (생략)
        case APP_CMD_INIT_WINDOW:
```

```
            LOGV("APP_CMD_INIT_WINDOW\n");
            pthread_mutex_lock(&android_app->mutex);
            android_app->window = android_app->pendingWindow;
            pthread_cond_broadcast(&android_app->cond);
            pthread_mutex_unlock(&android_app->mutex);
            break;

        case APP_CMD_TERM_WINDOW:
            LOGV("APP_CMD_TERM_WINDOW\n");
            pthread_cond_broadcast(&android_app->cond);
            break;
    }
}
```

서피스 생성 관련한 후속 작업은 별도로 존재하지 않는다. 커스터마이즈된 처리 루틴은 예제 7-1, 7-2에서 개발 모듈을 작성했을 때와 같이 함수 포인터로 미리 등록된 함수가 호출되도록 하는 방법을 쓴다.

```
void android_main(struct android_app* state) {
    // ... (생략)
    state->userData = &engine;
    state->onAppCmd = engine_handle_cmd;
    state->onInputEvent = engine_handle_input;
    // ... (생략)
}
```

예제에서, LOOPER_ID_CMD 이벤트를 위한 engine_handle_cmd(), LOOPER_ID_INPUT 이벤트를 위한 engine_handle_input()를 작성한 후 위와 같이 미리 정해진 함수 포인터로 연결해 놓으면 process_cmd()나 process_input() 함수에 의해 실행된다.

```
static void engine_handle_cmd(struct android_app* app, int32_t cmd) {
    struct engine* engine = (struct engine*)app->userData;
```

```
    switch (cmd) {
      // ... (생략)
      case APP_CMD_INIT_WINDOW:
        // The window is being shown, get it ready.
        if (engine->app->window != NULL) {
          engine_init_display(engine);
          engine_draw_frame(engine);
        }
        break;
      case APP_CMD_TERM_WINDOW:
        // The window is being hidden or closed, clean it up.
        engine_term_display(engine);
        break;
    }
  }
```

OpenGL ES를 사용하여 네이티브 액티비티의 화면을 구성하였으므로, 서피스의 제거/생성에 맞게 디스플레이를 종료하거나 OpenGL 상태를 초기화하고 렌더링을 시작하는 등의 적절한 작업을 처리하도록 하면 된다.

필요에 맞게 어플리케이션의 데이터를 수정하거나 복원하는 등의 처리를 추가해 주는 곳도 이곳이 된다.

이상으로, 액티비티의 서피스가 새로 생겼을 때를 예로 하여 네이티브 처리 절차를 살펴 보았다. 라이프사이클이나 입력 채널, 메모리 부족 등의 이벤트에 대해서도 거의 동일한 절차로 진행되기 때문에, 이 절차를 참고하여 파악해 보기 바란다.

(4) 입력 이벤트에 대한 네이티브 처리 절차

입력 이벤트는 Key 이벤트와 Motion 이벤트를 포함하는데, 이에 대한 개념이나 처리 방법 등에 대해서는 다루지 않고, 쓰레드 간 정보 전달이나 이벤트 처리 메커니즘 측면에서만 언급하도록 하겠다.

그림 7-8에서 입력 이벤트 관련한 처리 절차를 나타내고 있는데, 메인 쓰레드와 네이티브 작업 쓰레드 각각 루퍼가 보인다. 그리고 그 루퍼들의 모니터링 대상이 되는 파일 디스크립터의 파이프도 나타나 있다.

추가로 입력 큐라는 객체도 정의되어 있다. 재미있는 것은 입력 큐에도 파이프가 하나 정의되어 있고, 입력 이벤트 관련해서는 네이티브 작업 쓰레드 자체에 정의된 파이프는 사용되지 않는다.

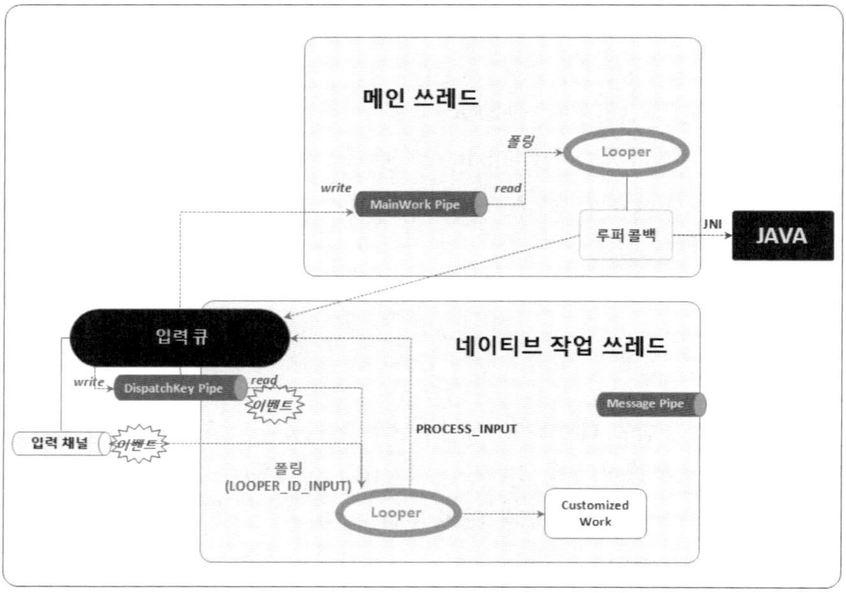

[그림 7-8] 입력 이벤트에 대한 네이티브 처리 절차

메인 쓰레드 루퍼

작업 쓰레드는 루퍼를 직접 정의해야 한다고 했지만, 메인 쓰레드는 내부적으로 자동으로 만들어지고 이 루퍼와 관련된 메시지 큐도 준비되어 있다. 네이티브 모듈에서 메인 쓰레드 루퍼의 기능에 대해서 제어할 수 있는 방법은 거의 없다고 봐야 한다.

그림 7-8과 같이 별도의 파일 디스크립터를 만든 후, 루퍼콜백을 정의하여 루퍼에 연결하면 해당 이벤트 발생 시, 자동으로 이벤트에 대한 루퍼 콜백이 실행되는 것으로 이용할 수 있을 뿐이다.

네이티브 액티비티가 로드될 때를 다시 한번 살펴 보자. 어플리케이션이 실행되면, 자바의 onCreate() 메소드가 실행되면서 네이티브 코드를 로드하는 함수를 호출한다. 이 때 이미 만들어져 있는 메시지 큐를 파라미터로 하고 있음을 알 수 있다. 안드로이드 내부적으로 액티비티가 만들어질 때에 메인 쓰레드가 생성되고 관련한 루퍼와 메시지 큐를 갖추게 되기 때문이다.

[NativeActivity.java]

```
protected void onCreate(Bundle savedInstanceState) {
    // ... (생략)
    mNativeHandle = loadNativeCode(path, funcname, Looper.myQueue(),
        getFilesDir().toString(), getObbDir().toString(),
        Environment.getExternalStorageAppFilesDirectory(ai.packageName).toString(),
        Build.VERSION.SDK_INT, getAssets(), nativeSavedState);
    // ... (생략)
}
```

네이티브 함수에서는 이미 만들어져 있는 메인 쓰레드의 루퍼를 취한 후, 파이프를 하나 만들어서 이 루퍼에 추가한다. 다음의 코드에서 확인할 수 있다.

[android_app_NativeActivity.cpp]

```
    static jint    loadNativeCode_native(JNIEnv* env, jobject clazz, jstring path, jstring
funcName,
        jobject messageQueue, jstring internalDataDir, jstring obbDir,
        jstring externalDataDir, int sdkVersion,
        jobject jAssetMgr, jbyteArray savedState)

        // ... (생략)

    code->looper = android_os_MessageQueue_getLooper(env, messageQueue);
    if (code->looper == NULL) {
        LOGW("Unable to retrieve MessageQueue's Looper");
        delete code;
```

```
    return 0;
}

int msgpipe[2];
if (pipe(msgpipe)) {
    LOGW("could not create pipe: %s", strerror(errno));
    delete code;
    return 0;
}
code->mainWorkRead = msgpipe[0];
code->mainWorkWrite = msgpipe[1];
int result = fcntl(code->mainWorkRead, F_SETFL, O_NONBLOCK);
SLOGW_IF(result != 0, "Could not make main work read pipe "
        "non-blocking: %s", strerror(errno));
result = fcntl(code->mainWorkWrite, F_SETFL, O_NONBLOCK);
SLOGW_IF(result != 0, "Could not make main work write pipe "
        "non-blocking: %s", strerror(errno));
code->looper->addFd(code->mainWorkRead, 0, ALOOPER_EVENT_INPUT,
mainWorkCallback, code);

    // ... (생략)
}
```

위의 코드에서 addFd() 멤버함수의 파라미터에 mainWorkCallback이라는 루퍼콜백 함수가 포함되어 있음을 알 수 있다. 따라서 이 파이프의 Read 파일 디스크립터로 읽혀진 이벤트는 모두 이 루퍼콜백 함수를 호출하게 된다.

입력 큐와 이벤트

액티비티에 실제 입력 큐가 생성되면, 자바에서 네이티브 코드로 입력 큐 객체가 전달되어 다음의 코드가 실행된다.

[android_app_NativeActivity.cpp]

```
static void onInputChannelCreated_native(JNIEnv* env, jobject clazz, jint handle,
jobject channel)
{
    LOG_TRACE("onInputChannelCreated_native");
    if (handle != 0) {
        NativeCode* code = (NativeCode*)handle;
        status_t err = code->setInputChannel(channel);
        if (err != OK) {
            jniThrowException(env, "java/lang/IllegalStateException",
                    "Error setting input channel");
            return;
        }
        if (code->callbacks.onInputQueueCreated != NULL) {
            code->callbacks.onInputQueueCreated(code,
                    code->nativeInputQueue);
        }
    }
}
```

NativeCode 객체의 InputChannel 값을 지정하고, 작업 쓰레드에 지시를 내리게 된다. 앞서, 서피스 생성 때와 유사한 절차로 기존의 입력 큐를 대체하는 일련의 처리들이 진행되어 네이티브 코드에 입력 큐 관련 정보가 만들어 진다. 이 처리 중에는 입력 큐의 루퍼를 지정하는 처리가 있는데, 혼동하기 쉬운 부분이므로 짚고 넘어가도록 한다.

[android_native_app_glue.c]

```
void android_app_pre_exec_cmd(struct android_app* android_app, int8_t cmd) {
    switch (cmd) {
        case APP_CMD_INPUT_CHANGED:
            LOGV("APP_CMD_INPUT_CHANGED\n");
            pthread_mutex_lock(&android_app->mutex);
            if (android_app->inputQueue != NULL) {
```

```
            AInputQueue_detachLooper(android_app->inputQueue);
        }
        android_app->inputQueue = android_app->pendingInputQueue;
        if (android_app->inputQueue != NULL) {
            LOGV("Attaching input queue to looper");
            AInputQueue_attachLooper(android_app->inputQueue,
                    android_app->looper, LOOPER_ID_INPUT, NULL,
                    &android_app->inputPollSource);
        }
        pthread_cond_broadcast(&android_app->cond);
        pthread_mutex_unlock(&android_app->mutex);
        break;

      // ... (생략)
    }
}
```

[android_app_NativeActivity.cpp]

```
void AInputQueue::attachLooper(ALooper* looper, int ident,
        ALooper_callbackFunc callback, void* data) {
    mLooper = static_cast<android::Looper*>(looper);
    mLooper->addFd(mConsumer.getChannel()->getReceivePipeFd(),
            ident, ALOOPER_EVENT_INPUT, callback, data);
    mLooper->addFd(mDispatchKeyRead,
            ident, ALOOPER_EVENT_INPUT, callback, data);
}

void AInputQueue::detachLooper() {
    mLooper->removeFd(mConsumer.getChannel()->getReceivePipeFd());
    mLooper->removeFd(mDispatchKeyRead);
}
```

입력 큐에서 발생하는 이벤트들은 루퍼로 하여금 폴링될 수 있어야 하므로, 루퍼를 지정해야 한다. AInputQueue_attachLooper() 함수로 루퍼를 큐에 지정하고 있는데, 이 루퍼는 메인 쓰레드가 아닌 "**작업 쓰레드**"의 루퍼임을 잊지 말아야 한다.

그리고 큐가 갖고 있는 파이프의 파일 디스크립터와 입력 채널의 파일 디스크립터를 작업 쓰레드의 루퍼에 추가(addFd)하고 있다. 이 파일 디스크립터의 발생할 이벤트들은 모두 LOOPER_ID_INPUT에 해당하며, 폴링 결과를 받기 위해 폴 소스 구조체 타입의 변수를 파라미터로 넘겨 주고 있다. 폴 소스 변수의 이름은 cmdPollSource가 아니라 inputPollSource라는 것은 당연하다.

키 입력 이벤트 처리

작업 쓰레드의 폴링으로 액티비티 상태 변경에 해당하는 LOOPER_ID_MAIN 이벤트들이 처리되는 것처럼, LOOPER_ID_INPUT도 동일한 메커니즘으로 처리된다.

다만, 키 입력과 관련하여 pre-dispatch 단계를 포함하여 복잡한 내부적인 처리가 이루어지는데, 이 부분에 대해서는 설명을 생략한다. 입력 이벤트 처리에 관심있는 독자들은 InputQueue 구조체의 내부 구현 로직을 분석해 보기 바란다.

처리 과정 중, 메인 쓰레드로 결과를 보내면 메인 쓰레드에서는 JNI를 통해 자바의 해당 메소드를 호출하는 구조로 되어 있다.

바로 메인 쓰레드에 정의된 파이프(MainWorkPipe)의 Write 파일 디스크립터에 출력하면 메인 쓰레드 루퍼에 의해 Read 파일 디스크립터의 이벤트가 폴링되어 루퍼콜백이 호출되는 방식이다.

아래 코드는 입력 큐에서 메인 쓰레드로 데이터를 보내는 코드이다. write_work 함수의 mWorkWrite 파라미터는 메인 쓰레드 파이프의 파일 디스크립터를 의미한다.

[android_app_NativeActivity.cpp]

```
void AInputQueue::doUnhandledKey(KeyEvent* keyEvent) {
    mLock.lock();
        LOG_TRACE("Unhandled key: pending=%d write=%d\n", mUnhandledKeys.
size(), mWorkWrite);
    if (mUnhandledKeys.size() <= 0 && mWorkWrite >= 0) {
        write_work(mWorkWrite, CMD_DEF_KEY);
```

```
        }
        mUnhandledKeys.add(keyEvent);
        mLock.unlock();
    }

    bool AInputQueue::preDispatchKey(KeyEvent* keyEvent) {
        // ... (생략)
        for (size_t i=0; i<N; i++) {
            in_flight_event& inflight(mInFlightEvents.editItemAt(i));
            if (inflight.event == keyEvent) {
                // ... (생략)

                if (mPreDispatchingKeys.size() <= 0 && mWorkWrite >= 0) {
                    write_work(mWorkWrite, CMD_DEF_KEY);
                }
                mPreDispatchingKeys.add(inflight);
                mLock.unlock();
                return true;
            }
        }
        LOGW("preDispatchKey called for unknown event: %p", keyEvent);
        return false;
    }
```

다음은 루퍼콜백 코드를 보여준다. 루퍼에 의해서 폴링된 이벤트들에 대해서 read_work 함수로 데이터를 읽은 후, 필요에 맞게 JNI 호출을 하고 있다.

[android_app_NativeActivity.cpp]

```
static int mainWorkCallback(int fd, int events, void* data) {
        // ... (생략)
    if (!read_work(code->mainWorkRead, &work)) {
        return 1;
```

```
    }
    switch (work.cmd) {
        case CMD_DEF_KEY: {
            KeyEvent* keyEvent;
            while ((keyEvent=code->nativeInputQueue->consumeUnhandledEvent()) != NULL) {
                jobject inputEventObj = android_view_KeyEvent_fromNative(
                        code->env, keyEvent);
                jboolean handled;
                if (inputEventObj) {
                    handled = code->env->CallBooleanMethod(code->clazz,
                            gNativeActivityClassInfo.dispatchUnhandledKeyEvent, inputEventObj);
                    checkAndClearExceptionFromCallback(code->env, "dispatchUnhandledKeyEvent");
                    code->env->DeleteLocalRef(inputEventObj);
                } else {
                    LOGE("Failed to obtain key event for dispatchUnhandledKeyEvent.");
                    handled = false;
                }
                code->nativeInputQueue->finishEvent(keyEvent, handled, true);
            }
            int seq;
            while ((keyEvent=code->nativeInputQueue->consumePreDispatchingEvent(&seq)) != NULL) {
                jobject inputEventObj = android_view_KeyEvent_fromNative(
                        code->env, keyEvent);
                if (inputEventObj) {
                    code->env->CallVoidMethod(code->clazz,
                            gNativeActivityClassInfo.preDispatchKeyEvent, inputEventObj, seq);
```

```
                    checkAndClearExceptionFromCallback(code->env,
"preDispatchKeyEvent");
                code->env->DeleteLocalRef(inputEventObj);
            } else {
                LOGE("Failed to obtain key event for preDispatchKeyEvent.");
            }
        }
    } break;
    // ... (생략)
}
```

작업 쓰레드의 커스텀 처리

액티비티 상태 변화 이벤트를 작업 쓰레드에서 처리할 때에 최종적으로 커스텀 개발된 코드를 추가할 수 있는 구조를 살펴 봤었다. 입력 이벤트에 대해서도 동일한 구조이다. 키 입력에 대해서는 입력 큐가 메인 쓰레드, 작업 쓰레드와 모두 연동하여 처리하고 있는데, 모션 이벤트의 경우에는 개발 코드에서 좌표 값을 취하여 프로그램 상에서 다양한 방법으로 활용할 수 있다.

```
static int32_t engine_handle_input(struct android_app* app, AInputEvent* event) {
    struct engine* engine = (struct engine*)app->userData;
    if (AInputEvent_getType(event) == AINPUT_EVENT_TYPE_MOTION) {
        engine->animating = 1;
        engine->state.x = AMotionEvent_getX(event, 0);
        engine->state.y = AMotionEvent_getY(event, 0);
        return 1;
    }
    return 0;
}
```

입력 이벤트에 대해서는 작업 쓰레드와 메인 쓰레드 모두 각각의 루퍼를 가지고 이벤트들을 폴링하면서 루퍼 콜백이나 후속 처리 루틴으로 이벤트를 핸들링하는 것을 알아 보았다.

네이티브 액티비티 내에서 중요한 두 가지 유형의 이벤트를 다루는 방법이며 실제로 이외에도 LOOPER_ID_USER 타입으로 다양한 이벤트를 개발자가 정의하여 활용할 수도 있다.

(3) 메인 쓰레드 관련 이벤트

네이티브 액티비티에서는, 앞에서 다룬 이벤트들과는 성격이 다르지만, 메인 쓰레드 관련 5가지 이벤트를 핸들링하는 또다른 방법을 가지고 있다.

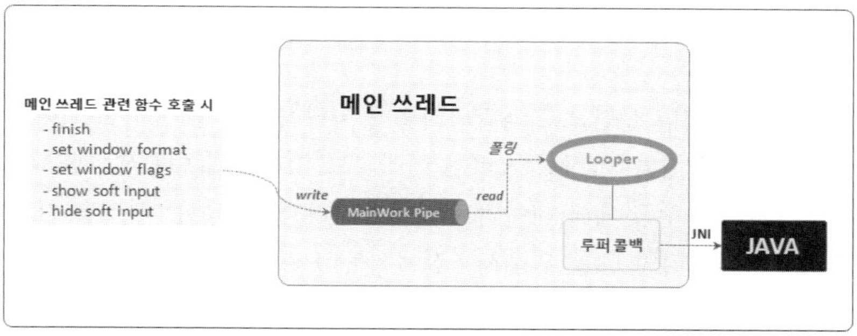

[그림 7-9] 메인 쓰레드 이벤트에 대한 네이티브 처리 절차

그림 7-9와 같이 메인 쓰레드 관련한 5가지 메소드를 네이티브 액티비티로 직접 호출하는 경우에 메인 쓰레드의 파이프의 Write 파일 디스크립터를 이용하여 명령을 출력하고 루퍼콜백으로 처리한 후, JNI 연결을 통해 자바의 관련 메소드를 호출하는 비교적 간단한 방식이다.

액티비티를 종료하고, 윈도의 포맷/플래그를 설정하거나 소프트키보드를 보여주고 감추는 등의 순수하게 메인 쓰레드에서만 처리하면 되는 작업들이다. 이들 함수는 어떤 쓰레드에서도 호출할 수 있도록 오픈되어 있다.

입력 큐에서 키 처리 후 발생 시키는 이벤트와 구분하지 않고, 동일한 파이프와 동일한 루퍼 콜백을 사용하는 것에 주의할 필요가 있다.

마무리 하며

*
*
*

이 장에서는 네이티브 만으로 액티비티를 구성하는 방법을 살펴 보았다.
먼저 어플리케이션의 Manifest.xml에 네이티브 액티비티 여부와 메타 정보를 등록하고,실제 실행될 때에 네이티브 라이브러리가 로딩되는 과정을 다뤘다.
네이티브 액티비티의 UI를 위해서 5장에서부터 계속 이용했던 OpenGL 그래픽 기능을 여기에서도 등장하는데, 자바 클래스의 지원이 없기 때문에 네이티브에서 모든 걸 다 해결해야 한다.
파이프라인이나 OpenGL ES 버전에 따라 EGL을 설정해 주는 것은 자바 바인딩, NDK 방식과 공통점이 있었다.
네이티브 액티비티의 메커니즘을 이해하기 위해서는 4장에서 언급되었던 루퍼의 기능을 상세히 다뤄 보았다. 액티비티의 메인 쓰레드 상에서 루퍼가 수행하는 핵심적인 임무들에 대해서 이해를 높일 수 있었다.

연습문제

1● 네이티브 액티비티와 일반 액티비티의 관계를 설명하시오.

2● 네이티브 액티비티에 관한 설명 중 잘못된 것을 고르시오.

① EGL 초기화 처리를 해야 하는 루틴이 반드시 필요하다.

② 네이티브 액티비티도 GLSurfaceView가 있어야만 동작할 수 있다.

③ 네이티브 액티비티도 OpenGL ES 2.0 이상의 프로그램 파이프라인 방식을 적용할 수 있다.

④ 네이티브 액티비티도 액티비티이므로, 라이프사이클에 관한 고려가 필요하다.

3● 네이티브 액티비티의 콜백 명칭과 이 콜백이 담당하는 이벤트 명이 잘못 연결된 것을 고르시오.

① onStart -- 액티비티 시작

② onLowMemory -- 메모리 부족

③ onWindowFocusChanged -- 윈도 포커스 변경

④ onNativeWindowDestroyed -- 윈도 제거

4● 네이티브 액티비티를 개발하기 위하여 NDK에서 제공되는 App Glue 모듈을 활용하면 얻게 되는 이점이 어떤 것들이 있는지 기술하시오.

5. 네이티브 액티비티는 일반 액티비티와 달리, C/C++ 만으로 개발되어야 하기 때문에, 쓰레드 블로킹이 되지 않도록 프로그램을 개발하는 것이 가장 중요한 사항입니다.
어떤 방식으로 쓰레드 블로킹을 피할 수 있는지 간략하게 서술하시오.

6. 네이티브 액티비티 개발에 OpenGL 2.0 사용을 위해서 해 줘야 하는 사항은 어떤 것이 있는지 설명하시오.

7. OpenGL ES 2.0의 쉐이더에서는 각 버텍스 별로 출력 데이터인 위치를 MVP 행렬 연산으로 계산해 냅니다. 예제 7-2의 예제는 MV행렬, P 행렬을 각각 입력으로 받아 행렬 곱셈을 쉐이더에서 수행하고 있는데, 다음과 같이 수정하시오.

- ▶ 네이티브에서 MV행렬과 P행렬을 직접 곱셈을 수행하고 쉐이더로 곱셈 결과를 보냄
- ▶ 쉐이더에서는 입력으로 받은 MVP 행렬을 사용